普通高等院校理工类规划教材

大学物理实验

(第2版)

主 编 李玉琮 罗 旺 石仁斌

北京邮电大学出版社
·北京·

内 容 提 要

本书是在第1版的基础上进行修订，根据教育部颁发的《非物理类理工科大学物理实验课程教学基本要求》，并结合物理实验室仪器设备的实际情况，在总结多年教学实践的基础上编写而成的。

本书分为5章，共38个实验。绪论部分主要介绍了物理实验的特点、物理实验的基本程序和要求，并且给出了物理实验成绩评定的记分标准和实验课的流程图。第一章较系统地介绍了有效数字、误差理论和数据处理基本方法等内容；第二至第四章共选编了33个有关力学、热学、电磁学、光学和近代物理等方面的实验，每章的前面介绍了一些实验基础知识；第五章选编了5个综合性和设计性实验。书末附录介绍了国际单位制，给出了常用的物理参数、常用仪器的性能参数，以便查阅。

本书可作为高等学校各专业物理实验课的教材，也可作为涉及物理学的实验工作者的参考书。

图书在版编目(CIP)数据

大学物理实验/李玉琮，罗旺，石仁斌主编. —2版. -- 北京：北京邮电大学出版社，2016.12
(2024.9重印)
ISBN 978-7-5635-4977-1

Ⅰ.大…　Ⅱ.①李…　②罗…　③石…　Ⅲ.物理学—实验—高等学校—教材　Ⅳ.O4-33

中国版本图书馆CIP数据核字(2016)第301952号

书　　名	大学物理实验(第2版)
主　　编	李玉琮　罗　旺　石仁斌
责任编辑	刘国辉
出版发行	北京邮电大学出版社
社　　址	北京市海淀区西土城路10号(100876)
电话传真	010-82333010　62282185(发行部)　010-82333009　62283578(传真)
网　　址	www.buptpress3.com
电子信箱	buptpress3@163.com
经　　销	各地新华书店
印　　刷	鸿博睿特(天津)印刷科技有限公司
开　　本	787 mm×1 092 mm　1/16
印　　张	19
字　　数	474千字
版　　次	2016年12月第2版　2024年9月第12次印刷

ISBN 978-7-5635-4977-1　　定价：54.00元

前　　言

本书是在第1版的基础上进行修订，根据国家教委颁发的《非物理类理工科大学物理实验课程教学基本要求》，并结合物理实验室仪器设备的实际情况，在总结多年教学实践的基础上编写而成的。

本书分为五章，共38个实验。绪论部分主要介绍了物理实验的特点、物理实验的基本程序和要求，并且给出了物理实验成绩评定的记分标准和实验课的流程图。第一章较系统地介绍了有效数字、误差理论和数据处理基本方法等内容；第二至第四章共选编了33个有关力学、热学、电磁学、光学和近代物理等方面的实验，每章的前面介绍了一些实验基础知识；第五章选编了5个综合性和设计性实验。书末附录介绍了国际单位制，给出了常用的物理参数、常用仪器的性能参数，以便查阅。

在编写过程中力求做到：实验目的具体、突出，要求明确；实验原理叙述清楚；实验内容和步骤详尽；方便学生学习。

本教材由李玉琮、罗旺、石仁斌主编。参加编写的有李玉琮、罗旺、石仁斌、李玉春、满玉春、韩晓静、王志林、王运滨、姜伟等。

本书编入的实验选题，汇聚了全体工作人员多年的教学经验和体会。本书虽由以上署名的同志执笔编写，但实际上是一项集体操作，它包含着所有曾在物理实验室工作过的同志的贡献。

本书的出版，得到了许多高校老师的大力支持，同时，使用该教材的兄弟院校也为本书的编写提出了许多宝贵的意见，对此一并表示衷心的感谢。

在党的二十大报告提出的“加强教材建设和管理”精神的指引下，本次重印前，编者再次对全书进行了检查和梳理。

限于编者水平，书中难免存在漏误之处，恳请读者批评指正。

编　者

目录

绪 论

实验是人们研究自然规律、改造客观世界的一种特殊的实践形式和手段。人们通过实验发现自然规律，检验自然科学理论，同时，工程设计和生产实际中的问题也要靠实验来解决。

实验不同于对自然现象的直接观察，也不同于生产过程中的直接经验。其特有的优点是：第一，可以利用实验方法控制实验条件，排除外界因素的干扰，从而能有效地突出被研究事物之间的某些重要关系；第二，可以把复杂的自然现象或生产过程分解成若干独立的现象和过程，进行个别的和综合的研究；第三，可以对现象和过程进行满足预期准确度要求的定量测量，以揭示现象和过程中的数量关系；第四，可以进行重复实验，或改变条件进行实验，便于对事物的各方面作广泛的比较和分析等。

本教材以物理实验知识、方法和技能为基点，旨在学生能通过实验实践来体验和熟悉科学实验的过程和特点。

一、物理实验的特点

学生在物理实验课中主要是通过自己独立的实验实践来学习物理实验知识、培养实验能力和提高实验素养，这个学习任务决定了作为实验课程的物理实验有以下几个特点：

(1) 实验带有很强的目的性。无论是应用性实验、验证性实验还是探索性实验，几乎都是在已经确立的理论指导下的实践活动，在有限的时间内，不仅要完成实验课题(实验目的)，而且还要完成学习任务(学习要求)。那种把实验课程看成是摆弄摆弄仪器、测测数据就达到目的的单纯实验观点是十分有害的。

(2) 实验要采取恰当的方法和手段，以使所要观测的物理现象和过程能够实现，并达到符合一定准确度的定量测量要求。虽然方法和手段会随着科学技术和工业生产的进步而不断改进，但历史积累的方法仍是人类知识宝库精华的一部分。有了积累才有创新，因此，从一开始就应十分重视实验方法知识的积累。

(3) 实验中所包括的技能，其内容十分广泛。仪器的选择、使用和保养，设备的装校、调整和操作，现象的观察、判断和测量，故障的检查、分析和排除……它有众多的原则和规律，可以说它是知识、见解和经验的积累。唯有实践，既动手又动脑，才有可能获得这种技能，单凭看书是不可能学到的。

(4) 实验需要用数据来说明问题。数据是实验的语言，物理实验中数据处理有各种不同的方法和特定的表达方式。测量结果、验证理论、探索规律和分析问题，无一不用数据，数据是学术交流和报告技术成果最有力的工具和最准确的语言。

实验集理论、方法、技能和数据于一个整体，它不但要实验者弄懂实验内容与实验方法的道理，而且还要实验者根据这些道理付诸实践，最后还要从获得的数据结果中得出应有的结论，这就是物理实验的特点。

二、物理实验的基本程序和要求

做任何一个实验时，都必须把握住实验预习、实验进行和实验总结这三个重要环节。

1. 实验预习

预习至关重要，它决定着实验能否取得主动和收获的大小。预习包括阅读资料、熟悉仪器和写出预习报告。

仔细阅读实验教材和有关的资料，重点解决三个问题：

(1) 做什么：这个实验最终要得到什么结果；

(2) 根据什么去做：实验课题的理论依据和实验方法的道理；

(3) 怎么做：实验的方案、条件、步骤及实验关键。

预习报告用统一的预习实验报告纸按格式要求书写，并且要求书写整洁、清晰，排版合理。预习报告格式要求：

(1) 实验名称；

(2) 实验目的；

(3) 实验仪器；

(4) 原理简述(原理、有关定律或公式，电路图或光路图)；

(5) 数据记录表格；

(6) 预习思考题。

2. 实验的进行

学生进入实验室后，先在实验室准备好的实验情况登记表上签到，然后认真听好实验教师的讲解指导，再按照编组使用相应的指定仪器。应该像科学工作者那样要求自己，井井有条地布置仪器，根据事先设想好的步骤演练一下，然后再按确定的步骤开始实验。要注意细心观察实验现象，认真钻研和探索实验中的问题。不要期望实验工作会一帆风顺，要把遇到问题看作是学习的良机，冷静地分析和处理它。仪器发生故障时，要在教师的指导下学习排除故障的方法。总之，要把重点放在实验能力的培养上，而不是测出几个数据就认为完成了任务。

要做好完备而整洁的记录，例如，研究对象的编号，主要仪器的名称、规格和编号；原始数据要用钢笔或圆珠笔记入事先准备好的表格中，如确系记错，也不要涂改，应轻轻画上一道，在旁边写上正确值(错误多的，须重新记录)，使正误数据都清晰可辨，以供在分析测量结果和误差时参考。不要用铅笔记录，给自己留有涂抹的余地；也不要先草记在另外的纸上再誊写在数据表格里，这样容易出错，况且，这也不是“原始记录”了。希望同学们注意纠正自己的不良习惯，从一开始就培养良好的、科学的作风。

实验结束，先将实验数据交教师审阅，经教师验收签字后，然后再整理还原仪器，方可离开实验室。

3. 实验总结

实验后要对实验数据及时进行处理。如果原始记录删改较多,应加以整理,对重要的数据要重新列表。数据处理过程包括计算、作图、误差分析等。计算要有计算式(或计算举例),代入的数据都要有根据,便于别人看懂,也便于自己检查。作图要按作图规则,图线要规矩、美观。数据处理后应给出实验结果。最后要求撰写出一份简洁、明了、工整、有见解的实验报告。这些是每一个大学生必须具备的报告工作成果的能力。

实验报告内容包括:

(1) 实验名称;

(2) 实验目的;

(3) 实验仪器;

(4) 实验原理　简要叙述有关物理内容(包括电路图或光路图或实验装置示意图)及测量中依据的主要公式,式中各量的物理含义及单位,公式成立所应满足的实验条件等;

(5) 实验步骤　根据实际的实验过程写明关键步骤;

(6) 注意事项;

(7) 数据报告与数据处理　列表报告数据,完成计算、曲线图、不确定度计算或误差分析,最后写明实验结果;

(8) 小结和讨论　内容不限,可以是对实验中现象的分析,对实验关键问题的研究体会,实验的收获和建议,也可以是解答实验思考题。

三、物理实验成绩评定记分标准(参考使用)

1. 到课准时(10 分)

到课准时,以上课铃声为准。到课准时者记 10 分,迟到者扣 10 分。

2. 预习报告(10 分)

(1) 预习报告用统一的预习实验报告纸按格式要求书写,且书写整洁、清晰,排版合理者,记 10 分。预习报告格式要求:

① 实验名称;

② 实验目的;

③ 实验仪器;

④ 原理简述(原理、有关定律或公式,电路图或光路图);

⑤ 数据记录表格;

⑥ 做好预习思考题。

(2) 在上面格式要求中任缺一项扣 2 分,可累计扣分。

(3) 格式基本达到要求,但书写潦草者可酌情扣分。

3. 实验操作(40 分)

(1) 按实验步骤和实验程序,自觉认真完成实验且实验数据达到要求者,记满分即 40 分。

(2) 抄数据者扣 40 分。

(3) 实验过程中,根据实验步骤和实验程序规范程度及实验数据合乎要求的情况视情形酌情记分。

(4) 粗心大意损坏仪器,除按规定赔款外,另扣10分。

4. 文明卫生纪律(5分)

(1) 遵守实验室规则;在实验过程中始终遵守纪律、认真完成实验;不随意在实验室内、外走动;不在实验室吃东西、吸烟、乱丢纸屑者,记满分即5分。

(2) 违反上款任一项者扣5分。

(3) 实验完毕后,老师要求学生打扫室内卫生,不打扫者扣5分。

(4) 上实验课闲谈、大声喧哗或不听指导者,扣5分。

(5) 上实验课违犯纪律屡教不改或早退者,本次实验成绩记0分。

5. 仪器整理(5分)

(1) 实验完毕,学生按要求主动整理好仪器的,记5分。

(2) 实验完毕,学生没有整理仪器的,扣5分。

(3) 实验完毕,整理仪器不符合要求者,可视其情况酌情扣分。

6. 实验报告(30分)

(1) 实验报告用统一的实验报告纸按格式要求书写,实验数据按要求处理并有实验结果表示,报告书写整洁、清晰,布局合理者,且附有预习报告和原始记录,可记30分。实验报告格式要求:

① 实验名称;

② 实验目的;

③ 实验仪器;

④ 实验原理(简单扼要);

⑤ 实验步骤;

⑥ 注意事项;

⑦ 实验数据及处理(要有明确结果);

⑧ 体会(讨论或答思考题)。

(2) 没有数据处理、计算过程以及最后结果表示的扣15分。

四、实验课程流程图

实验课程的流程如图0-1所示。

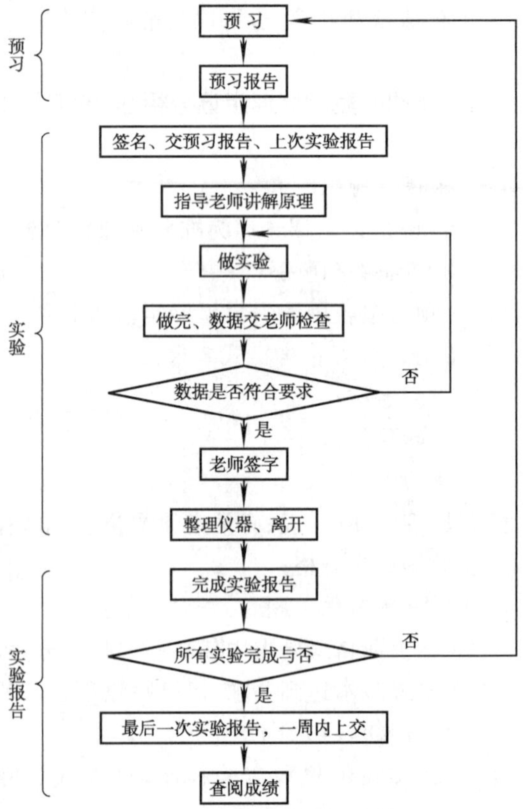

图0-1 实验课程流程图

第一章

测量误差与数据处理知识

§1 测　　量

在物理实验中，不仅要定性地观察物理现象，而且还需要定量地测量有关物理量。测量就要取得数字、记录数据、计算和报告数据，这里都存在有效数字取位的问题。因此，从实验课一开始，就要建立有效数字的概念，并强调通过练习达到熟练掌握和运用于每一个数据的目的。

一、测量的定义

1. 测量的定义

以确定量值为目的的一组操作称为测量（或计量）。

测量的过程就是把被测物理量与选作计量标准单位的同类物理量进行比较的过程。选作计量单位的标准必须是国际公认的、唯一的、稳定不变的。例如，真空中的光速是一个不变的量，国际单位制由此规定以光在真空中 1/299 792 458s 的时间间隔内所经路径的长度作为长度单位——1m。

测量一个物体的长度，就是找出该被测量是 1m 的多少倍，这个倍数称为测量的读数。数值连同单位记录下来便是数据，称为量值。量值用数值和单位的乘积来表示。

例如，钠光的一条谱线的波长为 $\lambda=589.6\times10^{-7}$m，它是单位 m 和数值 589.6×10^{-7} 的乘积。在图表和表格中正确的表示是 $\lambda/\mathrm{m}=589.6\times10^{-7}$。

2. 直接测量和间接测量

根据获得数据的方法不同，测量可分为直接测量和间接测量两类。

(1) 直接测量。

把被测量直接与标准量（量具或仪表）进行比较，直接读数，直接得到数据，这样的测量就是直接测量，相应的物理量称为直接测量量。例如，用米尺测量长度，用天平测量质量，用欧姆表测量电阻等。

直接测量是测量的基础。

(2) 间接测量。

大多数物理量没有直接测量的量具或仪表，不能直接得到测量数据，但能够找到它与某些直接测量量的函数关系。测出直接测量量，通过函数关系得到被测量的测量数据，这种测量称为间接测量，相应的物理量就是间接测量量。

例如，圆的半径 r，若圆心不能确定就不能直接测量，但可测量直径 d，然后通过公式 $r=d/2$ 算出半径，这就是间接测量。这时半径 r 就是间接测量量。实际中间接测量远远多于直接测量。实际中的原理、方法、步骤、计算等，大都是间接测量的内容；实验方法、实验技术也主要在间接测量范围之内。

3. 基本单位和导出单位

不同的物理量有各自不同的单位，幸而各物理量不是相互独立，而是由许多物理定义和物理规律联系起来的，所以只需要规定少数几个物理量的单位，其他物理量的单位就可根据定义和物理规律推导出来。独立定义的单位叫做基本单位，相对应的物理量叫做基本量；由基本单位推导出的单位叫做导出单位，相对应的物理量叫做导出量。

需要注意的是，在测量中区分的直接测量量和间接测量量，与在计量单位中规定的基本量和导出量，两事件之间没有对应关系。例如，物理的质量，它的单位 kg 是基本单位，若用天平测量，它是直接测量量；若把它浸没在量筒中的水里测出体积 V，从手册中查出该物质的密度 ρ，再用公式 $m=\rho V$ 计算，则该质量就是间接测量量了。

在物理学发展过程中，曾建立过各种不同的单位制，各单位制选取的基本量和规定的单位各不相同，使用中常常造成混乱，带来诸多不便。1960 年，国际计量大会正式通过了一种通用于一切计量领域的单位制——国际单位制，用符号“SI”表示。SI 规定的基本单位有 7 个。为了保证单位量值的统一，国际计量局设有复现单位标准的专门实验室，每个国家又都有自己的计量组织。任何工厂生产的量具、仪表都要经过计量单位检验鉴定才能出售使用，以保证量具能在规定的准确度标准下体现出量度单位。现在，我国已建立了与国际计量单位一致的米、秒、千克、开[尔文]、安[培]、坎[德拉]6 个基本单位的基准，其中有的基准完成了实验基准向自然基准过渡的工作。如实现米的新定义的碘稳频 He-Ne 激光器，实现 1990 年国际温标中用的中、高温固定点及铂电阻温度计，绝对重力仪等，主要技术指标都达到国际先进水平，有的还处于国际领先地位。在开展国际量值比对中，我国的国际地位不断提高，计量科学技术水平在国际上的声誉和威望越来越高。在 50 多个物理量中，我国现已建立起 142 项国家基准和标准，并相应建立了各级计量(技术监督)部门、量值传递系统、管理制度和专门的计量人员队伍。我国计量科学的水平在世界上已步入领先的行列。

二、有效数字

1. 有效数字和仪器读数规则

(1) 有效数字。

实验数据是通过测量得到的。读数的数字有几位，在实验中的含义是明确的。例如，用厘米分度的尺去测量一铜棒的长度(图 1-1-1)，我们先看到铜棒的长度大于 4cm，小于

5cm，进一步估计其端点超过 4cm，刻线 3/10 格，得到棒长为 4.3cm。不同的观察者估读不尽相同，可能读成 4.2cm 或 4.4cm。这样，同一根棒的长度得到 3 个测量结果，它们都应当是正确的。比较 3 个读数，可以看到最后一位数字测不准确，称之为欠准数字或可疑数字，前面的“4”是可靠数字。

上例中得到的全部可靠数字和欠准数字都是有意义的，总称为有效数字。当被测物理量和测量仪器选定以后，测量值的有效数字的位数就已经确定了。我们用厘米分度的尺测量铜棒的长度，得到的结果为 4.2cm、4.3cm 或 4.4cm 都是 2 位有效数字，它们的测量准确度相同。若换以毫米分度的尺子测量上例中的铜棒(图 1－1－2)，从尺的刻度可以直接读出 4.2cm，再估读到 1/10 格值，测定铜棒的长度为 4.22cm(当然，不同的观察者还可能得到 4.21cm或 4.23cm)，测量结果有 3 位有效数字，准确度高于上例。

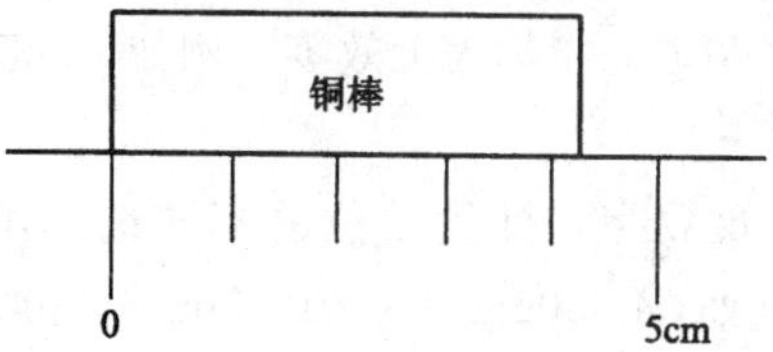

图 1－1－1　用厘米分度尺测量铜棒的长度

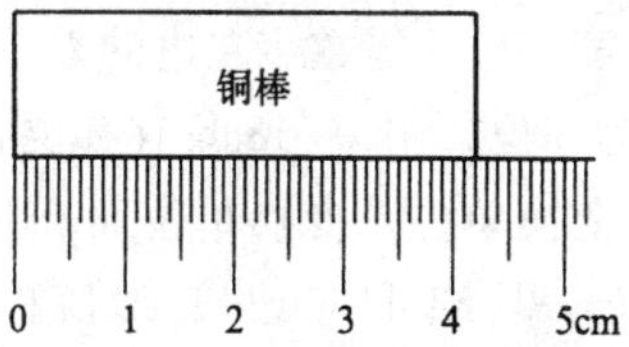

图 1－1－2　用毫米分度尺测量铜棒的长度

可见，用不同的量具或仪器测量同一物理量，准确度较高的量具或仪器得到的测量结果有效位数较多。另一方面，如果被测铜棒的长度是十几厘米或几十厘米，那么用厘米分度尺测量的结果变为 3 位有效位，用毫米分度尺测量的结果变为 4 位有效位。可见，有效位的多少还与被测量的大小有关。

有效位的多少，是测量实际的客观反映，不能随意增减测得值的有效位。

(2) 仪器的读数规则。

测量就要从仪器上读数，读数应包括仪器指示的全部有意义的数字和能够估读出来的数字。

① 估读。有一些仪器读数时需要估读，估读时首先根据最小分格的大小、指针的粗细等具体情况确定把最小分格分成几份来估读，通常读到格值的 1/10、1/5 或 1/2。前述图 1－1－1 就是估读到最小格值的 1/10。这样的仪器和量具很多，如米尺、螺旋测微计、测微目镜、读数显微镜、指针式电表等。图 1－1－3 是估读到 1/5 格值的例子。

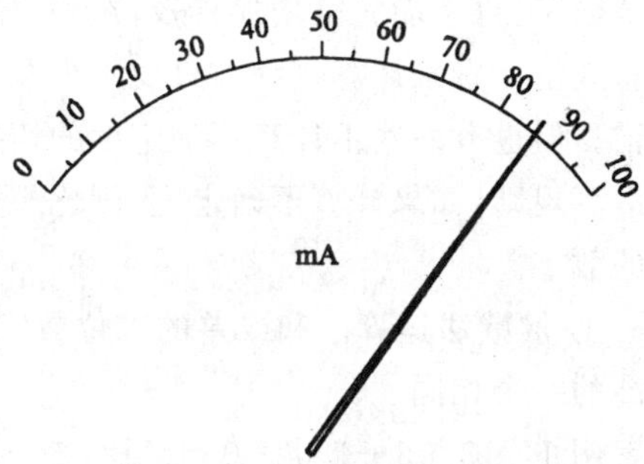

图 1－1－3　估读到 1/5 格值

② “对准”时的读数。对于已经选定的仪器，读数读到哪一位是确定的。例如，用 50 分度的游标卡尺测一物体的长度，游标恰与主尺 3cm 刻线对准，如图 1－1－4 所示。50 分度游标卡尺的分度值是 0.002cm，这类仪器不估读，读数应读到厘米的千分位，测得值为 3.000cm，有效位为 4 位，不可以读成 3cm。反过来，如果以为“对准”是准确无误，3 后面的 0 有无穷多个也是错的，因为游标卡尺有一定的准确度，且“对准”也是在一定分辨能力限制下的对准。

由此可见，在每次测量之前，首先应记录所用仪器刻度的最小分度值，然后根据具体情

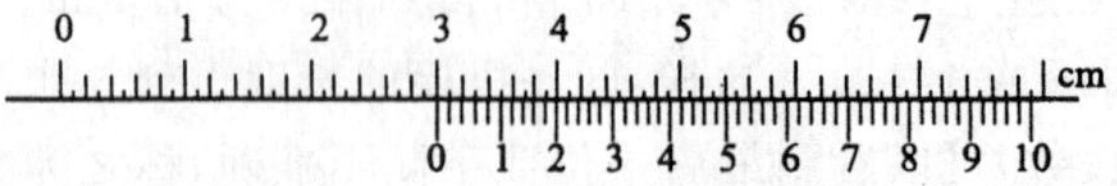

图 1－1－4　游标对准主尺 3cm 刻线

况确定是否应当估读或估读到几分之一格值，必要时还要加以说明，使记录清楚明白。

(3) 有效位的概念。

① 数字中无零的情况和数字间有零的情况全部给出的均为有效数。例如，56.147 4mm 这个量值，其有效数字共有 6 位，50.007 4mm，其有效数字也有 6 位。

② 小数末尾的零。有小数点时，末尾的零全部为有效数字。例如，50.140 0，其有效位为 6 位。

③ 第一位非零数字左边的零。第一位非零数字左边的零称为无效零。例如，0.050 470 0，有效位为 6 位；0.000 018 只有 2 位有效数字。

④ 变换单位。变换单位而产生的零都不是有效数字。计量单位的不同选择可改变量值的数值，但绝不应改变数值的有效位数。例如，$4.30\text{cm}=\underline{0}.\underline{0}430\text{m}=430\,\underline{00}\mu\text{m}=\underline{0}.\underline{000}\,\underline{0}430\text{km}$，带有横线的 0 是因为单位变化而出现的，它们只反映小数点的位置，都不是有效数字。上例中的 43 000μm 还错误地反映了有效位。为了正确表达出有效数字，实验中常采用科学计数法，即用 10 的幂次表示，如

$$4.30\text{cm}=4.30\times10^{-2}\text{m}=4.30\times10^{4}\mu\text{m}=4.30\times10^{-5}\text{km}$$

这种写法不仅简洁明了，特别当数值很大和很小时突出了有效数字，而且还使数值计算和定位变得简单。

2. 有效数字的运算规则和修约规则

(1) 有效数字的运算规则。

从仪器上读出的数值经常要经过运算以得到实验结果，运算中不应因取位过少而丢失有效数字，也不能凭空增加有效位。规范的做法是用测量结果的不确定度来确定测量结果的有效位。看来计算过程中只要不少取位，最后根据不确定度来截取结果的有效位，就不会出错。但也有一些不计算不确定度的情况，例如，用作图法处理数据时。下面给出有效数字的运算规则：如果计算不确定度，则比规则规定再多取 1～2 位，最后再根据不确定度去掉多余的数字。

① 加减法运算。和或差的末位数字所在的位置，与参与加减运算各量中末位数字位置最高的一个相同。

例 1　$13.6\underline{5}+1.622\,\underline{0}=15.2\underline{7}$

$16.\underline{6}-8.3\underline{5}=8.\underline{2}$

② 乘除法运算。一般情况下，积或商的有效位数，和参与乘除运算各量中有效位最少的那个数值的位数相同。又建议：如果所得的积或商的首位数字为 1、2 或 3 时，就要多保留一位有效数字。

例 2　$24\,320\times0.341=8.29\times10^{3}$

$85\,425\div125=683$

$12\,345\div98=126$

③ 对数运算。对数结果其小数点后的位数与真数的有效位数相同。

例 3　lg543＝2.735

④ 一般函数运算。将函数的自变量末位变化 1，运算结果产生差异的最高位就是应保留的有效位的最后一位。用这种方法来确定有效位，是一种有效而直观的方法。

例 4　$\sin 30°2'=0.500\,503\,748$

$\sin 30°3'=0.500\,755\,559$

两者差异出现在第 4 位上，故 $\sin 30°2'=0.500\,5$。

其实这正是求微分问题。通过求微分来确定函数的有效数字取位的意义是：设测量值的不确定度在最后一位上是 1，求由此而引起函数的不确定度出现在哪一位上。本章 §2 中"第四小节"的内容，也是应用求微分的方法进行不确定度的传递。

例 5　计算 $\sin 30°2'$。

解

$$x=30°2',\quad \Delta x=1'=\frac{\pi}{180\times 60}=0.000\,29(\mathrm{rad})$$

$$\mathrm{d}(\sin x)=\cos x\cdot \Delta x=0.000\,25$$

所以有效数末位的位置在小数点后的第 4 位上：$\sin 30°2'=0.500\,5$，它有 4 位有效数字。直观法和微分法效果是一样的。

⑤ 运算中常数和自然数的取位规则。运算中无理常数的位数比参加运算各分量中有效位最少的多取 1 位，例如，π 等于 3.141 592 654…在算式中要将所取的数字全部写出来。自然数是准确的，例如自然数 2，它后面有无穷多个 0，在算式中不必把那些 0 写出来。

上述运算规则是一种粗略的近似规则，如前所述，由不确定度决定有效位才是合理的。

(2) 修约间隔与修约规则。

在例 4 和例 5 中，都从较多的数字中留下了有效数字，去掉了多余的数字，这就是对数字的修约。

① 修约间隔。修约间隔可以看成是被修约值的最小单元，它既可以是个数值，也可以是个量值。修约间隔一旦确定，修约后的值即应是修约间隔的整数倍。

例如，修约间隔是 0.1g，则修约后的量值只能是 0.1g 的整数倍而不能出现小于 0.1g 的部分：

712.315g 修约成 712.3g

614.470g 修约成 614.5g

例如，修约间隔是 1 000m，则 85.47km 修约成 85km 或 85×10^3m。

② 修约中的"进"与"舍"的规则。拟舍弃位小于 5 时，舍去。拟舍弃位大于 5(包括等于 5 而其后有非零数值)时，进 1，即保留的末位加 1。拟舍弃位为 5 且其后无数值或皆为零时，若所保留的末位为奇数，即进 1；若为偶数，则舍去。

例如　1.234 51m 修约成 4 位有效位，为 1.235m

1.234 49m 修约成 4 位有效位，为 1.234m

1.234 50m 修约成 4 位有效位，为 1.234m

1.233 50m 修约成 4 位有效位，为 1.234m

③ 负数的修约。取绝对值，按上述规则修约，然后再加上负号。

④ 不允许连续修约。在确定修约间隔后应当一次修约获得结果，不得逐次修约。

例如，修约间隔为1mm，对15.454 6mm进行修约。

正确做法：15.454 6mm一次修约为15mm；

错误做法：15.454 6mm→15.455mm→15.46mm→15.5mm→16mm。

可见，错误的做法会导致错误的结果。

三、测量结果的有效位

1. 测量结果的表示

测量结果通常表示为（请注意，这不是测量结果的完整报告）：

被测量的符号＝（测量结果的值±不确定度的值）单位

或

被测量的符号＝测量结果的值（不确定的值）单位

关于测量的不确定度，本章§2将专门讲述，这里只说明测量结果表示中数值的有效位。

2. 不确定度的有效位

不确定度的值通常只取1或2位有效数字。本课程的教学中为了简化，规定不论什么情况都取2位。如果表示成相对不确定度的形式，也取2位有效数字。

不确定度计算过程中要多保留一位，即运算中的数值取3位有效数字，直到算出最终的不确定度，才修约成2位。

3. 测量结果的有效位

国际上规定，测量结果的修约间隔与其不确定度的修约间隔相等，即不确定度给到了哪一位，测量结果也应给出到这一位。

例如，国际科学协会科学技术数据委员会1986年公布：

阿伏加德罗常量 $L=6.022\,136\,7(0.000\,003\,6)\times10^{23}\,\mathrm{mol}^{-1}$；

更习惯的表示是 $L=6.022\,136\,7(36)\times10^{23}\,\mathrm{mol}^{-1}$。

原子质量常数 $m_u=1.660\,540\,2(0.000\,001\,0)\times10^{-27}\,\mathrm{kg}$，

或表示为 $m_u=1.660\,540\,2(10)\times10^{-27}\,\mathrm{kg}$。

在弄不清测量不确定度的大小时，无法确定测量结果给出到哪一位；一旦得到了测量结果的不确定度，给出到哪一位就确定了，测量结果的有效位也就明确了。

§2 测量的不确定度

在报告物理测量的结果时，不但要写明计量单位，而且还有责任给出表示测量质量的某些指标，这样才算是完整的报告。没有单位的数据，不能表征被测量大小的特征；没有测量结果的质量表示，使用它的人不能判定其可靠程度，测量结果也不能比较，既不能自身比较，也不能与说明书和标准给出的参考值比较。这个评定测量结果质量如何的指标就是不确定度。

然而对于测量数据的处理、测量结果的表达，长期以来在各个国家和不同学科有不同的看法和规定，有关术语的定义也不统一，从而影响了国际间的交流和对各种成果的互相利用。1980年10月，国际计量局(BIPM)综述了来自21个国家的意见，提出了《关于表述不确

定度的建议草案》，在1981年10月召开的BIPM第70届会议上修改通过，编号为INC－1(1980)。于是，《建议INC－1(1980)》成为国际性指导文件。

1986年成立了国际不确定度工作组，负责制定用于计量、标准、质量、认证、科研、生产中的不确定度指南。国际不确定度工作组成员中有中国的代表。

1993年，国际计量局(BIPM)、国际电工委员会(IEC)、国际临床化学联合会(IFCC)、国际标准化组织(ISO)、国际理论与应用化学联合会(IUPAC)、国际理论与应用物理联合会(IUPAP)和国际法定计量组织(OIML)7个国际组织正式发布了《测量不确定度表示指南》(Guide to the Expression of Uncertainty in Measurement，GUM)，为计量标准的国际化和测量不确定度的表述奠定了基础。

GUM被译为许多种文字，得到了广泛的应用。许多国家的计量实验室、校准实验室、检测实验室和国际组织都制定了相应的规定和准则，来规范各自领域中测量不确定度的计算和表达，从而促使科学、技术、商业、工业、卫生、安全和管理等各方面对测量的结果及其质量有统一的认识、理解、评价和比较。

为了贯彻实施GUM，统一我国对测量不确定度的评定方法，加速与国际惯例接轨，我国制定了一系列技术标准，其中要求对测量不确定度进行全面评价，特别是国家质量技术监督局于1999年1月11日发布了新的计量技术规范《JJF1059—1999测量不确定度评定与表示》，代替《JJF1027—1991测量误差及数据处理》中的误差部分，并于1999年5月1日起实行；同时利用专著、期刊、讲座、培训班普及测量不确定度的知识，宣传不确定度的实际应用经验。在我国实施GUM，科学、准确、规范地表述测量结果，不仅是工程技术和学术交往的需要，也是全球市场经济发展的需要。为培养面向21世纪的科技人才，物理实验课程的教学要积极采用国际通用的标准和指南。

一、测量的不确定度

本节给出关于不确定度的一些基本资料，这些资料引自不确定度的专著和文献。陌生的名词、术语读起来可能枯燥和费解，希望读者能耐心地读下去，读后获得了关于不确定度的一些印象，目的就达到了。§2中的第二到第四小节会具体地讲述不确定度的计算方法和表达方法，读者完全能读懂；然后还需再阅读本节，以获得对不确定度的理解。本节还可作为§2的小结，也可以像手册那样用来查询。

1. 测量不确定度

(1) 测量不确定度的定义。

测量不确定度是与测量结果相联系的参数，表征合理地赋予被测量之值的分散性。

从词义上理解，测量不确定度是测量结果有效性的可疑程度或不肯定程序；从统计概率的概念上理解，它是被测量的真值所处范围的估计值。真值是一个理想化的概念，是实际上难以操作的未知量，人们把通过实际测量所得到的量值赋予被测量，这就是测量结果。这个结果不必然落在真值上，即测量结果具有分散性。因此还要考虑测量中各种因素的影响，估算出一个参数，并把这个参数赋予分散性。也就是说，用一个恰当的参数来表述测量结果的分散性，这个参数就是不确定度。

① 这个参数，可以是标准偏差 s，可以是 s 的倍数 ks；也可以是具有某置信概率 p(如 p ＝95％、99％)的置信区间的半宽。

② 测量不确定度一般由若干分量组成，这些分量恒只用实验标准偏差给出而称为标准不确定度。其中如果由测量列的测量结果按统计方法估计，则称之为A类标准不确定度；其中如由其他方法和其他信息的概率分布估计的，称之为B类标准不确定度。这些标准不确定度现均用符号Δ表示，如Δ(x)或Δ_x。

③ 实验的测量结果是被测量之值的最佳估计以及全部不确定度成分。在不确定度的分量中，也应包括那些由系统效应，如与修正值、参考计量标准器有关的不确定度分量，这些分量都对实验结果的分散性有“贡献”。

(2) 不确定度的常用术语与定义。

标准不确定度：用标准差表示的测量不确定度。

A类标准不确定度评定或标准不确定度的A类评定：用对观测列进行统计分析的方法，来评定标准不确定度。

B类标准不确定度评定或标准不确定度的B类评定：用不同于对观测列进行统计分析的方法来评定的标准不确定度。

合成标准不确定度：当测量结果是由若干其他量的值求得时，按其他各量的方差和协方差算得的标准不确定度。它是测量结果标准差的估计值。

扩展不确定度：确定测量结果区间的量，合理赋予被测量之值分布的大部分可望含于此区间。

包含因子：为求得扩展不确定度，对合成标准不确定度所乘的数字因子。包含因子也称为覆盖因子。

自由度：在方差的计算中，和的项数减去对和的限制数。

置信概率(置信水平)：与置信区间或统计包含区间有关的概率值，常用百分数表示。

2. 与不确定度有关的概念

(1) 被测量与误差。

量值：量值是由一个数乘以测量单位所表示的特定量的大小。

真值、约定真值：量的真值μ定义为与给定的特定量定义相一致的量值。真值是一个理想化的概念，只有通过符合定义的、完美无缺的测量才有可能得到。对于给定目的具有适当不确定度的、赋予特定量的值称为约定真值。该值有时是约定采取的。常用到的约定真值有：由国际计量会议约定的值或公认的值，如基本物理常数、基本单位标准；高一级仪器校验过的计量标准器的量值(称为实际值)；修正过的算术平均值(称为最佳值)等。

被测量、测得值、测量结果：作为测量对象的特定量称为被测量。由测量所得到的并赋予被测量的量值，称为测得值或测量结果。在给出测得值时，应说明它是示值、未修正的测得值或已修正的测得值。在测量结果的完整表示中，还应包括测量不确定度的完整表示。

测量误差(真误差)、绝对误差、相对误差：测量误差(真误差)定义为测量结果减去被测量的真值，该差值带有正、负号，具有测量单位，称为绝对误差。绝对误差除以真值，单位为1，称为相对误差。相对误差也常用百分数表示。

示值误差、引用误差、准确度等级：描述仪器特性的术语。仪表的示值误差是仪表的示值与真值之差。引用误差是仪表的示值误差与引用值(如全量程)之比。有时用引用误差绝对值不超过某个界限的百分数来确定仪表的准确度等级。准确度是一个定性的概念，例如，可以说准确度高低、准确度为0.25级、准确度为3等及符合××标准；但不得使用如下表示：准确度为25%、16mg、≤16mg、±16mg。不要用术语“精密度”或“精度”代替“准确度”。

（2）常用统计学术语和概念。

总体、数学期望：在相同条件下，对某一稳定的量进行无限次测量，获得的全部测得值称为总体。总体的平均值，称为期望（数学期望值）。

系统误差与随机误差：期望与真值的差称为系统误差，测得值与期望之差称为随机误差。若已知系统误差或其近似值，可反复修正测得值；随机误差则不能修正。

总体方差、总体标准偏差：无限次测量的随机误差的平方取平均称为总体方差。总体方差的正平方根称为总体标准偏差。该值无正负号，它描述了测得值或随机误差的分散的特征。

样本、期望的估计：在相同条件下，对同一稳定的量进行 n 次测量，得到的 n 个测得值称为总体的样本，样本平均值是期望的估计（值）。

残差、样本方差、样本标准偏差：每个测得值与样本平均值之差称为残差。残差平方的平均值（分母常用 $n-1$）即样本方差，样本方差是总体方差的估计（值）。取样本方差的正平方根得到样本标准偏差。样本标准偏差描述了每个（n 次测量的任何一次）测得值对于样本平均值的分散的特征。

样本平均值的标准偏差：表征估计对于期望的分散特征。样本平均值的标准偏差是样本标准偏差的 $1/\sqrt{n}$。

3. 测量不确定度评定的步骤和表达

（1）测量模型。

被测量 Y 与 N 个被测量或其他已知量 $X_1, X_2, \cdots, X_N$ 构成函数关系：

$$Y=f(X_1, X_2, \cdots, X_N) \tag{1-2-1}$$

若视自变量 $X_1, X_2, \cdots, X_N$ 为系统的输入量，则函数 Y 为该系统的输出量。

式（1-2-1）为真值的函数关系。$X_1, X_2, \cdots, X_N$ 通常是直接测量量或已知量，其测得值或给出值为 $x_1, x_2, \cdots, x_N$，即 x_i 是输入量 X_i 的输入估计值，则对应的

$$y=f(x_1, x_2, \cdots, x_N) \tag{1-2-2}$$

为输出量 Y 的输出估计值，y 就是被测量 Y 的测量结果。在获得输入量的估计值的计算中，应尽力做到：剔除含有粗大误差的异常值，修正含有系统误差的测量值。

输入估计值 x_i 含有不确定度（不确定度分量），这些不确定度分量将导致输出量 y 也含有不确定度。

（2）测量不确定度评定的步骤。

评定不确定度的任务就是找出不确定度的来源，算出每个输入量的不确定度 Δ_{x_i}，并分别以其对测量结果 y 的不确定度的贡献 $\Delta_i(y)$ 的形式列出，然后把它们合成，计算出 y 的不确定度。

① 分析输入量 x_i 的不确定度来源（通常不止一个），算出相应的标准不确定度分量及其自由度，并将来源、数值和自由度列表报告。

② 将各标准不确定度分量考虑相关性后，予以合成得到各输入量 x_i 的标准不确定度 Δx_i 及 Δx_i 的自由度 ν_i。

③ 根据式（1-2-1）的具体函数关系，按照不确定度的传播方法，从 Δx_i 计算出输出量 y 的标准不确定度分量 $\Delta_i(y)$，$i=1,2,\cdots,N$。

④ 将各标准不确定度分量 $\Delta_i(y)$ 合成，得到输出量 y 的合成标准不确定度 Δ_y；并计算 Δ_y 的自由度 $\nu=\nu_{\mathrm{eff}}$。

⑤ 由合成标准不确定度 Δ_y 及包含因子 k 算出 y 的扩展不确定度 Δy_p。

⑥ 给出不确定度的最后报告。

(3) 测量不确定度的表达。

根据测量原理，使用测量装置进行测量，得出测量结果后，不仅应报告被测量值的最佳估计 y，还应给出测量不确定度报告。

测量不确定度有两种表达方式：

① 标准不确定度：用标准偏差表示，表明测量结果的分散性。多个标准不确定度分量 $\Delta_i(y)$ 按照一定的方式合成，得到的合成不确定度 $\Delta(y)$ 仍旧是标准偏差。如能求得自由度，则在报告 $\Delta(y)$ 的同时，还应报告 $\Delta(y)$ 的自由度 ν。

② 扩展不确定度：用标准偏差的倍数表示，将 $\Delta(y)$ 扩展 k 倍，得到扩展不确定度 Δy_p，扩展不确定度比标准不确定度有更高的置信概率，Δy_p 表明了置信区间的半宽度。若测量结果为 $\overline{x}$，则置信区间为 $[\overline{x}-\Delta y_p, \overline{x}+\Delta y_p]$。当用扩展不确定度报告不确定度时，还应报告置信概率 p 或者包含因子 k。

不论用哪一种表达方式，测量不确定度本身都不带有正负号。

二、标准不确定度的 A 类评定

1. 统计方法的基本概念

所谓统计方法，不是研究样本本身，而是根据样本对总体进行推断。

所谓总体是由观测的个体构成的集团。为了观测，从这个集团抽出的个体，就是反映总体特征的样本。

统计学中把总体视为无限多个个体的集团，即所谓无限总体，并认为样本本身的大小(样本中个体的数目)越大，就越能准确地反映总体的特征。因此，取尽可能大的样本，由近似计算进行统计推断。在统计学领域，对同一个被测量值在相同条件下的每一次独立的测量结果就是一个样本。它是这同一个被测量的无穷多次测量结果总体中的一个。通过有限次数的重复测量结果，对无穷多次测量结果进行推断，这就是计量学中对不确定度的 A 类评定方法。

2. 总体标准偏差和样本标准偏差

(1) 正态分布。

对被测量进行多次测量，测得值或其误差可视为随机变量。该随机变量的取值表现为一定的分布，而分布影响着不确定度的计算。常见的误差分布有正态分布、均匀分布、反正弦分布等，其中又以正态分布应用得最广泛。在表示测量结果时，常用到与正态分布有关的平均值、方差和协方差等，所以常假设测量符合正态分布，这给不确定度的计算带来了极大的方便。

假设系统误差已经修正，被测量值本身稳定，在重复条件下对同一被测量做 N 次测量。当 N 很大时，测量值的分布符合正态分布。

现举例说明之。

把表 1-2-1 的数据画成 $(N_k/N)-x_k$ 离散曲线图(图 1-2-1)。其中 N 是测量的总次数，N_k 是在 N 次测量中测得值为 x_k 出现的次数(频数)。如果观测量 x 可以连续取值，当测量次数 $N\to\infty$ 时，离散曲线图将变成一条光滑的连续曲线(图 1-2-2)。

表 1－2－1　对某量测量 150 次，测得量值及该量值出现的次数

测得值 x_k	出现次数 N_k	频率 N_k/N
7.31	1	0.007
7.32	3	0.020
7.33	8	0.053
7.34	18	0.120
7.35	28	0.187
7.36	34	0.227
7.37	29	0.193
7.38	17	0.113
7.39	9	0.060
7.40	2	0.013
7.41	1	0.007

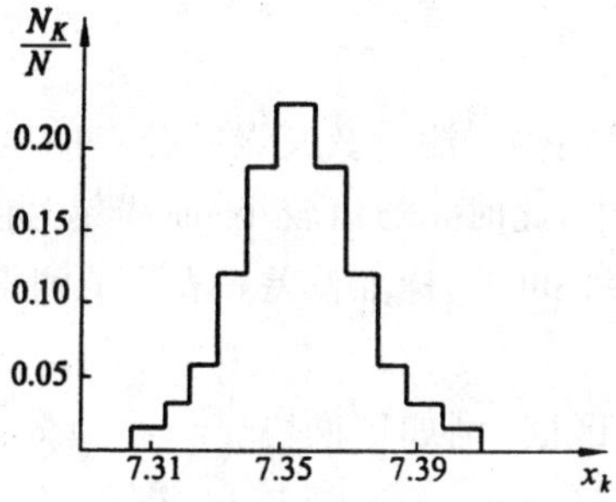

图 1－2－1　频率离散曲线图

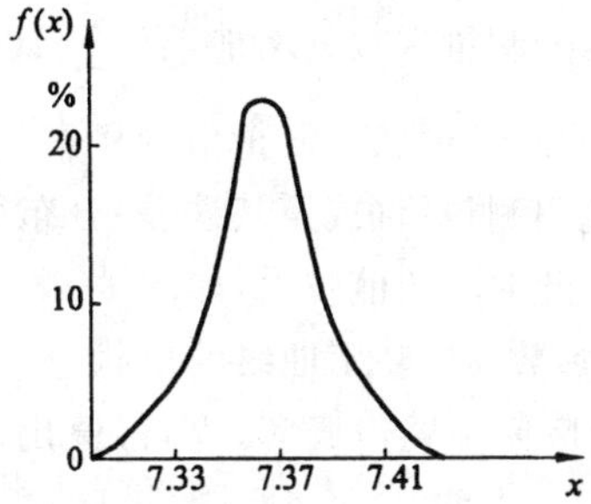

图 1－2－2　正态分布

由图可见，每次测得的 x_k 尽管不相同，但 x_k 总围绕着平均值 μ（$\mu=7.360$）而起伏。虽然我们不能预言某一次测量的数值落在哪里，但可以肯定总的趋势是偏离平均值越远的次数越少，而且偏离过远的测量结果实际上不存在。也就是说，可以从总体上把握结果取某个测量值的可能性（概率）有多大。

图 1－2－3 所示的分布就是正态（高斯）分布。它是用期望 μ 和方差 σ^2 所定义的曲线，概率分布函数式为：

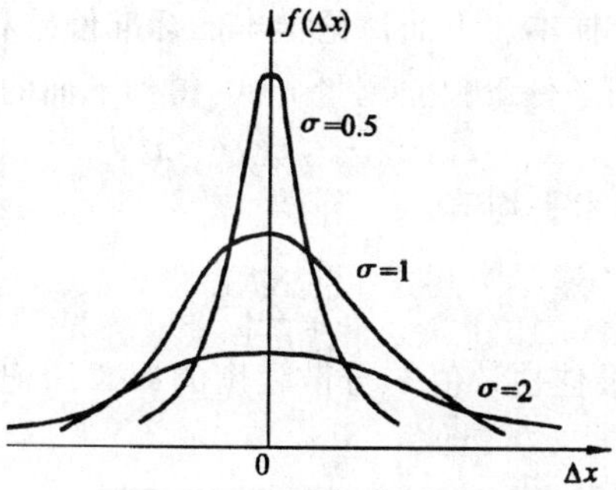

图 1－2－3　对应不同 σ 的正态分布曲线

$$f(x)=\frac{1}{\sqrt{2\pi}\cdot\sigma}e^{-\frac{(x-\mu)^2}{2\sigma^2}} \tag{1-2-3}$$

式中参数 σ 称为总体标准偏差，它由下式给出：

$$\sigma=\sqrt{\frac{\sum_{k=1}^{N}(x_k-\mu)^2}{N}} \tag{1-2-4}$$

式中，μ 是总体平均值，称为期望参数。μ 决定曲线峰值的位置，σ 决定曲线的形状。

(2) 正态分布的特点。

① 正态分布中 x_k 的误差 Δx_k(误差 $\Delta x_k=x_k-\mu$)具有以下特点：

有界性：绝对值很大的误差出现的概率极小，即误差的绝对值不超过一定的界限，通常 $|\Delta x_k|$ 不大于 3σ。

单峰性：曲线呈凸形，绝对值小的误差出现的概率比绝对值大的误差出现的概率大，曲线的峰值对应于 μ。

对称性：绝对值相等的正误差和负误差出现的概率相等。

抵偿性：随测量次数的增加，有 $\sum\limits_{N\to\infty}\Delta x=0$ 。

② σ 和曲线的形状。测量值的概率分布曲线提供了测量及其误差分布的全部知识。曲线越“瘦”，说明测得值(或及其误差)分布得越集中，此时 σ 的值较小；曲线越“胖”，则说明测得值越分散，此时 σ 的值较大，如图 1-2-3 所示。可见，标准偏差 σ 表征了测得值对期望 μ 的分散性。参数 σ 反映了曲线的形状。

③ 置信区间和置信概率。测得值出现在某区间，例如区间 $[\mu-a,\mu+a]$ 内的概率是 $p=\int_{\mu-a}^{\mu+a}f(x)\mathrm{d}x$ ，p 称为置信概率，相应的区间称为置信区间，a 称为置信区间的半宽。

相应于置信区间 $[\mu-\sigma,\mu+\sigma]$ 的置信概率为 68.27%。

相应于置信区间 $[\mu-3\sigma,\mu+3\sigma]$ 的置信概率为 99.73%，也就是说，测得值落在该区间之外的可能性只有 0.27%，即几乎不可能落到区间以外，故通常把置信区间等于 3σ 作为误差界限。

(3) 总体标准偏差和实验标准偏差。

实际实验中，人们只能作有限次(n 次)测量，甚至 n 也不可能很大。这 n 个测得值称为一个测量列，它是总体的一个样本。下面讨论样本的标准偏差和一些重要的基本概念。

对同一被测量 X，在相同条件下独立测量 n 次，得到下面的测量列(即样本)：

$$x_1,x_2,\cdots,x_k,\cdots,x_n$$

① X 的最佳估计值为算术平均值：

$$\overline{x}=\frac{1}{n}\sum_{k=1}^{n}x_k \tag{1-2-5}$$

② 表征测得值 x_k 对其最佳估计值 $\overline{x}$ 分散程度的参数 s，记为 s_x 或 $s(x)$，称为实验标准偏差，可用贝塞尔公式求得：

$$s(x)=\sqrt{\frac{\sum_{k=1}^{n}(x_k-\overline{x})^2}{n-1}} \tag{1-2-6}$$

或

$$s(x)=\sqrt{\frac{1}{n-1}\left\{\sum_{k=1}^{n}x_k^2-\frac{1}{n}\left(\sum_{k=1}^{n}x_k\right)^2\right\}} \tag{1-2-7}$$

式中，x_k 为第 k 次的测得值，$\overline{x}$ 为 n 次测量的算术平均值。(1-2-7)式可由(1-2-6)式推导得到，在计算机上编程计算时，用(1-2-7)式更为方便。

③ 在统计学中，s 称为样本标准偏差，s^2 称为样本方差，$\overline{x}$ 称为样本均值，σ^2 称为总体方差。

④ $x_k-\overline{x}$ 称为残差，它有专门的符号 v，第 k 次测得值 x_k 的残差为 v_k。在正态分布下，关于残差 v 有：

$$\sum_{k=1}^{n}v_k=0\text{（在 }\overline{x}\text{ 未进行修约的条件下）} \tag{1-2-8}$$

和

$$\sum_{k=1}^{n}v_k^2=\sum_{k=1}^{n}(x_k-\overline{x})^2\text{ 为最小} \tag{1-2-9}$$

(1-2-9)式又称为最小二乘原理。

⑤ 样本平均值的标准偏差表征最佳估计值 $\overline{x}$ 对其期望 μ 的分散性，记为 $s_{\overline{x}}$ 或 $s(\overline{x})$：

$$s(\overline{x})=\frac{s(x)}{\sqrt{n}}=\sqrt{\frac{\sum_{k=1}^{n}(x_k-\overline{x})^2}{n(n-1)}} \tag{1-2-10}$$

⑥ 请读者注意区分 $s(x)$ 和 $s(\overline{x})$，以及它们各表示什么值对什么值的分散性。

3. 标准不确定度的 A 类评定

如前所述，标准不确定分量用符号 Δ 并带下脚标来表示，例如 Δ_1。

(1) 对被测量 X 在相同条件下独立测量 n 次，用测量列的算术平均值 $\overline{x}=\frac{1}{n}\sum_{k=1}^{n}x_k$ 作为测量结果时，它的 A 类标准不确定度：

$$\Delta_A(x)=s(\overline{x})=\frac{s(x)}{\sqrt{n}},\quad \text{自由度 }\nu(x)=n-1 \tag{1-2-11}$$

式中，$s(x)$ 是测量列(样本)的标准偏差，由(1-2-6)式或(1-2-7)式算出。

(2) 对被测量 X 只测量一次时，测量结果就是这一次的测量值，它的 A 类不确定度：

$$\Delta_A(x)=s(x) \tag{1-2-12}$$

其中，$s(x)$ 是在本次测量的“早先”通过多次测量得到。当然，本次测量应在早先多次测量的重复条件下进行。同样，早先测量的次数为 n，则本次测量的自由度仍旧是 $n-1$。

“早先的多次测量”，可以是实验者本人或其他实验人员完成，也可以是仪器生产厂家或检定单位完成，可从检定校准证书中查得。

(3) 其他评定方法。

贝塞尔法只是 A 类标准不确定度的评定方法之一，其他常用的方法有残差法、极差法等，这些评定方法的自由度可以查相应的表得到。

4. 自由度

(1) 自由度等于方差计算中和的项数减去对和的限制数。通常自由度为正整数，自由

度记为 ν。

在相同条件下对被测量作 n 次独立测量，所得的样本方差为 $(v_1^2+v_2^2+\cdots+v_n^2)/(n-1)$，其中和的项数即为残差的个数 n，而限制条件只有 $\sum_{k=1}^{n} v_k=0$ 这一个，所以实验标准偏差的自由度 $\nu=n-1$。

(2) 对自由度的通俗解释：被测量 X，本来测量一次即可获得，但为了提高测量的质量(品质)或可信度而测量了 n 次，其中多测的 $n-1$ 次实际上是由实验人员根据需要“自由”选择的，故称为自由度。

(3) 自由度 ν 反映标准偏差 $s(\overline{x})$ 的可靠程度，也就是说，自由度表明了测量结果的不确定度的不确定度。

$\sigma(\overline{x})$ 是 $\overline{x}$ 的标准差，$s(\overline{x})$ 是 $\sigma(\overline{x})$ 的估计值；$s(\overline{x})$ 的方差 $\sigma^2[s(\overline{x})]$ 由近似表达式给出：

$$\sigma^2[s(\overline{x})]\approx\frac{\sigma^2(\overline{x})}{2\nu} \tag{1-2-13}$$

由此得到：

$$\nu\approx\frac{1}{2}\left\{\frac{\sigma[s(\overline{x})]}{\sigma(x)}\right\}^{-2} \tag{1-2-14}$$

式中，$\sigma[s(\overline{x})]$ 是 $s(\overline{x})$ 的标准差，大括号内是 $s(\overline{x})$ 的相对标准不确定度。(1-2-14)式反映了自由度与 $s(\overline{x})$ 的相对不确定度之间的关系：ν 的数值越大，表明 $s(\overline{x})$ 越可靠，如果自由度趋于 ∞，则说明标准不确定度 $s(\overline{x})$ 的相对不确定度 $\sigma[s(\overline{x})/\sigma(\overline{x})]$ 趋近于零，也就是说 $s(\overline{x})$ “准确无误”。

(4) 正态分布的 n 次观测，$s(\overline{x})$ 的相对标准偏差 $\sigma[s(\overline{x})/\sigma(\overline{x})]$ 的值，$s(\overline{x})$ 的自由度如表 1-2-2所示(请思考：表中数值的变化趋势说明了什么)。

表 1-2-2 自由度和 $s(\overline{x})$ 的相对标准偏差

观测次数 n	$s(\overline{x})$ 的自由度 $\nu=n-1$	$s(\overline{x})$ 的相对标准偏差 $\sigma[s(\overline{x})/\sigma(\overline{x})]/\%$
2	1	76
3	2	52
4	3	42
5	4	36
10	9	24
20	19	16
30	29	13
50	49	10

5. A 类标准不确定度评定举例

例 6 用千分尺测量圆柱的直径 D，相同条件下在圆柱的某一部位取直径互相垂直的方向各测量一次，取平均为一次独立测量，取圆柱的不同部分共进行独立测量，$n=5$ 次，测得的数据如表 1-2-3 所示，试计算 $\overline{D}$ 的 A 类标准不确定度。

表 1－2－3

序号 i	互垂方向直径测得值	D_k/mm	残差 $v_k/10^{-3}$mm $(D_k-\overline{D})$	$v_k^2/10^{-6}$mm^2
1	14.053 14.052	14.052 5	+0.1	0.01
2	14.053 14.052	14.052 5	+0.1	0.01
3	14.053 14.053	14.053 0	+0.6	0.36
4	14.052 14.052	14.052 0	−0.4	0.16
5	14.052 14.052	14.052 0	−0.4	0.16
和				$\sum v_k^2=0.70$
平　均		$\overline{D}=14.052\ 4$		

用千分尺测量圆柱的直径 D。

千分尺量程：0～25mm；允差：0.004mm。

零点读数(5 次测量的平均值)$D_0=0.037\ 4$mm。

修正零点误差：$D=\overline{D}-D_0=14.052\ 4-0.037\ 4=14.015\ 0$mm。

实验标准偏差按贝塞尔公式计算：$s(D)=\sqrt{\dfrac{\sum\limits_{k=1}^{n}(D_k-\overline{D})^2}{n-1}}=\sqrt{\dfrac{0.70\times10^{-6}}{5-1}}=0.418\times10^{-3}$mm。

平均值 $\overline{D}$ 的标准偏差：$s(\overline{D})=\dfrac{s(D)}{\sqrt{n}}=\dfrac{0.418}{\sqrt{5}}=0.187\times10^{-3}$mm。

D 的 A 类标准不确定度：$\Delta_A(D)=s(\overline{D})=0.187\times10^{-3}$mm。

$\Delta_A(D)$的自由度 $\nu=n-1=4$。

例 7　在与例 6 相同的条件下，对例 6 圆柱的直径 D 进行了一次测量(在互垂方向上各测一次，取平均为一次)，得到的结果是 $D=14.052\ 5$mm，求测量结果的 A 类标准不确定度。

只测量一次时，按照(1－2－12)式，$\Delta_A(D)=s(D)=0.418\times10^{-3}$mm。

$\Delta_A(D)$的自由度与例 6 相同，$\nu=4$。

三、标准不确定度的 B 类评定

1. 非统计方法的基本概念

非统计方法，就是统计方法以外的其他方法。

在不确定度的 A 类评定中，对于评定的时间、地点、人员甚至机构都没有限制，前人所做的评定可以作为人们实验评定的依据。B 类评定中虽然往往所依据的是诸如计算器具的检定书、标准、技术规范、手册上所提供的技术数据以及国际上所公布的常量与常数等，这些信息通常也是通过统计方法得出的，但是给出的信息不全，例如，只给出真值的一个分量。

根据现有信息对这一分量进行估算，得到近似的相应方差或标准偏差以及相应的自由度，就是不确定度B类分量的评定。

2. B类评定所依据的信息

(1) 获得B类标准不确定度的信息来源一般有：

① 以前的观测数据；

② 对有关技术资料和测量仪器特性的了解和经验；

③ 技术说明书、校准证书、检定证书或其他文件提供的数据，准确度的等别或级别，包括目前暂在使用的极限误差等；

④ 手册、标准以及其他资料给出的数据。

(2) 如果还有上述未能包含的实验装置、实验条件、测量操作、环境等因素导致的不确定度，则应充分考虑并计入。

3. 测量仪器的最大允许误差

测量仪器的最大允许误差(又称为极限允许误差、误差界限、允差等)在评定B类标准不确定度时经常要用到。

(1) 测量仪器的最大允许误差。

制造厂在制造某种仪器时，在其技术规范中预先设计规定了允许误差的极限值，终检时凡误差不超出此界限的仪器均为合格品，可以出厂。因此，最大允许误差是人们为一批仪器规定的技术指标(过去所说的仪器误差、示值误差或准确度，实际上都是最大允许误差)，它不是某台仪器实际存在的误差或误差范围，也不是用该仪器测量某个被测量量时所得到的测量结果的不确定度。在《国际通用计量学基本术语》中称之为测量仪器的“最大允许误差”或“允许误差极限”。在物理实验中通常用 $\Delta_{仪}$ 表示。

最大允许误差是一个范围，某种仪器的最大允许误差为 $\pm\Delta_{仪}$，表明凡是合格的这种仪器，其误差必在 $-\Delta_{仪}\sim+\Delta_{仪}$ 范围之内，也就是说，最大允许误差给出了置信概率为1的区间。最大允许误差实质上并非误差，而是一个不确定度的概念。

(2) 仪器最大误差的给出方式。

最大允许误差通常用绝对误差、相对误差、引用误差和分贝误差的允许范围的形式表示。

① 用绝对误差形式表示：例如，用Ⅰ级钢卷尺测量0.7m长的钢丝长度，根据示值允许误差计算公式，其示值允许误差为[Ⅱ级钢卷尺的 $\Delta_{仪}=\pm(0.3+0.2L)$]：

$$\Delta_{仪}=\pm(0.1+0.1L)\text{mm}=\pm0.2\text{mm}\quad(L=1)$$

② 用引用误差形式表示：某些仪器的最大允许误差用绝对误差与特定值之比的百分数来表示，称为引用误差。“特定值”指满量程值或最低位数字。

例如，0.5级微安表，500μA量程档的 $\Delta_{仪}=\pm$(满量程值×级别%)$=500\mu\text{A}\times0.5\%=\pm2.5\mu\text{A}$。若测得值为400μA，则用相对误差表示的极限允许误差为 $\pm2.5/400=\pm0.625\%$。注意，它并不等于仪器的级别0.5%(所以使用这类仪表时，应选择恰当的量程，使被测量在量程的2/3以上)。

又如数字电压表的最大允许误差为 $\Delta_{仪}=\pm$(级别%×读数+3×最低位数值)。

用引用误差来表示仪器最大允许误差的情形很普遍，尤其是在电工仪器仪表中，本教材将在各有关实验的仪器介绍中一一给出。

4. 标准不确定度的 B 类评定方法

B 类标准不确定度分量也用符号 Δ 并带有下标来表示，如 Δ_B。

(1) 第一种情况。

① 根据信息得到测量仪器的最大允许误差 $\Delta_{仪}=\pm a$，即在区间$[x-a, x+a]$中的置信概率 $p=1$，所以 a 称为 x 分散区间的半宽度，则不确定度：

$$\Delta_B(x)=\frac{a}{k} \tag{1-2-15}$$

式中，k 值取决于 x 在区间$[x-a, x+a]$的分布，常见的分布及相应的 k 值如表 1-2-4 所示。

若进一步估计出 a 的相对标准不确定度$\frac{\Delta(a)}{a}$，$\Delta_B(x)$的自由度为：

$$\nu(x)=\frac{1}{2\left[\frac{\Delta(a)}{a}\right]^2}$$

表 1-2-4 常见分布与 k、$\Delta_B(x)$的关系

分布类别	p	k	$\Delta_B(x)$
正态	(0.9973≈)1	3	$a/3$
三角	1	$\sqrt{6}$	$a/\sqrt{6}$
均匀	1	$\sqrt{3}$	$a/\sqrt{3}$
反正弦	1	$\sqrt{2}$	$a/\sqrt{2}$
两点	1	1	a(游标读数即属此)

② 物理实验教学中的简化处理。

估计误差在其分散区间内的分布，对于初学者比较困难，故本课程规定，除游标读数外，无论能否估计分布，一律折中假设为均匀分布，取 $k=\sqrt{3}$，即 $\Delta_B(x)=a/\sqrt{3}$，式中 $a=|\Delta_{仪}|$。

这种情况，常常缺乏关于自由度的信息，因此也可以不报告自由度。实际上在表 1-2-4 中根据分布估算 B 类标准不确定度时，都隐含地假设标准不确定度分量是确切知道的，这就已暗示其自由度趋近于∞。

(2) 第二种情况。

若已知 x 在区间$[x-U, x+U]$为正态分布，根据信息得到 U 和误差区间的置信概率 p，则标准不确定度：

$$\Delta_B(x)=\frac{U}{k} \tag{1-2-16}$$

与正态分布有关的 B 类标准不确定度 $\Delta_B(x)$如表 1-2-5 所示。

表 1-2-5 与正态分布有关的 B 类标准不确定度 $\Delta_B(x)$

p	k	$\Delta_B(x)$
(0.9973≈)1	3	$U/3$
0.99	2.58	$U/2.58$
0.9545	2	$U/2$
0.95	1.96	$U/1.96$
0.68≈2/3	1	U
0.5	0.6745	$1.48U\approx1.5U$

若能进一步估计出 $\Delta_B(x)$ 的相对标准不确定度 $s[\Delta_B(x)]/\Delta_B(x)$，则 $\Delta_B(x)$ 的自由度为：

$$\nu(x)=\frac{1}{2\left\{\frac{s[\Delta_B(x)]}{\Delta_B(x)}\right\}^2}$$

(3) 第三种情况。

x 来源于已知的信息，该信息不仅提供了 x 量值，还提供了某扩展不确定度 U、包含因子 k 的自由度 ν，则 x 的 B 类标准不确定度分量 $\Delta_B(x)$ 和自由度 $\nu(x)$ 分别为：

$$\Delta_B(x)=\frac{U}{k} \tag{1-2-17}$$

$$\nu(x)=\nu$$

5. B 类标准不确定度的自由度

如前所述，自由度是标准不确定度 $\Delta_B(x)$ 的不确定度。对于 B 类不确定度，(1-2-13) 式或(1-2-14)式可以写成：

$$\nu\approx\frac{1}{2}\frac{\Delta_B^2(x)}{\sigma^2[\Delta_B(x)]}\approx\frac{1}{2}\left\{\frac{\sigma[\Delta_B(x)]}{\Delta_B(x)}\right\}^{-2} \tag{1-2-18}$$

式中，$\sigma[\Delta_B(x)]$ 是 $\Delta_B(x)$ 的标准不确定度，大括号内是 $\Delta_B(x)$ 的相对标准不确定度。根据经验，按所依据的信息来源的可信程度来判断 $\Delta_B(x)$ 的标准不确定度，从而推算出 $\left\{\frac{\sigma[\Delta_B(x)]}{\Delta_B(x)}\right\}$，再用(1-2-18)式算出 $\Delta_B(x)$ 的自由度 ν。估计 $\left\{\frac{\sigma[\Delta_B(x)]}{\Delta_B(x)}\right\}$ 的值需要一定的经验，由此也可以看出，ν 的值往往会因人而异。表 1-2-6 是按(1-2-18)式算出的 ν 值。

表 1-2-6 $\sigma[\Delta_B(x)]/\Delta_B(x)$ 与 ν 的值

$\sigma[\Delta_B(x)]/\Delta_B(x)$	ν
0	∞
0.10	50
0.20	12
0.25	8
0.30	6
0.40	3
0.50	2

6. B 类标准不确定度评定举例

例 8 已知某测量仪器在实验测量示值处的最大允许误差为 a，该仪器合格，由此求 B 类标准不确定度分量。

误差分散区间 $[-a,a]$ 中的置信概率 $p=1$，此时 $\Delta_B=a/k$：

① 根据本课程教学中的简化处理，无论明确误差分布还是对分布一无所知，除游标读数 $k=1$ 处，其他都取 $k=\sqrt{3}$，于是 $\Delta_B=a/\sqrt{3}$，且 Δ_B 的自由度趋近于 ∞。

② 若说明书中给出 k 和 ν，则 $\Delta_B(x)=a/k$，$\nu(x)=\nu$；或说明书中给出 a 的相对标准不确定度，如 $\Delta(a)/a=\frac{1}{4}$，则自由度为 $\nu=\frac{1}{2(1/4)^2}=8$[根据(1-2-15)式]。

例 9 计算例 1 中测量圆柱直径 D 的 B 类标准不确定度。

分析：D 的测量不确定度主要来自千分尺的仪器基本误差，其他如温度的影响等忽略不计。千分尺的最大允许误差 $\Delta_{仪}$ 由下面给出的千分尺示值误差查得，$a=\Delta_{仪}=0.004\text{mm}$，

测量范围(mm)	示值误差(μm)
0～25,25～50	4
50～75,75～100	5
100～125,125～150	6
150～175,175～200	7

取 $k=\sqrt{3}$，于是 $\Delta_B(D)=a/\sqrt{3}=0.004/\sqrt{3}\text{mm}=2.31\times10^{-3}\text{mm}$，$\nu\to\infty$。

四、合成标准不确定度和扩展不确定度

1. 广义方和根法

(1) 广义方和根法。

在§2 中，曾给出测量模型

$$Y=f(X_1,X_2,\cdots,X_N)$$

和对应的 $y=f(x_1,x_2,\cdots,x_N)$。

算出每个输入量 $x_1,x_2,\cdots,x_N$ 的标准不确定度相应为 $\Delta(x_1),\Delta(x_2),\cdots,\Delta(x_N)$，然后根据测量模型给出的函数关系计算出它们对测量结果 y 的不确定度的贡献分别为 $\Delta_1(y)$，$\Delta_2(y),\cdots,\Delta_N(y)$，最后用广义方和根法算得 y 的总的标准不确定度 $\Delta(y)$。$\Delta(y)$是由各标准不确定度(分量)合成而来，因而还是标准不确定度，称为合成标准不确定度。

广义方和根法是把各标准不确定度分量平方(方差)，求和之后再开平方。如果求和各项相关，则求和还应加上相关项(协方差)再开平方，用公式表达为：

$$\Delta(y)=\sqrt{\sum_{i=1}^{N}\Delta_i^2(y)+2\sum_{i=1}^{N-1}\sum_{j=i+1}^{N}r(x_i,x_j)\Delta_i(y)\Delta_j(y)} \tag{1-2-19}$$

式中，$r(x_i,x_j)$是相关系数。若 x_j 和 x_i 完全相关，该项的相关系数为 1；若完全不相关，则相关系数为零。若所有的输入量都是独立的，所有协方差项都为零，则(1-2-19)式变为：

$$\Delta(y)=\sqrt{\Delta_1^2(y)+\Delta_2^2(y)+\cdots+\Delta_N^2(y)} \tag{1-2-20}$$

(2) 相关的概念。

把各个标准不确定度综合为合成标准不确定度时，要考虑这些分量之间的相关性。

在两个随机变量之间，当它们变化时，表现出存在某种相依的关系，这种关系往往也并非其中的某一个为变量而另一个为因变量，而是由它们在某种程度上受同样的影响而导致相依。在这种情况下，这两个量就是相关的，或非独立的。例如，都是由于温度所引起的两个不确定度分量，由于同一观测员所导致的两个不确定度分量，由同一标准器所产生的两个不确定度分量等。有时，两个本来不相关的变量，但对于它们都进行了温度修正，而这个修正的依据是由同一温度计测出的，因此它们的修正量就相关了，从而修正后的这两个变量也就相关了。

两个变量之间互相依赖的程度用相关系数 r 表示，r 的取值为 0～1 任何可能的值。

比较(1-2-19)式和(1-2-20)式，显然(1-2-20)式简单得多。在实际测量中，通过合理地选择输入量和设计测量方案，尽量使各输入量相互独立，这样协方差项不出现。以下

讨论中，假设各输入量独立无关。

(3) 不确定度传播系数。

为了计算合成标准不确定度，首先要算出测量结果 y 的不确定度分量 $\Delta_i(y)$。$\Delta_i(y)$是当某一自变量 x_i 有一个微小变化量（不确定度）$\Delta(x_i)$时所引起函数 y 的变化量。显然，这是偏微分问题。

$$y=f(x_1,x_2\cdots)$$
$$\Delta_i(y)=\frac{\partial y}{\partial x_i}\Delta(x_i)=C_i\cdot\Delta(x_i) \qquad (1-2-21)$$

式中，$C_i=\partial y/\partial x_i$ 叫做不确定度传播系数或灵敏度系数，它表示输出量 y 随第 i 个输入量 x_i 变化的灵敏程度，即输入量 x_i 变化一个单位时，输出量 y 相应的变化量。

2. 合成标准不确定度

(1) 合成标准不确定度。

① 当待测量是直接测量量，即 $Y=X$，此时 $C=\left|\frac{\partial y}{\partial x}\right|=1$，所以合成标准不确定度：

$$\Delta(y)=\Delta(x) \qquad (1-2-22)$$

$\Delta(x)$的来源有 A 类、B 类，共数个标准不确定度分量 $\Delta_1(x),\Delta_2(x),\cdots$，如果这些分量是相互独立即不相关的，则：

$$\Delta(x)=\sqrt{\Delta_1^2(x)+\Delta_2^2(x)+\cdots} \qquad (1-2-23)$$

$\Delta_1(x),\Delta_2(x),\cdots$是标准不确定度，用方和根法合成后的 $\Delta(x)$仍是标准不确定度，所以也是标准不确定度。在实际数据计算过程中，(1－2－23)式简化为 $\Delta(x)=\sqrt{\Delta_A^2(x)+\Delta_B^2(x)}$，式中 $\Delta_A(x)$用(1－2－11)式计算。

例 10 计算例 1 所测圆柱直径 D 的合成标准不确定度 $\Delta(D)$。

D 的不确定度有两个来源。为了便于计算，表示成方差（表 1－2－7）。

表 1－2－7

i	符号	类型	来源	$\frac{\Delta_i(D)}{(10^{-3}\,\text{mm})}$	$\frac{\Delta_i^2(D)}{(10^{-3}\,\text{mm})^2}$	ν
1	$\Delta_A(D)$	A(见例 1)	多次测量的分散性	0.187	0.0350	4
2	$\Delta_B(D)$	B(见例 4)	千分尺的基本误差	2.31	5.3333	∞

$\Delta_A(D)$和 $\Delta_B(D)$相互独立，按广义方和根法合成：

$$\Delta^2(D)=\Delta_A^2(D)+\Delta_B^2(D)=5.368\ 3\times10^{-3}\,\text{mm}^2$$
$$\Delta(D)=\sqrt{5.368\ 3\times10^{-6}}=2.32\times10^{-3}\,\text{mm}$$

本例中 $S(\overline{D})\ll\Delta_{仪}/\sqrt{3}$，即多次测量的分散性远小于仪器基本误差的影响，仪器误差是不确定度的主要来源。今后计算中，在不确定度取 2 位的情况下，用方和根法合成两个分量时，如果一个分量比另一个分量的 1/10 还要小，则该分量可以略去不计。如果 $S(D)\ll\Delta_{仪}/\sqrt{3}$，则表明多次测量的分散性已经被仪器的分辨能力所掩盖，在这种情况下，只测量一次就够了，没有必要做多次测量。

② 被测量 y 是间接测量量，即 $y=f(x)$，此时 $C=\left|\frac{\partial y}{\partial x}\right|$，则经过传播得到标准不确定度：

$$\Delta(y)=C\cdot\Delta(x)=\left|\frac{\partial y}{\partial x}\right|\Delta(x) \qquad (1-2-24)$$

实际上，①是②的特例。

③ 普遍的情况是，y 是 N 个直接测量的函数，即 $y=f(x_1,x_2,\cdots,x_N)$，若输入量彼此无关，则合成不确定度：

$$\Delta(y)=\sqrt{\sum_{i=1}^{N}\Delta_i^2(y)} \qquad (1-2-25)$$

式中，$\Delta_i(y)=C_i\cdot\Delta(x_i)$，$C_i=\left|\frac{\partial y}{\partial x_i}\right|$。

(2) 合成标准不确定度的计算步骤。

① 计算输入量估计值的标准不确定度 $\Delta(x_i)$：由 x_i 的 A 类和 B 类(可能不止一个)标准不确定度合成。$\Delta(x_i)$有 N 个($i=1,2,\cdots,N$)。

② 计算 y 的合成标准不确定度：若输入量独立无关，则 $\Delta(y)=\sqrt{\sum_{i=1}^{N}\Delta_i^2(y)}$。

3. 合成标准不确定度的自由度

$\Delta(y)$是由各标准不确定度分量用广义方和根法(1-2-25)式合成得到的，其自由度 ν 也就由各标准不确定度分量的自由度求得：

$$\nu=\nu_{\text{eff}}=\frac{\Delta^4(y)}{\sum\frac{\Delta_i^4(y)}{\nu_i}} \qquad (1-2-26)$$

式中，ν_i 为 $\Delta(x_i)$的自由度。

(1-2-26)式叫做韦尔奇-萨特斯韦特(Welch-Satterthwaite)公式，ν_{eff}是 $\Delta(y)$的有效自由度。当计算出的 ν_{eff}不是整数时，取最接近的较小整数。显然，只有已得到各不确定度分量的自由度 ν_i，才能算出 ν_{eff}，否则就不能报告自由度 ν_{eff}。

例 11　计算例 10 中合成标准不确定度 $\Delta(D)$的自由度 $\nu(D)$。

由(1-2-26)式，

$$\nu(D)=\nu_{\text{eff}}=\frac{\Delta^4(y)}{\sum\frac{\Delta_i^4}{\nu_i}}=\frac{\Delta^4(D)}{\frac{\Delta_1^4(D)}{\nu_1}+\frac{\Delta_2^4(D)}{\nu_2}}$$

$$=\frac{(5.368\,3\times10^{-6})^2}{\frac{(0.035\,0\times10^{-6})^2}{4}+\frac{(5.333\,3\times10^{-6})2}{\infty}}=\infty$$

从本例也可以看出，例 10 的计算中若略去 $\Delta_A(D)$，对合成标准不确定度的自由度 $\nu(D)$的计算没有影响。

4. 扩展不确定度

扩展不确定度 U 是表明测量结果分散区间的参数，它所给出的置信区间有更高的置信水平，合成标准不确定度 $\Delta(y)$乘以包含因子 k，就得到扩展不确定度：

$$U=k\cdot\Delta(y) \qquad (1-2-27)$$

关于 k 值的获取，分别有以下两种情况：

(1) 算得 $\Delta(y)$的有效自由度 ν_{eff}。

根据测量所要求的置信概率 p 和算出的 ν_{eff}，查 t 分布置信概率 $t_p(\nu)$表，通常包含因子

就等于 $t_p(\nu)$，并记为 k_p，此时(1－2－27)式写成：

$$U_p=k_p\cdot\Delta(y)$$

置信概率 p 作为下标时用小数表示，如 $U_{0.95}$、$k_{0.95}$ 或 $U_{0.99}$、$k_{0.99}$。

这种情况下，测量最终结果中除报告输出估计值 y 和扩展不确定度 U_p 外，还应报告自由度 ν_{eff}、置信概率 p 或包含因子 k_p。在实际数据计算中，都取 $P=0.95$，$\nu=\infty$，则 $k_{0.95}=1.96$。

例 12 计算例 10 中圆柱直径测量结果的扩展不确定度 $U_{0.95}$，并报告直径 D 的测量结果。

根据例 11 的计算结果，$\nu(D)=\infty$，查表 1－2－10 得到 $k_{0.95}=1.960$。于是有：

$$U_{0.95}(D)=k_{0.95}\cdot\Delta(D)=1.960\times2.32\times10^{-3}\text{mm}=4.547\times10^{-3}\text{mm}。$$

圆柱直径 D 的测量结果报告：

$$D=14.0150\text{mm},\quad U_{0.95}=0.0045\text{mm},\quad \nu=\infty$$

或

$$D=(14.0150\pm0.0045)\text{mm},\quad \nu=\infty,\quad p=95\%$$

(2) 缺少自由度的信息。

此时取 $k=2$ 或 $k=3$。在大多数情况下，$k=2$ 时区间的置信概率约为 95%，$k=3$ 时区间的置信概率约为 99%。

在这种情况下，测量最终结果中，除报告输出估计值 y、扩展不确定度 U，还必须报告包含因子 k。

例如，某时间量的测量结果表示为：

$$\tau=500.1533\mu\text{s},\quad U=0.0023\mu\text{s},\quad k=2$$

或

$$\tau=500.1533(0.0023)\mu\text{s},\quad k=2$$

5. 测量结果和不确定度的有效位

① 测量结果的最终值(指测量报告上的)的修约间隔与其测量不确定度的修约间隔相等；

② 扩展不确定度和相对不确定度的有效位数，本课程中规定一律取 2 位；

③ $\Delta(y)$、$\Delta(x_i)$ 等运算过程中的量值，则应多取 1 位，即都取 3 位。

6. 例题

例 13 求例 6 和例 9 中被测圆柱的体积及其扩展不确定度 $U_{0.95}$。

千分尺量程：0～25mm，允差：0.004mm。

零点读数(5 次测量的平均值)：$D_0=0.0374$mm。

表 1－2－8

测量圆柱的直径 D			测量圆柱的高 H	
序号 k	互垂方向 直径测得值	D_k/mm	序号 k	H_k/mm
1	14.053	14.052 5	1	20.051
	2		2	1
2	3	25	3	0
	2		4	1

续表

测量圆柱的直径 D			测量圆柱的高 H	
序号 k	互垂方向直径测得值	D_k/mm	序号 k	H_k/mm
3	3	30	5	2
	3		6	2
4	2	20	7	1
	2		8	1
5	2	20	9	0
	2		10	0
平　均		$\overline{D}=14.0524$	平　均	$\overline{H}=20.0509$
经修正零点误差后		$D=14.0150$		$H=20.0135$

$$s(D)=\sqrt{\frac{\sum_{k=1}^{n}(D_k-\overline{D})^2}{n-1}}=0.418\times10^{-3}\,\text{mm}$$

$$s(H)=\sqrt{\frac{\sum_{k=1}^{n}(H_k-\overline{H})^2}{n-1}}=0.738\times10^{-3}\,\text{mm}$$

$$s(\overline{D})=\frac{s(D)}{\sqrt{n}}=0.187\times10^{-3}\,\text{mm}$$

$$s(\overline{H})=\frac{s(H)}{\sqrt{n}}=0.233\times10^{-3}\,\text{mm}$$

$$\Delta_A(D)=s(\overline{D})=0.187\times10^{-3}\,\text{mm}$$

$$\Delta_A(H)=s(\overline{H})=0.233\times10^{-3}\,\text{mm}$$

$\Delta_A(D)$的自由度$\nu=n-1=4$，　$\Delta_A(H)$的自由度$\nu=9$

(1) 计算圆柱的体积V：

$$V=\frac{1}{4}\pi D^2H=3\,087.444\text{mm}^3$$

(2) 计算体积V的扩展不确定度$U_{0.95}$。

① V的不确定$\Delta(V)$有两个分量：

$\Delta_1(V)$来自直径D的不确定度$\Delta(D)$；$\Delta_2(V)$来自高H的不确定度$\Delta(H)$。

② 计算分量$\Delta_1^2(V)$：

见例10、例11，忽略多次测量的分散性，得到$\Delta^2(D)=\Delta_B^2(D)=5.33\times10^{-6}\,\text{mm}^2$，$\nu(D)=\infty$。

求灵敏度系数：$C_1=\frac{\partial V}{\partial D}=\frac{1}{2}\pi DH=\frac{1}{2}\times3.142\times14.0150\times20.0135=441\text{mm}^2$，$\Delta_1^2(V)=C_1^2\cdot\Delta^2(D)=441^2\times5.33\times10^{-6}=1.04\text{mm}^6$，$\nu_1=\nu(D)=\infty$。

③ 计算分量$\Delta_2^2(V)$：

$\Delta_A(H) \ll \Delta_B(H)$， 略去 $\Delta_A(H)$

$$\Delta^2(H)=\Delta_B^2(H)=\left(\frac{a}{\sqrt{3}}\right)^2=5.33\times10^{-6}\,\text{mm}^2,\quad \nu(H)=\infty$$

求灵敏度系数：

$$C_2=\frac{\partial V}{\partial H}=\frac{1}{4}\pi D^2=\frac{1}{4}\times3.142\times14.015\,0^2=154\text{mm}^2$$

$$\Delta_2^2(V)=C_2^2\cdot\Delta^2(H)=154^2\times5.33\times10^{-6}=0.127\text{mm}^6,\quad \nu_1=\nu(H)=\infty$$

④ 计算 V 的合成标准不确定度 $\Delta(V)$ 和 $\Delta(V)$ 的自由度。

体积 V 的标准不确定度分量列表如表 1－2－9 所示。

表 1－2－9　体积 V 的标准不确定度分量列表

i	符　号	类　型	来　源	传递系数 C_i/mm^2	$\frac{\Delta_i^2(V)}{(10^{-3}\text{mm})^2}$	自由度 ν
1	$\Delta_1(V)$	合成标准不确定度	来自 D 的测量不确定度 $\Delta^2(D)=5.33\times10^{-6}\text{mm}^2$	441	1.04	∞
2	$\Delta_2(V)$	合成标准不确定度	来自 H 的测量不确定度 $\Delta^2(H)=5.33\times10^{-6}\text{mm}^2$	154	0.127	∞

$\Delta_1(V)$ 和 $\Delta_2(V)$ 相互独立，所以

$$\Delta(V)=\sqrt{\Delta_1^2(V)+\Delta_2^2(V)}=\sqrt{1.04+0.127}=1.08\text{mm}^3$$

$\Delta(V)$ 的自由度

$$\nu=\nu(V)=\nu_{\text{eff}}=\frac{\Delta^4(y)}{\sum\frac{\Delta_i^4}{\nu_i}}=\frac{\Delta^4(V)}{\frac{\Delta_1^4(V)}{\nu_1}+\frac{\Delta_2^4(V)}{\nu_2}}=\frac{1.08^4}{\frac{1.04^2}{\infty}+\frac{0.127^2}{\infty}}=\infty$$

⑤ 计算 V 的扩展不确定度 $U_{0.95}$。

从表 1－2－10 查得对应于 $\nu=\infty$，$P=95\%$ 的 k_p 值为 $k_{0.95}=1.96$，则

$$U_{0.95}=k_{0.95}\times\Delta(V)=1.96\times1.08=2.12\text{mm}^3。$$

(3) 写出实验结果。

$$V=3\,087.4\text{mm}^3,\quad U_{0.95}=2.2\text{mm}^3,\quad \nu=\infty$$

或

$$V=3\,087.4(2.2)\text{mm}^3,\quad \nu=\infty,\quad P=95\%$$

$$V=(3\,087.4\pm2.2)\text{mm}^3,\quad \nu=\infty,\quad P=95\%$$

(4) 关于合成不确定度 $\Delta(V)$ 的计算。

根据测量模型的函数关系，在采用不确定度传播合成时，许多情况（例如函数为乘除关系）不必求灵敏度系数 C_i，而是可以用它们的相对标准不确定度按下式计算更为方便：

$$\left[\frac{\Delta(y)}{y}\right]^2=\sum\left[c_i\frac{\Delta(x_i)}{x_i}\right]^2。\tag{1-2-28}$$

式中，系数 c_i 由对函数式 $Y=f(X_1,X_2,\cdots,X_N)$ 先取对数，再对 X_i 求偏导数得到。

本例的函数关系是 $V=\frac{1}{4}\pi D^2H$，根据(1－2－28)式有：

$$\left[\frac{\Delta(V)}{V}\right]^2=\left[2\frac{\Delta(D)}{D}\right]^2+\left[\frac{\Delta(H)}{H}\right]^2$$

$$=2^2\times\frac{5.33\times10^{-6}}{14.0150^2}+\frac{5.33\times10^{-6}}{20.0135^2}=1.22\times10^{-7}$$

$$\frac{\Delta(V)}{V}=\sqrt{1.22\times10^{-7}}=0.000349=0.0349\%$$

$$\Delta(V)=3087.444\times0.0349\%=1.08\text{mm}^3$$

与④中合成标准不确定度 $\Delta(V)$ 的计算结果相同。

表 1-2-10 t 分布在不同概率 p 与自由度 ν 的 $t_p(\nu)$ 值

自由度 ν	$p\times100$					
	68.27	90	95	95.45	99	99.73
1	1.84	6.31	12.71	13.97	63.66	235.80
2	1.32	2.92	4.30	4.53	9.92	19.21
3	1.20	2.35	3.18	3.31	5.84	9.22
4	1.14	2.13	2.78	2.87	4.60	6.62
5	1.11	2.02	2.57	2.65	4.03	5.51
6	1.09	1.94	2.45	2.52	3.71	4.90
7	1.08	1.89	2.36	2.43	3.50	4.53
8	1.07	1.86	2.31	2.37	3.36	4.28
9	1.06	1.83	2.26	2.32	3.25	4.09
10	1.05	1.81	2.23	2.28	3.17	3.96
11	1.05	1.80	2.20	2.25	3.11	3.85
12	1.04	1.78	2.18	2.23	3.05	3.76
13	1.04	1.77	2.16	2.21	3.01	3.69
14	1.04	1.76	2.14	2.20	2.98	3.64
15	1.03	1.75	2.13	2.18	2.95	3.59
16	1.03	1.75	2.12	2.17	2.92	3.54
17	1.03	1.74	2.11	2.16	2.90	3.51
18	1.03	1.73	2.10	2.15	2.88	3.48
19	1.03	1.73	2.09	2.14	2.86	3.45
20	1.03	1.72	2.09	2.13	2.85	3.42
25	1.02	1.71	2.06	2.11	2.79	3.33
30	1.02	1.70	2.04	2.09	2.75	3.27
35	1.01	1.70	2.03	2.07	2.72	3.23
40	1.01	1.68	2.02	2.06	2.70	3.20
45	1.01	1.68	2.01	2.06	2.69	3.18
50	1.01	1.68	2.01	2.05	2.68	3.16
100	1.005	1.660	1.984	2.025	2.626	3.077
∞	1.000	1.645	1.960	2.000	2.576	3.000

α:对期望 μ,总体标准 σ 的正态分布描述某量 z,当 $k=1,2,3$,时,区间 $\mu\pm k\sigma$ 分别包含分布的 68.27%、95.45%、99.73%。

§3 数据处理方法

数据处理是指从获得的数据得出结果的加工过程，包括记录、整理、计算、分析等处理方法。用简明而严格的方法把实验数据所代表的事物内在的规律提炼出来，就是数据处理。正确处理实验数据是实验能力的基本训练之一。根据不同的实验内容、不同的要求，可采用不同的数据处理方法。本章介绍物理实验中较常用的数据处理方法。

一、列表法

获得数据后的第一项工作就是记录，欲使测量结果一目了然、避免混乱、避免丢失数据、便于查对和比较，列表法是最好的方法。制作一份适当的表格，把被测量和测量的数据一一对应地排列在表中，就是列表法。

1. 列表法的优点

① 能够简单地反映出相关物理量之间的对应关系，清楚明了地显示出测量数值的变化情况。

② 较容易从排列的数据中发现个别有错误的数据。

③ 为进一步用其他方法处理数据创造了有利条件。

2. 列表规则

① 用直尺画线制表，力求工整。

② 对应关系清楚简洁，行列整齐，一目了然。

③ 表中所列为物理量的数值(纯数)，表的栏头应是物理量的符号及单位的符号，例如，$a/\mathrm{m\cdot s^{-2}}$、$I/10^{-3}\,\mathrm{A}$ 等，其中物理量的符号用斜体字，单位的符号用正体字。为避免手写正、斜体混乱，本课程规定手写时物理量用汉字表示，例如，加速度$/\mathrm{m\cdot s^{-2}}$、电流$/10^{-3}\,\mathrm{A}$。

④ 提供必要的说明和参数，包括表格名称、主要测量仪器的规格(型号、量程、准确度级别或最大允许误差等)、有关的环境参数(如温度、湿度等)、引用的常量和物理量等。

3. 应用举例

例 14 用列表法报告测得值(表 1-3-1)。

列表法还可用于数据计算，此时应预留相应的格位，并在其标题栏中写出计算公式。

例 15 列表报告测得值，并计算标准偏差。见§2 第二小节的例 6。

表 1-3-1 用伏安法测量电阻

测量序号 k	电压 U_k/V	电流 I_k/mA
1	0	0
2	2.00	3.85
3	4.00	8.15

续表

测量序号 k	电压 U_k/V	电流 I_k/mA
4	6.00	12.05
5	8.00	15.80
6	10.00	19.90

注：伏特计 1.0 级，量程 15V，内阻 15kΩ；
　　毫安表 1.0 级，量程 20mA，内阻 1.20Ω。

4. 列表常见错误

① 没有提供必要的说明或说明不完全，造成后续计算中一些数据来源不明，或丢失了日后重复实验的某些条件。

② 横排数据，不便于前后比较（纵排不仅数据趋势一目了然，而且可以在首行之后仅记变化的尾数，如§2 例 13）。

③ 栏头概念含糊或错误，例如将 $U_k(V)$ 写成 U_k 或 V 等。

④ 数据取位过少，丢失有效数字，给继续处理数据带来困难。

⑤ 表格断成两截，不能一目了然。

要按照列表规则养成良好的列表习惯，避免出现以上错误。

列表法是最基本的数据处理方法，一个好的数据处理表格，往往就是一份简明的实验报告，因此，在表格设计上要舍得下工夫。

二、作图法

在研究两个物理量之间的关系时，把测得的一系列相互对应的数据及变化的情况用曲线表示出来，这就是作图法。

1. 作图法的优点

① 能够形象、直观、简便地显示出物理量的相互关系以及函数的极值、拐点、突变或周期等特征。

② 具有取平均的效果。因为每个数据都存在测量不确定度，所以曲线不可能通过每一个测量点。但对曲线，测量点是靠近和匀称分布的，故曲线具有多次测量取平均的效果。

③ 有助于发现测量中的个别错误数据。虽然曲线不可能通过所有的数据点，但不在曲线上的点都应是靠近曲线才合理。如果某一个点离曲线明显地远了，说明这个数据错了，要分析产生错误的原因，必要时可重新测量或剔除该测量点的数据。

④ 作图法是一种基本的数据处理方法，不仅可以用于分析物理量之间的关系，求经验公式，还可以求物理量的值。但受图纸大小的限制，一般只有 3～4 位有效数字，且连线具有较大的主观性。所以用作图法求值时，一般不再计算不确定度。

在报告实验结果时，一条正确的曲线往往胜过许多文字的描述，它能使实验中各物理量间的关系一目了然。所以只要有可能，实验结果就要用曲线表达出来。

2. 作图规则

① 列表。按列表规则，将作图的有关数据列成完整的表格，注意名称、符号及有效数字的规范使用。

② 选择坐标纸。作图必须用坐标纸。根据物理量的函数关系选择适合的坐标纸，最常用的是直角坐标纸，此外还有对数坐标纸、半对数坐标纸、极坐标纸等。本节以直角坐标为例介绍作图法，其他坐标可参考本节原则进行。

坐标纸的大小要根据测量数据的有效位数和实验结果的要求来决定，原则是以不损失实验数据的有效数字和能包括全部实验点作为最低要求，即坐标纸的最小分格与实验数据的最后一位准确数字相当。在某些情况下，例如数据的有效位太少使得图形太小，还要适当放大以便于观察，同时也有利于避免由于作图而引入附加的误差；若有效位数多，又不宜把该轴取得过长，则应适当牺牲有效位，以求纵横比适度(1/2～2)。

③ 标出坐标轴的名称和标度。通常的横轴代表自变量，纵轴代表因变量，在坐标轴上标明所代表物理量的名称(或符号)和单位，标注方法与表的栏头相同，即量的符号(可用汉字)除以单位的符号。横轴和纵轴的标度比例可以不同，其交点的标度值不一定是零。选择原点的标度值来调整图形的位置，使曲线不偏于坐标的一边或一角；选择适当的分度比例来调整图形的大小，使图形充满图纸。分度比例要便于换算和描点，例如，不要用 4 个格代表 1(单位)或用 1 格代表 3(单位)，一般取 1，2，5，10…标度值按整数等间距(间隔不要太稀或太密，以便于读数)标在坐标轴上。

④ 描点和连线。根据测量数据，用削尖的铅笔在坐标图纸上用"＋"或"×"标出各测量点，使各测量数据坐落在"＋"或"×"的交叉点之上。同一图上的不同曲线应当使用不同的符号，如"＋"、"×"、"⊙"、"△"、"□"等。

用透明的直尺或曲线板把数据点连成直线或光滑曲线。连线应反映出两物理量关系的变化趋势，而不应强求通过每一个数据点，但应使在曲线两旁的点有较匀称的分布，使曲线有取平均的作用。用曲线板连线的要领是：看准 4 个点，连中间 2 点间的曲线，依次后移，完成整个曲线。

⑤ 在图上空旷位置写出完整的图名、绘制人姓名及绘制日期，所标文字应当用仿宋体。

3．求直线的斜率和截距

直线时，其方程具有形式 $y=b_0+b_1x$。只要求出斜率 b_1 和截距 b_0，就可以得到关于物理量 x、y 的经验公式。在许多实验中也通过求斜率或截距来求得物理量。

例 16 测定有一固定转轴的刚体的转动惯量 J，该刚体受到动力矩 M 和阻力矩 M_μ 的作用，根据转动定律 $M-M_\mu=J\beta$，写成 $M=M_\mu+J\beta$，设阻力矩为常量，这就是一个直线方程。改变动力矩 M，测得一系列相应的角加速度 β，作 M-β 曲线，求出斜率和截距，就得到了转动惯量和阻力矩。

(1) 求斜率。

直线方程

$$y=b_0+b_1x$$

斜率

$$b_1=\frac{y_2-y_1}{x_2-x_1} \tag{1-3-1}$$

在曲线上取 $p_1(x_1,y_2)$ 和 $p_2(x_2,y_2)$ 两点代入(1-3-1)式，即可求得斜率。求斜率时要注意：

① p_1、p_2 必须是直线上的点，且不可取测量点；

② p_1、p_2 在测量范围以内，且相距应尽量远；

③ p_1、p_2 用不同于作图描点的符号标出，例如，用△或□，标上字母符号 p_1 或 p_2 及坐标值，读数和计算时注意正确使用有效数字；

④ 在实验报告上写出计算斜率的完整过程。

(2) 求截距。

截距 b_0 是对应于 $x=0$ 的 y 值。在曲线上另取一点 $p_3(x_3, y_3)$，将 x_3、y_3 的值和(1-3-1)式代入直线方程，求得：

$$b_0 = y_3 - \frac{y_2 - y_1}{x_2 - x_1} x_3 \tag{1-3-2}$$

如果作图时 x 轴标度从零开始，截距 b_0 也可以从图上直接读出。

4. 应用举例

例 17　以例 1 伏安法测电阻为例，用作图法求电阻 R。

作图数据列表如表 1-3-2 所示。

表 1-3-2　作图数据列表

测量序号 k	x U_k/V	y I_k/mA
1	0	0
2	2.00	3.85
3	4.00	8.15
4	6.00	12.05
5	8.00	15.80
6	10.00	19.90

在直角坐标系上建立坐标，在横轴右端标上电压(V)，以 1mm 代表 0.1V，原点标度值为 0，每隔 20mm 依次标出 2.00，4.00，6.00，8.00，10.00；在纵轴上端标上电流(mA)，以 1mm 代表 0.2mA，原点标度值为 0，每隔 25mm 依次标出 5.00，10.00，15.00，20.00，如图 1-3-1 所示。

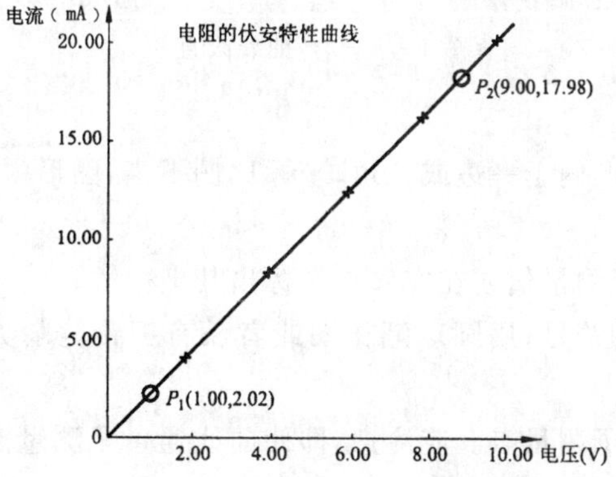

图 1-3-1　电阻的伏安特性曲线

削尖铅笔，按照表 1-3-2 的数据，用符号"＋"描出各测量点，然后用透明的直尺画一条直线，连线时注意使 6 个测量点靠近直线且匀称地分布在该直线两侧。

在曲线上方空白处写上图名“电阻的伏安特性曲线”。

为求斜率，在曲线上取两点用“○”标出，并在旁边写上符号和坐标值 $P_1(1.00,2.02)$ 和 $P_2(9.00,17.98)$。

斜率
$$b_1=\frac{y_2-y_1}{x_2-x_1}=\frac{17.98-2.02}{9.00-1.00}=1.995$$

电阻
$$R=\frac{1}{b_1}=\frac{1}{1.995}=0.501\text{k}\Omega$$

5. 曲线改直

按相关物理量作成曲线虽然直观，但要判断具体函数关系却比较困难。通过适当的变换，将曲线改成直线，再作图分析就方便得多，而且容易求得有关的参数。

例 18 带等量异号电荷的无限长同轴圆柱面之间的静电场中，某点 A 的电场强度 E 的大小和 A 点到轴线的距离 r 成反比。现用实验来验证 $E\propto(1/r)$。实验中不能直接测电场强度，只能测 A 点的电位 U，根据场强和电位的关系 $E=\frac{\mathrm{d}U}{\mathrm{d}r}$，从 $E\propto(1/r)$ 可推出 $U\propto\ln r$。实验数据处理时作 r-U 图线（以 U 为横轴，r 为纵轴），得到一条曲线，很难看出它们有怎样的函数关系[图 1-3-2(a)]。若仍以 U 为横轴，而以 $\ln r$ 为纵轴，则图线为一条直线[图 1-3-2(b)]，这就证明了 $U\propto\ln r$，从而验证了 $E\propto(1/r)$ 的关系。

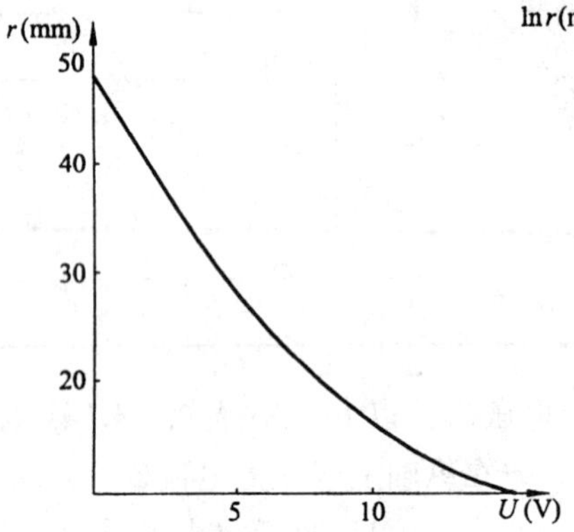

(a) $r-U$ 曲线

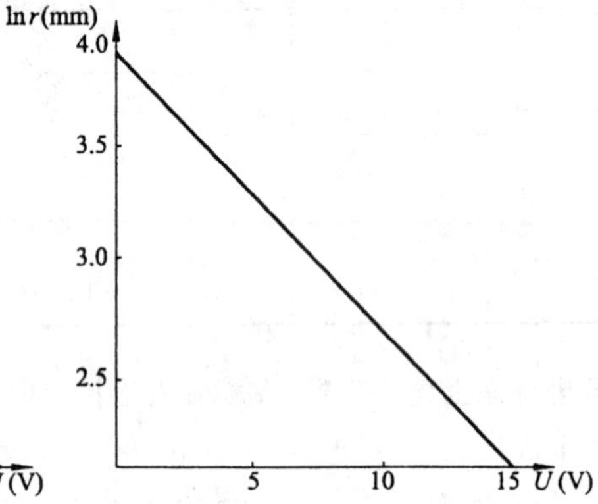

(b) $\ln r-U$ 曲线

图 1-3-2 曲线改直

6. 作图中的常见错误

① 原点标度不当，图形偏于一边或一角；坐标比例不当，图形太小或部分实验点超出图纸而丢失。

② 在坐标轴上标出了测量值或在实验点旁标出其坐标值。

③ 用“·”作为描点的符号；用圆球笔作图或者没有把铅笔削尖；徒手连曲线或者用直尺连曲线。

④ 求斜率、截距使用了测量点。应注意，即使曲线通过了测量点，该点也不可用来求斜率和截距。

最后应该指出，不要以为作图法仅仅是做完实验之后处理数据的一种方法，从分析实验任务设计方案时就可以运用作图法的思想。例 17 就巧妙地绕开了阻力矩的影响求得了转动惯量。作图法适用于物理实验的全过程。在教学中,作图法对于物理思维、实验方法和技能训练有着特殊的地位和作用。

三、逐差法

当两物理量成线性关系时,常用逐差法来计算因变量变化的平均值;当函数关系为多项式形式时,也可用逐差法来求多项式的系数。逐差法也称为环差法。

1. 逐差法的优点

① 充分利用测量数据,更好地发挥了多次测量取平均值的效果。

② 绕过某些定值未知量。

③ 可验证表达式或求多项式的系数。

2. 逐差法的适用条件

① 两物理量 x、y 之间的关系可表示为多项式形式。

例如:$y=b_0+b_1x$

$y=b_0+b_1x+b_2x^2$

$y=b_0+b_1x+b_2x^2+b_3x^3$

② 自变量 x 必须是等间距变化,且较因变量 y 有更高的测量准确度,以致通常 x 的测量不确定度忽略不计。

3. 逐项逐差

逐项逐差就是把因变量 y 的测量数据逐项相减,用来检查 y 对于 x 是否成线性关系,否则用多次逐差来检查多项式的幂次。

(1) 一次逐差。

若 $y=b_0+b_1x$,测得一系列对应的数据

$$\begin{matrix} x_1, x_2, \cdots, x_k, \cdots, x_n \\ y_1, y_2, \cdots, y_k, \cdots, y_n \end{matrix} \tag{1-3-3}$$

逐项逐差,得到:

$$y_2-y_1=\Delta y_1$$

$$y_3-y_2=\Delta y_2$$

……

$$y_{k+1}-y_k=\Delta y_k$$

因为 y 对于 x 成线性关系,且 x 为等间距变化,故 $\Delta y_k=$常量,所以,若对实验测量值进行逐项逐差,得到:

$$\Delta y_k \approx 常量$$

则证明 y 对于 x 成线性关系。

(2) 二次逐差。

若 $y=b_0+b_1x+b_2x^2$,则逐项逐差后所得结果 $\Delta y_k \neq$常量,遂将 Δy_k 再作一次逐项逐差(称为二项逐差):

$$\Delta y_2-\Delta y_1=\Delta' y_1$$

$$\Delta y_3-\Delta y_2=\Delta' y_2$$

……

$$\Delta y_{k+1}-\Delta y_k=\Delta' y_k$$

同理，若二次逐差结果 $\Delta' y_k \approx$ 常量，则可证明 y 对于 x 为二次幂的关系。依此类推，还可以进行三次逐差或更高次逐差。

4. 分组进行逐差求多项式的系数

用逐差法来求因变量变化的平均值或求多项式的系数时，不能用逐项逐差，而是把 n 项测量值分为上、下两组，用下组中的每一个数据与上组中对应的数据一一相减。

(1) 当 y 对于 x 为线性关系 $y=b_0+b_1x$ 时，用一次逐差即可求系数 b_0 和 b_1。

① 求系数 b_1。测得值如(1-3-3)式，共有 n 项对应值。分为上、下两组，每组有 $l=n/2$ 项。隔 l 项相减作逐差：

$$y_k=b_0+b_1x_k \tag{1-3-4}$$

$$y_{k+1}=b_0+b_1x_{k+1}$$

两式相减得到：

$$y_{k+1}-y_k=b_1(x_{k+1}-x_k)$$

上式左边为因变量隔 l 项的逐差值，记为 $\delta_l y_k$；右边括号中为 l 倍自变量间隔，记为 $l(x_2-x_1)$，则上式写为：

$$\delta_l y_k=b_1\cdot l(x_2-x_1) \tag{1-3-5}$$

从 $k=1$ 到 $k=l$ 共可得到 l 个 $\delta_l y_i$ 值，取平均记为 $\overline{\delta_l y}$，代入(1-3-5)式，求得系数 b_1 的值：

$$b_1=\frac{\overline{\delta_l y}}{l(x_2-x_1)} \tag{1-3-6}$$

② 求系数 b_0。将系数 b_1 值代入(1-3-4)式，有：

$$y_1=b_0+b_1x_1$$

$$y_2=b_0+b_1x_2$$

……

一共 n 个 y_k，每个 y_k 都可以求出一个 b_0，n 个 b_0 取平均，即为所求系数 b_0 的值：

$$b_0=\frac{1}{n}\sum_{k=1}^{n}(y_k-b_1x_k)$$

$$b_0=\frac{1}{n}\sum_{k-1}^{n}y_k-b_1\frac{1}{n}\sum_{k-1}^{n}x_k \tag{1-3-7}$$

$$b_0=\overline{y}-b_1\cdot\overline{x}$$

(2) 若 $y=b_0+b_1x+b_2x^2$，求系数时，则须将第一次逐差得到的 $\delta_l y_k$ 再分成上、下两组，进行第二次逐差，从而求得系数 b_2，然后依次求出 b_1 和 b_0。

依此类推，也可以进行多次逐差求高次项的系数，但实际上很少使用。

(3) 系数 b_1 和 b_0 的标准偏差。

① b_1 的标准偏差。根据(1-3-6)式，b_1 由 $\overline{\delta_l y}$ 而来，故通常用求多次测量平均值标准偏差的公式(1-2-10)式求出 $\overline{\delta_l y}$ 的标准偏差 $s(\overline{\delta l y})$，再用不确定度传播公式(1-2-21)求得系数 b_1 的标准偏差 $s(b_1)$。

② b_0 的标准偏差。由(1-3-7)式可见，b_0 的标准偏差由 $\overline{y}$ 和 b_1 的标准偏差合成(§2第四小节)得到。如前所述，计算过程中 x 的测量不确定度忽略不计。

5. 应用举例

例 19 仍以伏安法测电阻为例(见例 14)，用逐差法求电阻 R。

$I=b_0+b_1U$，$R=1/b_1$；共 6 项，$n=6$，$l=n/2=3$，故隔 3 项逐差，$\delta_3 I_k=I_{k+3}-I_k$。

表 1-3-3 为用逐差法处理数据的列表。

表 1-3-3　用逐差法处理数据

序号 k	$I_k/10^{-3}$ A	$I_{k+3}/10^{-3}$ A	$\delta_3 I_k/10^{-3}$ A
1	0	12.05	12.05
2	3.85	15.80	11.95
3	8.15	19.90	11.75
			$\frac{\text{平均}}{\delta_{3l}}=11.917$

求系数 b_1：　$b_1=\dfrac{\overline{\delta_3 I}}{l(U_2-U_1)}=\dfrac{11.917}{6}=1.986$

求被测量 R：　$R=\dfrac{1}{b_1}=0.503\ 5\text{k}\Omega=503.5\Omega$

求 b_1 的标准偏差：　$s(\overline{\delta_3 I})=\sqrt{\dfrac{\sum\limits_{k=1}^{3}(\delta_3 I_k-\overline{\delta_3 I})^2}{l(l-1)}}=0.088\ 2$

$$s(b_1)=\frac{s(\overline{\delta_3 I})}{l(U_2-U_1)}=\frac{0.088\ 2}{3\times 2}=0.014\ 7$$

求 R 的标准偏差：　$\dfrac{s(R)}{R}=\dfrac{s(b_1)}{b_1}=\dfrac{0.014\ 7}{1.986}=0.007\ 40$

$$s(R)=503.5\times 0.740\%=3.7\Omega$$

6. 逐差法中常见错误

(1) 求系数时使用了逐项逐差。

例 19 中，若用逐项逐差求电流变化的平均值，则算式为

$$\frac{(I_2-I_1)+(I_3-I_2)+\cdots+(I_6-I_5)}{5}=\frac{I_6-I_1}{5}$$

显然，中间各测量值都被抵消掉了，只用了第一次和最后一次测量值，失去了多次测量取平均值的意义。

(2) 奇数项时(n=奇数)，上组少分一项。

假设上例中共测了 9 次，$n=9$，应分为上组 5 项，下组 4 项，隔 5 项逐差后得到 4 项。若按上组少一项分组，则是隔 4 项逐差，似乎最后可多得到一项为 I_9-I_5。但仔细考察可见，该项和第一项 I_5-I_1 的 I_5 抵消掉了，仍旧是没有利用 I_5。所以，凡 n 为奇数时，应上组多一项，作隔 $l=\dfrac{n+1}{2}$ 项逐差。

(3) 列表表达不清楚。

表中应表达出是隔几项逐差，反映出 l、y_k、y_{k+l} 和 $\delta_l y_k$ 之间的对应关系。

四、最小二乘法和一元线性回归

从测量数据中寻求经验方程或提取参数，称为回归问题，是实验数据处理的重要内容。

用作图法获得直线的斜率和截距就是回归问题的一种处理方法，但连线带有相当大的主观成分，结果会因人而异；用逐差法求多项式的系数也是一种回归方法，但它又受到自变量必须等间距变化的限制。本节介绍处理回归问题的另一种方法——最小二乘法。

1. 拟合直线的途径

(1) 问题的提出。

假定变量 x 和 y 之间存在着线性相关的关系，回归方程为一条直线：

$$y=b_0+b_1x \tag{1-3-8}$$

由实验测得的一组数据是 x_k、$y_k(k=1,2,\cdots,n)$，我们的任务是根据这组数据拟合出(1-3-8)式的直线，即确定其系数 b_1、b_0。

我们讨论最简单的情况，假设：

① 系统误差已经修正；

② n 次测量的条件相同，所以其误差符合正态分布，这样才可以使用最小二乘原理；

③ 只有 y_k 存在误差，即把误差较小的作为变量 x，使不确定度的计算变得简单。

(2) 解决问题的途径——最小二乘原理。

由于测量的分散性，实验点不可能都落在一条直线上，如图 1-3-3 所示。相对于我们所拟合的直线，某个测量值 y_k 在 y 方向上偏离了 v_k，v_k 就是残差：

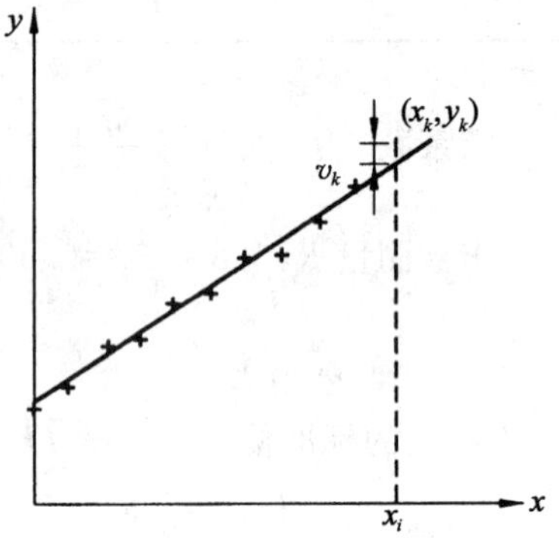

图 1-3-3 y_k 的残差

$$v_k=y_k-y=y_k-(b_0+b_1x_k) \tag{1-3-9}$$

联想到贝塞尔公式(1-2-6)式，如果 $\sum_{k=1}^{n}v_k^2$ 的值小，那么标准偏差 $s(y)$ 就小，能够使 $s(y)$ 最小的直线就是我们所要拟合的直线。这就是最小二乘原理。

最小二乘原理：最佳值乃是能够使各次测量值残差的平方和为最小值的那个值。

由(1-3-9)式可见，b_0 和 b_1 决定 v_k 的大小，能够使 $\sum_{k=1}^{n}v_k^2$ 为最小值的 b_0、b_1 值就是回归方程的系数。

2. 回归方程的系数

(1) 用最小二乘原理求回归方程的系数。

$$\sum_{k=1}^{n}v_k^2=\sum_{k=1}^{n}(y_k-b_0-b_1x_k)^2 \tag{1-3-10}$$

使 $\sum_{k=1}^{n}v_k^2$ 为极小值，极小值条件是一阶导数等于零和二阶导数大于零。这里 x_k、y_k 是测量值，变量是 b_0 和 b_1，(1-3-10)式分别对 b_0 和 b_1 求偏导数：

$$\begin{cases}\dfrac{\partial}{\partial b_0}\left(\sum_{k=1}^{n}v_k^2\right)=-2\sum_{k=1}^{n}(y_k-b_0-b_1x_k)=0\\[2ex]\dfrac{\partial}{\partial b_1}\left(\sum_{k=1}^{n}v_k^2\right)=-2\sum_{k=1}^{n}(y_k-b_0-b_1x_k)x_k=0\end{cases} \tag{1-3-11}$$

整理后得：

$$\begin{cases}\overline{x}b_1+b_0=\overline{y}\\ \overline{x^2}b_1+\overline{x}b_0=\overline{xy}\end{cases} \tag{1-3-12}$$

式中，$\overline{x}=\frac{1}{n}\sum_{k=1}^{n}x_k$，$\overline{y}=\frac{1}{n}\sum_{k=1}^{n}y_k$，$\overline{x^2}=\frac{1}{n}\sum_{k=1}^{n}x_k^2$，$\overline{xy}=\frac{1}{n}\sum_{k=1}^{n}x_ky_k$，解联立方程(1-3-12)，得到：

$$b_1=\frac{\overline{x}\cdot\overline{y}-\overline{xy}}{\overline{x}^2-\overline{x^2}} \tag{1-3-13}$$

$$b_0=\overline{y}-b_1\overline{x} \tag{1-3-14}$$

(1-3-13)式对 b_0 和 b_1 再求一次导数，得到 $\sum_{k=1}^{n}v_k^2$ 的二阶导数大于零。这样，(1-3-13)式和(1-3-14)式给出的 b_0 和 b_1 对应于 $\sum_{k=1}^{n}v_k^2$ 的极小值，即为回归直线的斜率和截距的最佳估计值，于是就求得了回归方程(1-3-8)。

(2) 为了便于记忆和用计算器或计算机编程计算，引入符号：

$$\begin{aligned}L_{xy}&=\sum_{k=1}^{n}(x_k-\overline{x})(y_k-\overline{y})\\L_{xx}&=\sum_{k=1}^{n}(x_k-\overline{x})^2\\L_{yy}&=\sum_{k=1}^{n}(y_k-\overline{y})^2\end{aligned} \tag{1-3-15}$$

很容易证明：

$$\begin{aligned}L_{xy}&=n(\overline{xy}-\overline{x}\cdot\overline{y})=\sum_{k=1}^{n}x_ky_k-\frac{1}{n}\Big(\sum_{k=1}^{n}x_k\Big)\Big(\sum_{k=1}^{n}y_k\Big)\\L_{xx}&=n(\overline{x^2}-\overline{x}^2)=\sum_{k=1}^{n}x_k^2-\frac{1}{n}\Big(\sum_{k=1}^{n}x_k\Big)^2\\L_{yy}&=n(\overline{y^2}-\overline{y}^2)=\sum_{k=1}^{n}y_k^2-\frac{1}{n}\Big(\sum_{k=1}^{n}y_k\Big)^2\end{aligned} \tag{1-3-16}$$

于是有：

$$b_1=\frac{L_{xy}}{L_{xx}} \tag{1-3-17}$$

(3) 测量点的重心。

由(1-3-14)式，得到 $\overline{y}=b_0+b_1\overline{x}$，可见回归直线通过$(\overline{x},\overline{y})$点。点$(\overline{x},\overline{y})$称为$(x_k,y_k)$的重心。理解这点，有助于用作图法处理数据时的连线。

3. *回归方程系数的标准偏差*

(1) y_k 的标准偏差。

由(1-3-12)式，我们很容易求得 y_k 的标准偏差：

$$s(y)=\sqrt{\frac{\sum_{k=1}^{n}v_k^2}{n-2}}=\sqrt{\frac{\sum_{k=1}^{n}(y_k-b_0-b_1x_k)}{n-2}} \tag{1-3-18}$$

式中分母 $n-2$ 是自由度，可以作如下解释：两点决定一条直线，只需测量两个点，即可解出直线的斜率和截距，现在多测了 $n-2$ 个点，所以 $n-2$ 是自由度(参见§2第二小节)。

$s(y)$是因变量 y_k 的标准偏差，在满足本节开始的三个假设的条件下，我们可以对照测量列的标准偏差的意义来理解 $s(y)$：对于自变量的某一个取值，因变量是直线上相应的一个点，在重复条件下作任意次测量，实测点落在与直线上相应点的距离在 $s(y)$范围以内的概率是68.3%。$s(y)$描述了测量点对于直线的分散性。

(2) 回归方程系数的标准偏差。

① b_1 的标准偏差 $s(b_1)$。我们的任务是从 $s(y)$ 求出 b_1 和 b_0 的标准偏差，所以首先要找到 b_1 和 y_k 之间的关系。由(1－3－17)式以及(1－3－16)式、(1－2－8)式，推导整理得到：

$$b_1=\frac{L_{xy}}{L_{xx}}=\frac{\sum_{k=1}^{n}(x_k-\overline{x})(y_k-\overline{y})}{\sum_{k=1}^{n}(x_k-\overline{x})^2}=\sum_{k=1}^{n}\frac{(x_k-\overline{x})}{\sum_{k=1}^{n}(x_k-\overline{x})^2}y_k \tag{1-3-19}$$

按照不确定度的传播与合成的方法，可求 b_1 的标准偏差。注意到(1－3－19)式，b_1 由多项带有系数的 y_k 求和得到，所以 $s(b_1)$ 具有方和根的形式，方差 $s^2(b_1)$ 为：

$$s^2(b_1)=\sum_{k=1}^{n}\left[\left(\frac{\partial b_1}{\partial y_k}\right)^2\cdot s^2(y)\right]$$

将(1－3－19)式带入上式，整理后开方得到：

$$s(b_1)=\frac{s(y)}{\sqrt{L_{xx}}} \tag{1-3-20}$$

② b_0 的标准偏差 $s(b_0)$。同理可推导出：

$$s(b_0)=\sqrt{\overline{x}}\cdot s(b_1) \tag{1-3-21}$$

(3) 讨论。

① $s(b_0)$是截距 b_0 的标准偏差。如果得到 $s(b_0)<b_0$，即截距比它本身的标准不确定度还要小，则表明在68.3%的置信水平上 b_0 等于零，回归直线通过原点。

② 从(1－3－20)式可见，当 L_{xx} 较大时，$s(b_1)$就较小。根据(1－3－15)式，若 x 的取值比较分散，L_{xx} 就大。这就告诉我们，在求回归直线时，自变量 x 取点不要集中，要在尽可能大的范围内进行测量，以减小斜率的不确定度 $s(b_1)$。

③ 从(1－3－21)式可以看出，$s(b_0)$不仅与 $s(b_1)$有关，而且还直接受 x 的影响，若$\sqrt{\overline{x}}$数值大，$s(b_0)$就会被“放大”。可见，在拟合直线(当然也包括用作图法处理数据)时，如果所取的测量点既远离原点且又密集，则测量结果会很糟糕。

4. 相关系数

定义一元线性回归的相关系数：

$$r=\frac{L_{xy}}{\sqrt{L_{xx}L_{yy}}} \tag{1-3-22}$$

(1) 相关系数的正负。

对照(1－3－22)式和(1－3－17)式，可见 r 与 b_1 同号。即 $r>0$，则 $b_1>0$，回归直线的斜率为正，称为正相关；$r<0$，则 $b_1<0$，回归直线的斜率为负，称为负相关。

(2) 相关系数的数值。

x、y 完全不相关时，$r=0$；全部实验点都在回归直线上时，$|r|=1$。r 的数值只在－1与＋1之间，即 $-1\leqslant r\leqslant +1$。$r$ 数值的大小描述了实验点线性相关的程度。

(3) 通过相关系数计算标准偏差。

不同相关系数的数据点分布示意图如图1－3－4所示。

用相关系数计算标准偏差甚为方便，推导结果为：

$$s(y)=\sqrt{\frac{(1-r^2)L_{yy}}{n-2}} \tag{1-3-23}$$

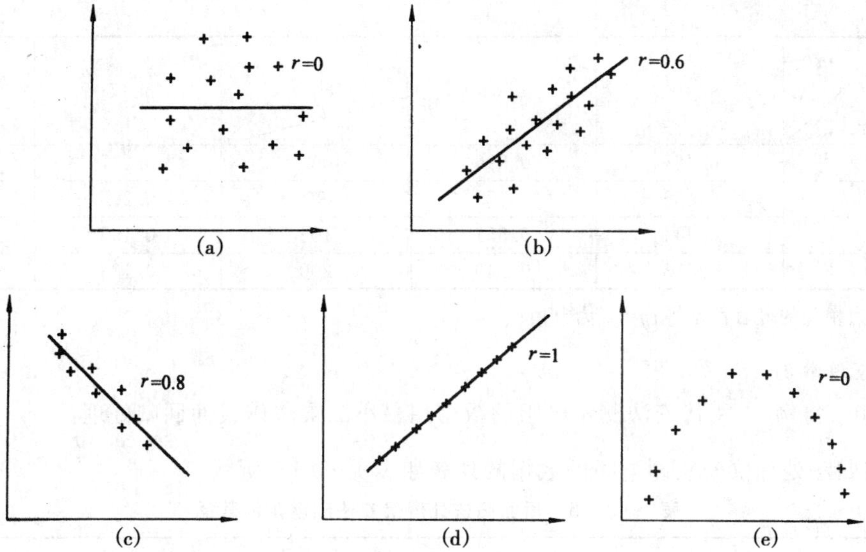

图 1－3－4　不同相关系数的数据点分布示意图

$$\frac{s(b_1)}{b_1}=\sqrt{\frac{\frac{1}{r^2}-1}{n-2}} \tag{1-3-24}$$

应注意(1－3－24)式的计算结果是斜率的相对标准偏差。

相关系数在数据处理计算中有特殊的地位,以至带有线性回归功能的计算器上就设有功能键 r,实验数据输入完毕,人们也习惯首先读出相关系数来检查相关的显著性水平。表 1－3－4中列出了相关系数的检验数据。

表 1－3－4　相关系数检验表

$n-2$ \ r \ a	0.05	0.01	$n-2$ \ r \ a	0.05	0.01
1	0.997	1.000	20	0.423	0.537
2	0.950	0.990	21	0.413	0.526
3	0.878	0.959	22	0.404	0.515
4	0.811	0.917	23	0.396	0.505
5	0.754	0.874	24	0.388	0.496
6	0.707	0.834	25	0.381	0.487
7	0.666	0.798	26	0.374	0.478
8	0.632	0.765	28	0.361	0.463
9	0.602	0.735	30	0.349	0.449
10	0.576	0.708	35	0.325	0.418
11	0.553	0.684	40	0.304	0.393
12	0.532	0.661	45	0.288	0.372
13	0.514	0.641	50	0.273	0.354
14	0.497	0.623	65	0.250	0.325
15	0.482	0.606	70	0.232	0.302

续表

$n-2$ \ a \ r	0.05	0.01	$n-2$ \ a \ r	0.05	0.01
16	0.468	0.590	80	0.217	0.283
17	0.456	0.575	90	0.205	0.267
18	0.444	0.561	100	0.195	0.254
19	0.433	0.549	200	0.138	0.181

注：a 为相关的显著性水平；$n-2$ 为自由度。

5. 应用举例

例 20 将例 14 用伏安法测量电阻的数据用最小二乘法作线性回归处理。

用回归法处理伏安法测电阻的数据的列表如表 1-3-5 所示。

表 1-3-5 用回归法处理伏安法测电阻的数据

序号 k	$x_k=U_k/\text{V}$	$y_k=I_k/\text{mA}$	x_k^2	y_k^2	x_ky_k
1	0.00	0.00	0.00	0.00	0.00
2	2.00	3.85	4.00	14.82	7.70
3	4.00	8.15	16.00	66.42	32.60
4	6.00	12.05	36.00	145.20	72.30
5	8.00	15.80	64.00	249.64	126.40
6	10.00	19.90	100.00	369.01	199.00
和	$\sum_{k=1}^{6}x_k=30.00$	$\sum_{k=1}^{6}y_k=59.75$	$\sum_{k=1}^{6}x_k^2=220.00$	$\sum_{k=1}^{6}y_k^2=872.10$	$\sum_{k=1}^{6}x_ky_k=438.00$
和的平方	$\left(\sum_{k=1}^{6}x_k\right)^2=900.00$	$\left(\sum_{k=1}^{6}y_k\right)^2=3\,570.06$			
平均	$\overline{x}=5.00$	$\overline{y}=9.958\,3$	$\overline{x_k^2}=36.67$		

$$L_{xy}=\sum_{k=1}^{6}x_ky_k-\frac{1}{n}\left(\sum_{k=1}^{6}x_k\right)\left(\sum_{k=1}^{6}y_k\right)=139.25$$

$$L_{xx}=\sum_{k=1}^{6}x_k^2-\frac{1}{n}\left(\sum_{k=1}^{6}x_k\right)^2=70$$

$$L_{yy}=\sum_{k=1}^{6}y_k^2-\frac{1}{n}\left(\sum_{k=1}^{6}y_k\right)^2=277.088$$

（1）相关系数。

$$r=\frac{L_{xy}}{\sqrt{L_{xx}L_{yy}}}=0.999\,856$$

由表 1-3-4 查得 $k=6$，$a=0.01$ 时，$r=0.917$ 为显著性标准，现得到 $r=0.999\,856>0.917$，表明 I 与 U 显著相关，即回归直线的直线性很好。

(2) 求系数。

$$b_1=\frac{L_{xy}}{L_{xx}}=1.989\ 3$$

$$b_0=\overline{y}-b_1\overline{x}=0.011\ 90$$

(3) 求系数的标准偏差。

$$\frac{s(b_1)}{b_1}=\sqrt{\frac{\frac{1}{r^2}-1}{n-2}}=0.849\times10^{-3}$$

$$s(b_1)=0.016\ 9$$

$$s(b_0)=\sqrt{\overline{x^2}}\cdot s(b_1)=0.102,\quad s(b_0)<b_0,\quad \text{直线通过原点}$$

(4) 求电阻及其标准偏差。

$$R=\frac{1}{b_1}=502.69\Omega$$

$$\frac{s(R)}{R}=\frac{s(b_1)}{b_1}=0.849\times10^{-3},\quad s(R)=502.69\times0.084\ 9\%=4.27\Omega,\quad \nu=4$$

(5) 说明。

在相关性很好的情况下，r 接近于 1，则(1-3-24)式中分子 $\frac{1}{r^2}-1$ 为零，以致不能计算出 $s(b_1)$ 和 $s(b_0)$。所以表 1-3-5 中的各项计算求和、平方、平均等要保留到比 r 值所含的“9”的个数还要多 2 或 3 位数字。例 20 中 $r=0.999\ 856$，小数点后面连续有 3 个“9”，故求回归方程系数的运算(包括表 1-3-5)取 5 或 6 位数字。中间运算过程亦如此，直到计算出合成不确定度或扩展不确定度之后，再把不确定度取为 2 位有效数字，以及把测量结果修约到与不确定度的末位对齐。

习　题

1. 指出下列各数是几位有效数字。

(1) 0.002　　(2) 1.002　　(3) 1.00

(4) 981.120　　(5) 500　　(6) 38×10^4

(7) 0.001 350　　(8) 1.6×10^{-3}　　(9) π

2. 某一长度为 $L=3.58$mm，试用 cm、m、km、μm 为单位表示其结果。

3. 用有效数字运算规则求以下结果。

(1) $57.34-3.574$　　(2) $6.245+101$

(3) $403+2.56\times10^3$　　(4) $4.06\times10^3-175$

(5) $3\ 572\times\pi$　　(6) 4.143×0.150

(7) $36\times10^3\times0.175$　　(8) $2.6^2\times5\ 326$

(9) $24.3\div0.1$　　(10) $\frac{8.042\ 1}{6.038-6.034}$

4. 确定下列各结果的有效数字位数。

(1) $\sin30°10'$　　(2) $\cos48°6'$

(3) $\sqrt[3]{278}$　　(4) $318^{0.6}$

(5) lg1.984　　(6) ln4 562

5. 以下是一组测量数据,单位为 mm,请用函数计算器计算算术平均值与标准偏差。

12.314,12.321,12.317,12.330,12.309,12.328,12.331,12.320,12.318

6. 用精密天平称一物体的质量,共称 10 次其结果为:m_i=3.612 7,3.612 5,3.612 2,3.612 1,3.612 0,3.612 6,3.612 5,3.612 3,3.612 4,3.612 4g,试计算 m 的算术平均值与标准偏差,若该测量的 B 类不确定度为 Δ_B=0.1mg,试计算 m 的不确定度。

7. 将下面错误的式子选出来并改正。

(1) $l=3.586\pm0.10$(mm)

(2) $P=31\ 690\pm200$(kg)

(3) $d=10.43\pm0.13$

(4) $t=18.547\pm0.312$(s)

(5) $R=6\ 371\ 000\pm2\ 000$(km)

8. 计算 $\rho=\frac{4M}{\pi D^2 H}$的结果及不确定度 Δ_ρ,并分析直接测量值 M、D、H 的不确定度对间接测量值 ρ 的影响(提示:分析间接测量不确定度合成公式中哪一项影响大),其中 $M=(236.124\pm0.002)$g,$D=(2.345\pm0.005)$cm,$H=(8.21\pm0.01)$cm。写出 ρ 的结果表达式。

第二章

力学、热学实验

实验一　基本测量

1. 长度测量

长度是基本的物理量之一。测量长度的仪器和量具，不仅在生产过程和科学实验中被广泛使用，而且有关长度测量的方法、原理和技术，在其他物理量的测量中也具有普遍意义。因为许多其他物理量的测量(如温度计、压力表以及各种指针式电表的示值)，最终都是转化为长度(刻度)而进行读数的。

常用的长度测量仪器有米尺、游标卡尺、千分尺和读数显微镜等。表征这些仪器主要规格的量有量程和分度值等。量程表示仪器的测量范围；分度值表示仪器所能准确读出的最小数值，习惯称为精度。在工程技术和科学研究中，经常需要测量不同精度要求的长度，应针对不同要求选择不同的长度测量仪器。本实验我们练习如何正确使用游标卡尺和千分尺。

【实验要求】

(1) 了解游标的刻度和螺旋测微原理。

(2) 熟练掌握游标卡尺和千分尺的读数方法，必须一次读出所测数据。经过计算才能得到结果者，不能算作会读数，也就没有达到起码要求。

(3) 练习有效数字和不确定度的计算。

【实验目的】

(1) 用游标卡尺测圆柱体的体积。

(2) 用千分尺测钢球的体积。

【实验仪器与用具】

游标卡尺，千分尺，圆柱体与小钢球等。

下面对游标卡尺和千分尺的构造和读数原理进行分绍。

一、游标卡尺

由于米尺的分度值(1mm)不够小，常不能满足测量精度的需要。若要把米尺估读的那一位数值准确地读出来，可在尺身(即米尺)旁加一把游标而构成游标卡尺。游标卡尺有好几种规格，一般按分度值的大小来区分，大致有 0.1mm、0.05mm 和 0.02mm 等数种。

1. *结构*

游标卡尺结构如图 2-1-1 所示，它主要由尺身和游标两部分构成。尺身为一根普通的钢质米尺，其最小刻度为 1mm，其上连有量爪 A 和 A'。游标可紧贴尺身滑动，游标上也有刻度线，连有量爪 B、B'和深度尺 C。AB 构成外量爪，可以测量直径、长度和高度等；$A'B'$构成内量爪，可以测量内径。深度尺 C 可以测量深度。螺钉 F 用于固定游标。

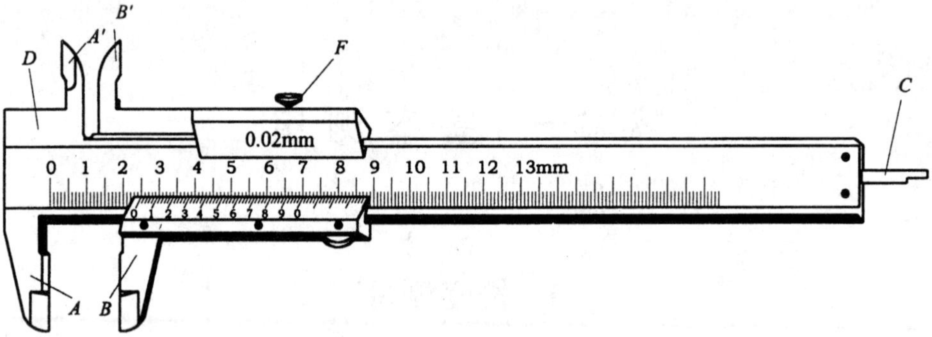

图 2-1-1 游标卡尺

2. *游标卡尺的读数原理*

游标卡尺在构造上的主要特点是：游标上总共有 n 个分格，其长度与尺身上的$(n-1)$个分格的长度相等。若用 x 代表游标上一个分格的长度，用 y 代表尺身上一个分格的长度，则有：

$$nx=(n-1)y \tag{2-1-1}$$

那么，尺身和游标上每一分格长度的差为：

$$\delta=y-x=\frac{1}{n}y \tag{2-1-2}$$

这一差值是游标卡尺能读准的最小数值，即游标卡尺的分度值。

下面以实验室常用的五十分度游标(即 $n=50$)为例来说明游标卡尺的读数原理。如图 2-1-2 所示，这种卡尺的游标上有 50 个小分格，其长度正好与尺身上 49 个小格的长度相等，即正好为 49mm。

由于尺身上一个分格的长度 y 为 1mm，故由式(2-1-2)知，$\delta=0.02$mm，即游标上每小格的长度比尺身上每小格的长度短 0.02mm。

在测量时，当待测物体用量爪卡紧后，它的长度就是尺身与游标上两条零刻线之间的距离 l，具体数值则由游标上零刻线的位置读出。这一数值包括两部分，其中以毫米为单位的

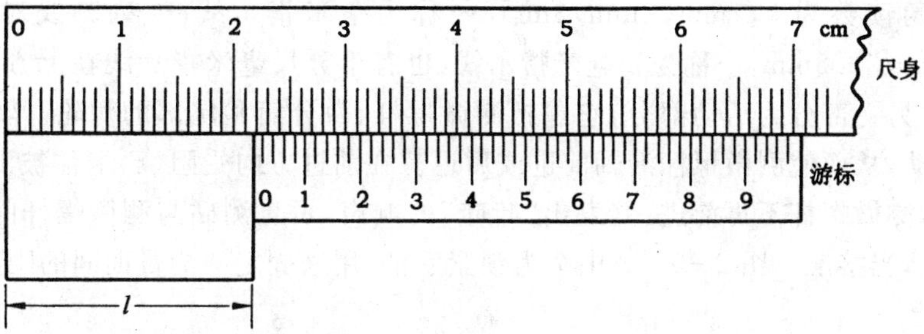

图 2-1-2　游标卡尺的读数

整数部分 l' 可以从游标零刻线左边尺身上的刻线读出。图 2-1-2 所示的情况，$l'=21\text{mm}$，至于第 21mm 刻线与游标零刻线间的小数部分 Δl 则从游标上读出，这时应看游标上哪一条刻线与尺身上的刻线对齐，图中是游标上第 36 条刻线与尺身上某一刻线对齐。从这一位置起，尺身和游标各往左数 36 小格，它们的长度差就是 Δl，显然 $\Delta l=36\times\delta=0.72\text{mm}$。所以，测量结果是 $l=l'+\Delta l=21.72\text{mm}$。为了便于直接读数，在游标上刻有 0，1，2，3…标度。假设游标上标有"4"的刻线与尺身上某一刻线对齐，则可直接读出 $\Delta l=0.40\text{mm}$；若再往右边的一条线与尺身某刻线对齐，则 $\Delta l=0.42\text{mm}$，如此类推。

以上讨论的是五十分度游标卡尺的读数。除此之外，实验室常用的还有十分度游标卡尺（$n=10$）以及二十分度游标卡尺（$n=20$），它们的分度值 δ 分别为 0.1mm 和 0.05mm。

无论哪种游标卡尺，均可用下面的方法很快地读出待测长度 l：①由游标的零刻线的位置在尺身上读出毫米整数 l'；②再根据游标上的第 k 条刻线与尺身某一刻线对齐，给出毫米以下的读数 Δl，Δl 等于 k 乘以游标的分度值 δ。因此，测量值 $l=l'+k\delta$。

游标卡尺的量程常见的有 125mm、300mm 等，对十分度、二十分度和五十分度游标卡尺，仪器示值的最大（极限）误差可参考附录。

3. 使用方法和注意事项

（1）检查零点。在用游标卡尺测量之前，先应把量爪 A、B 合拢，检查游标的零刻线是否与尺身的零刻线对齐。如果不能对齐，应记下零点读数，即测量值 $l=$ 未做零点修正的读数值 l_1- 零点读数 l_0，其中 l_0 可正可负。

（2）用游标卡尺卡住被测物体时，松紧要适度，以免损伤卡尺或被测物体。当需要把卡尺从被测物体上取下后才能读数时，一定要先把固定螺钉拧紧。

（3）在测量时应卡正被测物体，测环或孔的内径时，要找到最大值，否则会增大测量误差。

（4）卡尺在使用时严禁磕碰，以免损坏量爪或深度尺。若长期不用时，应涂以脱水黄油，置于避光干燥处封存。

二、千分尺

1. 结构

千分尺是一种比游标卡尺更精密的长度测量仪器，常用于测量较小的长度，如金属丝的直径、薄板的厚度等。其结构如图 2-1-3 所示。它主要由两大部分组成：其中尺架、测砧和套在螺杆上的螺母套管连在一起构成千分尺的固定部分。螺母套管上有两列刻线：一列在中心线的上方，另一列在中心线下方，两列刻线的间距均为 1mm，但彼此错开 0.5mm，下列刻线对应的读数为 0,1mm,2mm,3mm,…称为毫米指示线;上列刻线对应的读数为 0.5mm,1.5mm,2.5mm,…称为半毫米指示线,也有千分尺毫米指示线在上方,半毫米指示线在下方的;另一部分为活动部分,它包括测微螺杆、微分筒和尾部的棘轮。转动棘轮可带动微分筒转动,从而使测微螺杆沿轴前进或后退。在前进方向受阻(已卡住被测物)时,若继续旋进棘轮,测微螺杆不再前进,并发出“咔咔”的响声,示意测砧与测微螺杆间的两测量面与被测物已适当接触。图 2-1-3 中 7 为锁紧手柄,用来固定两测量面间的距离。

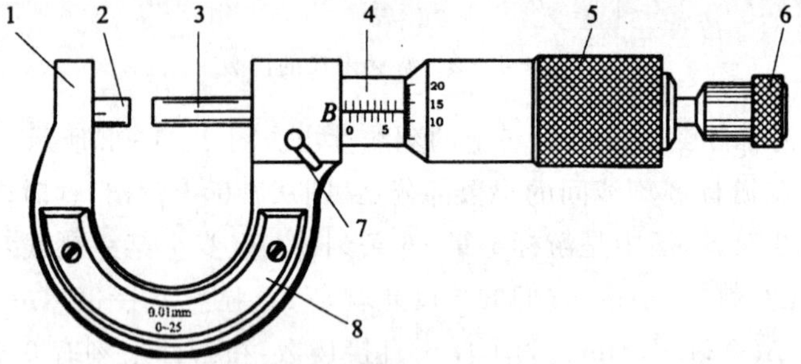

1—尺架;2—测砧;3—测微螺杆;4—螺母套管;5—微分筒;6—棘轮;7—锁紧手柄;8—绝热板

图 2-1-3 千分尺

2. 测微原理

微分筒的边缘被分成 50 等份,当微分筒旋转 1 周时,测微螺杆就沿轴向运动 0.5mm(即一个螺距)。显然,微分筒每旋转一小格,测微螺杆运动 0.5mm/50=0.01mm,这就是千分尺的最小分度值。可见,利用测微螺旋装置后,使测砧与测微螺杆间的长度可以量准到 0.01mm,再加上对最小分度的 1/10 估读,故可读到毫米的千分位。

实验室常用千分尺的量程为 25mm,分度值为 0.01mm,仪器的示值极限误差见附。

3. 千分尺的读数方法

测量物体长度时,应轻轻转动棘轮,使两测量面与待测物接触,当听到“咔咔”响声即可读数。设此时各指示线的位置如图 2-1-4(a)所示,读数顺序如下:先根据微分筒边缘线读出螺母套管上毫米与半毫米的读数 $l'=3$mm;再根据螺母套管中心线读出微分筒上 0.5mm 以内的读估值 $\Delta l=0.185$mm;其中最后一位“5”是估计读数,则最后结果为 $l=l'+\Delta l=3.185$mm。当然,实际记录时不应写出上述中间过程,而应直接写出最后结果。

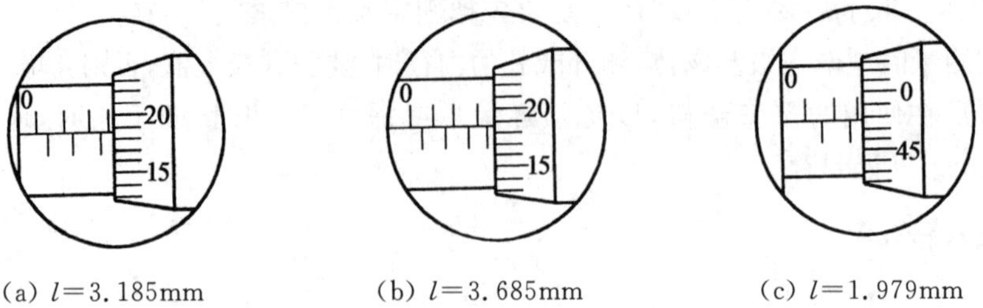

(a) $l=3.185$mm (b) $l=3.685$mm (c) $l=1.979$mm

图 2-1-4 千分尺的读数

关于千分尺的读数有两点必须注意:①要特别留心微分筒边缘线是否过了半毫米指示线。如图 2-1-4(b)中,不应读作 3.185mm,而应读作 3.685mm,因微分筒边缘线已过了半毫米线。②当微分筒的边缘线压在螺母套管上的某一刻线上时,应根据微分筒的读数来判断它是否超过螺母套管的这一刻线。如图 2－1－4(c)中，不应读作 2.479mm，而应读作 1.979mm。因为通过微分筒的读数可以判断微分筒的边缘线实际上并未超过螺母套管的 2mm 指示线，即螺母套管读数 l' 应读成 1.5mm。

4. 使用方法和注意事项

(1) 检查零点。在用千分尺测量前，先缓慢旋转棘轮，直到听到“咔咔”响声，表明测微螺杆和测砧已直接接触。此时，微分筒上的零线应与螺母套管的中心线正好对齐。如果不能对齐，就应记下零点读数。显然，测量值 l＝读数值 l_1－零点读数 l_0，其中 l_0 可正可负。图 2－1－5 所示为两个零点读数的例子。

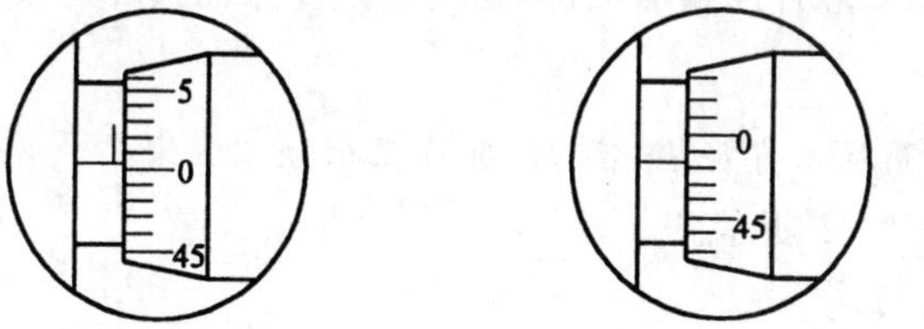

(a) $l_0=+0.003$mm　(b) $l_0=-0.015$mm

图 2－1－5　千分尺的零点读数

(2) 测微螺杆接近待测物(或测砧)时不要直接旋转微分筒，而应慢慢旋转棘轮，以免测量压力过大而使测微螺杆的螺纹发生形变。

(3) 测量完毕后，两测量面间应留有不小于 0.5mm 的间隙，以免受热膨胀时使测微螺杆的精密螺纹受损。

(4) 千分尺长期不用时，应在易锈表面涂以脱水黄油，置于蔽光干燥处封存。

【预习思考题】

(1) 如何正确使用游标卡尺，怎样处理其零差？

(2) 用千分尺测量物体，当测微螺杆即将接触到被测物时，应调节何部件？使用完毕后，千分尺应保持何状态？怎样用千分尺的零差来修正读数？

【实验原理】

(1) 用游标卡尺测出圆柱体的外径 D、高度 H，则它的体积为：

$$V=\frac{\pi}{4}D^2H$$

(2) 用千分尺测出小钢球的直径 D，则它的体积为：

$$V=\frac{\pi}{6}D^3$$

【实验内容】

1. 游标卡尺

(1) 松开固定螺丝 F，检查是否有零差。

(2) 测量圆柱体的直径和高度。

注意事项：

(1) 要正视尺面，避开阳光的侧照，以减小视差。

(2) 被测表面必须光滑，不能测量粗糙物体，以保护量爪免于划伤、磨损。不许被测物在量爪内移动，量爪所夹被测物的压力要小。

(3) 使用完毕，应立即收回盒内，两刀口稍许松离。

2. 千分尺

(1) 检查千分尺是否有零差。

(2) 用千分尺测小钢球的直径。

3. 注意事项

(1) 测微螺杆接近待测物时，不要直接旋转微分筒，而应旋转棘轮，以免测量压力过大，致使测微螺杆上的螺纹发生形变。

(2) 用完后应使测微螺杆间留有间隙，避免因热膨胀而损坏螺纹，并立即放回盒内。

【数据记录与计算】

1. 用游标卡尺测圆柱体直径 D、高 H，并计算体积

数据表格如表 2-1-1 所示。

零点读数(D_0、H_0)：

仪器误差：

表 2-1-1

测量次数	直径 D/cm		高 H/cm	
	D_i	$D_i-\overline{D}$	H_i	$H_i-\overline{H}$
1				
2				
3				
4				
5				
平　均	$\overline{D}=$	/	$\overline{H}=$	/

$$S_{\overline{D}}=\sqrt{\frac{\sum_{i=1}^{5}(D_i-\overline{D})^2}{5(5-1)}}=\qquad \text{cm}$$

$$S_{\overline{H}}=\sqrt{\frac{\sum_{i=1}^{5}(H_i-\overline{H})^2}{5(5-1)}}=\qquad \text{cm}$$

$$\Delta_D=\sqrt{S_{\overline{D}}^2+\frac{\Delta_{仪}^{\ 2}}{3}}=\qquad \text{cm}$$

$$\Delta_H\sqrt{S_{\overline{H}}^2+\frac{\Delta_{仪}^{\ 2}}{3}}=\qquad \text{cm}$$

$$V=\frac{1}{4}\pi(\overline{D}-D_0)^2(\overline{H}-H_0)=\qquad \text{cm}^3$$

$$E_V=\frac{\Delta_V}{V}=\sqrt{\left(\frac{\Delta_H}{H}\right)+4\left(\frac{\Delta_D}{D}\right)^2}=$$

$$\Delta_V=VE_V=\qquad \text{cm}^3$$

$V=V\pm1.96\Delta_V=$ cm^3

2. 用千分尺测小钢球的直径 D 并计算体积

数据表格如表 2-1-2 所示。

零点读数 D_0：

仪器误差：

表 2-1-2

测量次数	直径 D/mm	
	D_i	$D_i-\overline{D}$
1		
2		
3		
4		
5		
平　均	$\overline{D}$	/

$$S_{\overline{D}}=\sqrt{\frac{\sum_{i=1}^{5}(D_i-\overline{D})^2}{5(5-1)}}=\qquad \text{mm}$$

$$\Delta_D=\sqrt{S_{\overline{D}}^2+\frac{\Delta_{仪}{}^2}{3}}=\qquad \text{mm}$$

$$V=\frac{1}{6}\pi(\overline{D}-D_0)^3=\qquad \text{mm}^3$$

$$E_V=\frac{\Delta_V}{V}=3\,\frac{\Delta_D}{D}=$$

$$\Delta_V=VE_V=\qquad \text{mm}^3$$

$$V=V\pm1.96\Delta_V=\qquad \text{mm}^3$$

【思考题】

(1) 在长度的基本测量中，对读数位数的取法有何要求？

(2) 游标卡尺与千分尺是用什么方法来提高仪器精度的？

(3) 欲测一个约为 1mm 微小长度，若用米尺、游标尺、千分尺测量，可分别读出几位有效数字？

(4) 怎样测圆柱体的密度？

2. 物体密度的测量

【实验要求】

(1) 学习使用物理天平。

(2) 掌握测量规则物体密度的方法。

(3) 掌握用流体静力称衡法测量不规则物体的密度和液体密度。

【实验目的】

测量物体的密度。

【实验仪器与用具】

物理天平,待测物体,游标卡尺,螺旋测微计,烧杯,温度计,玻璃棒,镊子等。

以下为物理天平的构造原理与使用方法。

1. 构造原理

物理天平的实质是一个等臂杠杆。其构造如图 2-1-6 所示,主要由底座、支柱和横梁 3 大部分组成。

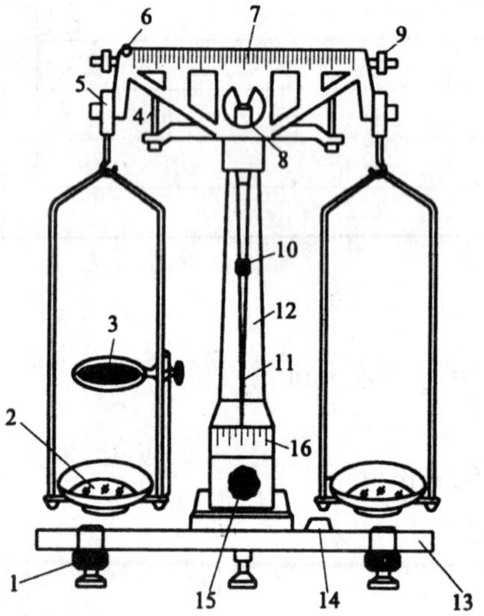

1—调节螺母;2—秤盘;3—托架;4—支架;5—挂钩;
6—游码;7—游码标尺;8—刀口、刀垫;9—平衡螺母;
10—感量调节器;11—读数指针;12—支柱;13—底座;
14—水准仪;15—启动旋钮;16—指针标尺

图 2-1-6 物理天平

底座上有调节水平的调节螺母和水准仪。支柱在底座的中央,内附有升降杆,通过启动旋钮能使升降杆上的横梁上升或下降,支柱下端附有标尺。横梁上装有 3 个刀口,中间主刀口置于支柱顶端的玛瑙垫上,作为横梁的支点,两侧刀口各悬挂一个秤盘;横梁下端中部固定一指针,升起横梁时,指针尖端状在支柱下方标尺前摆动;启动旋钮使横梁下降时有制动架托住,以免损伤刀口;横梁两端有平衡螺母,为空载调节平衡时用;横梁上装有游码,用于 1.00g 以下的称衡;支柱左方装有烧杯托盘,可托住不被称衡的物体。

物理天平的规格由两个参量表示:

(1) 感量。

它是指天平平衡时,使指针偏转 1 分格,在一端所增加的质量。感量越小,天平的灵敏度越高。常用物理天平的感量有 10mg/分格、50mg/分格。有时也用灵敏度表示天平的规格,它和感量互为倒数。感量为 10mg/分格的天平,其灵敏度为 0.1 分格/mg。

(2) 称量。

它是指天平允许称衡的最大质量，常用的有 0～500g 和 0～1 000g 等。

物理天平均带有与其准确度相配套的一盒砝码。

2. 使用方法

(1) 调水平。

使用前应调节底座调节螺母，直至水准仪显示水平，以保证支柱铅直。

(2) 调零点。

将横梁上副刀口调整好并将游码移至零点处，转动启动旋钮升起横梁，观察指针摆动情况。若指针在标尺中线左右对称摆动，说明天平零点已调好。若不对称应立即放下横梁，调节横梁两端的平衡螺母，再观察，直至调好为止。

(3) 称衡。

一般将物体放在左盘，砝码放在右盘。升起横梁观察平衡。若不平衡按操作程序反复增减砝码直至平衡为止。平衡时，砝码与游码读数之和即为物体的质量。

3. 注意事项

(1) 应保持天平的干燥、清洁，尽可能放置在固定的实验台上，不宜经常搬动。

(2) 称衡中使用启动旋钮要轻升轻放，切勿突然升起和放下，以免刀口撞击。被测物体和砝码应尽量放在托盘中央。

(3) 被称物体的质量不能超过天平的称量。

(4) 调节平衡螺母、加减砝码、更换被测物、移动游码时，必须将横梁放下进行。

(5) 加减砝码、移动游码必须用砝码镊子，严禁用手直接操作。天平使用完毕，将横梁放下，砝码放入砝码盒，托盘架从副刀口取下置于横梁两端。

(6) 天平台附件均标有数字序号，它们与天平应保持严格配套，绝对不允许随意更换。

【实验原理】

密度是物质的基本特性之一，它与物质的纯度有关。对物体密度测量不仅为许多实验工作所需要，而且在工业上常用来作原料成分的分析和纯度的鉴定。因此，学会一些测量密度的方法是十分必要和有用的。

1. 规则物体密度的测量

单位体积的物体所具有的质量称为物质的密度。若一物体的质量为 m，体积为 V，则其密度为：

$$\rho=\frac{m}{V} \tag{2-1-3}$$

当物体是一个形状简单并且规整的固体时，可以测量其外形尺寸，计算其体积，用天平测出质量，就可以得到密度。如果物体是一个直径为 d，高度为 h 的圆柱体，其密度可表为：

$$\rho=\frac{4m}{\pi d^2 h} \tag{2-1-4}$$

2. 不规则的物体密度的测量

对于形状不规则的物体，采用静力称衡法间接地测量体积 V。根据阿基米得原理，物体在液体中所受到的浮力，等于物体在空气中的质量 W 与物体浸没在液体中的视重 W_1 之差，即等于物体所排开的同体积的液体的质量：

$$W-W_1=\rho_0 Vg \quad (2-1-5)$$

考虑到 $W=mg$、$W_1=m_1g$，所以(2-1-5)式可写为：

$$V=\frac{m-m_1}{\rho_0} \quad (2-1-6)$$

将 V 代入(2-1-3)式，得：

$$\rho=\frac{m}{m-m_1}\rho_0 \quad (2-1-7)$$

式中，m 和 m_1 是该物体在空气中和浸没在液体中称衡时相应的天平砝码质量，ρ_0 为液体密度(实验中 ρ_0 为水的密度)。

如果待测物体的密度小于水的密度，可以在物体上拴一个相对密度大于 1 的重物，然后使重物和待测物体一同浸没在水中进行称衡，如图 2-1-7(a)所示，此时相应的砝码质量为 m_2。再将待测物体提到水面之上，使重物仍然浸没在水中，再进行称衡，如图 2-1-7(b)所示，此时相应的砝码质量为 m_3。这样，待测物体在水中所受的浮力为 $F=(m_3-m_2)g$，则物体密度：

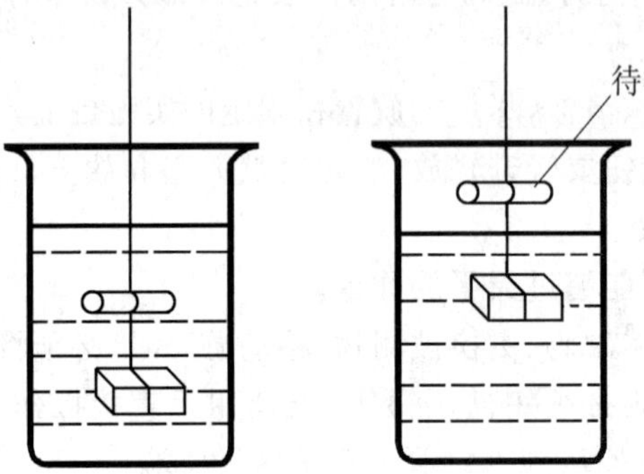

(a) (b)

图 2-1-7

$$\rho=\frac{m}{m_3-m_2}\rho_0 \quad (2-1-8)$$

3. 流体静力称衡法测液体密度

体积为 V 的重物在空气中称衡为 m，浸没在已知密度 ρ_0 的液体中(常采用水)称衡为 m_1，又将此重物再浸没在密度为 ρ' 的待测液体中称衡为 m'，则重物在待测液体中受到的浮力为 $(m-m')g$，此浮力等于 $\rho' gV$。考虑到 $(m-m_1)g=\rho_0 gV$，得待测液体的密度：

$$\rho'=\frac{m-m'}{m-m_1}\rho_0 \quad (2-1-9)$$

【实验内容】

1. 测一个圆柱体的密度

(1) 调整、学习使用物理天平，称出圆柱体的质量 m。

(2) 用螺旋测微计测圆柱体外径，在不同部位测量。

(3) 用游标卡尺测圆柱体高度，在不同立位测量。

2. 用流体静力称衡法测不规则物体的密度

(1) 称出物体在空气中的质量 m。

(2) 盛有大半杯水的烧杯放在天平左边的托架上，将用细线挂在天平左边小钩上的物体浸没在水中，用玻璃棒除去物体上的气泡，称出物体在水中的质量 m_1。

*3. 测密度小于水的不规则物体的密度(选做)

(1) 称出物体在空气中的质量 m。

(2) 按图 2-1-7(a)、图 2-1-7(b)称出 m_2 和 m_3。

*4. 测液体密度(选做)

重复 2. 中(1)和(2)步骤，然后把盛有待测液体的烧杯放在天平左边托架上，用吸水纸吸去物体上的水，把物体浸没在待测液体中，称出 m_1。

在实验过程中应适时地测量水的温度和室温，由附表查出在该温下纯水的密度 ρ_0。

5. 注意事项

(1) 使用天平一定要遵守天平的使用规则。

(2) 待测物体悬在液体中称量时，切勿与杯壁或杯底接触，也不允许局部露出液面。

(3) 物体浸没在液体中时，物体上的气泡必须清除干净。

【数据记录与计算】

1. 测圆柱体密度

数据表格如表 2-1-3、表 2-1-4 所示。

圆柱体的质量 $m=$　　　±　　　g。

表 2-1-3

直径 $d/10^{-2}$ m									平均值 $\overline{d}$
上端			中端			下端			
d_1	d_2	d_3	d_4	d_5	d_6	d_7	d_8	d_9	

表 2-1-4

高度 $h/10^{-2}$ m					
h_1	h_2	h_3	h_4	h_5	平均值 $\overline{h}$

2. 测不规则物体密度

物体在空气中的质量 $m=$　　　±　　　g。

物体在水中的质量 $m_1=$　　　±　　　g。

纯水温度 $t=$　　　℃。

纯水在 t℃时的密度 $\rho_0=$　　　kg/m³。

【思考题】

(1) 用物理天平称衡物体时能不能把物体放在右盘而把砝码放在左盘？天平启动时能不能加减砝码？能不能用手拿取砝码？

(2) 测量密度用的水是不是应该使用蒸馏水？用刚从水龙头里放出来的自来水可以吗？挂物体的线是用棉线、尼龙线，还是细钢丝好？

实验二　杨氏模量的测量

1. 拉伸法测金属丝的杨氏模量

杨氏模量是描述固体材料抵抗形变能力的重要物理量，是工程技术上极为重要的常用参数，是工程技术人员选择材料的重要依据之一。本实验将综合运用多种测量长度的方法，并采用逐差法处理数据。

【实验要求】

(1) 进一步熟练使用米尺、千分尺。掌握使用光杠杆法测量微小长度的原理及方法。

(2) 学会调节、使用望远镜。

(3) 学习用逐差法处理数据。

【实验目的】

用拉伸法测金属丝的杨氏模量。

【实验仪器与用具】

(1) YMC-1型杨氏模量测定仪以及与之配套的光杠杆、镜尺装置1套。

(2) 钢卷尺、千分尺、水准仪各1把，1kg的砝码若干。

YMC-1型杨氏模量测定仪的结构如图2-2-1所示。金属丝L的上端固定于横梁A上，下端被钢丝螺旋卡头夹紧。螺旋卡头外形为圆柱形状(C)，下方有挂钩，用于挂砝码。中央部分是固定平台G，中间有圆孔，圆柱体能在其中上下移动。圆孔中有一小固定螺栓，用来使圆柱体只能上下移动，不能转动。底部B是三脚支架，调节底脚螺丝，借助水准仪，可以将平台G调成水平状态。

【预习思考题】

(1) 什么是视差？如何消除？

(2) 千分尺的半刻线在实际使用时，怎样判断是读还是不读？棘轮如何使用？

【实验原理】

1. 用拉伸法测金属丝的杨氏模量

物体在外力作用下，总会发生形变。当形变不超过某一限度时，外力消失后，形变随之消失，这种形变称为“弹性形变”。发生弹性形变时，物体内部产生恢复原状的内应力。杨氏模量正是反映固体材料形变与内应力关系的物理量。本实验中形变为拉伸形变，即金属丝仅发生轴向拉伸形变。设金属丝长为L，横截面积为S，沿长度方向受一外力F后金属丝伸长ΔL。单位横截面积上的垂直作用力F/S称为正应力，金属丝的相对伸长量$\Delta L/L$称为线应变。这两个概念，大家将在弹性力学中碰到。实验结果表明：在弹性形变范围内，正应力与线应变成正比，即

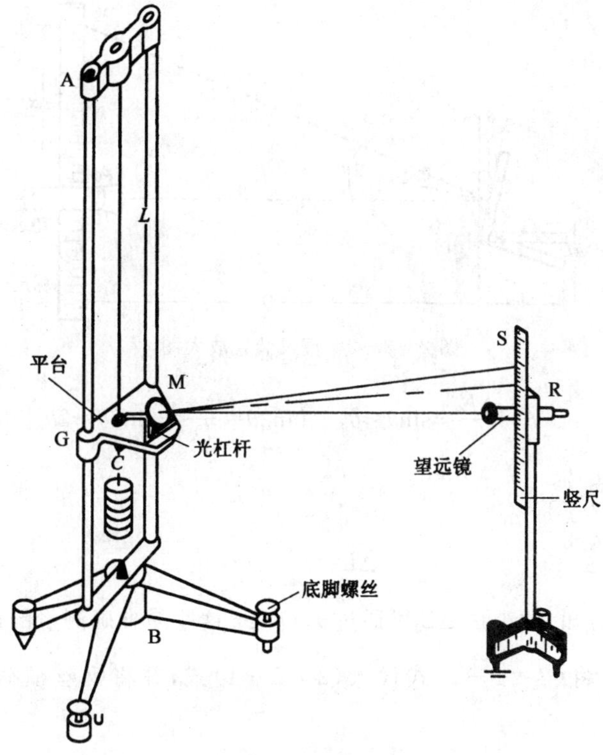

图 2-2-1　杨氏模量测定仪及镜尺装置

$$\frac{F}{S}=Y\frac{\Delta L}{L} \tag{2-2-1}$$

式中系数 $Y=\dfrac{F/S}{\Delta L/L}$ 称为杨氏模量。不同的材料，Y 值不一样。从式(2-2-1)可以看出：当单位横截面上的外力一定时，相对伸长量愈大，则 Y 值愈小，亦即材料抵抗形变的能力愈小。

(2-2-1)式中，外力 F、横截面积 S、钢丝长度 L 都容易测定。外力为每次加 1kg 力的砝码，看作常量。横截面积通过测钢丝直径 d 可计算出来。钢丝长度 L 也可用卷尺很方便地测量出来。对于钢丝微小的形变量 ΔL 要测准确，必须采用放大的方法。本实验采用光杠杆的放大法。

2. 光杠杆的放大原理

光杠杆由镜架和镜面组成，如图 2-2-2 所示。a 足到 b、c 两足的垂直距离可调。镜尺装置由标尺与望远镜组成，如图 2-2-3。调节望远镜可以看清平面镜内反射的标尺像，并可由望远镜中叉丝横线读出标尺上相应的刻度值。设钢丝长度变化前刻度为 x_0，当长度变化时，a 足随之升或降，并带动平面镜转动。设转角为 θ，则平面镜上的反射光线将转过 2θ。此时视场中横叉丝线对应的刻度假设为 x_i，并令 $\Delta x=x_i-x_0$，当 $\Delta L \ll b$ 时，有

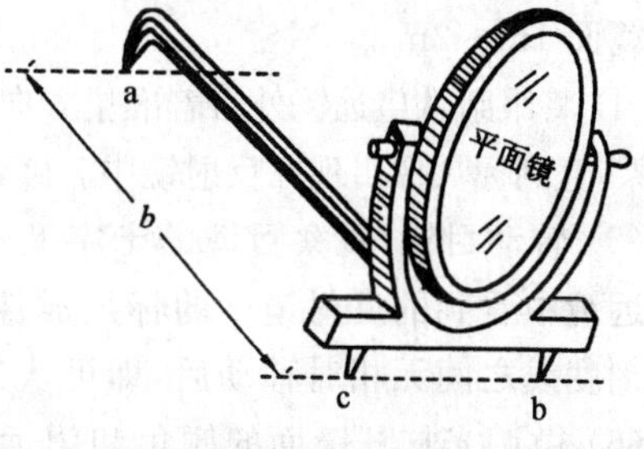

图 2-2-2

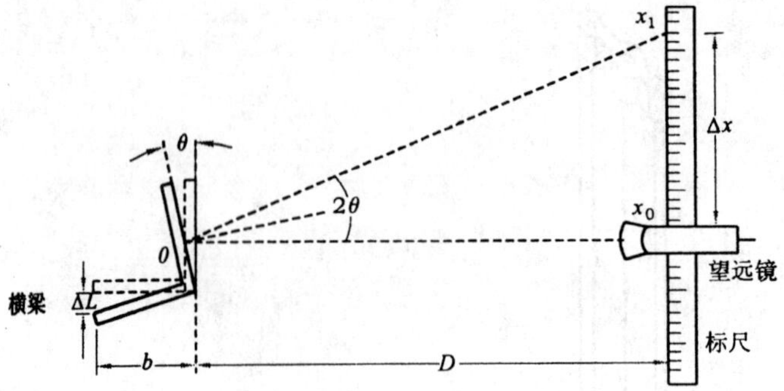

图 2－2－3　镜尺装置放大图

$$\tan\theta=\frac{\Delta L}{b}\approx\sin\theta\approx\theta,\quad \tan2\theta=\frac{\Delta x}{D}\approx\sin2\theta\approx2\theta$$

则有：$\theta=\frac{\Delta L}{b}$或$\theta=\frac{\Delta x}{2D}$，故：

$$\Delta L=\frac{b}{2D}\Delta x \tag{2-2-2}$$

由式(2－2－2)可知，微小量 ΔL 可通过 b、D、Δx 这些易准确测量的量间接地测量出来。ΔL 被放大了$\frac{2D}{b}$倍。将(2－2－2)式代入(2－2－1)式，并将钢丝横截面积 $S=\frac{\pi d^2}{4}$代入(2－2－1)式，可得：

$$Y=\frac{8FLD}{\pi d^2 b\Delta x} \tag{2-2-3}$$

【实验内容】

1. 实验步骤

(1) 在挂钩上加一砝码，将钢丝拉直(此砝码质量不计入外力 F 之内)。调节仪器的底脚螺丝，借助水准仪，将平台调水平。

(2) 调节光杠杆：先调节其臂长 b(尽量短一点)，使前足 c、b 置于槽内，后足 a 能置于钢丝夹头的圆柱体的上端即可。然后调节光杠杆镜面，使镜面与平台大致垂直。

(3) 调节望远镜，使望远镜与光杠杆反射镜等高：先调节望远镜目镜下的螺丝，使望远镜大致水平，然后将望远镜移近杠杆镜面，使两者等高。最后移动镜尺支架，使望远镜离反射镜镜面 1m～2m。

(4) 将眼睛从望远镜外沿着准星方向观察反射镜中是否有标尺的像，若没有，则左右移动镜尺支架，直到标尺像出现在反射镜中。微调光杠杆镜面，使标尺零刻度线成像在反射镜中央。

(5) 转动目镜，观察目镜的十字叉丝情况，直到叉丝清晰成像。然后调节调焦手轮，使从望远镜中看到的反射镜中的标尺成像清晰。注意反复调节，当晃动眼睛时十字叉丝线与标尺刻度线之间无相对移动后，即可认为消除了视差。

(6) 微调光杠杆镜面的倾角和望远镜目镜下的升降螺丝，使从望远镜中观察到的标尺零刻度在十字横丝附近。

(7) 加、减砝码测量。每增加一个砝码记下相应横叉丝线处标尺的刻度。一共加 6～8 个砝码，然后每减少一个砝码又记下标尺的读数。注意同一荷重下的两个读数要记在一起。增重与减重对应同一荷重下读数的平均值 $\overline{x}_i=(x_i+x'_i)/2$ 才是对应荷重下的最佳值，它消除了磨擦(圆柱体下的夹头与圆孔之间的磨擦)与滞后(加减砝码时钢丝伸长与缩短滞后)等系统误差。

(8) 用钢卷尺测钢丝长度 L、镜面到尺面距离 D。在纸上印出光杠杆脚尖的痕迹,连接此 3 个痕迹成一等腰三角形,等腰三角形的高即为 b,用钢卷尺量出 b。

(9) 选钢丝不同的地方测直径 d(测 6 次。先检查千分尺的零误差,并将零误差记录好)。

2. 注意事项

(1) 禁止用手触摸各种光学元件的表面,光杠杆望远镜必须轻拿轻放。

(2) 加砝码时,应"口对口"放置。

(3) 读标尺读数时应使标尺数值静止时再读数。

【数据记录与计算】

1. 测钢丝伸长量表格

数据表格如表 2-2-1 所示。

表 2-2-1

$F_i=m_ig$/N	加 x_i/mm	减 x'_i/mm	$\overline{x_i}=\frac{x_i+x'_i}{2}$/mm
1×9.80			
2×9.80			
3×9.80			
4×9.80			
5×9.80			
6×9.80			
7×9.80			
8×9.80			

2. 钢丝直径 d

数据表格如表 2-2-2 所示。

$d_0=$ 　　　mm。

表 2-2-2

次　数	d/mm
1	
2	
3	
4	
5	
6	
平　均	

3. 其他量的测量

数据表格如表 2-2-3 所示。

表 2-2-3

L/mm	ΔL/mm	D/mm	ΔD/mm	b/mm	Δb/mm

按逐差法将数据分成前后两组：($\overline{x_1}$，$\overline{x_2}$，…，$\overline{x_i}$)和($\overline{x}_{i+1}$，$\overline{x}_{i+2}$，…，$\overline{x}_{2i}$)，实行对应项相减，

$$\Delta x_1 = |\overline{x}_{i+1} - \overline{x}_1|$$

$$\Delta x_2 = |\overline{x}_{i+2} - \overline{x}_2|$$

……

$$\Delta x_i = |\overline{x}_{2i} - \overline{x}_i|$$

$$\overline{\Delta x} = \frac{1}{i}(\Delta x_1 + \Delta x_2 + \cdots + \Delta x_i)$$

与之对应的 F 为：

$$F = iWg$$

W 是一个砝码的质量(W=1kg)。

$$S_{\overline{\Delta x}} = \sqrt{\frac{\sum(\Delta x_i - \overline{\Delta x})^2}{n(n-1)}} = \qquad \text{mm}$$

$$\Delta_{\Delta x} = \sqrt{S^2_{\overline{\Delta x}} + \frac{\Delta^2_{仪}}{3}} = \qquad \text{mm}$$

$$S_{\overline{d}} = \sqrt{\frac{\sum(d_i - \overline{d})^2}{n(n-1)}} = \qquad \text{mm}$$

$$\Delta_d = \sqrt{S^2_{\overline{d}} \pm \frac{\Delta^2_{仪}}{3}} = \qquad \text{mm}$$

$$Y = \frac{8FLD}{\pi d^2 b \Delta x} = \qquad \text{N/m}^2$$

$$E_Y = \sqrt{\left(\frac{\Delta L}{L}\right)^2 + \left(\frac{\Delta b}{b}\right)^2 + \left(2\,\frac{\Delta d}{d}\right)^2 + \left(\frac{\Delta D}{D}\right)^2 + \left(\frac{\Delta_{\Delta x}}{\Delta x}\right)^2} = \qquad \text{N/m}^2$$

$$\Delta_Y = YE_Y = \qquad \text{N/m}^2$$

$$Y = Y \pm 1.96\Delta_Y = \qquad \text{N/m}^2$$

【思考题】

(1) 怎样提高光杠杆的灵敏度?

(2) 怎样保证钢丝受力是沿其长度方向?

(3) 为什么钢丝长度只测一次就可以? 而钢丝直径要测多次，且应在不同位置测量?

2. 悬丝耦合弯曲共振法测金属材料的杨氏模量

杨氏模量是工程材料的一个重要物理参数，它标志着材料抵抗弹性形变的能力。过去

物理实验中所用的测量方法是“静态拉伸法”，采用这种方法由于拉伸时载荷大，加载速度慢，存在弛豫过程，故不能真实地反映材料内部结构的变化；对脆性材料无法用这种方法测量，也不能测量在不同温度时的杨氏模量。而弯曲共振法因其适用范围广、实验结果稳定、误差小而成为世界各国广泛采用的测量方法。

【实验要求】

（1）掌握共振法测杨氏模量的原理和方法。

（2）培养综合应用仪器的能力。

【实验目的】

用悬丝耦合弯曲共振法测定金属材料的杨氏模量。

【实验仪器及用具】

YM-2 信号发生器，测试台，示波器。

【实验原理】

用悬丝耦合弯曲共振法测定金属材料杨氏模量的基本方法是：将一根截面均匀的试样（圆棒或矩形棒）用两根细丝悬挂在两只传感器（即换能器，一只激振，一只拾振）下面，在试样两端自由的条件下，激振信号通过激振传感器产生振动，并由拾振传感器检测出试样共振时的共振频率。再测出试样的几何尺寸、密度等参数，即可求得试样材料的杨氏模量。

截面均匀的试样做弯曲振动，其固有振动频率由下式确定：

$$f_n^2=\frac{(k_nl)^4EJ}{(2\pi)^2\rho l^4S}。$$

式中：(k_nl)为取闪于边界条件的特定系数；J 为取决于截面形状的惯性力矩；E 为杨氏模量；ρ 为密度；l 为试样长度；S 为试样横截面积；n 为表示谐波次数的角标。

所以：$E=\frac{(2\pi)^2l^4}{(k_nl)^4}\cdot\frac{\rho S}{J}f_n^2$，

基频振动时$(k_1l)=4.73$，此时 $E=7.8817\times10^{-2}\frac{l^4\rho S}{J}f_1^2$，

圆棒的惯性矩为 $J=Sr^2=S\left(\frac{d}{4}\right)^2=\frac{\pi}{64}d^4$（$r$ 为回转半径，d 为棒直径），

代入上式 $E=1.6067\frac{ml^3}{d^4}f_1^2$，

矩形棒的惯性矩为 $J=Sr^2=S\left(\frac{h}{2\sqrt{3}}\right)^2=\frac{bh^3}{12}$（$b$ 为截面宽度，h 为截面厚度），

代入有 $E=0.94645\frac{ml^3}{bh^3}f_1^2$。

式中：l 为棒长，单位为 m；d 为圆形棒直径，单位为 m；b 为矩形棒截面宽度，单位为 m；h 为矩形棒截面厚度，单位为 m；m 为棒的质量，单位为 kg；f_1 为试样共振基频，单位为 Hz。

如果在实验中测定了试样不同温度时的固有频率 f，即可计算出试样在不同温度时的杨氏模量 E。

值得注意的是，在推导以上两个公式时是根据最低级次（基频）的对称非振动的波形推导出的。由图 2-2-4 可见，试样在基频振动时存在两个节点，分别在 0.2241 和 0.7761

处。显然节点是不振动的,实验时悬丝不能吊挂在节点上。

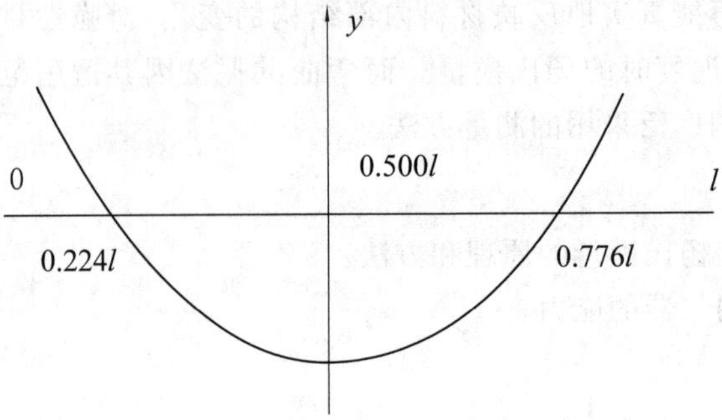

图 2-2-4

【装置介绍】

本实验由 YM-2 信号发生器、测试台和示波器组成,见图 2-2-5。

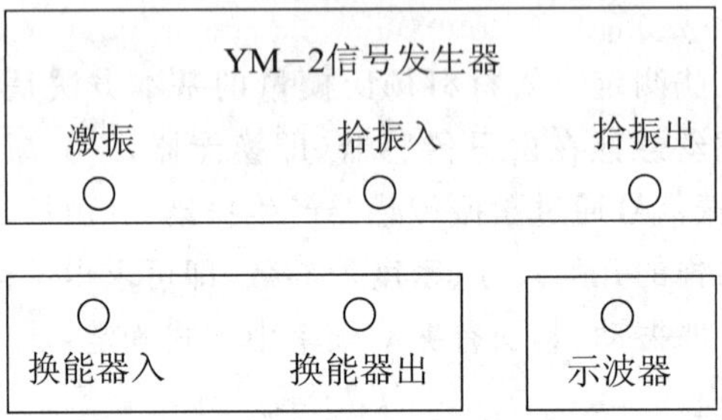

图 2-2-5

由信号发生器输出的等幅正弦波信号从"激振"端输出,送到测试台"换能器入"端,通过传感器Ⅰ把电信号转变成机械振动,再由悬丝把机械振动传给传感器Ⅱ,这时机械振动又转变成电信号,该信号由测试台"换能器出"端送到信号发生器的"拾振入"端,经由信号发生器内含的放大器放大后由"拾振出"端输出,送到示波器中显示。

当信号发生器的输出频率不等于试样的共振频率时,试样不发生共振,示波器上几乎没有信号波形或很小,当频率相等时,试样发生共振,示波器上波形突然增大,读出的频率就是试样在该温度下的共振频率。根据公式即可计算出试样的杨氏模量。

YM-2 型信号发生器面板介绍:前面板如图 2-2-6 所示,后面板如图 2-2-7 所示。

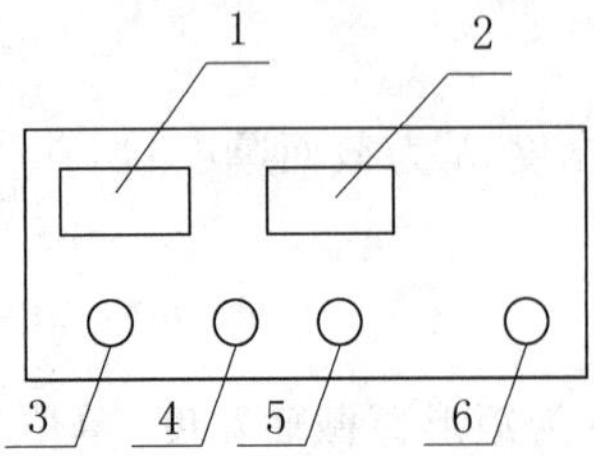

1—幅值指示;2—频率指示;3—幅值调节;
4—频率粗调;5—频率细调;6—电源开关

图 2-2-6 YM-2 型信号发生器前面板

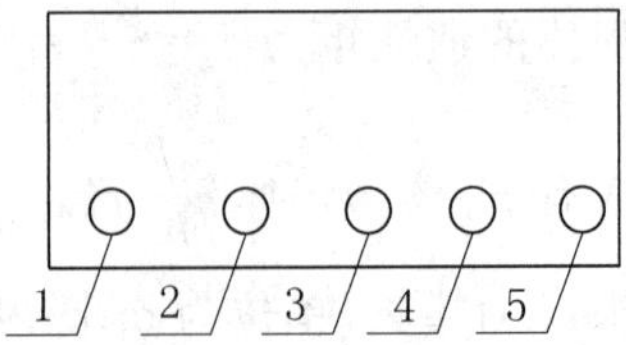

1—放大器输出;2—拾振信号输入;3—激振信号输出;
4—保险丝盒;5—电源输入

图 2-2-7 YM-2 型信号发生器后面板

图 2-2-6 中幅值是液晶显示,由旋钮 3 调节。频率为液晶显示,由旋钮 4 和 5 配合调节,频率调节范围为 200~2000Hz。从频率选择范围可见,本信号发生器范围较窄,因为一

般信号发生频率范围较宽，但细调不够，略一调节，频率就变化 2～3Hz。本仪器频率细调达 0.1Hz，对于共振峰十分尖锐的本实验是最适用的。

【实验步骤】

(1) 用游标卡尺测定试样长度和直径，用物理天平称出质量 m。重复测 5 次，填入表 2－2－4中。

(2) 按图 2－2－5 所示接好线路，测共振频率 f。先估算出共振频率 f(室温下 $E_{钢}=1.2\times10^{11}\,N\cdot m^{-2}$)以便寻找共振点，然后利用“粗调”、“细调”配合调节，并调节激振电压 U 和示波器 V/div，使共振时示波器上呈现出明显的共振波形，测出共振频率 f。但因试样共振状态的建立需要一个过程，且共振峰十分尖锐，所以在共振点附近调节信号频率时必须十分缓慢地进行。重复测 5 次，填入表 2－2－4 中。

(3) 逐步改变吊扎点位置，逐点测出试样的共振频率 f。设试样端面至吊扎点的距离为 x，以 $\frac{x}{l}$ 作横坐标，共振频率 f 为纵坐标，作图将数据填入表 2－2－5 中。

从而求出吊扎点在试样节点 $\left(\frac{x}{l}=0.224\right)$ 时的共振频率 f。

(4) 求出试样的杨氏模量。

注意事项：

(1) 实验时悬丝不能吊在节点上；

(2) 共振点附近调节信号频率时须十分缓慢；

(3) 在实际测量中，往往会出现几个共振峰，应能正确分辨。

【数据处理】

表 2－2－4

项目 \ 次数	1	2	3	4	5	平均值
l/mm						
Δl/mm						
d/mm						
Δd/mm						
m/g						
Δm/g						
f_1/Hz						
Δf_1/Hz						

平均值 $\overline{E}=1.6067\,\frac{\overline{m}\cdot\overline{l}^3}{\overline{d}^4}f_1^2$；

相对误差 $E_r=\frac{|\overline{E}-E_{铜}|}{E_{铜}}\times100\%$；

绝对误差 $\Delta E=E_r\cdot E_{铜}$；　　杨氏模量 $E=\overline{E}\pm\Delta E$。

表 2－2－5

x/mm	22.50	30.00	31.50	33.00	34.50	37.50	45.00
$\frac{x}{l}$	0.15	0.20	0.21	0.22	0.23	0.25	0.30
f_1/Hz							
激振电压/V							

由表 2－3－5 可知在试样节点$\left(\frac{x}{l}=0.224\right)$处共振频率 f_1 的标准值。

那么，$\overline{E}=1.6067\,\frac{\overline{m}\cdot\overline{l}}{\overline{d}^4 f_1^2}$；

$E_r=\frac{\overline{E}-E_{铜}}{E_{铜}}\times 100\%$；

$\Delta E_r=E_r E_{铜}$；

$E=\overline{E}\pm\Delta E$。

实验三　金属丝的线膨胀系数的测定

在工程结构的设计以及材料的加工、仪表的制造过程中，都必须考虑物体的“热胀冷缩”现象，因为这些因素直接影响到结构的稳定性和仪表的精度。

金属的线膨胀是金属材料受热时，在一维方向上伸长的现象。线膨胀系数是选材的重要指标。特别是新材料的研制，都得对材料的线膨胀系数作测定。本实验中所用的光杠杆测微小长度的方法，参看“用拉伸法测金属丝的杨氏模量”实验。

【实验要求】

(1) 掌握一种测线膨胀系数的方法。

(2) 了解光杠杆法测定微小长度的原理和方法。

(3) 掌握几种长度测量的方法及其误差分析。

(4) 学习用作图法处理数据。

【实验目的】

测定金属的线膨胀系数。

【实验仪器与用具】

线膨胀仪，尺读望远镜，最小刻度为 0.2℃温度计，钢卷尺。

【预习思考题】

(1) 望远镜的调节分哪几步？

(2) 被测杆各点温度不一，应如何测量被测杆的温度？

【实验原理】

当固体温度升高时，分子间的平均距离增大，其长度增加，这种现象称为线膨胀。长度的变化大小取决于温度的改变、材料的种类和材料原来的长度。实验表明，在一定的温度范围内，原长为 L 的物体，受热后其伸长量 ΔL 与其温度的增加量 Δt 近似成正比，与原长 L 亦成正比，即：

$$\Delta L=\alpha L\Delta t \tag{2-3-1}$$

式中，α 是固体的线膨胀系数。不同的材料，线膨胀系数不同。对同一材料，α 本身与温度稍有关。但从实用的观点来说，对于绝大多数的固体在不太大的温度变化范围内可以把它看作常数。表 2－3－1 是几种常见材料的线膨胀系数。

表 2－3－1　几种材料的线膨胀系数

材　料	铜、铁、铝	普通玻璃、陶瓷	殷　钢	熔凝石英	蜡
α(数量级)	$\sim10^{-5}$℃$^{-1}$	$\sim10^{-6}$℃$^{-1}$	2×10^{-6}℃$^{-1}$	$\sim10^{-7}$℃$^{-1}$	$\sim10^{-6}$℃$^{-1}$

假设温度 t_1 时杆长 L，受热后温度到 t_2 时杆伸长量为 ΔL，则该材料在温度 $t_1\sim t_2$ 的线胀系数为：

$$\alpha=\frac{\Delta L}{L(t_2-t_1)} \qquad (2-3-2)$$

可理解为当温度升高1℃时，固体增加的长度和原长度的比，单位为$℃^{-1}$。

(2-3-2)式中ΔL是杆的微小伸长量，也是我们主要测量的量。其测量方法类同于实验二(第一个实验)金属丝伸长量的测量方法，采用的是光杠杆放大法。光杠杆放大原理可参看实验三。因此有：

$$\Delta L=\frac{b}{2D}(x_2-x_1) \qquad (2-3-3)$$

式中x_2、x_1为t_2与t_1温度时标尺上对应的读数，D为镜面到直尺的距离，b为光杠杆前足尖连线与后足尖之间的垂直距离。

$$A=\frac{2D}{b} \qquad (2-3-4)$$

称为光杠杆的放大倍数。本实验中$D=(1\sim2)\,\mathrm{m}$，$b=(7\sim8)\,\mathrm{cm}$，则放大倍数为30倍～50倍。适当增大D，减小b，可增大光杠杆的放大倍数(或称为提高光杠杆的灵敏度)。将(2-3-3)式代入(2-3-2)式，可得出光杠杆法测线膨胀系数的公式为：

$$\alpha=\frac{(x_2-x_1)b}{2LD(t_2-t_1)} \qquad (2-3-5)$$

【实验内容】

(1) 用卷尺测量杆长L，记录实验开始前温度t_1，温度计放入管内适当的位置。

(2) 光杠杆的两前足放于平台槽内，后足立于被测杆顶端，并使三足尖尽可能在一水平面上。

(3) 望远镜的调节步骤、光杠杆系统的光路调节，可参看实验三操作步骤的第(2)～第(5)步。

(4) 接通电源加热被测杆。每隔3℃记录一次标尺的读数。

(5) 测量D、b。

实验装置如图2-3-1所示。实验前先测量金属棒在室温的长度L，再把被测棒慢慢放入线膨胀仪的孔中，直到被测棒的下端接触底面；调节温度计，使其下端长度为15cm～20cm，不要掉入加热管孔内。另外，实验中仪器不能有任何变动或者受干扰。

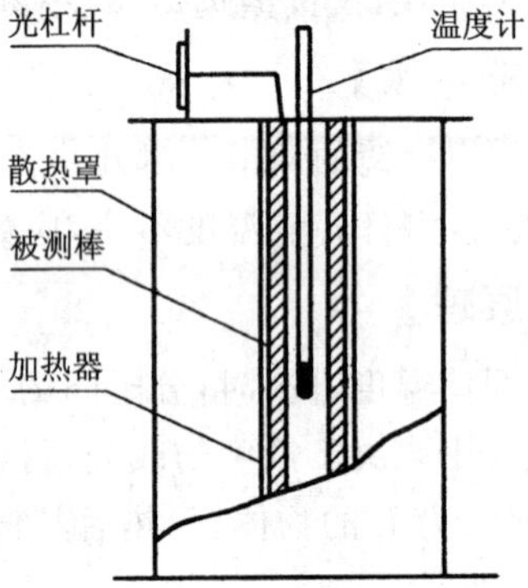

图2-3-1 实验装置

【数据记录与计算】

线膨胀仪编号____，光杠杆编号码____。

待测材料：____。

数据表格如表2-3-2

表2-3-2

温度 t_i/℃												
读数 x_i/mm												
$D=$　　cm					$L=$　　cm					$b=$　　cm		

在实验二中，已学过用逐差法处理数据，同学们可自行模仿，本实验不作要求。

本实验用作图法处理数据。以 x 为纵轴，温度 t 为横轴，作 x-t 曲线。注意图上的有效数字位数一定要与实验数据的有效数字位数相同。坐标原点的选取要使曲线与纵轴交点落在横轴上方，便于处理数据。

由 $\Delta L=\alpha L\Delta t$ 与 $\Delta L=\frac{b}{2D}\Delta x$，可得：

$$\alpha=\frac{b}{2DL}\frac{\Delta x}{\Delta t} \tag{2-3-6}$$

式中，$\frac{\Delta x}{\Delta t}$即为 x-t 曲线的斜率，可在图上求出。

【误差分析】

1. 系统误差

(1) 铜棒温度不均匀，中间温度高，上部温度偏低，可能使 α 偏小。

(2) 温度计的热惯性，在连续的观测中，实际温度高于读数温度，可使 α 值增大。

2. 误差的估算

由测量(2－3－5)式可以导出 α 相对误差公式为：

$$\left(\frac{\Delta_\alpha}{\alpha}\right)^2=\left(\frac{\Delta_{(x_2-x_1)}}{x_2-x_1}\right)^2+\left(\frac{\Delta_b}{b}\right)^2+\left(\frac{\Delta_D}{D}\right)^2+\left(\frac{\Delta_L}{L}\right)^2+\left(\frac{\Delta_{(t_2-t_1)}}{t_2-t_1}\right)^2 \tag{2-3-7}$$

式中 Δ_L 由钢卷尺仪器误差估计，卷尺仪器误差取 $\Delta_{仪}=0.3\text{mm}$。先计算出 S_L，再求出 $\Delta_L=\sqrt{S_L^2+\frac{\Delta_{仪}^2}{3}}$；$\Delta_D$ 考虑到测量时钢卷尺有弯度，取 $\Delta_D=3\text{mm}$；Δ_b 由钢卷尺仪器误差估计。对于这 5 项分误差，先作粗略估算，弄清哪几项是主要的，在实验中应注意减小这些主要误差的产生。

【思考题】

(1) 本实验中，(2－3－7)式中哪一个量的测量误差对结果影响最大？在操作时应注意什么？

(2) 本实验在温度连续变化的条件下进行时，读标尺时应注意什么？

(3) 本实验能否任选若干组测量数据？

实验四 固定均匀弦振动的研究

振动是产生波动的根源,波动是振动的传播。波动有自己的特征,首先它具有一定的传播速度,且伴随着能量的传播;另外,波动还具有反射、折射、干涉和衍射现象。本实验研究波的特征之一:干涉现象的特例——驻波。驻波是一种波的叠加现象,在声学、无线电学和光学等学科中,都有重要的应用,可以用来确定振动系统的固有频率,也可以用来测定波长及波速。

【实验目的】

(1) 了解固定均匀弦振动传播的规律。

(2) 观察固定均匀弦振动传播时形成驻波的波形。

(3) 测定均匀弦线上的横波传播速度。

【实验仪器】

固定均匀弦振动实验装置(XZDY-B 型) 砝码

【实验原理】

1. 驻波形成

如图 2-4-1 所示,一均匀弦线,一端由劈尖 A 支住,另一端由劈尖 B 支住。若在 A 端扰动弦线,引起弦线上质点的振动,就有一横波沿弦线向右传播,到达 B 点处反射又沿弦线朝 A 点传播,即弦线上同时有入射波和反射波。这两列波满足相干条件,在波的重叠区域将会发生干涉现象。移动劈尖 B 到适当位置,弦线上的波被分成了几段,且每段两端的点始终静止不动,而中间的点振幅最大。这些始终静止不动的点称为波节,振幅最大的点称为波腹。

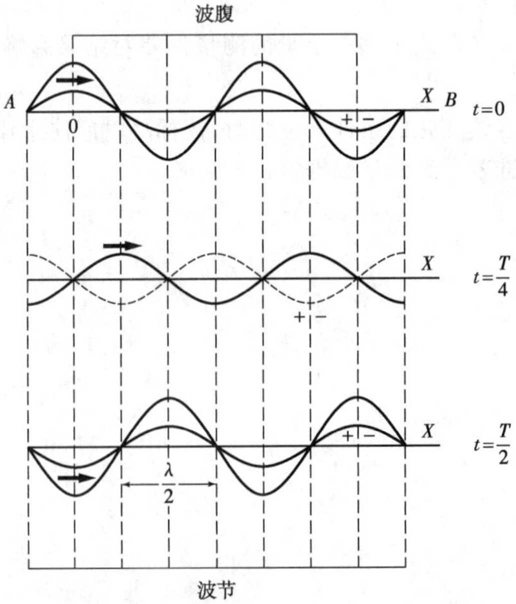

图 2-4-1

驻波的形成如图 2-4-1 所示。设图中的两列波是沿 X 轴相向传播的振幅相同、频率相同的简谐波。向右传播的波用细实线表示，向左传播的波用虚线表示，它们的合成波是驻波，用粗实线表示。由图可见，两个波节间或两个波腹间的距离都等于半个波长，这可从波动方程推导出来。

下面是简谐波表达式对驻波进行定量描述，设沿 X 轴正方向传播的波为入射波。沿 X 轴负方向传播的波为反射波，取它们振动相位始终相同的点作坐标原点，且在 $x=0$ 处，振动质点向上达最大位移时开始记时，则它们的波动方程分别为：

$$y_1=A\cos 2\pi\left(ft-\frac{x}{\lambda}\right)$$

$$y_2=A\cos 2\pi\left(ft+\frac{x}{\lambda}\right)$$

式中 A 为简谐波的振幅，f 为频率，λ 为波长，x 为弦线上质点的坐标位置。

两波叠加后的合成波为驻波，其方程为：

$$y=y_1+y_2=2A\cos 2\pi\frac{x}{\lambda}\cos 2\pi ft \qquad (2-4-1)$$

由(2-4-1)式可知，入射波与反射波合成后，弦上各点都在以同一频率作简谐振动，它们的振幅为 $\left|2A\cos 2\pi\frac{x}{\lambda}\right|$，即驻波的振幅与时间 t 无关，而与质点的位置 x 有关(见图 2-4-1)

因为在波节处振幅为零，即 $\left|2A\cos 2\pi\frac{x}{\lambda}\right|=0$

$$2\pi\frac{x}{\lambda}=(2k+1)\frac{\pi}{2} \quad (k=0,1,2,\cdots)$$

所以可得波节的位置为

$$x=(2k+1)\frac{\lambda}{4} \qquad (2-4-2)$$

而相邻两波节之间的距离为

$$x_{k+1}-x_k=\frac{\lambda}{2} \qquad (2-4-3)$$

又因为波幅处的质点振幅为最大。即

$$\left|2A\cos 2\pi\frac{x}{\lambda}\right|=1$$

$$2\pi\frac{x}{\lambda}=k\pi \quad (k=0,1,2,\cdots)$$

所以可得波幅的位置为

$$x=k\frac{\lambda}{2} \qquad (2-4-4)$$

同理可知，相邻两波幅间的距离也是半个波长，因此，在驻波实验中，只要测得相邻两波节或相邻两波腹间的距离，就能确定该波的波长。

由于固定弦的两端是用劈尖支住的，故两端点必为波节，所以，只有当弦线的两个固定端距离(弦长)等于半波长的整数倍时，才能形成驻波，这就是均匀弦振动产生驻波的条件。其数学表示式为：

$$I=n\frac{\lambda}{2}\quad(n=1,2,3\cdots)$$

由此可得沿弦线传播的横波波长为：

$$\lambda=\frac{2l}{n}\tag{2-4-5}$$

式中，n 为弦线上驻波的波段数，即半波数。

波动理论指出，弦线中横波的传播的传播速度为：

$$v=\sqrt{\frac{T}{\rho}}\tag{2-4-6}$$

式中，T 为弦线中的张力，ρ 为弦线的线密度，即单位长度的质量。

根据波速、频率及波长的普遍关系式 $v=f\lambda$，将式(2-5)代入可得

$$v=f\frac{2l}{n}\tag{2-4-7}$$

由(2-4-6)式和(2-4-7)式可得

$$f=\frac{n}{2l}\sqrt{\frac{T}{\rho}}\quad(n=1,2,3\cdots)\tag{2-4-8}$$

由(2-4-8)式可知，当给定 T、ρ、l 时，频率 f 只有满足该式关系才能在弦线上形成驻波。同理，当用外力(例如，流过金属弦线中的交变电流在磁场中受到交变安培力的作用)去驱动弦线振动时，外力的频率必须与这些频率一致，才会促使弦振动的传播形成驻波。

2. 仪器结构

实验装置如图 2-4-2 所示。实验时，将接线柱 8 上的导线与弦线连接，构成通电回路，然后接通电源。这样，通有电流的金属弦线在磁场的作用下就会振动。根据需要，可以旋转旋钮以变换变频器 2 输出的电流频率。拉动滑把 4，可移动磁铁位置。将弦振动调整到最佳状态(使弦振动的振动面与磁场方向完全垂直)。移动劈尖 A、B 的位置，可以改变弦长。

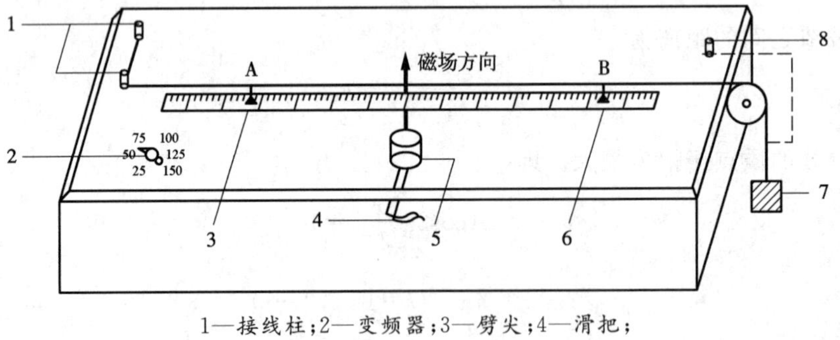

1—接线柱；2—变频器；3—劈尖；4—滑把；
5—磁铁；6—劈尖；7—砝码；8—接线柱

图 2-4-2

【实验内容】

1. 测定弦线的线密度 ρ

选取频率 $f=100\text{Hz}$，张力 T 由 40.0g 砝码挂在弦线的一端产生。调节劈尖 A、B 之间的距离，使弦线上依次出现一段、两段及三段驻波，并记录相应的弦长 $L_i(i=1,2,3)$，由(2-4-8)式算出 ρ_i，求出平均值 ρ。

2. 在频率 f 一定的条件下,改变张力 T 的大小,测量弦线上横波的传播速度 v_f

选取频率 $f=75\text{Hz}$,张力 T 仍由砝码挂在弦线的一端产生。以 30g 砝码为起点,逐次增加 10g 直至 60g 为止,在各张力作用下调节弦长 L 使弦上出现 $n=1$、$n=2$ 个驻波段。记录相应的 T、n、l 值,由式(2-4-7)计算弦上横波速度 v_f。

3. 在张力 T 一定的条件下,改变频率 f,测量弦线上横波的传播速度 v_T

将 40g 砝码挂在弦线一端,选取频率 f 分别为 50Hz、75Hz、100Hz、125Hz、150Hz,调节弦长 l,仍使弦线上出现 $n=1$、$n=2$ 个驻波段。记录相应的 f、n、l 值,由(2-4-7)式计算弦上横波速度 v_T

4. 注意事项

(1) 改变挂在弦线一端的砝码时,要使砝码稳定后再进行测量。

(2) 在移动劈尖调整驻波段时,磁铁应在两劈尖之间,且不能处于波节位置;要等波形稳定后,再记录数据。

【数据记录】

表 2-4-1 弦线线密度的测量 $f=$ Hz; $T=$ N;

弦长 l / 驻波段	l_A/cm	l_B/cm	$l=l_B-l_A$/cm	线密度 ρ/kg/m
$n=1$				
$n=2$				
$n=3$				
平 均				

表 2-4-2 频率不变时弦中波速的测定 $f=$ Hz; $\rho=$ kg/m

砝码质量 g	张力 $T=mg$ /N	$n=1$			$n=2$			$\bar{\lambda}$	$vf=f\bar{\lambda}$ /(m/s)	$v=\sqrt{\frac{T}{\rho}}$ /(m/s)	$\Delta v=\lvert v-v_f\rvert$ /(m/s)	误差/%
		l_{1A}	l_{1B}	l_1	l_{2A}	l_{2B}	$l2$					
30												
40												
50												
60												

表 2-4-3 张力不变时,弦中波速的测定 $T=$ N; $\rho=$ kg/m

频率 f/Hz	$n=1$			$n=2$			$\bar{\lambda}$	$v_f=f\bar{\lambda}$ /(m/s)	$v=\sqrt{\frac{T}{\rho}}$ /(m/s)	$\Delta v=\lvert v-v_f\rvert$ /(m/s)	误差/%
	l_{1A}	l_{1B}	l_1	l_{2A}	l_{2B}	l_2					
50											
75											
100											
125											
150											

【思考题】

（1）在图 2－4－1 中，除了波节和波腹外，你能指出驻波还有什么特征吗？

（2）弦线的粗细和弹性对于实验有什么影响？

（3）来自两个波源的两列波，沿同一直线作相向行进时，能否形成驻波？为什么？

【拓展实验】

（1）用固定弦振动装置测量一未知砝码的质量，并估算误差。

（2）用弦驻波法测定未知交流电的频率。

实验五　液体黏滞系数的测定

【实验目的】

(1) 观察液体的内摩擦现象，学习用落针法测量液体的黏滞系数。

(2) 学会使用单片机计时器(多功能毫秒计)。

(3) 明确液体的黏滞系数随着液体的温度变化而变化。

【实验仪器】

智能变温黏滞系数测定仪，包括仪器本体、落针、霍尔传感器、单板机计时器。

【实验原理】

(一) 仪器结构

仪器由本体、落针、霍尔传感器、单板机计时及控温系统四部分组成。

1. 黏度计本体

如图 2-5-1 待测液体(如蓖麻油)装在玻璃管制的圆筒容器中，管竖直固定在机座上，机座底部有调水平的螺丝，机座上竖立一块铝合金支架。其上装有霍尔传感器、取针装置。装在液体容器顶部的盖子上有投针装置—发射器，它包括喇叭形的导环和带永久磁铁的拉杆。此导环便于取针和让针沿容器中轴线下落。当取针装置把针由容器底部提起时，针沿导环到达盖子顶部，被拉杆上的永久磁铁吸住，拉起拉杆，针因重力作用将沿容器轴线自动下落。

2. 落针

如图 2-5-2 所示，它是有机玻璃制成的中间细长圆柱体，其外半径为 R_2，直径为 d，平均密度为 ρ。在它的内部，两端装有永久磁铁(钐钴合金或钕铁硼)，异名磁极相对，另有配重的铅条，改变铅条的质量可改变针的平均密度。两端的磁铁的同名磁极间的距离为 L。

3. 霍尔传感器

它是灵敏度极高的开关型霍尔传感器，做成圆柱状，外部有螺纹，可用螺母固定在仪器本体的铝板上，输出信号通过屏蔽电缆、航空插头接到单板机计时器上，其电路方框图如图 2-5-3 所示，传感器由 +5V 直流电源供电。外壳用非磁性金属材料(铜)封装，每当磁铁经过霍尔传感器的使用，为非透明液体的测量带来方便。

4. 单板机记时器(多功能毫秒计)

以单片机为基础的 PH-Ⅲ型多功能毫秒计主要用于计时和处理数据。硬件采用 MCS-51 系列微处理芯片，软件固化在 2764EPROM 中，配有并行接口、驱动电路，输入由 4×4 键盘实现。显示为 6 个数码管。

单板机计时器不仅用来计数、计时，还有存储、运算和输出等功能。这由 AC220V 交流电供电，经稳压电源变为 5V 直流电压。输入信号经航空插座输入。

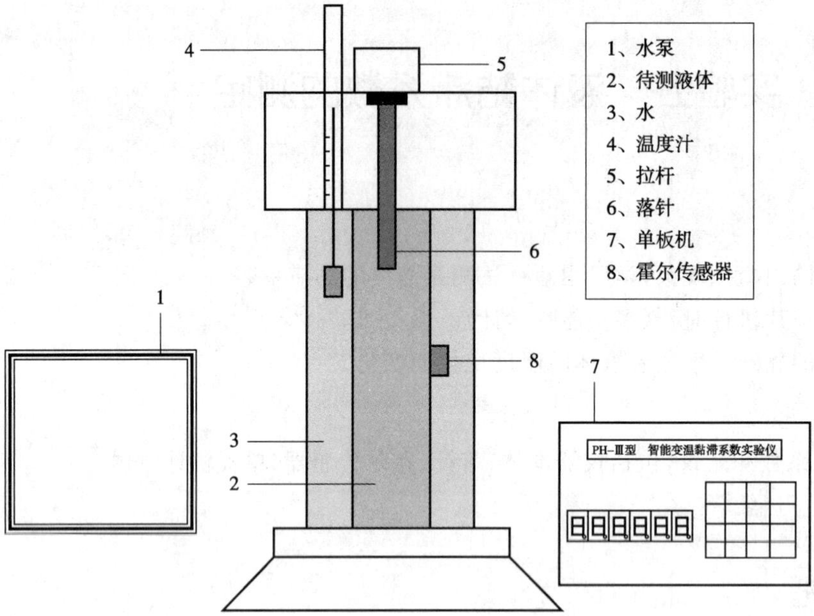

图 2－5－1

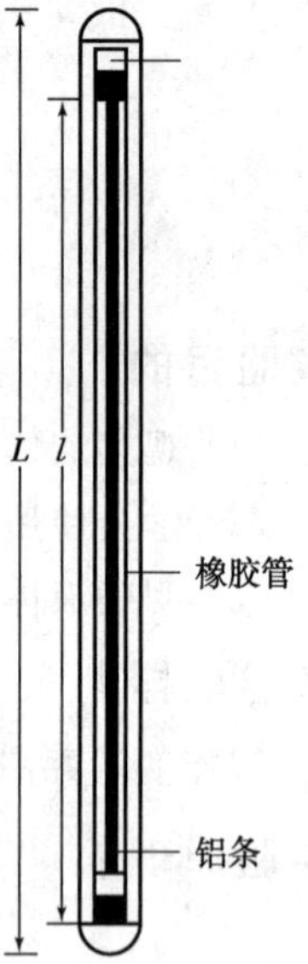

图 2－5－2

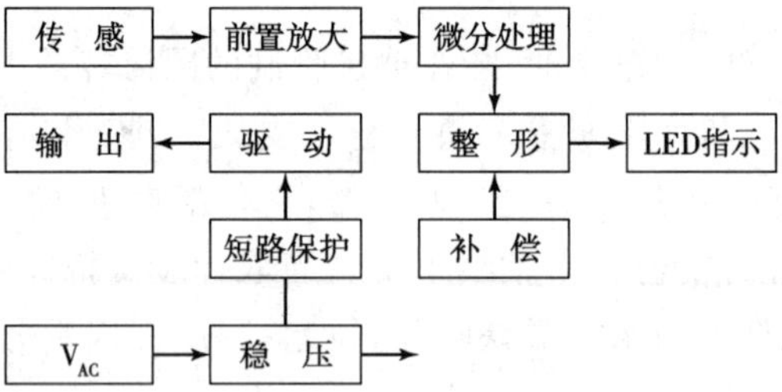

图 2－5－3

5. 控温系统

控温系统由水泵、加热装置及控温装置组成。微型水泵运转时，水流自黏度计本体的底部流入，自顶部流出，形成水循环，对待测液体进行水浴加热，加热功率为 100W，并通过控温装置的调节，达到预定温度，待测液体的温度直接由数码显示。

(二) 仪器工作原理

采用落针法测量液体黏度（黏滞系数），既适于牛顿液体，又适于非牛顿液体，还可测液体的密度。当落针在待测液体中沿圆柱形容器的中轴线垂直下落时，经过一段时间，针所受重力、黏滞阻力、浮力达到平衡，针将作匀速直线运动，这时针的速度为收尾速度。此速度可通过针内两磁铁经过霍尔传感器的时间间隔 t 及针内两磁铁间的距离 l 求得。对于牛顿液体，在恒温条件下，求黏滞系数的实验计算公式为

$$\eta=\frac{gR_2^2 t(\rho_S-\rho_L)(3L-2R_2)}{6l(L-2R_2)}\ln\frac{R_1}{R_2}-\frac{R_1^2-R_2^2}{R_1^2+R_2^2} \qquad (2-5-1)$$

式中，各量的物理意义为：R_1 为容器内筒半径；R_2 为落针外半径；V 为针下落收尾速度；g 为

重力加速度；ρ_S 为针的有效密度；ρ_L 为液体黏度；其中壁和针长的修正系数为：

$$C_W = 1 - 2.04k + 2.09k^3 - 0.95k^5 \tag{2-5-2}$$

式中

$$k = R_2/R_1$$

$$L_r = (L - 2R_2)/2R_2 \tag{2-5-3}$$

在实际情况下，(2-5-1)式可作简化，并考虑到 $V_\infty = L/T$

式中 L 为两磁铁同名磁极的间距；T 为两磁铁经过传感器的时间间隔。则(2-5-1)式可改写为：

$$\eta = \frac{gR_2^2 t}{2l}(\rho_S - \rho_L)\left(1 + \frac{2}{3L_r}\right)\left(\ln\frac{R_1}{R_2} - \frac{R_1^2 - R_2^2}{R_2^2}\right) \tag{2-5-4}$$

在变温条件下，还必须考虑到液体密度随温度的改变

$$\rho_L = \rho_0 / [1 + \beta(t + t_0)] \tag{2-5-5}$$

β 值可用实验方法确定，大约 $\beta = 0.93 \times 10^3 /℃$

$$\rho_0 = \rho_{20℃} = 963\text{kg/m}^3, \quad t_0 = 20℃$$

这样，将(2-5-5)式代入(2-5-1)式，即可计算黏度 η。

因为，仪器已经将黏度 η 的程序固化在 EPROM 中，所以，利用单板机可将黏度 η 计算并显示出来，实现了智能化。

【实验内容】

1. 测液体黏度

(1) 接通 220V 电压，此时毫秒计应显示“PH-2”，霍尔传感器上的 LED 应亮。

(2) 用游标卡尺测量针的直径，用米尺测量针的长度 L，计算针的体积 V，(用量筒直接测量针的体积亦可)。用天平称针的质量 m，从而求出针的有效密度 $\rho_S = m/V$。

(3) 比重计测量液体的密度 ρ_L，若无比重计，实验室给出。

(4) 取下容器上端的盖子，将针放入液体中，然后盖上盖子，从温度计上读出实验时的温度 T。

(5) 开机或按复位键后显示“PH-2”，表示毫秒计进入复位状态。

(6) 在复位状态下按“2”键，显示“L”或“H”后落针。落针后请略等片刻，毫秒计显示时间(单位：毫秒)。按“A”键显示黏滞系数。

(7) 开机或在提针后应等到一段时间，让霍尔探头状态指示稳定不变，最好能保持灯灭状态，随后在复位状态下按“2”键再落针，毫秒计测定三次亮灯(由灭变亮)相间隔的时间后显示一次与第三次亮灯相间隔的时间。

(8) 实验者还可在复位后按“计停”键，启动毫秒计的电子秒表功能测定落针时间，

2. 测液体密度

在待测密度的液体中先后将密度的两个针(密度不同)投入，由于液体黏度对两个针来说是一样的，所以要(2-5-2)式中消去黏度 η，只余下液体密度 ρ_L 是未知的，将针的密度代入，即可求得液体密度，设 1 号针的密度为 ρ_{S1}，收尾速度为 V_{t_1}，2 号的密度为 ρ_{S2}，速度为 V_{t_2}，则液体密度为：

$$\rho = \rho_S l \frac{1 - (\rho_{S2}/\rho_{S1})(V_{t1}/V_{t2})}{1 - (V_{t1}/V_{t2})} \tag{2-5-6}$$

因为 $V_{t_1} = 1/t_1$，$V_{t_2} = 1/t_2$，则(2-5-6)式可改写为

$$\rho=\rho_S l\,\frac{1-(\rho_{S2}/\rho_{S1})(t_2/t_1)}{1-(t_2/t_1)} \tag{2-5-7}$$

(2－5－7)式为计算液体密度的实用公式。

3. 注意事项

(1) 应让针沿圆筒中心轴线落下。

(2) 落针过程中，针应保持竖直状态，若针头部偏向霍尔探头，数据偏大；若针尾部偏向霍尔探头，数据偏小。

(3) 用取针装置将针拉起并悬挂在容器上端后，由于液体受到扰动，处于不稳定状态，应稍等片刻，再将针投下，进行测量。

(4) 取针装置将针拉起并悬挂后，应将取针装置上的磁铁旋转，离开容器，以免对针的下落造成影响。

(5) 建议实验者先在复位后用“计停”键手动测量落针时间，然后用霍尔探头作自动测量，训练实验技巧。

(6) 取针和投针时均需小心操作，以免把仪器本体弄倒，打坏圆筒容器。

(7) 实验完毕，测出的液体黏滞系数 η 存在系统误差、环境误差等一系列误差的情况下，误差范围在 8%～15%。

【数据记录】

表 2－5－1

t/℃ ; η/(Pa·S) ; 次数	室温					
1						
2						
3						
平均						

【思考题】

(1) 为什么温度控制编码器设置温度和平衡以后数码显示器所显示的温度一般都不一致，待测液体的温度以哪个温度为准？

(2) 在落针测量时，为什么取针装置上的磁铁要向外旋转，使它离开圆筒容器？

实验六　物体转动惯量的测量

1. 扭摆法测物体转动惯量

本实验使物体做扭转摆动，由摆动同期及其他参数的测定来计算出物体的转动惯量。

【实验要求】

(1) 用扭摆测定弹簧的扭转常数和几种不同形状物体的转动惯量，并将该刚体转动惯量的实验值和理论值进行比较。

(2) 验证转动惯量平行轴定理。

【实验目的】

(1) 用扭摆测定弹簧的扭摆常数。

(2) 用扭摆法测定几种不同形状物体的转动惯量。

【实验原理】

扭摆的构造如图 2-6-1 所示，在垂直轴 1 上装有一根薄片状的螺旋弹簧 2，用以产生恢复力矩。在轴的上方可以装上各种待测物体，垂直轴和支座间装有轴承，以降低摩擦力矩，3 为水平仪，用来调整系统平衡。

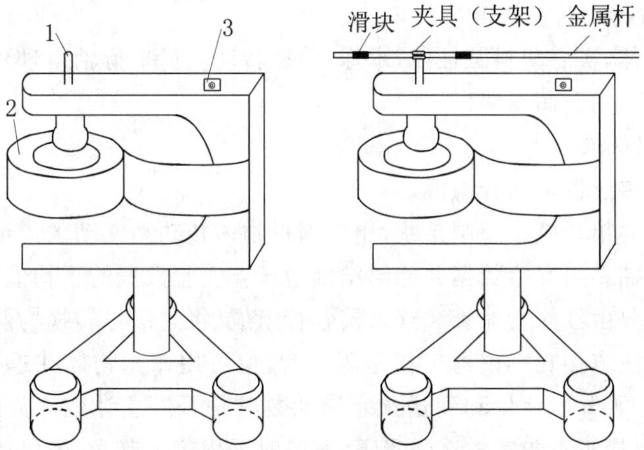

图 2-6-1　扭摆装置图

将物体水平转过一角度 θ 后，在弹簧的恢复力矩作用下，物体就开始绕垂直轴做往返扭转运动。根据胡克定律，弹簧受扭转而产生的恢复力矩 M 与所转过的角度 θ 成正比，即

$$M=-K\theta \tag{2-6-1}$$

式中，K 为弹簧的扭转常数。根据转动定律有：

$$M=I\beta$$

式中，I 为物体绕转轴的转动惯量，β 为角加速度，由上式得：

$$\beta=\frac{M}{I} \tag{2-6-2}$$

令 $w^2=\frac{K}{I}$，忽略轴承的磨擦力矩，由(2－6－1)式和(2－6－2)式得：

$$\beta=\frac{d^2\theta}{dt^2}=-\frac{K}{I}\theta=-w^2\theta$$

上述表示扭摆运动具有角简谐振动的特性、角加速度与角位移成正比，且方向相反。此方程的解为：

$$\theta=A\cos(\omega t+\varphi)$$

式中，A 为谐振动的角振幅，φ 为初相位角，w 为角速度。此谐振动的周期为：

$$T=\frac{2\pi}{w}=2\pi\sqrt{\frac{I}{K}} \tag{2-6-3}$$

由(2－6－3)式可知，只要实验测得物体扭摆的摆动周期，并且 I 和 K 中任何一个量已知，即可计算出另一个量。

本实验用一个几何形状规则的物体(如一个小的塑料圆柱体)，它的转动惯量可根据它的质量和几何尺寸用理论公式直接计算得到，再算出本仪器弹簧的 K 值。若要测定其他形状的物体的转动惯量，只需将待测物体放在仪器的顶部的各种夹具上，测定其摆动周期，由公式(2－6－1)即可计算出该物体绕转轴的转动惯量。

理论分析证明，若质量为 m 的物体绕通过质心轴的转动量为 I_0 时，当转轴平行移动距离 x 时，则此时物体对新轴的转动惯量为 I_0+mx^2，称为转动惯量的平行轴定理。

【实验仪器与用具】

1. 扭摆及几种待测转动惯量的物体

空心金属圆柱体，实心塑料圆柱体，木球，验证转动惯量平行轴定理用的细金属杆，杆上有 2 块可以自由移动的金属滑块。

2. 转动惯量测试仪

由主机和光电传感器两部分组成。

主机采用新型的单片机作控制系统，用于测量物体转动和摆动的周期，以及旋转体的转速，能自动记录、存储多组实验数据并能够精确地计算实验数据的平均值。

光电传感器主要由红外发射管和红外接收管组成，将光信号转换为脉冲电信号，送入主机工作。因人眼无法直接观察仪器工作是否正常，但可用遮光物体往返遮挡探头发射光束通路，检查计时器是否开始计量和到达预定周期数时是否停止计数。为防止过强光线对光电探头的影响，光电探头不能置放在强光下，实验时采用窗帘遮光，确保计时的准确。

3. 仪器使用方法

(1) 调节光电传感器在固定支架上的高度，使被测物体的挡光杆能自由往返地通过光电门，再将光电传感器的信号传输线插入主机输入端(位于测试仪背面)。

(2) 开启主机电源，“摆动”指示灯亮，参量指示为 P_1，数据显示为“——”。

(3) 本机设定扭摆的周期为 10，如要更改，可参照仪器使用说明 3 重新设定。更设后的周期不具有记忆功能，一旦切断电源或按“复位”键，便恢复原来的默认周期数。

(4) 按“执行”键，数据显示为“0000”，表示仪器已处在等待测量状态，此时，当被测物体往复摆动的挡光杆第一次通过光电门时，仪器即开始连续计时，直至仪器所设定的周期数时停止计时，由“数据显示”给出累计时间，同时，仪器自行计算周期 C_1 予以存储，以供查询和多次测量求平均值，至此，P_1（第一次测量）测定完毕。

(5) 按“执行”键，“P_1”变为“P_2”，数据显示又回到“0000”，按(4)时执行 P_2（第二次测量）。本机设定重复测量的最多次数为 5 次即 $P_1, P_2, \cdots, P_5$，通过“查询”键可知各次测量的周期值 $C_i(i=1,2,\cdots,5)$ 及它们的平均值。

【实验内容】

1. 实验内容

(1) 测定扭摆弹簧的扭转常数 K。

① 熟悉扭摆的构造、使用方法，以及转动惯量测试仪的使用方法。

② 调整扭摆基座底脚螺丝，使水准泡中气泡居中。

③ 装上金属载物盘，并调整光电探头位置，使载物盘上挡光杆处于其缺口中央。测定摆动周期 T。

④ 将塑料圆柱体垂直放在载物盘上，测定摆动周期 T_1。

⑤ 量出该圆柱体质量、直径，计算其转动惯量的理论值 I_1，然后计算：

$$K=4\pi^2\frac{I_1}{T_1^2-T_\sigma^2}$$

(2) 测定各待测物体的转动惯量，并与理论值相比较，求相对误差。

① 测出另一塑料圆柱体的外径，金属圆筒的内、外径，木球直径，金属细长杆长度及各物体的质量（各测 3 次）。

② 将另一塑料圆柱体代替上圆柱体，测定摆动周期 T_1。

③ 用金属圆筒代替塑料圆柱体，测定摆动周期 T_2。

④ 取下金属载物盘，装上木球，测定摆动周期 T_3（在计算木球的转动惯量时，应扣除支架的转动惯量）。

(3) 改变滑块在金属细杆上的位置，验证转动惯量的平行轴定理。

① 取下木球，装上金属细杆，测定摆动周期 T_4（在计算细杆的转动惯量时，应扣除支架的转动惯量）。

② 将滑块对称放置在细杆两边，此时滑块质心离转轴的距离分别为 5.00cm、10.00cm、15.00cm、20.00cm、25.00cm，测定摆周期 T，验证转动惯量的平行轴定理。

2. 注意事项

(1) 弹簧的扭转常数 K 值不是固定常数，它与摆动角略有关系，摆角在 90°左右基本相同，在小角摆动时变小。

(2) 为了降低实验时由摆动角变化过大带来的系统误差，在测定各种物体的摆动周期时，摆角不宜过小，摆幅也不宜变化过大。

【数据记录】

数据表格分别如表 2-6-1、表 2-6-2、2-6-3 所示。

表 2－6－1

物体名称	质量 $/10^{-3}$ kg	几何尺寸 $/10^{-2}$ m	周期 /s	转动惯量理论值 $/10^{-11}$ kg·m^2	实验值 $/10^{-11}$ kg·m^2	弹簧常数 K
金属载物盘			T_0		I_0	
			$\overline{T}_0$			
塑料圆柱			T'_1	I''_1	I_1	
			$\overline{T}'_1$			

表 2－6－2

物体名称	质量 $/10^{-3}$ kg	几何尺寸 $/10^{-2}$ m	周期 /s	转动惯量理论值 $/10^{-11}$ kg·m^2	实验值 $/10^{-11}$ kg·m^2	E_r
另一塑料圆柱			T_1	I'_1	I_1	
	平均		$\overline{T}_1$			
金属圆柱		$D_{内}$	T_2	I'_2	I_2	
	平均	$D_{内}$	$\overline{T}_2$			
		$D_{外}$		I'_2	I_2	
		$D_{外}$				
木球	m		T_3	I'_3	I_3	
			$\overline{T}_3$			
金属细杆			T_4	I'_4	I_4	
			$\overline{T}_4$			

表 2－6－3

$x/10^{-2}$ m	5.00	10.00	15.00	20.00	25.00
振动周期 T/s					
$\overline{T}$/s					
实验值 $/10^{-12}$ kg·m^2 $I=K\overline{T}^2/4\pi^2$					
理论值 $/10^{-12}$ kg·m^2 $I=I_4+2Mx^2+I_5$					
E_r					

【附】

1. 细杆夹具转动惯量实验值

$$I=\frac{K}{4\pi^2}T^2=\frac{3.405\times10^{-2}}{4\pi^2}\times0.164^2=0.232\times10^{-4}\,\mathrm{kg\cdot m^2}$$

2. 球支座转动惯量实验值

$$I=\frac{K}{4\pi^2}T^2=\frac{3.405\times10^{-2}}{4\pi^2}\times0.144^2=0.179\times10^{-4}\,\mathrm{kg\cdot m^2}$$

3. 两滑块通过质心转轴的转动惯量理论值

$$I_5=2\left[\frac{1}{16}m_{\text{滑}}(D_{\text{外}}^2+D_{\text{内}}^2)+\frac{1}{12}mL_1^2\right]$$

$$=2\left[\frac{1}{16}\times239\times(3.50^2+0.60^2)\times10^{-4}+\frac{1}{12}\times239\times3.30^2\times10^{-4}\right]$$

$$=0.809\times10^{-4}\,\mathrm{kg\cdot m^2}$$

4. 滑块实验测量值(单块)

$$\frac{I^5}{2}=\frac{K}{4\pi^2}T^2-I_0=\frac{3.405\times10^{-2}}{4\pi^2}\times0.794^2-5.026\times10^{-4}=0.410\times10^{-4}\,\mathrm{kg\cdot m^2}$$

$$I_5=0.820\times10^{-4}\,\mathrm{kg\cdot m^2}$$

5. 求球直径的平均值

$$\overline{D}=1.350\,6\times10^{-1}\,\mathrm{m}$$

6. 各待测转动组量物体转动惯量理论公式

$$I_{\text{塑料圆柱体}}=I_1=\frac{1}{8}m\,\overline{D}_1^2$$

$$I_{\text{金属圆柱}}=I_2=\frac{1}{8}m(\overline{D}_{\text{外}}^2+D_{\text{内}}^2)$$

$$I_{\text{木球}}=I_3=\frac{1}{10}m\,\overline{D}_{\text{直}}^2$$

$$I_{\text{金属细杆}}=I_4=\frac{1}{12}mI^2$$

7. 各待测物体转动惯量实验值计算公式

$$I_{\text{金属载物盘}}=I_0=\frac{I_1\overline{T}_0^2}{\overline{T}_1^2-\overline{T}_0^2}$$

$$I_{\text{塑料圆柱}}=I_1=\frac{K\,\overline{T}_1^2}{4\pi^2}-I_0$$

$$I_{\text{金属圆柱}}=I_2=\frac{K\,\overline{T}_2^2}{4\pi^2}-I_{\text{球支座}}$$

$$I_{\text{金属细杆}}=I_4=\frac{K}{4\pi^2}\overline{T}_4^2-I_{\text{细杆夹具}}$$

2. 刚体转动惯量

【实验目的】

(1) 用实验的方法检验刚体的转动定理、平行轴定理。

(2) 测圆环、圆盘绕中心轴的转动惯量。

(3) 研究物体的转动惯量与其质量、形状的关系,用作图法处理数据。

【实验仪器与用具】

转动实验仪,通用计算机式毫秒计、砝码、钢卷尺等。

【实验原理】

1. 转动惯量实验仪结构

本实验所采用的转动惯量实验仪结构如图 2-6-2 所示。

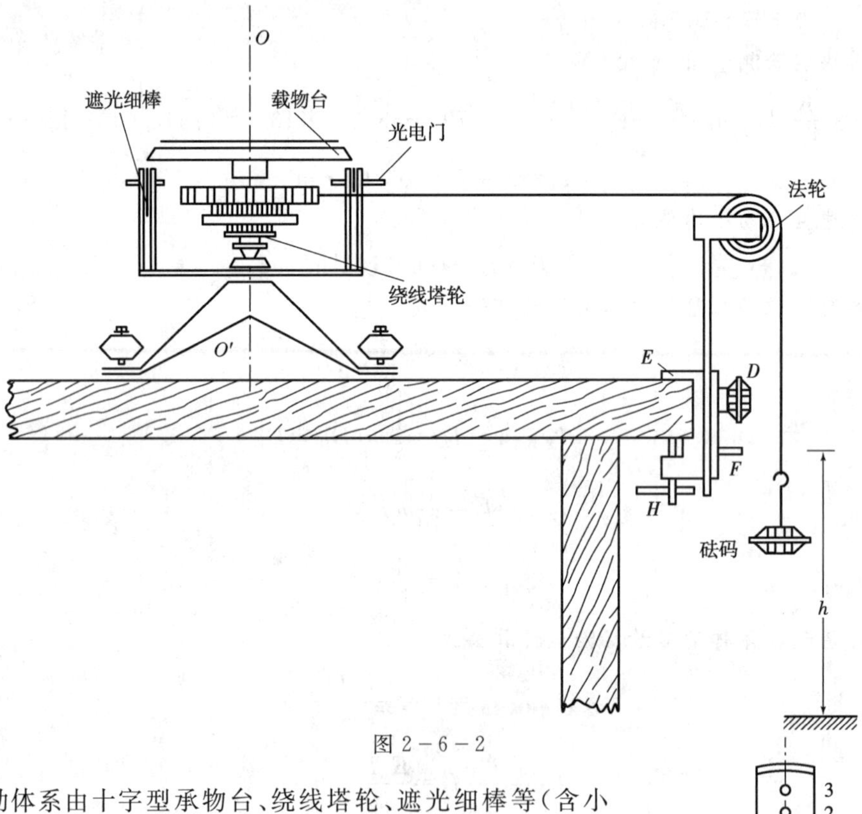

图 2-6-2

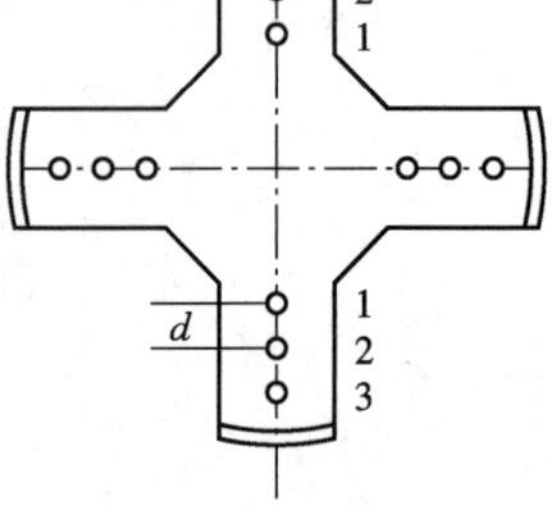

转动体系由十字型承物台、绕线塔轮、遮光细棒等(含小滑轮)组成。遮光细棒随体系转动,依次通过光电门,每半圈遮一个光电门一次的光,用以计数、计时。塔轮上有五个不同半径(r)的绕线轮,砝码钩上可放置不同数量的砝码以变化所施的外力矩。HMS-2 型通用计算机式毫秒计的结构及使用(参见附)

2. 实验原理

对十字型承物台，当空台转动时，其转动惯量用 J_1 表示，加上被测试的物件后，其转动惯量用 J_2 表示。

由转动惯量的叠加原理可知，试件的转动惯量为：

$$J_3=J_2-J_1 \tag{2-6-4}$$

由刚体的转动定律可知：

$$T=m(g-r\beta) \tag{2-6-5}$$

式中，m 为砝码质量，g 为重力加速度，r 为所选塔轮半径，β 为角加速度，T 为张力。

(1) 未加试件。

①未加外力（$m=0=T$），令其转动后，在摩擦力矩 $M\mu$ 的作用下，体系将做匀减速转动，有 $-M_1\mu=J_1\beta_1$；②加外力后有 $m(g-r\beta_2)r-M_1\mu=J_1\beta_2$，可得

$$J_1=\frac{mgr}{\beta_2-\beta_1}-\frac{\beta_2}{\beta_2-\beta_1}=mr^2 \tag{2-6-6}$$

测出 β_1，以及外力矩作用下的 β_2，由(2-6-6)式即可得 J_1。

(2) 同理，加试件后转动惯量为 J_3、J_4。

注意：β_1、β_3 实为负值，故式中分母实为相加，式中的 m、r 可相同，也可以不同。在测 β 时，为了实验方便，在本实验中采取的是先测 β_1、β_2，再测 β_3、β_4。

(3) 测 β 的原理及方法。

① 测 β 的原理。

设转动体系的初角速度为 ω_0，从 $t=0$ 时开始计其角位移 θ：$\theta=\omega_0 t+\frac{1}{2}\beta t^2$，若测得与 θ_1、θ_2 相应时间为 t_1、t_2

$$\theta_1=\omega_0 t_1+\frac{1}{2}b\beta t_1^2,\quad \theta_2=\omega_0 t_2+\frac{1}{2}t_2^2$$

所以

$$\beta=\frac{2(\theta_2 t_1-\theta_1 t_2)}{t_2^2 t_1-t_1^2 t_2} \tag{2-6-7}$$

在该实验中转动体系每转过半周（即 π）就有遮光细棒遮光电门的光一次，第一次遮光时计算机式毫秒计计时为 $t=0$，记时次数 $K=1$，从此刻开始计时，即 $\theta=\pi$ 时，$K=2$，即 $\theta=(K-1)\pi$

所以

$$\beta=\frac{2\pi[(k_2-1)t_1-(k_1-1)t_2]}{t_2^2 t_1-t_1^2 t_2} \tag{2-6-8}$$

式中，k_1，k，t_1，t_2 分别为 θ_1、θ_2 对应的计时次数及时间。

② 测 β 的方法。

在本实验中可采取先测（β_2，β_1），再测（β_4，β_3）的分组测量方法。方法如下：

将选定质量为 m 的砝码挂线绕于所选的半径为 r 的轮上，放手，开始实验后砝码在重力作用下带动体系加速转动，待砝码钩挂线自动脱离后（记下此时的计时次数 k'_0），转动体系即开始在无外力矩作用下的匀减速转动。待计时完毕后，查出与 k'_0 对应的 t'_0 值，则在（k'_0，t'_0）前的（k，t）值可读出来，由式(2-6-8)即得 β_2（即外力矩作用下的角加速度）；在（k'_0，t'_0）后的（k，t）值，可读取出来，计算 β_1（即无外力矩作用下的角加速度）。

注意：此时 β_1 的计算有别于 β_2，因转动体系是在挂线脱离（即 t'_0 时刻）后才开始做匀减速转动，为避免判断误差，选择 k'_0 后的第二个计时次数即 $k_0=k'_0+2$ 作为匀减速转动的开始，故计算 β_1 时的时间数据都应减去起始时刻（与 k_0 对应的 t_0）的数值。角位移同理也应从

t_0 开始计算，所以有：

$$\beta=\frac{2\pi[(k'_2-k_0)(t'_1-t_0)-(k'_1-k_0)(t'_2-k_0)]}{(t'_2-t_0)^2(t'_1-t_0)-(t'_1-t_0)^2(t'_2-t_0)} \tag{2-6-9}$$

也可分别测出 β_1、β_2、β_3、β_4。

(4) 平行轴定理：设转动体系的转动惯量为 J_0，当有部分质量(m_1)远离轴平行移动 d 的距离后，则体系的转动惯量增为 $J=J_0+m_ld^2$。

【实验内容】

1. 实验步骤

(1) 按图安装转动惯量实验仪，调节三角支架，使承物台保持水平。

(2) 按通用计算机式毫秒计的使用方法将之接入实验装置并接通电源。

(3) 空承物台时：

① 将砝码钩挂线一端打结塞入塔轮细缝，并将挂线绕于所选的半径为 r 的轮上，绕好后，将塞入的结取出细缝，用手按住承物台，使之静止，另一端如图 2-6-1 所示置于转向滑轮上，调节转向滑轮的高度及方向，使之与轮一样高(即挂线水平)并使挂线正好落在转向滑轮的凹槽中央，选择质量为 m 的砝碼卡于砝码钩上。

② 按一次"*"或"#"键使毫秒计处于记时状态。

③ 松手，承物台在外力矩作用下加速转动，当挂线脱离时，记下此时对应的 k'_0 将 $k_0=k'_0+2$ 记入对应表中。

④ 计时结束后，读取数据，读数时注意 k_1、k_2 应小于 k'_0、k'_1，应大于 k_0，将读取数据填入对应表中，并将毫秒计复位。

⑤ 选择不同的 m 及 r，重复上述步骤。

(4) 将圆盘置于承物台上，重复(3)，将数据填入对应表格。

(5) 将圆环置于承物台上，重复(3)，将数据填入对应表格。

(6) 验证平行轴定理：

① 将两质量相等的小圆柱体卡于十字型承物台的小孔内，使之对称放置，按照上述方法，测出此时转动系统的转动惯量 J_0。

② 将两小圆柱体对应地向外移动距离 d，再用上述方法测出此时的转动惯量 J_1，验证平行轴定理 $J=J_0+m_1d^2$。

2. 注意事项

(1) 通用计算机式毫秒计的输入脉冲，只能接通一路，另一路开关必须断开。

(2) 应使承物台及砝码钩线水平。

(3) 验证平行轴定理时，两小圆柱体必须轴对称放置，以免转动时磨损仪器。

【数据记录】

表 2-6-4 未知试件时，测 $J_1=\frac{mgr}{\beta_2\beta_1}-\frac{\beta_2}{\beta_2-\beta_1}mr^2$

项目 / 次数	k'_0	k_0	t_0/s	k_1	t'_1/s	k'_2	t'_2/s	β_1/rad·s^{-2}
1								
2								

续表

项目 / 次数	m/kg	r/m	k_1	t_1/s	k_2	t_2/s	$\beta_2/(\mathrm{rad}\cdot\mathrm{s}^{-2})$	$J_1/(\mathrm{kg}\cdot\mathrm{m}^2)$	$\overline{J_1}/(\mathrm{kg}\cdot\mathrm{m}^2)$
1									
2									

表 2－6－5 加圆盘 圆盘转动惯量 $J_3=\overline{J_2}-\overline{J_1}=$________$\mathrm{kg}\cdot\mathrm{m}^2$

项目 / 次数	k'_0	k_0	t_0/s	k_1	t'_1/s	k'_2	t'_2/s	$\beta_3/(\mathrm{rad}\cdot\mathrm{s}^{-2})$
1								
2								

项目 / 次数	m/kg	r/m	k_1	t_1/s	k_2	t_2/s	$\beta_4/(\mathrm{rad}\cdot\mathrm{s}^{-2})$	$J_2/(\mathrm{kg}\cdot\mathrm{m}^2)$	$\overline{J_2}/(\mathrm{Kg}\cdot\mathrm{m}^2)$
1									
2									

表 2－6－6 加圆环 圆环的转动惯量 $J'_3=\overline{J'_2}-J_1=$________$\mathrm{kg}\cdot\mathrm{m}^2$

项目 / 次数	k'_0	k_0	t_0/s	k_1	t'_1/s	k'_2	t'_2/s	$\beta_3/(\mathrm{rad}\cdot\mathrm{s}^{-2})$
1								
2								

项目 / 次数	m/kg	r/m	k_1	t_1/s	k_2	t_2/s	$\beta_4/(\mathrm{rad}\cdot\mathrm{s}^{-2})$	$J'_2/(\mathrm{kg}\cdot\mathrm{m}^2)$	$\overline{J'_2}/(\mathrm{kg}\cdot\mathrm{m}^2)$
1									
2									

【思考题】

本种实验方法为什么可以不计转向滑轮的质量及其转动惯量？

【附】

HMS-2 通用计算机式毫秒使用说明书

一、技术性能

本仪器由单片机芯片和固有程序等组成，具有记忆存储功能，最多可记 64 个脉冲输入的(顺序的)时间，并可随意提取数据，还可以调整为脉冲的编组计时。有备用通道，即双通道“或”门输入，此仪器为可编程记忆式双路毫秒计。

(1) 输入脉冲宽度不小于 10ts。

(2) 计量范围 0～999,999s。

(3) 计量误差≤0.0005s。

(4) 计时数组 1 组～64 组。

(5) 适用电源－220V,50Hz。

二、板面

(1) 右部 6 位计时数码块；

(2) 中部 2 位脉冲个数数码块；

(3) 左边按键数码盘；

(4) 中下复位键；

(5) 左下为输入Ⅰ输入插孔及通断开关；

(6) 右下为输入Ⅱ输入插孔及通断开关。

三、使用方法

(1) 将电缆连接光电门的发光管和输入脉冲，只接通一路(另一路备用)。

(2) 若用输入Ⅰ插孔输入，请将该输入通断开关接通，输入Ⅱ通断开关断开(切记)，反之亦然。若从两输入插孔同时输入信号，请将两通断开关都接通。

(3) 接通电源：仪器进入自检状态。板面显示“88—888 888”四次后，显示为“P0164”，它表明制式(P)为每输入 1 个(光电)脉冲，记一次时间，最多可记 64 个时间数据。小于 64 个也可以被储存和提取数据。

(4) 按一次“＊”或“＃”键，面板显示 00 000 000，此时仪器处于待计时状态。输入第 1 个脉冲则开始计时。

(5) 64 个脉冲输入后自动停止(小于 64 的实验次数也可。取出数据的方法如下：按 0、9 两数码键，则显示第一个脉冲到第九个脉冲之间的时间，依此类推。按 0、1 键，则显示 000.000表示计时开始的时间。按“＃”键一次，则脉冲计时的个数递增，因此可方便地依次提取数据(按“＊”键则递减)。

① 按“9”键两次，仪器又处于新的待计时状态，并把前次数据消除。

② 按复位键则仪器为接通电源后的重新启动。

实验七　动量守恒定律的验证

【实验目的】

(1) 验证动量守恒定律。

(2) 研究完全弹性碰撞与完全非弹性碰撞的特点。

【实验仪器与用具】

气垫导轨、光电门、数字毫秒计、气源、滑行器、弹簧、尼龙粘胶带等。

【实验原理】

对于某一力学系统，如果其所受外力的矢量和为零，则系统的总动量保持不变，这就是“动量守恒定律”，即对某系统，若 $\sum \boldsymbol{F} ix = 0$ ，则

$$\sum_{i=1}^{n} m_i \boldsymbol{v}_i = \text{恒矢量}$$

式中，$\boldsymbol{m}_i$ 和 $\boldsymbol{v}_i$ 分别表示体系中第 i 个物体的质量和速度，$\boldsymbol{F}_i$ 表示第 i 个物体所受的外力，n 表示系统包含物体的数目。又如果物体所受外力的矢量和虽不等于零，但只要外力矢量和在某方向的分量为零，则物体的动量在该方向的分量保持守恒，即若对一系统，其外力矢量和在 X 方向的分量 $\sum_{i=1}^{n} \boldsymbol{F}_{ix} = 0$ 时，有 $\sum_{i=1}^{n} m_{ix} \boldsymbol{v}_{ix}$ 恒量。

在本实验中，我们利用气垫导轨两滑行器 1 和 2 的碰撞来验证动量守恒定律。如图 2-7-1所示，因为摩擦力可以忽略，则滑行器 1 和 2 之间除了受到碰撞时相互作用的内力外，水平方向将不受外力，因而碰撞前后，它们的总动量保持不变。如以 m_1 和 m_2 分别表示两滑行器的质量，v_{10}，v_{20} 及 v_1，v_2 分别表示碰撞前后的速度，则有

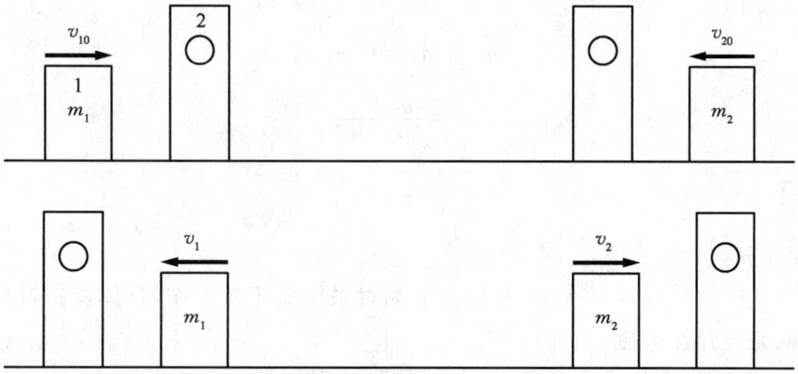

图 2-7-1

$$m_1 v_1 + m_2 v_2 = m v_{10} + m v_{20} \quad (2-7-1)$$

v_{10}、v_{20}、v_1、v_2 的正负号取决于速度方向和所选坐标 X 的方向是否一致，相同的取正号；相反的取负号。要验证动量守恒定律，就要在极短的时间内测定四个速度。为简单起见，我

们分两种情况讨论。

1. 完全弹性碰撞

在滑行器的相碰端装上弹性极佳的缓冲弹簧,则它们的碰撞过程就可以近似看作没有机械能损耗的完全弹性碰撞。此时有:

$$\frac{1}{2}m_1v_1^2+\frac{1}{2}m_2v_2^2=m_1v_{10}^2+\frac{1}{2}m_2v_{20}^2 \tag{2-7-2}$$

由(2-7-1)、(2-7-2)式可得:

$$v_1=\frac{(m_1-m_2)v_{10}+2m_2v_{20}}{m_1+m_2} \tag{2-7-3}$$

$$v_2=\frac{(m_2-m_1)v_{20}+2m_1v_{20}}{m_1+m_2} \tag{2-7-4}$$

(1) 如果两滑行器质量相等,即 $m_1=m_2$,且令 $v_{20}=0$ 时,根据(2-7-3)、(2-7-4)式可得到

$$v_1=0,\quad v_2=v_{10} \tag{2-7-5}$$

这说明滑行器 1 和 2 在碰撞前后速度发生交换。

(2) 若 $m_1\neq m_2$,但 $v_{20}=0$,则得:

$$v_1=\frac{(m_1-m_2)v_{10}}{m_1+m_2},\quad v_2=\frac{2m_1v_{10}}{m_1+m_2} \tag{2-7-6}$$

2. 完全非弹性碰撞

在滑行器 1 和 2 的相碰面上装上一块尼龙粘胶带,碰撞后滑行器 1 和 2 就能粘在一起以同一速度运动,这就实现了完全非弹性碰撞。

(1) 如果 $m_1=m_2$,$v_{20}=0$,相碰后又有 $v_2=v_1=v$,则由(2-7-1)式得:

$$v=\frac{1}{2}v_{10} \tag{2-7-7}$$

(2) 如果 $m_1\neq m_2$ 不等,但 $v_{20}=0$,则由(2-7-1)式得

$$(m_1+m_2)v=m_1v_{10} \tag{2-7-8}$$

$$V=\frac{m_1V_{10}}{m_1+m_2} \tag{2-7-9}$$

【实验内容】

1. 实验步骤

(1) 调节气垫导轨成水平状态,并使光电测时系统能正常工作(具体操作过程附后)。

(2) 验证完全弹性碰撞:

① 取带有缓冲弹簧的质量相等的两滑行器,让滑行器静止在两光电门之间且靠右边光电门的某处,使滑行器 1 以一定的速度从左边光电门外向着滑行器 2 运动,观察其上遮光片 Δx(如图 2-7-2 所示)通过左边光电门的时间 Δt_{10},碰撞后观测滑行器 2 上 Δx 通过右边光电门的时间 Δt_{20},然后计算 v_{10}、v_2,重复 5 或 6 次,与(2-7-5)式比较,求相对误差。

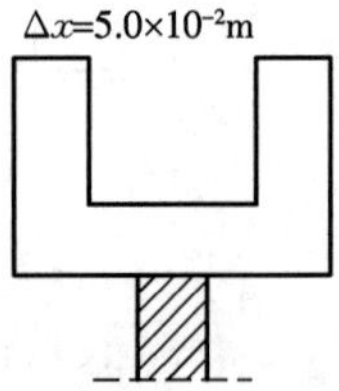

图 2-7-2

② 将滑行器 2 拿下来，换上一个质量较大的滑行器，装上弹簧，静止在两光电门之间，让质量小的滑行器以一定的速度从左边光电门外向着静止的滑行器运动，观测其上 Δx 通过左边光电门的时间 Δt_{10}，大滑行器上 Δx 通过右边光门的时间 Δt_2，以及小滑行器返回通过左光电门的时间 Δt_1，然后计算 v_{10}、v_1、v_2 重复 5 或 6 次，与(2－7－6)式比较，求相对误差。

注意：由于只使用一个计时器，要避免两个滑行器同时通过光电门，所以一定要恰当选择两个光电门的距离和静止滑行器的位置，保证能顺利地读出各个时间(必要时可两位同学配合操作)。

(3) 验证完全非弹性碰撞：

① 将质量相等的两滑行器相碰面上的缓冲弹簧取下，装上尼龙粘胶带，然后照前面(2)的①的方法实验，看实验结果是否符合(2－7－8)式，并求相对误差。

② 将质量不等的两滑行器换上进行实验，看结果是否与(2－7－9)式符合，并求相对误差。

2. 注意事项

(1) 严禁在实验中敲碰、划伤气垫导轨表面。导轨未通气时，不得将滑块放在其上滑动。实验结束后，不得将滑块停放在导轨上，以免导轨变形。

(2) 气垫面和滑行器内表面有较高的光洁度，且二者配合良好。使用前要用酒精棉擦试干净，不要用手抚摸涂拭。使用时要先通气，再把滑行器放在气垫上，不得在未通气时就将滑行器在轨面上拖动，以免擦伤表面。使用完毕后先将滑行器取下，再关掉气源。

(3) 气源在使用一段时间后(一般不超过半小时)要关机休息 5 分钟以利散热。

【数据记录】

1. 完全弹性碰撞

(1) $\Delta x=5.0\times10^{-2}\,\mathrm{m}$，$v_{20}=0$；$m_1=m_2$，记录在表 2－7－1 中。

表 2－7－1

测量次数	碰撞前		碰撞后		理论值	相对误差/%
	$\Delta t_{10}/\mathrm{s}$	$v_{10}/(\mathrm{m/s})$	$\Delta t_2/\mathrm{s}$	$v_2/(\mathrm{m/s})$	$v_2'=v_{10}$	$E=\frac{\lvert v_2'-v_2\rvert}{v_2'}$
1						
2						
3						
4						
5						
6						
					平均	

(2) $\Delta x=5.0\times10^{-2}\,\mathrm{m}$，$V_{20}=0$，$m_1\neq m_2$ 记录在表 2－7－2 中。

表 2－7－2

测量次数	碰撞前		碰撞后				理论值		相对误差(%)	
	Δt_{10}/s	v_{10}/(m/s)	Δt_1/s	v_1/(m/s)	t_2/s	v_2/(m/s)	$\boldsymbol{v}'_1$/(m/s)	$\boldsymbol{v}'_2$/(m/s)	E_1	E_2
1										
2										
3										
4										
5										
6										
							平均			

2. 完全非弹性碰撞($\Delta x=5.0\times10^{-2}$ m，$v_{20}=0$)

(1) $m_1=m_2$，记录在表 2－7－3 中。

表 2－7－3

测量次数	碰撞前		碰撞后		理论值	相对误差/%
	Δt_{10}/s	v_{10}/(m/s)	Δt/s	v/(m/s)	$v'=\frac{1}{2}v_{10}$	$E=\frac{\lvert v'-v\rvert}{v'}$
1						
2						
3						
4						
5						
6						
					平均	

(2) $m_1\neq m_2$，记录在表 2－7－4 中。

表 2－7－4

测量次数	碰撞前		碰撞后		理论值	相对误差/%
	Δt_{10}/s	v_{10}/(m/s)	Δt/s	v/(m/s)	$v'=\frac{m_1 v_{10}}{m_1+m_2}$	$E=\frac{\lvert v'-v\rvert}{v'}$
1						
2						
3						
4						
5						
6						
					平 均	

【附】 气垫导轨及使用方法

一、气垫导轨结构

气垫导轨仪器由导轨、滑块、光电转换系统和气源几部分组成，其整体结构如图 2-7-3 所示。

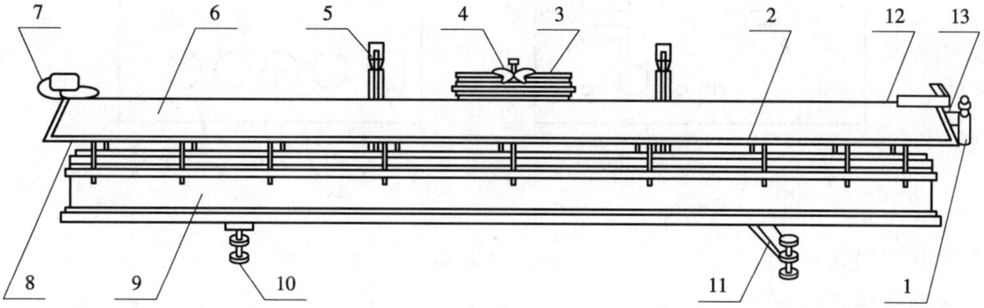

1. 进气口 2. 标尺 3. 滑块 4. 挡光片 5. 光电门 6. 导轨 7. 滑轮
8. 测压口 9. 底座 10. 垫脚 11. 支脚 12. 发射架 13. 端盖

图 2-7-3

导轨的主体是一根长度在 1.5m～2m 的空心三角形铝合金管制成的。一端用堵头封死，另一端装有进气嘴，可向管内送入压缩空气。在导轨的两表面上钻有很多排列整齐的小孔，通入的压缩空气由小孔喷出，在滑块和导轨之间形成厚度在 100μm～200μm 的薄薄空气层(气垫)，滑块就漂浮在气垫上。由于气垫的存在，滑块可以在气垫上做近乎无摩擦运动。

导轨下部装有调节导轨水平的螺丝，导轨的一端装有气垫滑轮。为了避免碰伤导轨，在导轨的两端装有缓冲弹簧。另外在导轨的一侧装有长度标尺，以便读取两光电门之间的距离。

调节气垫导轨水平可采用下列两种方法：

(1) 静态调平：将气轨通气，把滑行器放置于导轨上，调节支点螺钉，使滑行器在任何位置均可保持不动，或稍有滑动但不总是向一个方向滑动，即认为已基本调平。

(2) 动态调平：把二光电门卡在导轨上，接通毫秒计电源，给气轨通气，使滑行器从气轨一端向另一端运动，先后通过两个光电门，在毫秒计上记下通过两个光电门所用时间 Δt_1、Δt_2，调节支点螺钉使 $\Delta t_1=\Delta t_2$，此时可视为气轨调平。

二、光电测量系统

光电测量系统由光电门和计时器所组成。

1. 光电门

它是门型铁架上对装着聚光小灯泡与光敏二极管，利用光敏二极管在电路中受光照射和不受光照射所引起的电位变化产生脉冲信号，使计时器开始计时和停止计时，以实现时间间隔的测量。每台气轨配有两个光电门，它们可以很方便地装在气轨的任意位置上，并靠门架自身的弹力夹紧。配合气轨的刻度可以确定光电门的位置坐标。

2. 计时器

时间的测量一般是用秒表，但这种测量与人的反应的快慢有关，这就必然造成测量误差。计时器是采用光电转换、数字的显示方法来测量短时间间隔，避免人为误差，提高测量精度。

本实验采用的计时器 JSJ －Ⅲ型多用毫秒计。它的板面布置和各插座、旋钮及板键的使用方法如下：

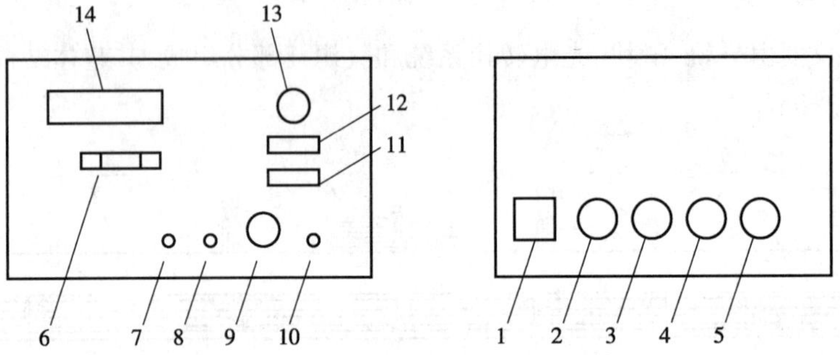

1 为电源插头；

2 为保险丝；

3、4 为四芯插口分别用联线接两个光电门；

5 为二芯插口，接机械触点(本实验不用)；

6 为时基脉冲选频按键，分 0ms，10ms，1ms，0. 1ms 四档供选择测量精度时用；

7 为手动清零钮；

8 为开关，选择手动、自动两种清零方式；

9 为延时旋钮，调整清零延迟时间；

10 为电源开关；

11 为开关，选择计时方式(本实验选择 B 方式，即测量两次遮光之间的时间间隔)；

12 为控制开关，选择“机控”、“光控”两种方式(本实验选择“光控”)；

13 为指示灯；

14 为数码管。

使用方法：将控制开关拨“光控”位，把光电门连线接好，打开电源，调整聚光小灯泡，使光斑对正光电管，数码管的数字不再翻动。如对不正数字会翻动不停。光对好后，按手动复位，使计时器清零。开关放在“A”位，移动挡光片，毫秒计时器显示数为遮光时间；开关放在“B”位，移动挡光片，毫秒计示数为两次遮光的时间间隔。复位开关如拨到“自动”，则停止计时后隔一段时间仪器会自动清零。调节延时旋钮，可以选择延迟的时间。

实验八　温度特性的研究

1. 金属线膨胀系数的测量

绝大多数物质都具有"热胀冷缩"的特性，这是由于物体内部分子热运动加剧或减弱造成的。这个性质在工程结构的设计中、在机械和仪器的制造中、在材料的加工（如焊接）中，都应考虑到，否则，将影响结构的稳定性和仪表的精度。考虑失当，甚至会造成工程的毁损、仪表的失灵，以及加工焊接中的缺陷和失败等。

【实验目的】

学习测量金属线膨胀系数的一种方法。

【实验仪器】

YJ-WH-I 材料与器件温度特性综合实验仪。

(1) 金属线膨胀系数测量的实验装置如图 2－8－1 所示。

(2) YJ-WH-I 材料与器件温度特性综合实验仪面板如图 2－8－2 所示。

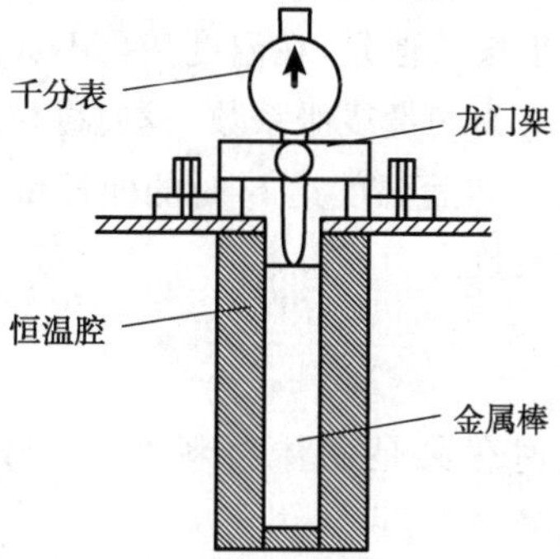

图 2－8－1

【实验原理】

材料的线膨胀是材料受热膨胀时，在一维方向上的伸长。线胀系数是选用材料的一项重要指标。特别是研制新材料，少不了要对材料线胀系数作测定。

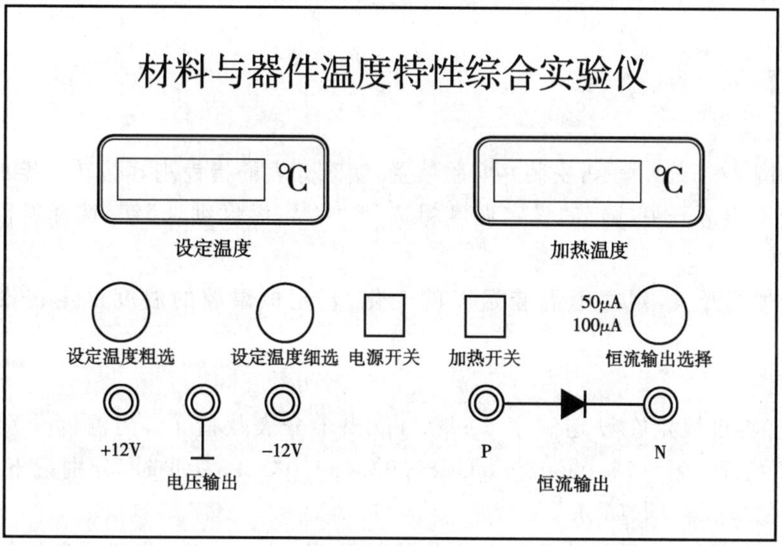

图 2－8－2

固体受热后其长度的增加称为线膨胀。经验表明，在一定的温度范围内，原长为 L 的物体，受热后其伸长量 ΔL 与其温度的增加量 Δt 近似成正比，与原长 L 亦成正比，即

$$\Delta L = \alpha L \Delta t \tag{2-8-1}$$

式中，比例系数 α 称为固体的线膨胀系数(简称线胀系数)。大量实验表明，不同材料的线胀系数不同，塑料的线胀系数最大，金属次之，殷钢、熔凝石英的线胀系数很小(表 2-8-1)。殷钢和石英的这一特性在精密测量仪器中有较多的应用。

表 2-8-1 几种材料的线胀系数

材 料	铜、铁、铝	普通玻璃、陶瓷	殷 钢	熔凝石英
α 数量级	$\times10^{-5}(℃)^{-1}$	$\times10^{-6}(℃)^{-1}$	$<2\times10^{-6}(℃)^{-1}$	$\times10^{-7}(℃)^{-1}$

实验还发现，同一材料在不同温度区域，其线胀系数不一定相同。某些合金，在金相组织发生变化的温度附近，会出现线胀量的突变。因此测定线胀系数也是了解材料特性的一种手段。但是，在温度变化不大的范围内，线胀系数仍可认为是一常量。

为测量线胀系数，我们将材料做成条状或杆状。由(2-8-1)式可知，测量出 t_1 时杆长 L、受热后温度达 t_2 时的伸长量 ΔL 和受热前后的温度 t_1 及 t_2，则该材料在 (t_1, t_2) 温区的线胀系数为

$$\alpha = \frac{\Delta L}{L(t_2 - t_1)} \tag{2-8-2}$$

物理意义是固体材料在 (t_1, t_2) 温区内，温度每升高 1℃ 时材料的相对伸长量，其单位为 $(℃)^{-1}$。

测线胀系数的主要问题是如何测伸长量 ΔL。先粗估算出 ΔL 的大小，若 $L \approx 250\text{mm}$，温度变化 $t_2 - t_1 \approx 100℃$，金属的 α 数量级为 $10^{-5}(℃)^{-1}$，则可估算出 $\Delta L \approx 0.25\text{mm}$。对于这么微小的伸长量，用普通量具如钢尺或游标卡尺是测不准的，可采用千分表(分度值为 0.001mm)、读数显微镜、光杠杆放大法、光学干涉法。本实验中采用千分表测微小的线胀量。

【实验内容】

(1) 开机。

① 按如图 2-8-1 所示，安装好实验装置，使千分表的指针刚好偏转一定的角度，连接好电源线，打开电源开关，调节“设定温度粗选”和“设定温度细选”钮，选择所需的温度(如 50.0℃)值。

② 打开加热开关，观察恒温腔温度的变化，直至恒温腔的温度恒定在设定温度(如 50.0℃)。

(2) 测量。

当恒温腔温度恒定在设定温度 50.0℃，读出千分表数值 L_1，当温度分别为 55.0℃、60.0℃、65.0℃、70.0℃、75.0℃、80.0℃、85.0℃、90.0℃、95.0℃时，分别记下千分表读数 L_2、L_3、L_4、L_5、L_6、L_7、L_8、L_9、L_{10}。

(3) 用逐差法求出 5℃时金属棒的平均伸长量，由(2-8-2)式即可求出金属棒在(50.0℃，95.0℃)温区内的线胀系数。

2. 热电偶的定标

【实验目的】

(1) 加深对温差电现象的理解；

(2) 了解热电偶测温的基本原理和方法；

(3) 了解热电偶定标基本方法。

【实验仪器】

YJ-WH-I 材料与器件温度特性综合实验仪。

【实验原理】

1. 温差电效应

在物理测量中，经常将非电学量如温度、时间、长度等转换为电学量进行测量，这种方法叫做非电量的电测法。其优点是不仅使测量方便、迅速，而且可提高测量精密度。温差电偶是利用温差电效应制作的测温元件，在温度测量与控制中有广泛的应用。本实验是研究一给定温差电偶的温差电动势与温度的关系。

如果用 A、B 两种不同的金属构成一闭合电路，并使两接点处于不同温度，如图 2-8-3 所示，则电路中将产生温差电动势，并且有温差电流流过，这种现象称为温差电效应。

2. 热电偶

两种不同金属串联在一起，其两端可以和仪器相连进行测温(图 2-8-4)的元件称为温差电偶，也叫热电偶。温差电偶的温差电动势与二接头温度之间的关系比较复杂，但是在较小温差范围内可以近似认为温差电动势 E_t 与温度差$(t-t_0)$成正比，即

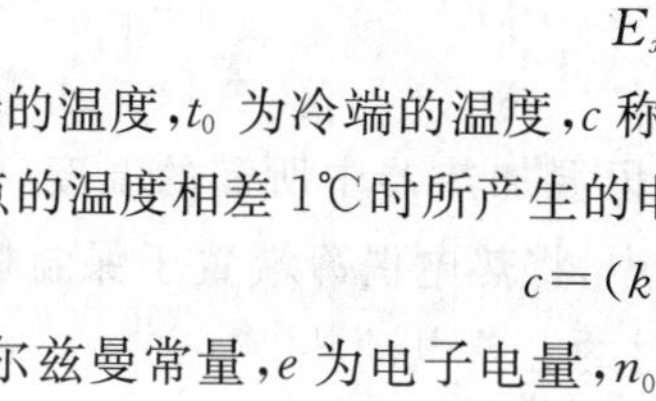

图 2-8-3

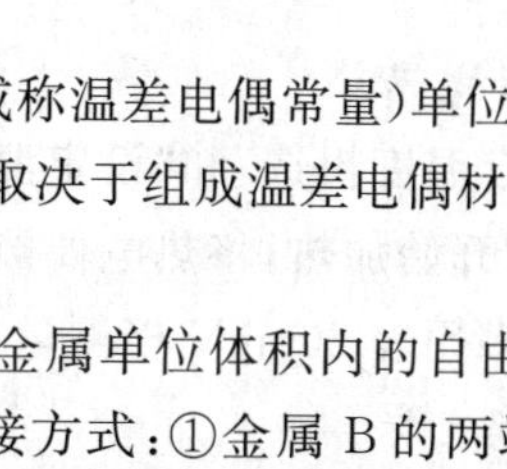

图 2-8-4

$$E_x=c(t-t_0) \tag{2-8-3}$$

式中 t 为热端的温度，t_0 为冷端的温度，c 称为温差系数(或称温差电偶常量)单位为 $\mu V \cdot ℃^{-1}$，它表示二接点的温度相差 1℃时所产生的电动势，其大小取决于组成温差电偶材料的性质，即

$$c=(k/e)\ln(n_{0A}/n_{0B}) \tag{2-8-4}$$

式中，k 为玻尔兹曼常量，e 为电子电量，n_{0A} 和 n_{0B} 为两种金属单位体积内的自由电子数目。

如图 2-8-5 所示，温差电偶与测量仪器有两种连接方式：①金属 B 的两端分别和金属 A 焊接，测量仪器 M 插入 A 线中间；②A、B 的一端焊接，另一端和测量仪器连接。

在使用温差电偶时，总要将温差电偶接入电势差计或数字电压表，这样除了构成温差电偶的两种金属外，必将有第三种金属接入温差电偶电路中，理论上可以证明，在 A、B 两种金属之间插入任何一种金属 C，只要维持它和 A、B 的连接点在同一个温度，这个闭合电路中的温差电动势总是和只由 A、B 两种金属组成的温差电偶中的温差电动势一样。

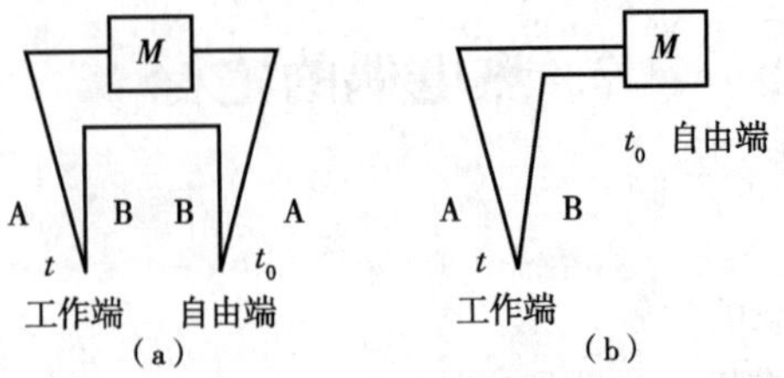

图 2-8-5

温差电偶的测温范围可以从 4.2K(−268.95℃)的深低温直至 2800℃的高温。必须注意,不同的温差电偶所能测量的温度范围各不相同。

3. 热电偶的定标

热电偶定标的方法有两种:

(1) 比较法:用被校热电偶与一标准组分的热电偶去测同一温度,测得一组数据,其中被校热电偶测得的热电势即由标准热电偶所测的热电势所校准,在被校热电偶的使用范围内改变不同的温度,进行逐点校准,就可得到被校热电偶的一条校准曲线。

(2) 固定点法:这是利用几种合适的纯物质在一定气压下(一般是标准大气压),将这些纯物质的沸点和熔点温度作为已知温度,测出热电偶在这些温度下的对应的电动势,从而得到热电势-温度关系曲线,这就是所求的校准曲线。

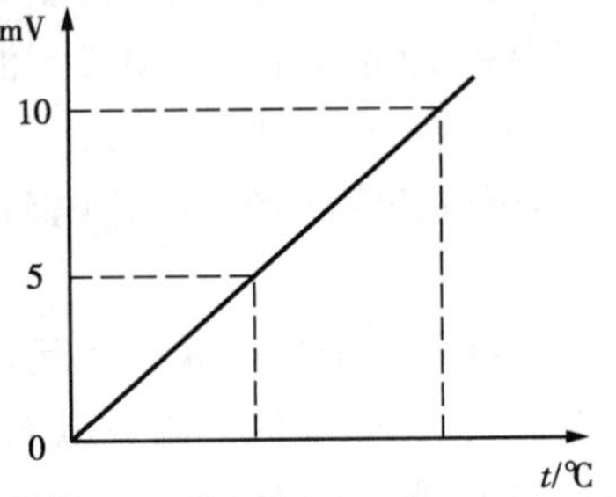

图 2-8-6

本实验采用固定点法对热电偶进行定标。

定标时把冷端浸入冰水共存的保温杯中,如图 2-8-5(a)所示。热端插入恒温加热器中,恒温加热器可恒温在 50℃~120℃。用数字多用表测定出对应点的温差电动势。以电动势 ε 为纵轴,以热端温度 t(50.0℃、60.0℃、70.0℃、80.0℃、90.0℃、100.0℃)为横轴。标出以上各点,连成直线。如图 2-8-6 所示,即为热电偶的定标曲线。有了定标曲线,就可以利用该热电偶测温度了。这时,仍将冷端保持在原来的温度(t_0=0℃),将热端插入待测物中,测出此时的温差电动势,再由 ε-T 图线,查出待测温度。

【实验内容】

1. 测温差电动势

调节“设定温度粗选”和“设定温度细选”,选择恒温加热器中所需的温度(如 50.0℃)按下“加热开关”开始加热,将热电偶热端置于恒温腔中,将热电偶冷端置于保温杯的冰水混合物中,用数字多用表 200mV 档测量出所设定温度时的温差电动势。

2. 热电偶定标

如步骤 1,设定恒温加热器的温度为 60.0℃、70.0℃、80.0℃、90.0℃、100.0℃,热电偶冷端不变,测量不同温度下的温差电动势,作出热电偶的 ε-T 定标曲线。

3. 利用热电偶测温

仍将冷端置于保温杯中,将热端插入待测物中,测出此时的温差电动势,再由 ε-T 定标曲线,查出待测温度。

3. 金属电阻温度系数的测定

【实验目的】

(1) 了解和测量金属电阻与温度的关系；

(2) 了解金属电阻温度系数的测定原理；

(3) 了解测量金属电阻温度系数的方法。

【实验仪器】

YJ-WH-I 材料与器件温度特性综合实验仪。

【实验原理】

1. 电阻温度系数

各种导体的电阻随着温度的升高而增大，在通常温度下，电阻与温度之间存在着线性关系，可表示：

$$R=R_0(1+\alpha t) \tag{2-8-5}$$

式中，R 是温度为 t℃时的电阻，R_0 为 0℃时的电阻，α 称为电阻温度系数。

严格说，α 和温度有关，但在 0℃～100℃，α 的变化很小，可以看作不变。

2. 铂电阻

导体的电阻值随温度变化而变化，通过测量其电阻值推算出被测环境的温度，利用此原理构成的传感器就是热电阻温度传感器。能够用于制作热电阻的金属材料必须具备以下特性：

(1) 电阻温度系数要尽可能大和稳定，电阻值与温度之间应具有良好的线性关系；

(2) 电阻率高，热容量小，反应速度快；

(3) 材料的复现性和工艺性好，价格低；

(4) 在测量范围内物理和化学性质稳定。目前，在工业应用最广的材料是铂铜。

铂电阻与温度之间的关系，在 0℃～630.74℃用下式表示：

$$R_T=R_0(1+AT+BT^2) \tag{2-8-6}$$

在－200℃～0℃有：

$$R_T=R_0[1+AT+BT^2+C(T-100℃)T^3] \tag{2-8-7}$$

式中，R_0 和 R_T 分别为在 0℃和温度 T 时铂电阻的电阻值，A、B、C 为温度系数，由实验确定，$A=3.90802\times10^{-3}℃^{-1}$，$B=-5.80195\times10^{-7}℃^{-2}$，$C=-4.27350\times10^{-12}℃^{-4}$。由(2-8-6)式和(2-8-7)式可见，要确定电阻 R_T 与温度 T 的关系，首先要确定 R_0 的数值，R_0 值不同时，R_T 与 T 的关系不同。目前国内统一设计的一般工业用标准铂电阻 R_0 值有 100Ω 和 500Ω 两种，并将电阻值 R_T 与温度 T 的相应关系统一列成表格，称其为铂电阻的分度表，分度号分别用 Pt100 和 Pt500 表示。

铂电阻在常用的热电阻中准确度较高，国际温标 ITS-90 中还规定，将具有特殊构造的铂电阻作为 13.5033K～961.78℃标准温度计使用，铂电阻广泛用于－200℃～850℃的温度测量，工业中通常在 600℃以下。

【实验内容】

1. 实验步骤

(1) 测 Pt100 的 R-t 曲线。

调节“设定温度粗选”和“设定温度细选”，选择设定所需温度点，打开“加热开关”，将 Pt100 插入恒温腔中，待温度稳定在所需温度(如 50.0℃)时，用数字多用表 200Ω 档测出此温度时 Pt100 的电阻值。

(2) 重复以上步骤，设定温度为 60.0℃、70.0℃、80.0℃、90.0℃、100.0℃，测出 Pt100 在上述温度点时的电阻值。

根据上述实验数据，绘出 R-t 曲线。

(3) 求 Pt100 的电阻温度系数。

根据 R-t 曲线，从图上任取相距较远的两点 t_1-R_1 及 t_2-R_2 根据(2-8-5)式有：

$$R_1 = R_0 + R_0 \alpha t_1$$

$$R_2 = R_0 + R_0 \alpha t_2$$

联立求解得：

$$\alpha = (R_2 - R_1)/(R_1 t_2 - R_2 t_1)$$

2. 注意事项

(1) 供电电源插座必须接地良好；

(2) 在整个电路连接好之后才能打开电源开关。

4. PN 结正向压降与温度关系的研究和应用

常用的温度传感器有热电偶、测温电阻器和热敏电阻等，这些温度传感器均有各自的优点，但也有它的不足之处，如热电偶适用温度范围宽，但灵敏度低，且需要参考温度；热敏电阻灵敏度高、热响应快、体积小，缺点是非线性，且一致性较差，这对于仪表的校准和调节均感不便；测温电阻如铂电阻有精度高、线性好的优点，但灵敏度低且价格较贵；而 PN 结温度传感器则有灵敏度高、线性较好、热响应快和体小轻巧易集成化等优点，所以其应用势必日益广泛。但是这类温度传感器的工作温度一般为 −50℃～150℃，与其他温度传感器相比，测温范围的局限性较大，有待于进一步改进和开发。

【实验目的】

(1) 了解 PN 结正向压降随温度变化的基本关系式。

(2) 在恒定正向电流条件下，测绘 PN 结正向压降随温度变化曲线，并由此确定其灵敏度被测 PN 结材料的禁带宽度。

(3) 学习用 PN 结测温的方法。

【实验仪器】

YJ-WH-I 材料与器件温度特性综合实验仪。

【实验原理】

理想的 PN 结的正向电流 I_F 和正向压降 V_F 存在如下近关系式：

$$I_F = I_S \exp\left(\frac{qV_F}{kT}\right) \tag{2-8-8}$$

式中，q 为电子电荷；k 为玻尔兹曼常数；T 为绝对温度；I_S 为反向饱和电流，它是一个和 PN 结材料的禁带宽度以及温度有关的系数，可以证明：

$$I_F = CT^r \exp\left(-\frac{qV_{g(0)}}{kT}\right) \tag{2-8-9}$$

式中，C 是与结面积、掺质浓度等有关的常数，r 也是常数（见附）；$V_{g(0)}$ 为绝对零度时 PN 结材料的带底和价带顶的电势差。

将(2-8-9)式代入(2-8-8)式，两边取对数可得：

$$V_F = V_{g(0)} - \left(\frac{k}{q}\ln\frac{C}{I_F}\right)T - \frac{kT}{q}\ln T^r = V_1 + V_{n1} \tag{2-8-10}$$

式中

$$V_1 = V_{g(0)} - \left(\frac{k}{q}\ln\frac{C}{I_F}\right)T$$

$$V_{n1} = -\frac{kT}{q}\ln T^r$$

方程(2-8-10)就是 PN 结正向压降作为电流和温度函数的表达式，它是 PN 结温度传感器的基本方程。令 I_F＝常数，则正向压降只随温度而变化，但是在方程(2-8-10)中还包含非线性顶 V_{n1}。下面来分析一下 V_{n1} 项所引起的线性误差。

设温度由 T_1 变为 T 时，正向电压由 V_{F1} 变为 V_F，由(2-8-10)式可得：

$$V_F = V_{g(0)} - (V_{g(0)} - V_{F1})\frac{T}{T_1} - \frac{kT}{q}\ln\left(\frac{T}{T_1}\right)^r \tag{2-8-11}$$

按理想的线性温度响应，V_F 应取如下形式：

$$V_{理想} = V_{F1} + \frac{\partial V_{F1}}{\partial T}(T - T_1) \tag{2-8-12}$$

式中，$\frac{\partial V_F}{\partial T}$ 为曲线的斜率，且 T_1 温度时的 $\frac{\partial V_{F1}}{\partial T}$ 等于 T 温度时的 $\frac{\partial V_F}{\partial T}$ 值。

由(2-8-10)式可得：

$$\frac{\partial V_{F1}}{\partial T} = -\frac{V_{g(0)} - V_{F1}}{T_1} - \frac{k}{q}r \tag{2-8-13}$$

所以

$$V_{理想} = V_{F1} + \left(-\frac{V_{g(0)} - V_{F1}}{T_1} - \frac{k}{q}r\right)(T - T_1)$$

$$= V_{g(0)} - (V_{g(0)} - V_{F1})\frac{T}{T_1} - \frac{k}{q}(T - T_1)r \tag{2-8-14}$$

由理想线性温度响应(2-8-14)式和实际响应(2-8-11)式相比较，可得实际响应对线性的理论偏差为

$$\Delta = V_{理想} - V_F = -\frac{k}{q}(T - T_1)r + \frac{kT}{q}\ln\left(\frac{T}{T_1}\right)^r \tag{2-8-15}$$

设 T_1＝300K，T＝310K，取 r＝3.4，由(2-8-15)式可得 Δ＝0.048mV，而相应的 V_F 的

改变量约 20mV,相比之下误差甚小。不过当温度变化范围增大时,V_F 温度响应的非线性误差将有所递增,这主要由于 r 因子所致。

综上所述,在恒流供电条件下,PN 结的 V_F 对 T 的依赖关系取决于线性项 V_1,即正向压降几乎随温度升高而线性下降,这就是 PN 结测温的理论依据。必须指出,上述结论仅适用于杂质全部电离,本征激发可以忽略的温度区间(对于通常的硅二极管来说,温度范围约－50℃～150℃)。如果温度低于或高于上述范围时,由于杂质电离因子减小或本征载流子迅速增加,V_F-T 关系将产生新的非线性,这一现象说明 V_F-T 的特性还随 PN 结的材料而异,对于宽带材料(如 GaAs,Eg 为 1.43eV)的 PN 结,其高温端的线性区则宽;而材料杂质电离能小(如 Insb)的 PN 结,则低温端的线性范围宽。对于给定的 PN 结,即使在杂质导电和非本征激发温度范围内,其线性度亦随温度的高低而有所不同,这是非线性项 V_{n1} 引起的,由 V_{n1} 对 T 的二阶导数 $\frac{d^2V}{dT^2}=\frac{1}{T}$ 可知,$\frac{dV_{n1}}{dT}$ 的变化与 T 成反比,所以 V_F-T 的线性度在高温端优于低温端,这是 PN 结温度传感器的普遍规律。此外,由(2－8－11)式可知,减小 I_F,可以改善线性度,但并不能从根本上解决问题,目前行之有效的方法大致有两种:

(1) 利用对管的两个 be 结(将三极管的基极与集电极短路与发射极组成一个 PN 结),分别在不同电流 I_{F1}、I_{F2} 下工作,由此获得两者之差($I_{F1}-I_{F2}$)与温度成线性函数关系,即

$$V_{F1}-V_{F2}=\frac{KT}{q}\ln\frac{I_{F1}}{I_{F2}}。$$

由于晶体管的参数有一定的离散性,实际值与理论值仍存在差距,但与单个 PN 结相比其线性度与精度均有所提高,这种电路结构与恒流、放大等电路集成一体,便构成电路温度传感器。

(2) 采用电流函数发生器来消除非线性误差。由(2－8－10)式可知,非线性误差来自 T^r 项,利用函数发生器,I_F 与绝对温度的 r 次方成比例,则 V_F-T 的线性理论误差为 $\Delta=0$。实验结果与理论值比较一致,其精度可达 0.01℃。

【实验内容】

(1) 装有 PN 结的恒温体插入恒温腔中。

(2) 用导线与主机相连,打开主机电源开关,并选择适当的温度(如 50℃)。

(3) 将 PN 结恒流开关选择 50μA,然后将加热开关打开并开始加热,待恒温腔内的温度稳定在设定温度(50℃)后,记下对应的 PN 结正向压降 V_1;再将 PN 结恒流开关选择 100μA,保持温度不变,记下对应的 PN 结正向压降 V'_1。

(4) 重新选择设定温度 T_2(55.0℃)、T_3(60.0℃)、T_4(65.0℃)、T_5(70.0℃)、T_6(75.0℃)、T_7(80.0℃)、T_8(85.0℃)、T_9(90.0℃)、T_{10}(95.0℃),并测量出其对应的正向压降 V_2、V_3、V_4、V_5、V_6、V_7、V_8、V_9、V_{10} 值和 V'_2、V'_3、V'_4、V'_5、V'_6、V'_7、V'_8、V'_9、V'_{10}。

(5) 描绘 ΔV-T 曲线,求出 PN 结正向压降随温度变化的灵敏度 S(mV/℃),即曲线斜率。

(6) 估算被测 PN 结的禁带宽度,根据(2－8－13)式,略去非线性项,可得 $V_{g(0)}=V_{F1}-S\cdot T_1$,禁带宽度 $E_{g(0)}=qV_{g(0)}$。

(7) 如表 2－8－2 所示,记录实验数据,比较两组测量结果。

表 2-8-2

I_F		1	2	3	……	10
50μA	T_R	50℃	55℃	60℃		95℃
	V_F					
	ΔV					
	S					
100μA	T'_R					
	V'_F					
	$\triangle V'$					
	S'					

【思考题】

(1) 测 $V_{F(0)}$ 或 $V_{F(T_R)}$ 的目的何在？为什么实验要求测 ΔV-T 曲线而不是 V_F-T 曲线。

(2) 测 ΔV-T 为何按 ΔV 的变化读取 T，而不是按自变量 T 读取 ΔV。

(3) 在测量 PN 结正向压降和温度的变化关系时，温度高时 ΔV-T 线性好，还是温度低好？

(4) 测量时，为什么温度必须在－50℃～150℃范围内？

5. 热敏电阻温度特性的研究

【实验目的】

了解和测量热敏电阻阻值与温度的关系。

【实验仪器】

YJ-WH-I 材料与器件温度特性综合实验仪。

【实验原理】

热敏电阻是其电阻值随温度显著变化的一种热敏元件。热敏电阻按其电阻随温度变化的典型特性可分为三类，即负温度系数(NTC)热敏电阻、正温度系数(PTC)热敏电阻和临界温度电阻器(CTR)。PTC 和 CTR 型热敏电阻在某些温度范围内，其电阻值会产生急剧变化，适用于某些狭窄温度范围内一些特殊应用，而 NTC 热敏电阻可用于较宽温度范围的测量。热敏电阻的电阻-温度特性曲线如图 2-8-7 所示。

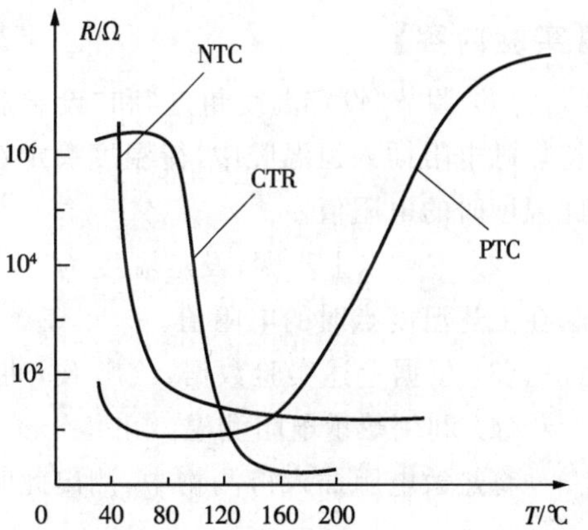

图 2-8-7

NTC 半导体热敏电阻是由一些金属氧化物，如钴、锰、镍、铜等过渡金属的氧化物，采用不同比例的配方，经高温烧结而成，然后采用不同的封装形式制成珠状、片状、杆状、垫圈状等各种形状。与金属导热电阻比较，半导体热敏电阻具有以下特点：

(1) 有很大的负电阻温度系数，因此其温度测量的灵敏度也比较高；

(2) 体积小，目前最小的珠状热敏电阻的尺寸可达 $\phi 0.2$mm，故热容量很小可作为点温或表面温度以及快速变化温度的测量；

(3) 具有很大的电阻值($10^2\Omega \sim 10^5\Omega$)，因此可以忽略线路导线电阻和接触电阻等的影响，特别适用于远距离的温度测量和控制；

(4) 制造工艺比较简单，价格便宜，半导体热敏电阻的缺点是温度测量范围较窄。

半导体热敏电阻具有负电阻温度系数，其电阻值随温度升高而减小，电阻与温度的关系可以用下面的经验公式表示：

$$R_T = A\exp(B/T) \tag{2-8-16}$$

式中，R_T 为在温度为 T 时的电阻值，T 为绝对温度(以 K 为单位)，A 和 B 分别为具有电阻量纲和温度量纲，并且与热敏电阻的材料和结构有关的常数。由式(2－8－16)可得到当温度为 T_0 时的电阻值 R_0，即

$$R_0 = A\exp(B/T_0) \tag{2-8-17}$$

比较式(2－8－16)和式(2－8－17)，可得

$$R_T = R_0 A\exp[B(1/T - 1/T_0)] \tag{2-8-18}$$

从式(2－8－18)可以看出，只要知道常数 B 和在温度为 T_0 时的电阻值 R_0，就可以利用式(2－8－18)计算在任意温度 T 时的 R_T 值。常数 B 可以通过实验来确定。将式(2－8－18)两边取对数，则有：

$$\ln R_T = \ln R_0 + B(1/T - 1/T_0) \tag{2-8-19}$$

从式(2－8－19)可以看出，$\ln R_T$ 与 $1/T$ 成线性关系，直线的斜率就是常数 B。热敏电阻的材料常数 B 一般在 2000K～6000K。

热敏电阻的温度系数 α_T 定义如下：

$$\alpha_T = (1/R_T) \times (\mathrm{d}R_T/\mathrm{d}T) = -B/T^2 \tag{2-8-20}$$

由式(2－8－20)可以看出，α_T 是随温度降低而迅速增大。α_T 决定热敏电阻在全部工作范围内的温度灵敏度。热敏电阻的测温灵敏度比金属热电阻的高很多。例如，B 值为 4000K，当 T=293.15K(20℃)时，热敏电阻的 α_T=4.7%/℃，约为铂电阻的 12 倍。

【实验内容】

(1) 调节“设定温度粗选”和“设定温度细选”，选择设定所需温度点，打开“加热开关”，将热敏电阻插入恒温腔中，待温度稳定在所需温度(如 50.0℃)时用数字多用表 20K 档测出此温度时的电阻值。

(2) 重复以上步骤，设定温度为 60.0℃、70.0℃、80.0℃、90.0℃、100.0℃，测出热敏电阻在上述温度点时的电阻值。

(3) 根据上述实验数据，绘出 R-t 曲线。

(4) 利用热敏电阻测温

将热敏电阻插入待测物中，测出此时的电阻值，再由 R-t 定标曲线，查出待测温度。

6. 集成温度传感器 AD590 的温度特性的测量

【实验目的】

了解常用的集成温度传感器的基本原理和温度特性的测量方法。

【实验要求】

测量、绘出 AD590 样品的 I-T 关系图，求直线斜率。

【实验仪器】

YJ-WH-I 材料与器件温度特性综合实验仪。

【实验原理】

集成温度传感器是将作为感温器件的晶体管及其外围电路集成在同一芯片上的集成化温度传感器。与分立温度传感器相比，它具有以下特点：①由温度变化而引起输出量的变化呈良好的线性关系；②不需要参考点；③抗干扰能力强；④互换性好，使用简单方便.因此，这类传感器已在科研、工业和家用电器方面广泛用于温度的精确测量和控制。

集成温度传感器按输出量不同可分为电压型和电流型两大类。电压型传感器的特点是直接输入电压，且输出阻抗低易于和控制电路接口，可用于温度检测等。而电流型传感器准确度更高，其中的典型代表是 AD590，其灵敏度为 1μA/K。它是一种两端器件，使用非常方便，且抗干扰能力很强。

AD590 集成温度传感器工作电压范围宽（5V～30V）、使用温度范围大（－55℃～150℃）、电流输出线性极好（在使用温度范围内非线性误差可小于±0.5℃），且用激光微调技术可使定标精度高达±0.5℃。

SL590 是仿 AD590 的产品，除了上述优点外，还具有适应电源波动的特性，即电源电压可以从 5V 变化到 150V，输出电流的变化小于 1μA，所以它广泛用于高精度温度计和温度计量等方面。

电流与电压的转换：如图 2－8－8 所示，实验模板中与 AD590 串联的取样电阻 $R_1=10k\Omega$，那么取样灵敏度为 10mV/K。

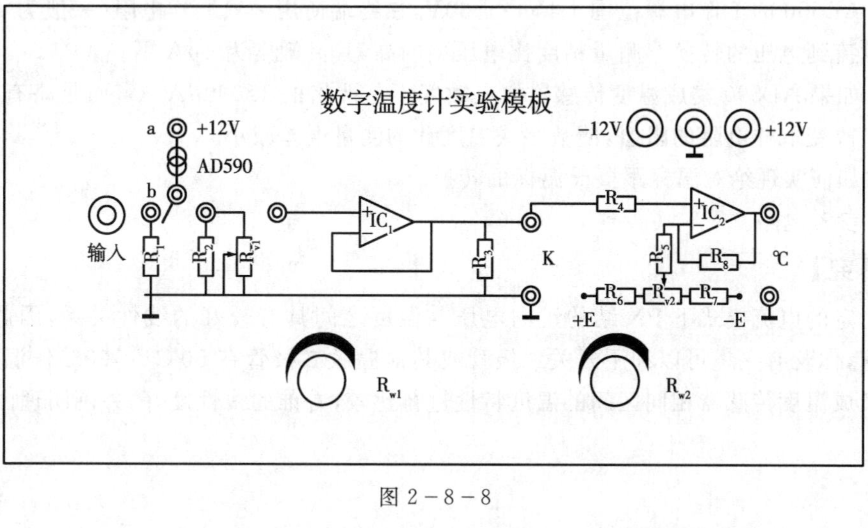

图 2－8－8

【实验内容】

(1) 调节“设定温度粗选”和“设定温度细选”，选择设定所需温度点，打开“加热”开关，将 AD590 传感器插入恒温腔中，传感器电缆接入实验模板的输入端口，短接 b 和 R_1，待温度稳定在所需温度（如 50.0℃）时用数字多用表 20V 档测出此温度时 R_1 两端的电压。

(2) 重复以上步骤，设定温度为 60.0℃、70.0℃、80.0℃、90.0℃、100.0℃，测出 AD590 传感器在上述温度点时的电阻值取样电阻 R_1 两端的电压。

(3) 根据上述实验数据，绘出 V-t、I-t 关系图，求直线的斜率。

7. 集成温度传感器数字温度计的设计与定标

【实验目的】

(1) 了解常用的集成温度传感器的基本原理和温度特性的测量方法；

(2) 掌握数字温度计的设计和调试技巧。

【实验要求】

(1) 测量、绘出 AD590 样品的 I-T 关系图，求直线斜率；

(2) 根据 AD590 的 I-T 关系设计一个 0℃～100℃的数字温度计，并调试定标。

【实验仪器】

YJ-WH-I 材料与器件温度特性综合实验仪。

【实验提示】

(1) 集成温度传感器将温敏晶体管与相应的辅助电路集成在同一芯片上，它能直接给出正比于绝对温度的理想线性输出，一般用于－50℃～＋150℃温度测量，温敏晶体管是利用管子的集电极电流恒定时，晶体管的基极——发射极电压与温度成线性关系。为克服温敏晶体管生产时 V_b 的离散性，均采用了特殊的差分电路。集成温度传感器有电压型和电流型二种，电流输出型集成温度传感器，在一定温度下，它相当于一个恒流源。因此它具有不易受接触电阻、引线电阻、电压噪声的干扰。具有很好的线性特性。

(2) AD590 的工作电源范围＋4V～＋30V，在终端使用一只取样电阻（一般为 10K），即可实现电流到电压的转换。测量精度比电压型的高，其灵敏度为 1μA/K。

(3) 如果 AD590 集成温度传感器的灵敏度不是严格的 1.000μA/℃，而是略有差异，请考虑如何改变取样电阻的阻值，使数字式温度计的测量误差减小。

(4) 如何实现绝对温标跟摄氏温标的转换。

(5) 参考电路。

【问题研究】

在一定的电流模式下 PN 结的正向电压与温度之间具有较好的线性关系，因此就有温敏二极管，你若有兴趣可以利用开关二极管或其他温敏二极管在 50℃～100℃作温度特性，然后与集成温度传感器相同区间的温度特性进行比较，看谁的线性度好，并阐明理由。

实验九　空气比热容比测定

【实验目的】

（1）用绝热膨胀法测定空气的比热容比；

（2）观测热力学过程中状态变化及基本物理规律；

（3）学习气体压力传感器和电流型集成温度传感器的工作原理。

【实验仪器】

YJ-NCD-1 空气比热容比测定仪、实验装置。

【实验原理】

1. 比热容比测定

若以比大气压 P_a 稍高的压力 P_1 向容器内压力适量的空气，并以与外部环境温度 T_1 相等之单位质量的气体体积（称为比体积或比容）作为 V_1，用图 2-9-1 中的Ⅰ（P_1，V_1，T_1）表示这一状态。然后急速打开阀门，即令其绝热膨胀，降至大气压力 P_a，并以Ⅱ（P_2，V_2，T_2）表示该状态。由于是绝热膨胀，$T_2<T_1$，所以，若再迅速关闭阀门并放置一段时间，则系统将从外界吸收热量且温度升高至 T_1；因为吸热过程中体积（比容）V_2 不变，所以，压力将随之增加为 P_3；即系统又变至状态Ⅲ（P_3，V_2，T_1）。因状态Ⅰ至状态Ⅱ的变化是绝热的，

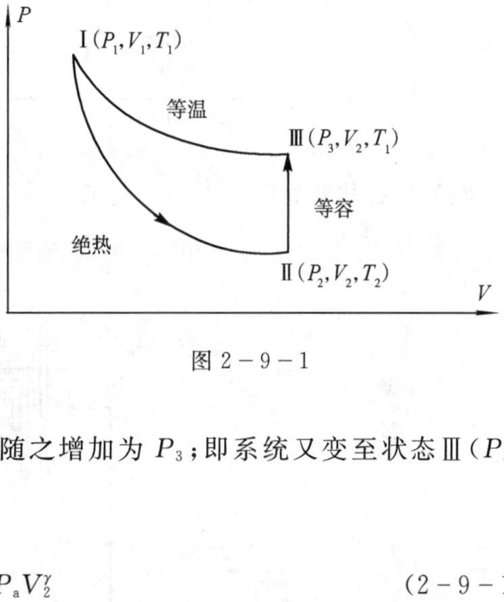

图 2-9-1

故满足泊松公式：

$$P_1V_1\gamma=P_aV_2^{\gamma} \quad (2-9-1)$$

而状态Ⅲ与状态Ⅰ是等温的，所以，玻意耳定律成立，即：

$$P_1V_1=P_3V_2 \quad (2-9-2)$$

由（2-9-1）及（2-9-2）式消去 V_1、V_2 可解得：

$$\gamma=\frac{\ln P_1-\ln P_a}{\ln P_1-\ln P_3} \quad (2-9-3)$$

可见，只要测得 P_1、P_a 及 P_3，就可求出 γ。

如果用 ΔP_1、ΔP_3 分别表示 P_1、P_3 与大气压强 P_a 的差值时，则有：

$$P_1=P_a+\Delta P_1 \quad P_3=P_a+\Delta P_3 \quad (2-9-4)$$

将（2-9-4）式代入（2-9-3）式，并考虑到 $P_a \gg \Delta P_1 \gg \Delta P_3$，则

$$\ln P_1-\ln P_a=\ln\frac{P_1}{P_a}=\ln\left(1+\frac{\Delta P_1}{P_a}\right)\approx\frac{\Delta P_1}{P_a}$$

及

$$\ln P_1-\ln P_3=(\ln P_1-\ln P_a)-(\ln PV_3-\ln P_a)$$

$$=\ln\left(1+\frac{\Delta P_1}{P_a}\right)-\ln\left(1+\frac{\Delta P_3}{P_a}\right)\approx\frac{\Delta P_1}{P_a}-\frac{\Delta P_3}{P_a}$$

所以

$$\gamma=\Delta P_1/(\Delta P_1-\Delta P_3) \tag{2-9-5}$$

同样，只要用压力计测得实验过程中 P_1、P_3 时与 P_a 的压力差 ΔP_1、ΔP_3，即可通过(2-9-5)式求出空气的比热容比 γ。

2. 仪器结构

(1) YJ-NCD-1 空气比热容比测定仪面板如图 2-9-2 所示。

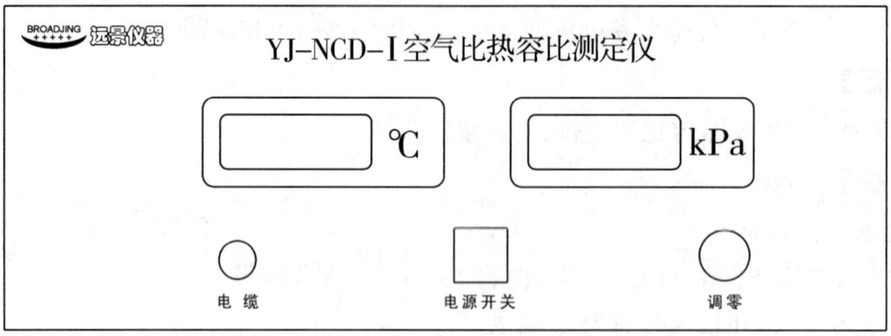

图 2-9-2

(2) 实验装置如图 2-9-3 所示。

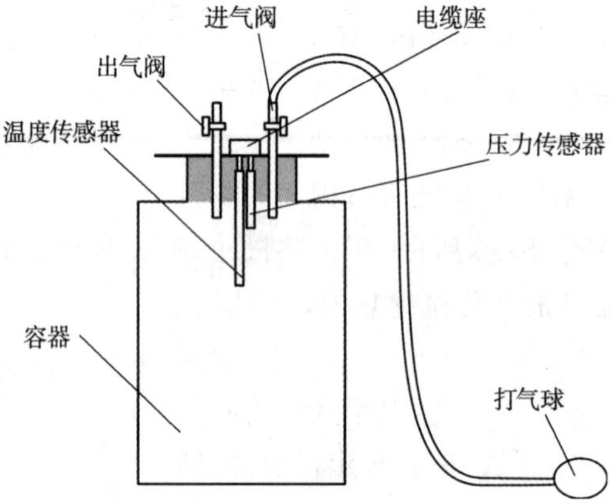

图 2-9-3

【实验内容】

1. 使用方法

(1) 如图 2-9-2、图 2-9-3 所示，用电缆线连接好实验装装置和仪器面板。

(2) 打开电源开关，打开出气阀，记录此时的温度和压强差值。

(3) 调节仪器“调零钮”使压强差值为零。

(4) 关闭出气阀，挤压打气球，向容器内压入适量的空气(压强差值不应超过 15kPa)，压强为 P_1，观察温度压强差的变化，记录此状态Ⅰ(P_1,V_1,T_1)的 ΔP_1、T_1 值。

(5) 打开出气阀，即令其绝热膨胀，降至大气压强 P_a，变为状态Ⅱ(P_a,V_2,T_2)，由于是绝热膨胀，$T_2<T_1$)，再迅速关闭阀门并放置一段时间，则系统温度将升至 T_1，压强将随之增

加为 P_3，其状态为Ⅲ(P_3，V_2，T_1)，记录此状态时 ΔP_3、T_1 值。

(6) 根据(2－9－5)式，即可求出空气的比热容比。

2. 注意事项

(1) 实验内容(5)打开出气阀放气时，当听到放气声结束应迅速关闭出气阀，提早或推迟关闭出气阀，都将影响实验要求，引入误差。由于数字电压表尚有滞后显示，如用计算机实时测量，发现此放气时间约零点几秒，并与放气声产生消失很一致，所以关闭出气阀用听声更可靠些。

(2) 实验要求环境温度基本不变，如发生环境温度不断下降情况，可在远离实验仪适当加温，以保证实验正常进行。

【仪器成套性】

YJ-NCD-1 空气比热容比测定仪	1 台
实验装置	1 台
连接线	1 根
电源线	1 根
合格证	1 份
使用说明书	1 份

实验十　稳态平板法测量非良导体的导热系数

导热等比数列(又称导热系数)是反映材料热性能的重要物理量,热传导是热交换的三种(热传导、对流和辐射)基本形式之一,是工程热物理、材料科学、固体物理及能源、环保等各个研究领域的课题,材料的导热机理在很大程度上取决于它的微观结构,热量的传递依靠原子、分子围绕平衡位置的振动以及自由电子的迁移,在金属中电子流起支配作用,在绝缘体和大部分半导体中则以晶格振动起主导作用。在科学实验和工程设计中,所用材料的导热等比数列都需要用实验的方法精确测定。

YJ-HD-5 导热系数测定仪用稳态平板法测量非良导体的导热系数。

【实验目的】

(1) 掌握稳态平板法测非良导体的导热系数的原理、方法。

(2) 测量待测材料的导热系数。

【实验仪器】

(1) 导热系数的测量实验装置如图 2－10－1 所示。

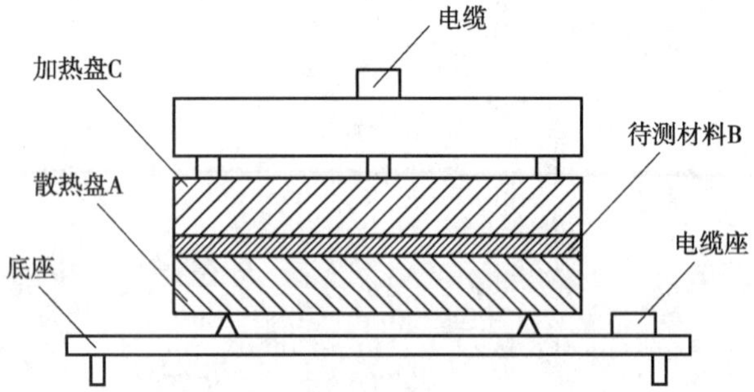

图 2－10－1

(2) YJ-HD-5 导热系数测定仪的面板如图 2－10－2 所示。

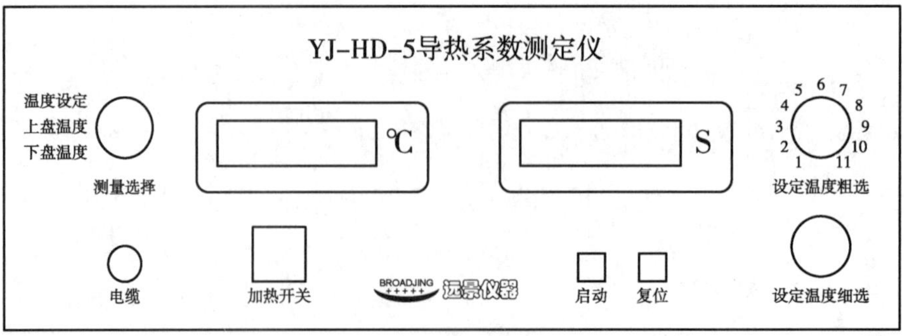

图 2－10－2

【实验原理】

1882 年法国科学家傅里叶(J. Fourier)建立了热传导理论,目前各种测量导热系数的方法都是建立在傅里叶热传导定律的基础之上。测量的方法可以分为两大类：稳态法和瞬态法，本实验采用的是稳态平板法测量不良导体的导热系数。

当物体内部有温度梯度存在时，就有热量从高温处传递到低温处，这种现象被称为热传导。傅里叶指出，在 dt 时间内通过 dS 面积的热量 dQ，正比于物体内的温度梯度，其比例系数是导热系数，即

$$\frac{\mathrm{d}Q}{\mathrm{d}t}=-\lambda\frac{\mathrm{d}T}{\mathrm{d}x}\mathrm{d}S \tag{2-10-1}$$

式中，$\frac{\mathrm{d}Q}{\mathrm{d}t}$为传热速率，$\frac{\mathrm{d}T}{\mathrm{d}x}$是与面积 d$S$ 相垂直的方向上的温度梯度，“－”号表示热量由高温区域传向低温区域，λ 是导热系数，表示物体导热能力的大小，在 SI 中 λ 的单位是 $\mathrm{W\cdot m^{-1}\cdot K^{-1}}$。对于各向异性材料，各个方向的导热系数是不同的(常用张量来表示)。

如图 2－10－3 所示，设样品为一平板，则维持上下平面有稳定的 T_1 和 T_2(侧面近似绝热)，即稳态时通过样品的传热速率为：

$$\frac{\mathrm{d}Q}{\mathrm{d}t}=\lambda\frac{T_1-T_2}{h_\mathrm{B}}S_\mathrm{B} \tag{2-10-2}$$

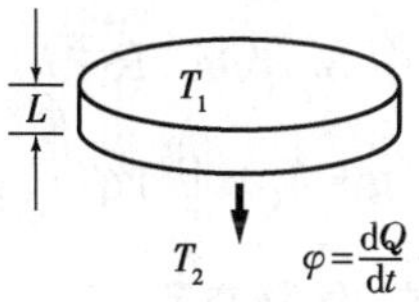

图 2－10－3

式中 h_B 为样品厚度，$S_\mathrm{B}=\pi R_\mathrm{B}^2$ 为样品上表面的面积，(T_1-T_2)为上、下平面的温度差，λ 为导热系数。

在实验中，要降低侧面散热的影响，就要减小 h。因为待测平板上下平面的温度 T_1 和 T_2 是用加热圆盘 C 的底部和散热铝盘 A 的温度来代表，所以就必须保证样品与圆盘 C 的底部和铝盘 A 的上表面密切接触。

实验时，在稳定导热的条件下(T_1 和 T_2 值恒定不变)，可以认为通过待测样品 B 盘的传热速率与铝盘 A 向周围环境散热的速率相等。因此可以通过 A 盘在稳定温度 T_2 附近的散热速率$\frac{\mathrm{d}T}{\mathrm{d}t}$，求出样品的传热速率$\frac{\mathrm{d}Q_{加}}{\mathrm{d}t}$。

在读取稳态时的 T_1 和 T_2 之后，拿走样品 B，让 A 盘直接与加热盘 C 底部的下表面接触，加热铝盘 A，使 A 盘温度上升到比 T_2 高 6℃左右，再移动加热盘 C，让铝盘 A 通过外表面直接向环境散热(自然冷却)，当 T_A 降至比 T_2 高 5℃时计时并读数 T_A，每隔一分钟测一次温度 T_A，直到 T_A 低于 T_2 约 5℃时止，然后以时间为横坐标，以 T_A 为纵坐标，作 A 的冷却曲线如图 2－10－4 所示，过曲线上的点(t_2, T_A)作切线，则此切线的斜率就是 A 在 T_2 时的自然冷却速率$\frac{\mathrm{d}T}{\mathrm{d}t}=\frac{T_a-T_b}{t_a-t_b}$。

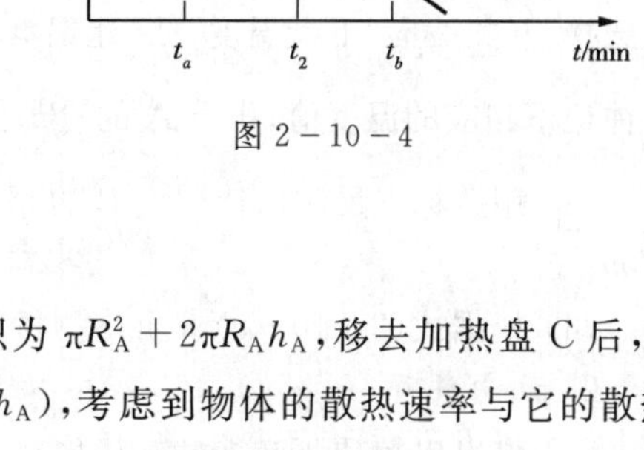

图 2－10－4

对于铝盘 A，在稳态传热时，其散热的外表面积为 $\pi R_\mathrm{A}^2+2\pi R_\mathrm{A}h_\mathrm{A}$，移去加热盘 C 后，A 盘的散热外表面积为 $2\pi R_\mathrm{A}^2+2\pi R_\mathrm{A}h_\mathrm{A}=2\pi R_\mathrm{A}(R_\mathrm{A}+h_\mathrm{A})$，考虑到物体的散热速率与它的散热面积成比例，所以有：

$$\frac{\mathrm{d}Q}{\mathrm{d}t}=\frac{\pi R_\mathrm{A}(R_\mathrm{A}+2h_\mathrm{A})}{2\pi R_\mathrm{A}(R_\mathrm{A}+h_\mathrm{A})}\cdot\frac{\mathrm{d}Q_{加}}{\mathrm{d}t}=\frac{R_\mathrm{A}+2h_\mathrm{A}}{2R_\mathrm{A}+2h_\mathrm{A}}\cdot\frac{\mathrm{d}Q_{加}}{\mathrm{d}t} \tag{2-10-3}$$

式中，R_A 和 h_A 分别为 A 盘的半径和厚度。

根据热容的定义，对温度均匀的物体，有：

$$\frac{dQ_{加}}{dt}=mc\frac{dT}{dt} \tag{2-10-4}$$

对应铝盘 A，就有 $\frac{dQ_{加}}{dt}=m_{铝}c_{铝}\frac{dT}{dt}$，$m_{铝}$ 和 $c_{铝}$ 分别为 A 盘的质量和比热容，将此式代入(2-10-3)式中，有：

$$\frac{dQ}{dt}=m_{铝}c_{铝}\frac{R_A+2h_A}{2(R_A+h_A)}\cdot\frac{dT}{dt} \tag{2-10-5}$$

比较(2-10-5)式和(2-10-2)式，便得出导热系数和公式：

$$\lambda=\frac{m_{铝}c_{铝}h_B(R_A+2h_A)}{2\pi R_B^2(T_1-T_2)(R_A+h_A)}\cdot\frac{dT}{dt} \tag{2-10-6}$$

式中，$m_{铝}$、h_B、R_B、h_A、T_1 和 T_2 都可以由实验测量出准确值，$c_{铝}$ 为已知常数，$c_{铝}=0.904$ J/(g·℃)，因此，只要求出 $\frac{dT}{dt}$，就可求出导热系数 λ。

【实验内容】

1. 实验步骤

(1) 建立稳恒态。

① 如图 2-10-1、图 2-10-2 所示，安装好实验装置，连接好电缆线，打开电源开关，“测量选择”开关旋至“温度设定”档，调节“设定温度粗选”和“设定温度细选”钮，选择设定加热盘 C 盘为所需的温度(如 80.0℃)值。

② 打开加热开关，将“测量选择”开关拨向“上盘温度”档，观察 C 盘温度的变化，直至 C 盘温度恒定在设定温度(如 80.0℃)。

③ 再将“测量选择”开关拨向“下盘温度”档，观察 A 的温度变化，若每分钟的变化 $\Delta T_A\leqslant 0.1$℃，则可认为达到稳恒态。记下此时的 A 和 C 的温度 T_2 和 T_1。

时间测量：按动“暂停/启动”钮一下，即开始计时；再按动“暂停/启动”钮一下即暂停计时；按动“复位”钮，即归零。

(2) 测 A 盘在 T_2 时的自然冷却速度。

在读取稳态时的 T_1 和 T_2 之后，拿走样品 B，让 A 盘直接与加热盘 C 底部的下表面接触，加热铝盘 A，使 A 盘温度上升到比 T_2 高 6℃左右，再移去加热盘 C，关闭加热开关，“测量选择”开关拨向“下盘温度”档，让铝盘 A 通过外表面直接向环境散热(自然冷却)，每隔一分钟记下相应的温度值，作出 A 的冷却曲线，求出 A 盘在 T_2 附近的冷却速率 $\frac{dT}{dt}$。

(3) 用游标卡尺测出待测板 B 的厚度 h_B，以及 A 的直径 $2R_A$ 和厚度 h_A，记下 A 盘的质量 $m_{铝}$。

(4) 根据式(2-10-6)求出待测材料的导热系数 λ。

2. 注意事项

(1) 供电电源插座必须良好接地；

(2) 在整个电路连接好之后才能打开电源开关；

(3) 严禁带电插拔电缆插头。

第三章

电磁学实验

实验十一　电阻的伏安特性研究

伏安法测电阻，方法简单，使用方便。但由于电表内阻的影响，测量精度不很高，存在明显的系统误差。本实验根据电阻值不同的精度要求，采用不同的测量方法。从伏安特性曲线所遵循的规律，可以得出该元件的导电特性，以便确定它在电路中的作用。

【实验要求】

(1) 练习使用电压表、电流表，掌握各元件伏安特性的测量方法，了解其系统误差，正确选择电路。

(2) 掌握作图法处理实验数据。

【实验目的】

测绘线性电阻和晶体二极管的伏安特性曲线。

【实验仪器与用具】

直流电源，滑线变阻器，微安表，毫安表，电压表，待测电阻和晶体二极管，开关及导线。

【预习思考题】

(1) 伏安法测电阻时，系统误差主要有哪些来源？

① 电压表或电流表的读数不准；

② 电压表和电流表不配套；

③ 电压表和电流表的内阻对测量的影响不可忽略；

④ 电源电压不稳定。

(2) 用伏安法测电阻时，当待测电阻为几千欧、几欧时，分别应用哪种电路？

① 电流表与待测电阻先串联后再一起与电压表并联；

② 待测电阻与电压表并联后再与电流表串联；

③ 电流表与电压表并联后再与待测电阻串联。

【实验原理】

当直流电流通过待测电阻 R_x 时，用电压表测出 R_x 两端电压 U，同时用电流表测出通过 R_x 的电流 I，根据欧姆定律 $R=U/I$ 算出待测电阻 R_x 的数值，这种方法称为伏安法。以测得电压值为横坐标，相对应的电流值为纵坐标作图，所得流过电阻元件的电流强度随元件两端电压变化的关系曲线，称为电阻的伏安特性曲线。若所得结果是一直线，这类元件称为线性电阻（如金属膜电阻）；若不是直线，而是一条曲线，则这类元件称为非线性电阻（如二极管），如图 3－11－1(a)、(b)所示。

要测得一个元件的伏安特性曲线，就应该同时测量流过元件的电流强度及元件两端的电压。其电路连接有两种可能，分别如图 3－11－2 和图 3－11－3 所示。前者称为电流表内接，后者称为电流表外接。由于电表的影响，无论哪种接法，都会产生接入误差，下面对它们进行分析。

(a) 线性电阻伏安特性　　(b) 非线性电阻伏安特性

图 3－11－1　电阻的伏安特性曲线

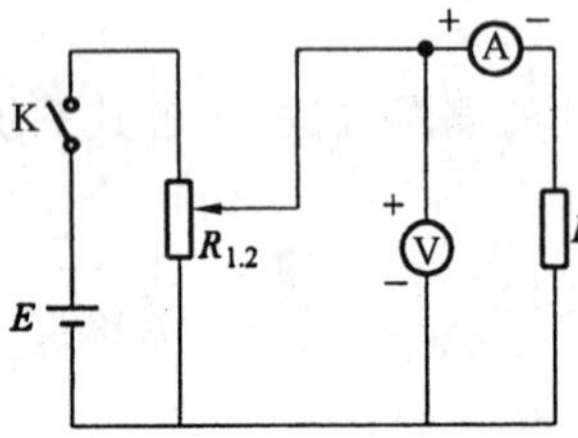

图 3－11－2　电流表内接

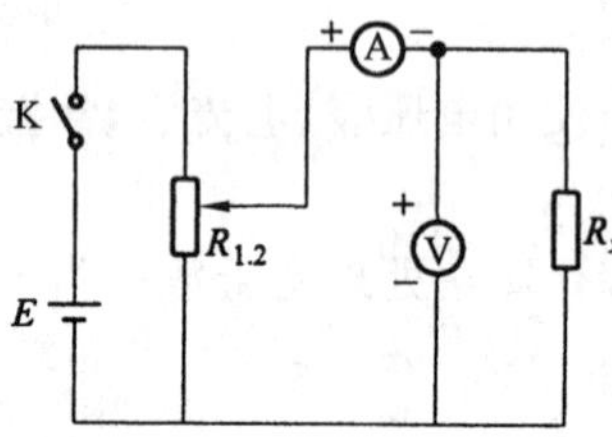

图 3－11－3　电流表外接

1. 电流表内接

如图 3－11－2 所示，所测电流是流过 R_x 的电流，但所测电压是 R_x 和电流表上电压之和。设电流表内阻为 R_A，由欧姆定律，电阻的测量值：

$$R_{测}=\frac{U}{I}=\frac{U_x+U_A}{I_x}=R_x+R_A$$

其相对误差：

$$E_1=\frac{\Delta R_x}{R_x}=\frac{R_{测}-R_x}{R_x}=\frac{R_A}{R_x}$$

此误差是由于电流表有内阻 R_A 引起的。可见用图 3－11－2 电流表内接时，测得的结果值 $R_{测}$ 比实际值 R_x 偏大。只有当 $R_x \gg R_A$ 时，用 $R_x \doteq U/I$ 近似，才能保证有足够的准确度。R_A 的值一般比较小，约为几欧或更小。此法测比较大的电阻($R_x/R_A>100$)，产生的误差就不大。

2. 电流表外接

如图 3－11－3 所示，所测电压是 R_x 两端电压，但所测电流是电压表上电流和 R_x 上电流之和。设电压表的电阻为 R_V，则电阻的测量值为：

$$R_{测}=\frac{U}{I}=\frac{U}{U\left(\frac{1}{R_V}+\frac{1}{R_x}\right)}=\frac{R_V R_x}{R_V+R_x}$$

其相对误差为：

$$E_2=\frac{|\Delta R_x|}{R_x}=\frac{|R_{测}-R_x|}{R_x}=\frac{R_x}{R_x+R_V}$$

此误差是由于电压表有内阻引起的，可见用图 3－11－3 电流表外接时，测得的电阻 $R_{测}$ 比实际值 R_x 偏小。只有当 $R_V \gg R_x$ 时，这种接法用 $R_x \doteq U/I$ 近似，才能保证足够的准确度。R_V 的值一般比较大，在几千欧以上，因此测比较小的电阻比如几十欧以下，产生的误差就不大。

综上所述，由于电表的内阻存在，使得测量总存在一定的系统误差，究竟采用哪种接法，必须事先对 R_x、R_A、R_V 三者的相对大小有个粗略的估计，从而使所选取的电路测得的结果有足够的准确度。

【实验内容】

1. 测量线性电阻的伏安特性

(1) 选择电路：已知电压表内阻为几十千欧，毫安表内阻为几十欧，待测电阻 R_x 为几十欧，选择合适电路，使测得的 R_x 误差较小。按图 3－11－3 连好电路，注意选择好电压表和电流表的量程，滑动变阻器触头处在电压表电压最小处。经教师检查后，接通电源。

(2) 调节滑动变阻器，改变 R_x 上的电流、电压，注意勿使电表指针偏转超过电表量程，分别读出相对应的电流、电压值，将数据填入表 3－11－1 中。

(3) 将电压调为零，改变加在电阻上的电压方向(可将 R_x 调转 180°连接)，调节滑动变阻器，读出相应的电流、电压值，将数据填入表 3－11－1 中。

(4) 以电压为横坐标，电流为纵坐标，绘出电阻的伏安特性曲线。

2. 测量半导体二极管的伏安特性

(1) 测二极管的正向伏安特性：当二极管加正向电压时，管子呈低阻状态，采用电流表外接法，按图 3－11－4 连接电路，电压表量程取 1V 左右。经教师检查后，接通电源从 0V 开始缓慢地增加电压(如取 0.1V，0.2V，…)，在电流变化大的地方，电压间隔应取小一些，读出相应的电流值，直到流过二极管的电流为其允许最大电流 I_{max} 为止，将数据填入表 3－11－2 中，最后断开电源。

(2) 测二极管的反向伏安特性：当二极管加反向电压时，管子呈高阻状态，采用电流表内接法，按图 3－11－5 连接电路。将毫安表换成微安表，电压表量程为 50V。经教师检查后，接通电源，调节变阻器逐步改变电压(如取 2.00V，4.00V，…)读出相应的电流值，并填入表 3－11－2 中。

(3) 以电压为横轴，电流为纵轴，绘出二极管的伏安特性曲线。因正向电流数值为毫安，反向电流数值为微安，在纵轴上半段和下半段坐标纸上每小格代表的电流值可以不同，分别标注清楚。

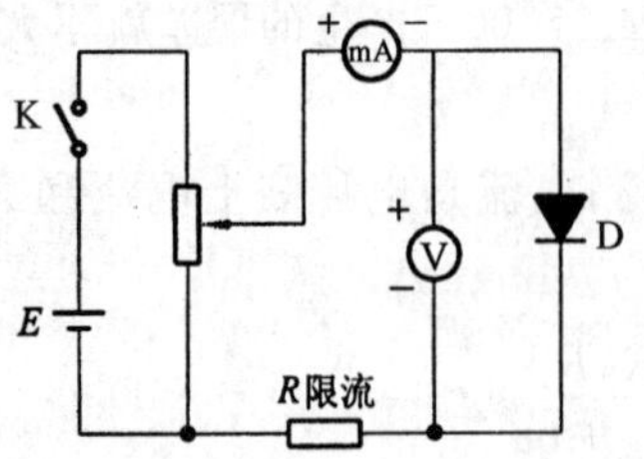

图 3-11-4 测二极管正向伏安特性

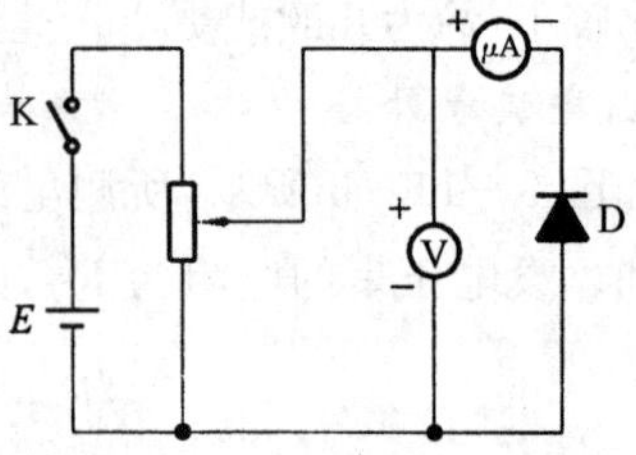

图 3-11-5 测二极管反向伏安特性

注意事项：

(1) 电流表一定要串联在电路上，经教师检查后，方可进行实验。

(2) 测二极管正向伏安特性时，毫安表读数不得超过二极管最大允许电流。

(3) 测二极管反向伏安特性时，加在管上的反向电压不得超过反向击穿电压。

【数据记录及处理】

1. 线性电阻的伏安特性

表 3-11-1

次数	1	2	3	4	5	6	7	8
正电压/V								
电流/mA								
负电压/V								
电流/mA								

2. 测二极管的伏安特性

表 3-11-2

次数	1	2	3	4	5	6	7	8
正电压/V								
电流/mA								
负电压/V								
电流/mA								

数据处理：

(1) 电流 I 为纵坐标，电压 U 为横坐标，绘制线性电阻、二极管的伏安特性曲线，注意坐标比例的选取。由于正、反电压的变化幅度和电流的变化幅度不同，应选取不同的比例，便于曲线能反映出测量的精度。

(2) 测量二极管正向电压时，因为电压表的接入，需注意电压表内阻值。如会引起实验误差，则应通过计算进行修正，并在上述图纸上画上修正曲线。

(3) 从二极管曲线上取若干的电压(如 0.500V，0.750V)时的电阻值。

【思考题】

(1) 伏安法测电阻的接入误差是由什么因素引起的？电阻的伏安特性曲线的斜率表示什么？

(2) 实验时，用电流表、电压表测 30Ω、2kΩ、1MΩ 电阻时，应采用哪种线路？

实验十二　电表的改装和多用表的使用

1. 电表的改装与校准

电流计(表头)一般只能测量很小的电流和电压,若要用它来测量较大的电流和电压,就必须进行改装来扩大量程。各种多量程、多功能的电表(如万用表等)都是用表头改装、校准制作而成的。

【实验目的】

将给定的表头改装成某量程的电流表和电压表。

【实验仪器与用具】

表头,标准微安表,标准毫安表,标准电压表,电阻箱,滑线变阻器,直流电源,开关,导线等。

【预习思考题】

(1) 如何测表头的内阻 R_g?

(2) 能否把表头改装成任意量程的表?为什么?

(3) 在校准量程时,如改装表读数偏高或偏低,应怎样调节分流电阻或分压电阻?

【实验原理】

1. *表头内阻的测定*

要改装电表,必须要知道电表的内阻。测电表内阻的方法很多,下面仅介绍半值法和替代法。

(1) 半值法。

测量线路如图 3-12-1 所示。图中 G 为待测表头,G_0 为微安表,r 为滑线式变阻器作分压器用,R 为电阻箱,E 为直流稳压电源。断开 K_2,合上开关 K_1,将滑动变阻器的滑动头 C 从最下的 B 端向 A 端移动,使 G 满偏,记下 G 和 G_0 的读数。再合上 K_2,改变电阻箱 R 的阻值和滑动变阻器 r 的滑动头 C 的位置,使 G_0 的读数保持不变,G 的读数为原值的一半,这时流过电阻箱 R 上的电流与流过表头 G 的电流相等,则电阻箱 R 上的指示数与表头内阻相等 $R=R_g$。

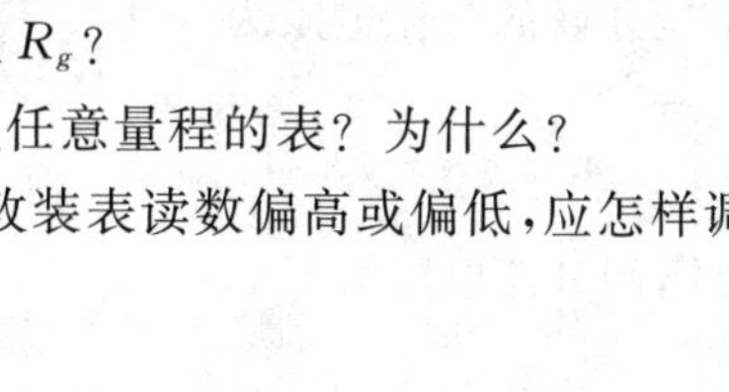

图 3-12-1

(2) 替代法。

测量线路如图 3-12-2 所示。将开关 K_2 扳向 1 端,合上开关 K_1,调节滑线变阻器滑

动头 C,改变输出电压,使 G 满度(或某适当值),记下 G_0 的读数。断开 K_1,将 K_2 倒向 2 端,把电阻箱先调到 4 000Ω 左右,合上 K,调节电阻箱 R 的值,使 G_0 保持原值不变,这时电阻箱 R 上的指示数等于表头内阻 $R=R_g$。

2. 用表头改装成电流表

表头只能用来测量小于其量程的电流,如欲测量超过其量程的电流,就必须扩大其量程,扩大量程的方法是在表头的两端并联一个分流电阻 R_s,如图 3-12-3 所示。图中虚线框内的表头和 R_s 组成一个新的电流表。

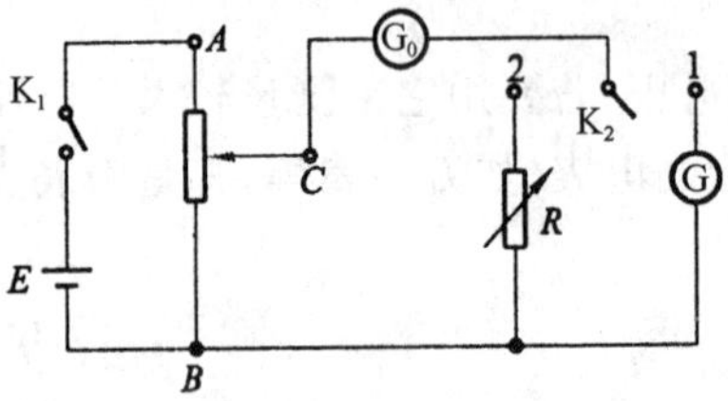

图 3-12-2

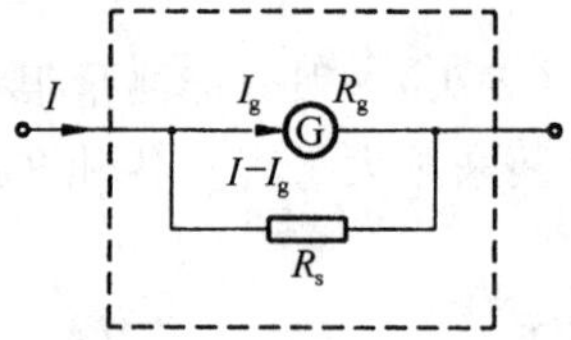

图 3-12-3

设新电表量程为 I,则当流入电流为 I 时,由于流入表头的电流为 I_g,所以流入分流电阻 R_s 上电流为 $I-I_g$,因电表与 R_s 并联,则有:

$$I_gR_g=(I-I_g)R_s$$

R_g 是表头的内阻。由上式可算出应并联的分流电阻为:

$$R_s=\frac{I_g}{I-I_g}R_g \tag{3-12-1}$$

令 $\frac{I}{I_g}=n$,n 称量程的扩大倍数,则分流电阻为:

$$R_s=\frac{1}{n-1}R_g$$

当表头规格 I_g、R_g 已知,根据所要扩大的倍数 n,就可算出 R_s。同一电表,并联不同的分流的电阻,可得到不同量程的电流表。

3. 用表头改装成电压表

表头的满度电压也较小,仅为 $U_g=I_gR_g$,一般在 10^{-2} V～10^{-1} V 量级,若要用它测量较大的电压,要在表头上串联分压电阻 R_p 来实现,如图 3-12-4 所示。虚线框中的电表和 R_p 组成一量程为 U 的电压表。

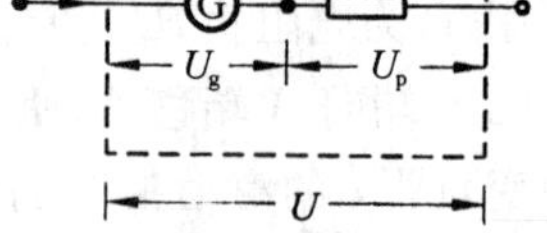

图 3-12-4

因为 $U=U_g+U_p$,$U_g=I_gR_g$,$U_p=I_gR_p$,所以

$$R_p=\frac{U}{I_g}-R_g \tag{3-12-2}$$

当表头的 I_g、R_g 已知时,根据需要的伏特计量程,由式(3-12-2)可以计算出应串联的电阻。同一电表串联不同的分压电阻 R_p,就可以得到不同量程的电压表。

4. 改装表的校准

电表经过改装或经过长期使用后,必须进行校准。其方法是将待校准的电表和一准确度等级较高的标准表同时测量一定的电流或电压,分别读出被校准的表各刻度的值 I 和标准表所对应的值 I_s,得到各刻度的修正值:$\delta I=I_s-I$,以 I 为横坐标,δI 为纵坐标画出电表的校正曲线，两个校准点之间用直线连接，整个图形是折线状如图 3－12－5 所示。以后使用这个电表时，根据校准曲线可以修正电表的读数，得到较准确的结果。由校准曲线找出最大误差 δI_m，可计算出待校准电表的准确度等级 K。

电表等级标志着电表结构的好坏，低等级的电表其稳定性、重复性等性能都要差些。所以，校准也不可能大幅度地减小误差，一般只能减小半个数量级，而且如果电表使用的环境和校准的环境不同或校准日期过久，校准的数据也会失效。

【实验内容】

1. 表头内阻 R_g 的测定

用半值法或替代法测表头内阻，实验内容及方法见前面实验原理 1。

2. 将给定表头改装成 1mA 的电流表，并校准

(1) 按图 3－12－6 连接线路，根据式(3－12－1)计算出分流电阻的阻值 R_s，并在电阻箱上调出 R_s 的值，同时调节滑线变阻器 r 至阻值较小的位置(靠近 B)。

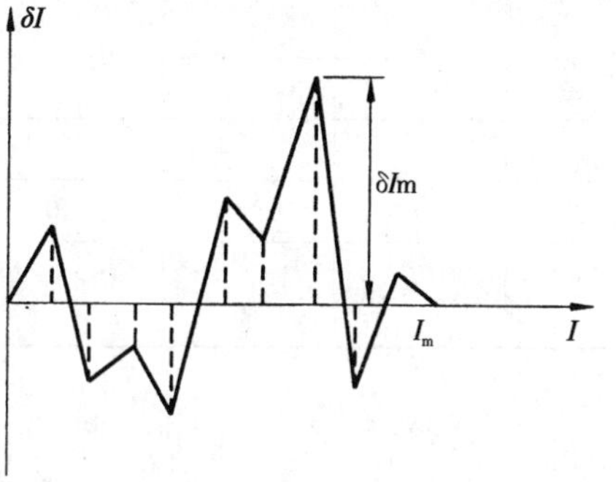

图 3－12－5

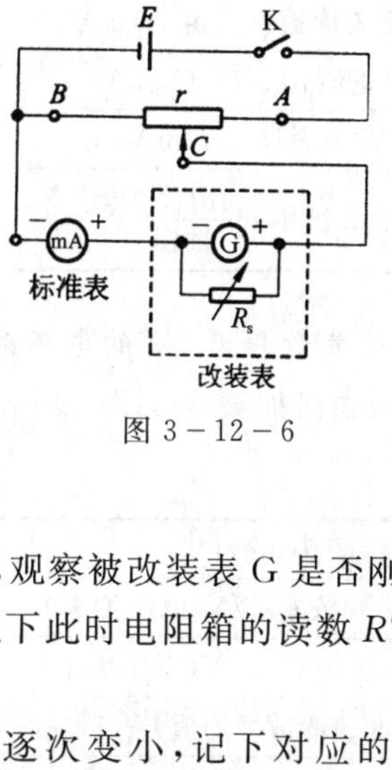

图 3－12－6

(2) 校准标准表和改装表 G 的机械零点。

(3) 闭合电源开关 K，调节 r，使标准表的示数为 1mA，观察被改装表 G 是否刚好满标度，若不是，调节 R_s 使标准表为 1mA 时表头正好满标度，记下此时电阻箱的读数 R'_s，R'_s 为分流电阻的实际读数。

(4) 电流表的校准。调节 r，使表头示数(取整格数)逐次变小，记下对应的标准电流表的读数 I_s。然后，再使表头示数逐次增大，记下对应标准电流表的读数 I'_s。分别取其平均值$\left(\overline{I}_s=\dfrac{I_s+I'_s}{2}\right)$。根据改装表和标准表的对应值，算出各点的修正值 $\delta I=\overline{I}_s-I$，在坐标纸上画出以 δI 为纵坐标，I 为横坐标的 δI-I 校正曲线，并计算改装后电流表的准确度等级 K。

3. 将给定表头改装成 3V 的电压表，并校准

(1) 按图 3－12－7 连接线路，根据式(3－12－2)计算出串联电阻 R_p，并在电阻箱上调出 R_p 的值，同时调节 r 使 BC 两端电压在较小的位置。

(2) 标准表、表头机械调零。

(3) 闭合电源开关，调节 r，同时适当调节 R_p，使标准电压表读数为 3V，使表头指针偏转满标度。记下此时

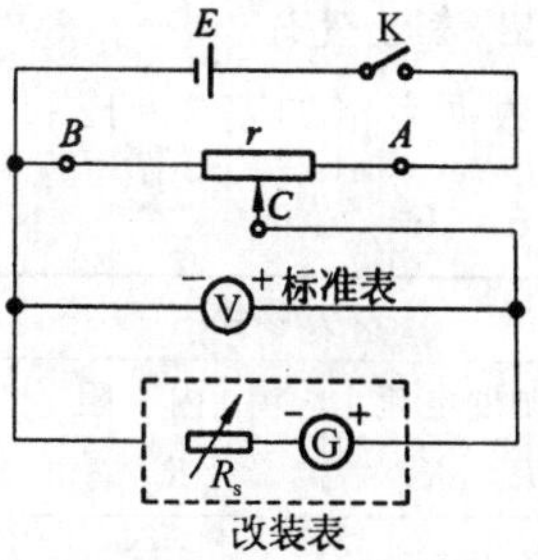

图 3－12－7

的 R'_p。

(4) 校准电压表。调节 r,使表头示数逐次变小(取整数格数),记下对应标准伏特表的读数 U_s,然后,再使电表示数逐次增加,记下对应标准伏特表读数 U'_s。分别取其平均值 $\overline{U}_s=\frac{1}{2}(U_s+U'_s)$。根据改装表和标准表的对应值,算出各点的修正值 $\delta U=\overline{U}_s-U$,在坐标纸上面上以 δU 为纵坐标,U 为横坐标的校正曲线。并计算改装后电压表的准确度等级 K。

【数据记录】

1. 改装量程 1mA 的电流表

数据表格如表 3-12-1 所示。

表 3-12-1

表头示数(格)	50.0	40.0	30.0	20.0	10.0	0.0
标准表读数 $I_{s\rightarrow}$/mA(电流减小)						
标准表读数 $I'_{s\leftarrow}$/mA(电流增大)						
标准表读数平均值 $\overline{I}_s$/mA						
修正值 $\delta I=\overline{I}_s-I$/mA						
改装表读数 I/mA	1.00	0.80	0.60	0.40	0.20	0.00
改装表等级 $K=\frac{\lvert\delta I\rvert_{max}}{量程}\times100$						

2. 改装量程为 1V 的电压表

数据表格如表 3-12-2 所示。

表 3-12-2

表头示数(格)	50.0	40.0	30.0	20.0	10.0	0.0
标准表读数 $U_{s\leftarrow}$/V(电压增大)						
标准表读数 $U'_{s\rightarrow}$/V(电压减小)						
标准表读数平均值 $\overline{U}_s$/V						
修正值 $\delta U=\overline{U}_s-U$/V						
改装表准确度读数 U/V	1.00	0.80	0.60	0.40	0.20	0.00
改装表准确度等级 $K=\frac{\lvert\delta U\rvert_{max}}{量程}\times100$						

3. 参数设计

数据表格如表 3-12-3 所示。

表 3-12-3

表头参数		分流电阻/Ω		分压电阻/Ω	
满刻度电流 I_g/μA	内阻 R_g/Ω	计算值 R_s	实际值 R'_s	计算值 R_p	实际值 R'_p

4. 作 δI-I 校正曲线与 δU-U 校正曲线

校正曲线应是各点逐次连接的折线。

【思考题】

(1) 为什么校准电表时需要把电流(或电压)从大到小做一遍又从小到大做一遍？如果两者完全一致说明什么？两者不一致又说明什么？

(2) 在 20℃时校准的电表拿到 30℃的环境中使用,校准是否仍然有效？这说明校准和测量之间有什么应注意的问题？

(3) 要测量 0.5A 的电流,用下列哪个安培表测量误差最小？

① 量程 $I_m=3\text{A}$,等级 $K=1.0$ 级。

② 量程 $I_m=1.5\text{A}$,等级 $K=1.5$ 级。

③ 量程 $I_m=1\text{A}$,等级 $K=2.5$ 级。从结果的比较中得出什么结论？

(4) 使用各种电表应注意哪些事项？

(5) 电表改装前后,表头允许流过的最大电流和允许加在两端的最大电压是否发生变化？

2. 多用表的使用

多用表亦称万用表,它是把多量程的交、直流电流、电压以及欧姆表组合在一起的电工仪表。多用表种类繁多,基本上可分为两大类:指针式和数字显示式。

【实验要求】

(1) 初步了解多用表的结构和原理。

(2) 掌握多用表的使用方法,特别是欧姆挡的使用方法。

【实验目的】

(1) 练习使用万用表。

(2) 用万用表测电压和电阻。

【实验仪器与用具】

500 型指针式万用表,直流电源,滑线变阻器,变压器,电阻和导线若干。

本实验中所采用的 500 型指针式万用表,是一种高灵敏度、多量程携带式整流系仪表,它共有 24 个测量量限,能分别测量交、直流电压,直流电流,直流电阻及音频电平,适宜于无线电、电信及电工中的测量、维修之用。它主要由表头、转换开关、测量电路三部分组成。外形如图 3-12-8 所示。

使用方法介绍:

(1) 零位的调整:使用之前应注意指针是否指在零位,若不指在零位时,应调整零位调节器使指针指零。

(2) 直流电压测量:将测量杆红色短杆插在正插口,黑色短杆插在负插口,将选择旋钮旋至对应的位置上,即功能选择置于“$\underset{\sim}{\underline{V}}$”,量程选择到“$\underline{V}$”,并选择合适的量程。如果不能确定被测电压的大概值,应先将量程选择旋至最大量限上,根据电表指针的偏转情况,再选择合适的“$\underline{V}$”档。

(3) 交流电压测量:将功能选择置于“$\underset{\sim}{\underline{V}}$”,量程选择拨到“$\underset{\sim}{\underline{V}}$”,其余同(2)。除 10V 挡用

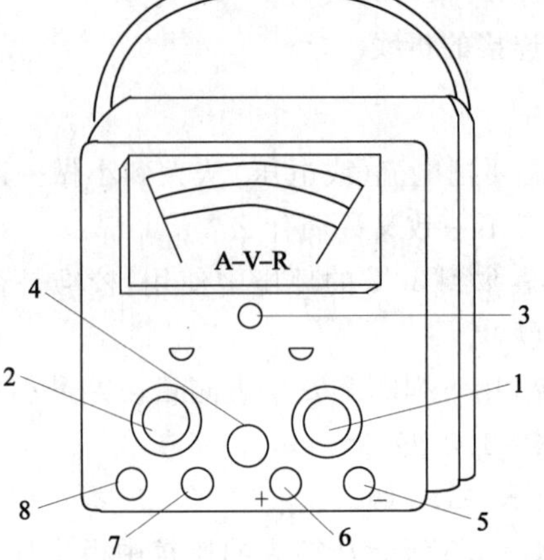

1、2—电流、电压、电阻测量挡选择旋钮；3—仪表指针零位调整器；
4—电阻挡零位调整器；5、6—测量表棒插孔；5、7—音频电平
专用表棒插孔；5、8—交、直流 2500V 高电压专用插孔

图 3－12－8　500 型万用电表面板图

专用刻度 10V 读数外，其余均用≃标记的刻度线读数。

（4）电阻测量：将功能选择置于“Ω”，量程选择拨到适当位置。先将测量杆两端短路，调节电位器（即电阻挡零位调整器）使指针在 0Ω 位置上，再将测量杆分开，测量未知电阻值，用Ω标记的刻度线读数，被测值为读数乘以所选量程的数量级。为了提高测量的准确度，指针最好指在中间一段刻度位置，即全刻度的 20%～80%弧度。每次改变量程时，都要重新“校零”。

本仪表适合在室温 0℃～40℃，相对湿度为 85%以下的环境中工作。主要性能如表 3－12－4所示。

表 3－12－4

量程	测量范围	灵敏度	精度等级	基本误差
直流电压	0V～2.5V～10V～50V～250V～500V	20kΩ/V	2.5	±2.5%
	2 500V	4kΩ/V	4.0	±4%
交流电压	0V～10V～50V～250V～500V	4kΩ/V	4.0	±4%
	2 500V	4kΩ/V	5.0	±5%
直流电流	0mA～50μA～1mA～10mA～100mA～500mA	—	2.5	±2.5%
电　阻	0Ω～2kΩ～20kΩ～200kΩ～2MΩ～20MΩ	—	2.5	±2.5%
音频电平	－10dB～＋22dB	—	—	—

【实验原理】

1．直流电流档

如图 3－12－9 所示，系采用闭路抽头转换式分流电路来改变电流的量程。测量电流从“＋”、“－”两端进出，分流电阻与表头组成一闭合电流。改变转换开关的位置，就改变了分流器的电阻，从而也就改变了电流量程。

2. 直流电压档

如图 3－12－10 所示，被测电压加在"＋"、"－"两端。各分压电阻采用串接抽头方式，量程越大，分压器电阻也越大。

电压表的内阻愈高，从被测电路取用的电流愈小，对被测电路的影响也就愈小。电表的灵敏度，就是用电表的总内阻除以电压量程来表明这一特征的。如 500 型万用表在直流电压 50V 档上，电表的总内阻为 1 000kΩ，则该档的灵敏度为$\frac{1\ 000\text{k}\Omega}{50\text{V}}=200\text{k}\Omega/\text{V}$。

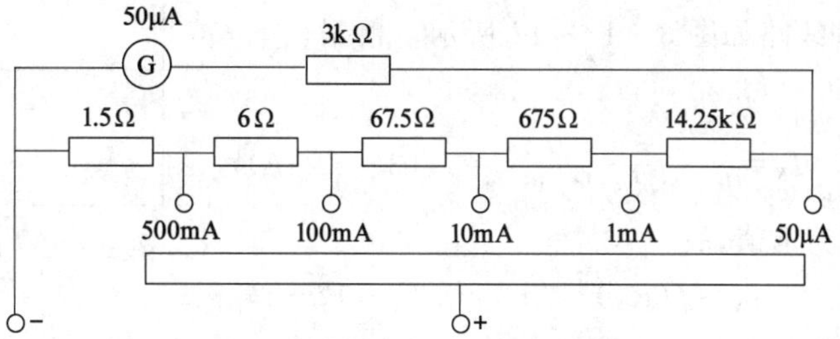

图 3－12－9 直流电流的测量

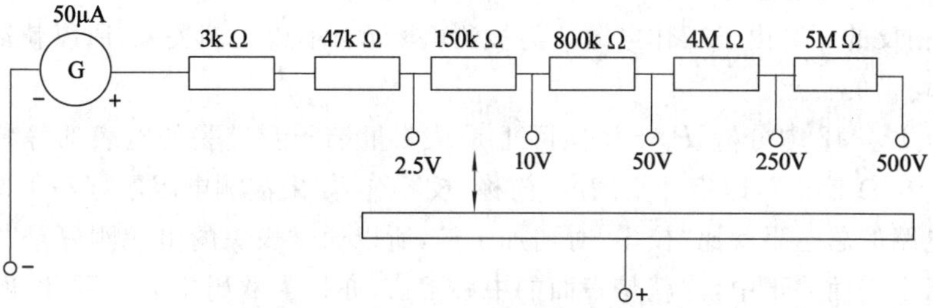

图 3－12－10 直流电压的测量

3. 交流电压档

如图 3－12－11 所示，由于磁电式仪表只能测量直流，测量交流时，则必须附有整流元件，即图中的半导体二极管 D_1 和 D_2。二极管只允许一个方向的电流通过，反方向的电流不能通过。被测交流电压也是加在"＋"、"－"两端。在正半周时，设电流从"＋"端流进，经二极管 D_1 部分电流经表头流出；在负半周时，电流直接经 D_2 从"＋"端流出。可见，通过表头的是半波电流，读数应为该电流的平均值。为此表中有一交流调整电位器（图 3－12－11 的 2.2kΩ 电阻），用来改变表盘刻度。这样，指示读数便被折换为正弦电压的有效值。至于量程的改变，则和测量直流电压时相同。R_1，R_2，…是分压器电阻。

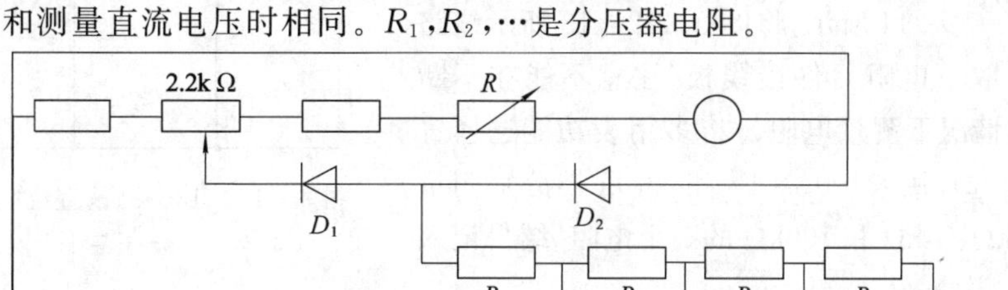

图 3－12－11 交流电压的测量

万用表交流电压档的灵敏度一般比直流电压档的低。500 型万用表交流电压档的灵敏度为 4kΩ/V。

普通万用表只适于测量频率为 45Hz～1 000Hz 的交流电压。

4. 直流电阻档

当转换开关置于 Ω 档时，多用表可用来测量电阻，它共有×1、×10、×100、×1k、×10k 五档量程，测量结果用指针读数乘以所用倍率，即为被测电阻。

欧姆计的原理线路如图 3－12－12 所示。根据全电路欧姆定律，有：

$$I_X=\frac{\varepsilon}{R_g+R+R_X} \quad (3-12-3)$$

由于 ε，R_g，R 为定值，故：

$$I_X=f(R_X) \quad (3-12-4)$$

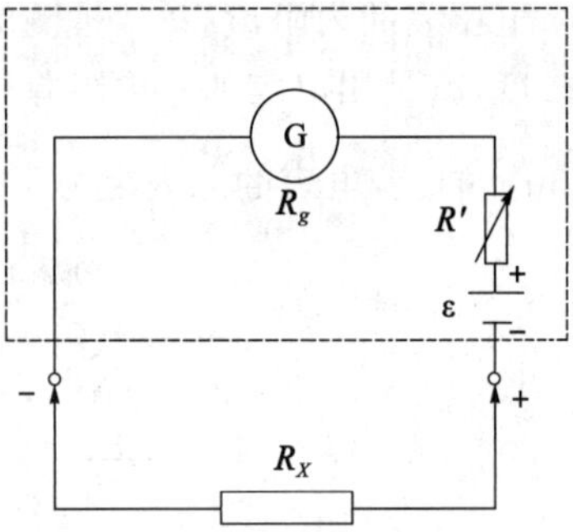

图 3－12－12 电阻的测量

这样，只要将表头刻度盘电流读数改标成相应的电阻 R_X 的数值，就可用来测量电阻了。当 $R_X=0$ 时，通过电流为最大；当 $R_X=\infty$时，电流为零。因此欧姆表的刻度同直流电流刻度方向是相反的。又由于工作电流 I 与被测电阻 R_X 不成比例关系，所以就造成了欧姆表的刻度是不均匀的特点。

从图 3－12－12 中分析，R_g+R'实际上是从测量端子看进去的电表的等效内阻。将表棒短路调 R'作“Ω 校正”，即指针指满度，简称“校零”。如果被测电阻刚好等于这个电路的等效内阻时，电路的总电阻就比“校零”时增加 1 倍，所以通过表头的电流刚好是“校零”时的一半，即指针指在表面的正中，这就是表面的中心阻值，亦称为欧姆中心。因此，欧姆计的某档总内阻即为该档的欧姆刻度中心值。在设计和制作欧姆计时，它是一个关键数值。

【实验内容】

1. 测量直流电压

按图 3－12－13 接好线路，将多用表功能选择置于“V̰”，量程选择拨到“V̲”，分别用 10V 和 2.5V 量程挡测量 U_{ab}、U_{bd}、U_{cd}、U_{bc}及 U_{ad} 5 个电压并与理论值比较，将数据记入表3－12－5中。

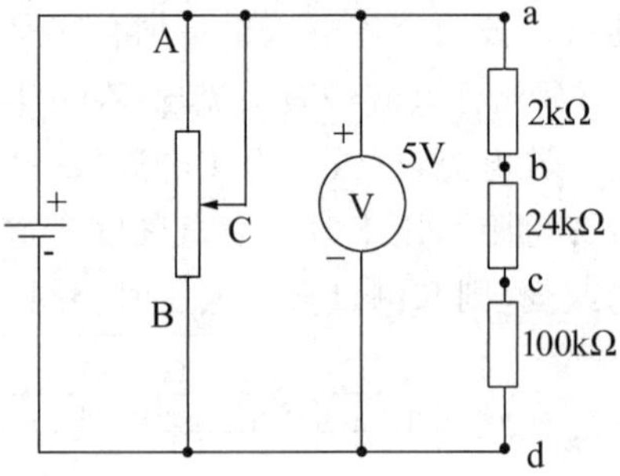

图 3－12－13 测量直流电压线路图

2. 测量电阻

如图 3－12－14 所示，将图 3－12－13 所示线路电源断开并取下电阻元件接线板（注意不能在不断电不拆线的情况下测量电阻），将多用表功能选择置于“Ω”，量程选择用×100、×1k 和×10k 挡分别测量标称值为 2kΩ、24kΩ 和 100kΩ 的 3 个电阻，结果记入表 3－12－6 中。

3. 校准欧姆计

多用表的功能选择同步骤 2，量程选择用×100 挡，将多用表的两测量棒分别与电阻箱上标有“0”和“99 999.9Ω”字样的两接线柱连接，按表 3－12－7 中所列数据进行校准，并对该挡位的中值电阻校准之。

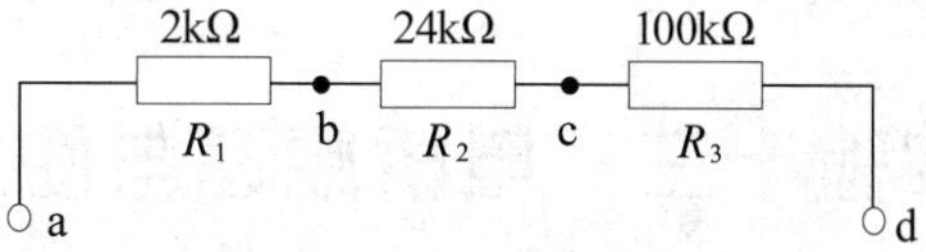

图 3－12－14 被测电阻图

4. 测量交流电压

将小型变压器初级接在 220V 交流电源上，多用表功能选择置于“$\underset{\sim}{V}$”，量程选择拨到“$\underset{\sim}{V}$”，并用 10V 挡，将多用表两测量棒插入小型变压器次级输出的两插孔内，测出次级线圈的输出电压，记入表 3－12－8 中。

5. 注意事项

(1) 多用表正在测量时，不能转动量程、功能转换旋钮，以免产生电弧烧坏开关触头。

(2) 500 型万用表系采用左、右(即图 3－12－8 中 1,2)两只选择旋钮交替选择功能和量程，容易弄错，故使用时要小心、谨慎。若测量交流电压时将选择旋钮选在“Ω”挡，就会立即烧坏仪表。

(3) 电压、电流刻度在某些挡位需要折算，使用时要弄清其最小分度值表示的读数。

(4) 测量电阻时，必须将被测电路中的电源切断，切勿带电测量电阻。

(5) 使用交、直流 2 500$\underset{\sim}{V}$ 量程进行测量时，应采用单手操作的方式进行，严防触电、电击事故发生。

(6) 仪表用完后，应将选择旋钮 1,2 转到“·”位置上，使仪表测量偏转线圈短路，形成阻尼。

【数据记录】

表 3－12－5 直流电压的测量

测量对象	U_{ad}/V	U_{bd}/V	U_{cd}/V	U_{bc}/V	U_{ab}/V
多用表量程					
理论值					
测量值					

表 3－12－6 电阻的测量

测量对象	R_1/Ω	R_2/Ω	R_3/Ω
欧姆计量程			
标称值			
测量值			

表 3－12－7 校准欧姆计

欧姆计刻度	500	600	700	800	900	1k	2k	3k	4k
电阻箱的标称值/Ω									

中值电阻标称值 1kΩ，电阻箱校准中值电阻值＝　　kΩ。

表 3－12－8 交流电压的测量

变压器次级电压标称值/V	
测量值/V	

实验十三　电桥原理与使用

【实验目的】

(1) 了解单双臂电桥的测量原理及特点。

(2) 学会使用电桥测量电阻的方法。

【实验仪器与用具】

稳压电源、检流计、直流单双臂电桥。

【实验原理】

1. *单臂电桥的线路原理*

单臂电桥的电路原理图如 3－13－1 所示，四个电阻 R_1、R_2、R_x 和 R。联成一个四边形，每一条边称作电桥的一个臂。对角 A 和 C 上加电源 E，对角线 B 和 D 之间连接检流计 G，所谓“桥”就是指 BD 这条对角线而言，它的作用是将“桥”的两个端点的电位直接进行比较，当 B、D 两点的电位相等时，检流计中无电流通过（即 $I_g=0$），这时称电桥达到了平衡。

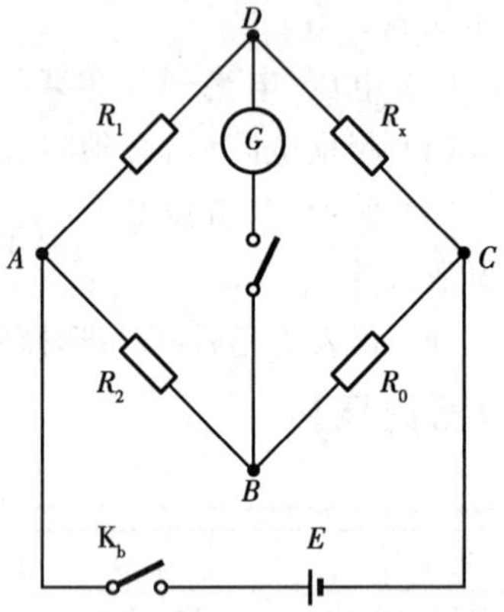

图 3－13－1

当电桥平衡时，因 $I_g=0$，所以：

$$I_1=I_x, I_2=I_0 \tag{3-13-1}$$

又因 D、B 两点电位相等，根据欧姆定律有：

$$I_1R_1=I_2R_2,\quad I_xR_x=I_0R_0 \tag{3-13-2}$$

因此可得：

$$R_x=\frac{R_1}{R_2}R_0 \tag{3-13-3}$$

此时，当电桥平衡时，电桥相邻臂电阻之比值相等，或对臂电阻之乘积相等，若 R_1、R_2、R_0 为已知，R_x 即可由(3－13－3)式求出。式中 $R_1/R_2=N$ 称为比率臂倍率，则：

$$R_x=NR_0 \tag{3-13-4}$$

通常比率臂倍率 N 为 10 的整数次方，如 0.001、0.01、0.1、1、10、100、1 000，可方便地求 R_x。N 的选择：由 $R_x=NR_0$ 可知，R_x 的有效位数由 N、R_0 的有效位数来决定，如果 R_1/R_2 的精度足够高，使比值 N 具有足够的有效位，视为常数，则 R_x 由 R_0 来决定，因此 $N=R_x/R_0$。

电桥的实质是把未知电阻和标准的已知电阻相比较。标准电阻的误差很小，因此用电桥测量电阻可以达到很高的精确度。所以要注意的是利用(3－13－3)式时，电桥是平衡的。

2. *双臂电桥线路原理*

由于导线电阻和接触电阻（数量级为 $10^{-2}\,\Omega\sim10^{-5}\,\Omega$）的存在，用惠斯通电桥测量 1Ω 以下的低电阻时误差很大，为了减少误差，改进为双臂电桥。双臂电桥原理如图 3－13－2 所示，R_1、R_2、R_3 及 R_4 多个电阻组成，R_x 为待测电阻，R_0 为标准电阻，r 为一短路跨线，现考虑电桥平衡时的情形，当电桥平衡时，检流计中无电流通过，因此流过电阻 R_1 与 R_2 的电流相等为 I_1，流过电阻 R_x 和 R_0 的电流相等为 I_x，流过电阻 R_3 和 R_4 的电流相等为 I_3。电桥平衡时，检流计两端电位相等，故有：

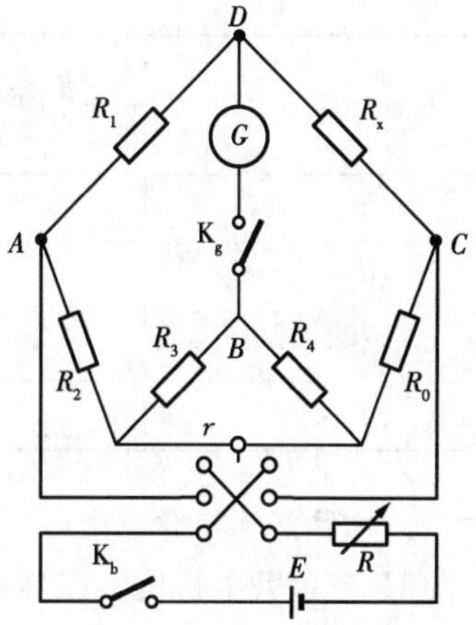

图 3－13－2

$$R_1 I_1 = R_x I_x + R_3 I_3 \qquad (3-13-5)$$

$$R_2 I_1 = R_0 I_x + R_4 I_3 \qquad (3-13-6)$$

$$(R_3 + R_4) I_3 = r(I_x - I_3) \qquad (3-13-7)$$

将(3－13－5)，(3－13－6)两式相除得：

$$\frac{R_1}{R_2} = \frac{R_x I_x + R_3 I_3}{R_0 I_x + R_4 I_3}$$

因为 $R_3 + R_4 \gg r$，所以 $I_3 \ll I_x$，$R_1/R_2 = R_x/R_0$，则

$$R_x = \frac{R_1}{R_2} R_0 \qquad (3-13-8)$$

可见，当电桥平衡时，(3－13－8)式成立的前提是 $R_1/R_2 = R_3/R_4$。为了保证等式 $R_1/R_2 = R_3/R_4$ 在电桥使用过程中始终成立，通常将电桥做成一种特殊的结构，即将两对比率臂 R_1/R_2 和 R_3/R_4 采用所谓双十进制电阻箱。在这种电阻箱里，两个相同十进电阻的转臂安装在同一转轴上，因此在转臂的任一位置上都保持 R_1 和 R_3 相等，R_2 和 R_4 相等。

如果：$R_1/R_2 = R_3/R_4$，则

$$R_x = \frac{R_3}{R_4} R_0 \qquad (3-13-9)$$

(3－13－8)，(3－13－9)式为双臂电桥测量公式，只要读得 R_1、R_2、R_0 或 R_3、R_4、R_0 就可读得 R_x，这里必须注意推导过程是以 $R_3 + R_4 \gg r$ 为条件，又 R_3、R_4 不能选得太大，越大电桥灵敏度越低，所以连接两低阻间的短路跨线电阻 r 越小越好，起码要跟 R_x 和 R_0 的数量级相近，该仪器中要求小于 0.001Ω。

【实验内容】

1. 单臂电桥测量

(1) 在未接线前，将 R_1、R_2 旋到 10 位置。R_0(×100，×10，×0.1，×0.01)旋到 0 的位置，按钮“通”和“短路”松开。

(2) 按电桥板面接好线路。

(3) 检流计用法：先将盒盖打开，然后将开关旋到白点位置，再调节“零位调节”旋钮，使检流计指针指向 0 位置，即可使用。实验完后再将开关旋到红点位置。

(4) 先估计被测电阻大小而确定电源电压的大小以及比例臂 R_1、R_2 的比值，其方法可根据表 3－13－1 选择。

表 3－13－1

被测电阻 R_x/Ω	比例臂电阻		电源电压/V
	R_1/Ω	R_2/Ω	
$10^2 \sim 10^3$	10^3	10^3	<6
$10^3 \sim 10^4$	10^3	10^2	<8
$10^4 \sim 10^5$	10^4	10^2	<10
$10^5 \sim 10^6$	10^4	10	<20

2. 双臂电桥操作测量

(1) 与单臂电桥同。在标准(双)端接入标准电阻，在未知双与标准端接入一电阻值小于0.001欧的短路跨线。估计出待测电阻值，根据表(3－13－2)选择档位及标准电阻值，然后由(3－13－8)式或(3－13－9)式计算出 R_x。

表 3－13－2

被测电阻	标准电阻	比例臂电阻	电源电压/V
R_x/Ω	R_N/Ω	$R_1=R_2/\Omega$	
$10 \sim 10^2$	100	10^3	2～6
$1 \sim 10$	10		
$0.1 \sim 1$	1		
$10^{-2} \sim 10^{-1}$	10^{-1}		
$10^{-3} \sim 10^{-2}$	10^{-2}		
调换 R_x 和 R_N 位置时			
$10^{-4} \sim 10^{-3}$	10～3	10^2	4～8
$10^{-5} \sim 10^{-4}$		10	

【数据记录】

(1) 列出用自组桥量未知电阻的数据表格和计算结果。

(2) 列出用箱式桥测量未知电阻的数据表格和计算结果。

【思考题】

(1) 为了提高电桥测量的灵敏度，应采取哪些措施？为什么？

(2) 用电桥测电阻时，线路接通后，检流计指针总是偏向一边，无论怎样调节，电桥达不到平衡，试分析是什么原因？

实验十四　电位差计测电动势

电位差计是将被测电压与仪器的标准电压相比较而实现测量的电学仪器。基本原理是“补偿法”。电路在补偿状态时，被测电压回路无电流，测量结果精度仅依赖于组成电位差计的标准电池、标准电阻和高灵敏度检流计，故它的测量精度可达0.01%或更高。这些优点使它成为精密电磁测量中应用相当广泛的仪器。可用于精确测量电动势、电压、电流、电阻等；可用于标准精密电表和直流电桥等直读仪器；在非电量的测量中也占重要位置。

在实验教学中常使用的电位差计有线式和箱式两种，它们的结构虽不同，但基本原理相同。

1. 线式电位差计测电动势

【实验要求】

(1) 掌握电位差计的工作原理。

(2) 学会用电位差计测电动势。

【实验目的】

用线式电位差计测量干电池的电动势。

【实验仪器与用具】

线式电位差计板，滑线变阻器，检流计，标准电池，待测电池，电源(甲电池)，单刀开关，双刀双向开关，导线若干。

【预习思考题】

(1) 何谓补偿原理？

(2) 标准电池使用时应注意什么？

【实验原理】

1. 补偿原理

在直流电路中，电池电动势在数值上等于电池开路时两电极的端电压。因此，在测量时，要求没有电流通过电池，测量电池的端电压即为电池的电动势。但是，如果直接用伏特表去测量电池的端电压，由于电压表总要有电流通过，而电池具有内阻，因而不能得到准确的电动势数值。

要准确地测量未知电动势 E_x，可将一个电动势能任意调节的电源 E_0 和待测电池 E_x 按图 3-14-1 所示线路连接。调节 E_0 使检流计 G 指零，此时有 $E_x=E_0$，E_x 两端的电位差与 E_0 两端的电位差相互补偿，电路达到补偿状态。在补偿条件下，若已知 E_0 数值，就可求出 E_x。这种测量电动势的方法称为补偿法，该电路称为补偿回路。

2. 线式电位差计

由补偿原理可知，为了测量 E_x，关键在于如何获得可调节的电源 E_0，并要求这电源便于调节，稳定性好，能迅速准确读出其数值。图 3－14－2 所示电路就可实现可调节电源 E_0。

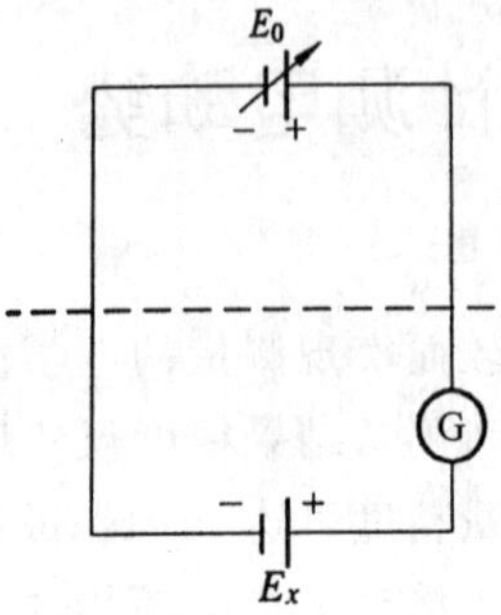

图 3－14－1　补偿法原理图

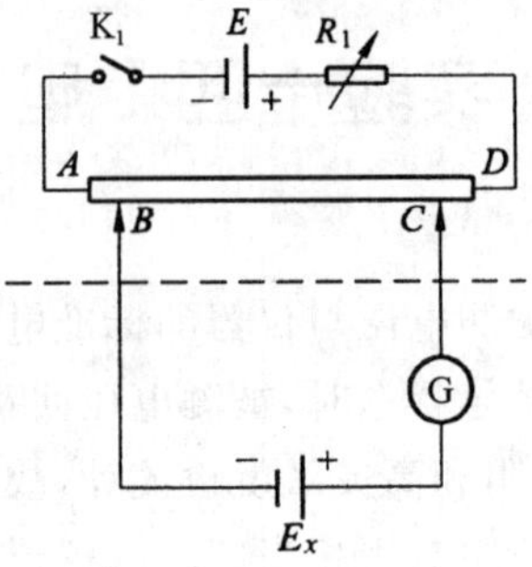

图 3－14－2　线式电位差计原理图

如图 3－14－2，回路 AK_1ER_1DA 为辅助工作回路，BE_xGC 为补偿回路。AD 为 11m 长粗细均匀的电阻丝，它的电阻 R 与长度 l 成正比，即 $R=r\cdot l$，r 为单位长度的电阻值。B 与 C 为活动接头，K_1 为开关，E 为工作电源电动势。E_x 为待测电动势，G 为检流计，R_1 为滑动变阻器。当 K_1 闭合时，辅助工作回路中的电流为 I_0，根据欧姆定律可知，电阻丝 AD 上任意两点间的电压 U 与两点间的距离成正比。因此，在电压 $U_{AD}>E_x$ 的条件下，可改变 BC 的间距，使检流计 G 指零，此时，B、C 两点间的电压 U_{BC} 就等于待测电动势 E_x（对比图 3－14－1 和图 3－14－2 中虚线上方，可见 U_{BC} 就相当于可调节电源的电动势 E_0），即

$$E_x=U_{BC} \tag{3-14-1}$$

因

$$U_{BC}=I_0R_{BC}=I_0rl_{BC} \tag{3-14-2}$$

在工作过程中，工作电流 I_0 保持不变，因此，(3－14－2)式可写成：$U_{BC}=Kl_{BC}$，式中 $K=I_0r$ 称为工作电流标准化系数，单位 V/m（伏/米）。

由(3－14－1)式，有

$$E_x=Kl_{BC}=Kl_x \tag{3-14-3}$$

可见，K 代表电阻丝 AD 上单位长度两端的电位差。当 K 维持不变时（即工作电流 I_0 不变），可以用电阻丝 BC 两点间的长度 l_{BC}（力学量）来反映待测电动势（电学量）的大小。

由于 $K=I_0r$，其中 r 已经确定，所以只有调节工作电流 I_0 的大小，才能得到所需的 K 值（通常 K 取 0.100 0V/m 或 0.200 0V/m，…，1.000V/m 等数值），这一过程称为“工作电流标准化”。工作电流标准化的过程与测量未知电动势的过程正好相反。在图 3－14－2 电路中，用标准电池 E_s 来代替 E_x。若选用的工作电流标准化系数为 $K=x$，则调节 BC 间距为 $l'_{BC}=E_s/K$，然后调节 R_1，使流过检流计 G 的电流为零，这样 l'_{BC} 两端的电压就等于标准电池电动势 E_s，此时辅助工作回路的工作电流 I_0 正好满足 K 的要求。

例如，实验中选用的标准电池电动势 $E_s=1.018\,6$V，选取 $K=0.200\,0$V/m，则调整 BC 的间距 $l'_2=K_s/K=1.018\,6/0.200\,0=5.093\,0$m。然后调节 R_1，使检流计指零。此时，5.093 0m长的电阻丝上电压为 1.018 6V，所以，每米电阻上的电压为 0.200 0V，完成了 $K=0.200\,0$V/m的工作电流标准化。

图 3－14－3 所示为完整的线式电位差计电路原理图，设置了两个补偿回路。双刀双向开关 K_2 首先应接通 E_s 进行工作电流标准化；然后 K_2 接通 E_x，对未知电动势 E_x 进行测量。

如图 3－14－3 所示，电阻丝 AD 长 11m，往复绕在木板的 11 个带插孔的金属圆柱上。各插孔分别标上 0，1，2，3，4，5，…，10 的标号。相邻两插孔间电阻丝长度都是 1m。插头 B

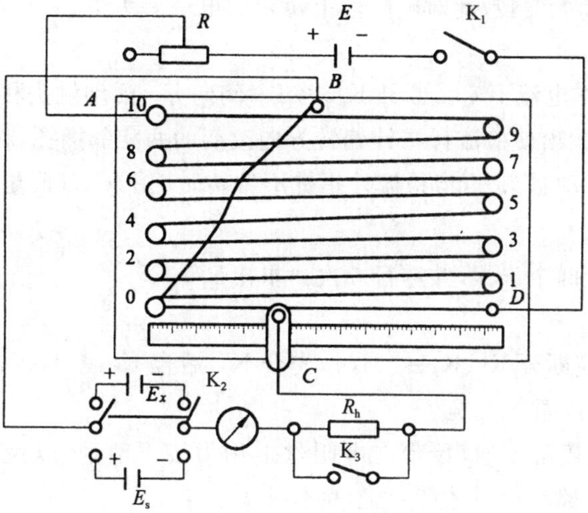

图 3－14－3

可选插在孔 0,1,2,…,10 中任一位置。电阻丝 0D 下边附有带毫米刻度的米尺,电键 C 可在它上面滑动。CB 之间的电阻丝长度可在 0m～11m 连续变化。R 是滑线变阻器,用来调节工作电流。K_1 作电源开关,K_2 用来选择接通标准电池 E_s 或待测电池 E_x。高值电阻 R_h 用作保护检流计和标准电池。在电位差计处于补偿状态读数时,须关闭 K_3 以提高测量的灵敏度。

3. 标准电池

实验室一般用镉-汞标准电池,它是用化学溶液(硫酸镉和硫酸亚汞的混合物)及镉、汞电极构成。其电动势很稳定,在室温＋20℃时为 $E_{s,20}=1.0186\text{V}$。在室温 t℃时,其电动势可按下式计算:

$$E_{s,t}=E_{s,20}-4\times10^{-5}(t-20)-9\times10^{-7}(t-20)^2(\text{V})$$

使用标准电池应注意以下几点:

(1) 标准电池不能作为供电电源使用,不允许通过大于 10μA 的电流,否则将使电动势下降,与标准值不符。严禁正负极接错,严禁用伏特表或万用表直接测量标准电池。

(2) 标准电池不能倾斜或振动,否则会使电池内部结构受到破坏。

(3) 存放地点的温度波动要小,远离热源并避免强光照射到标准电池上。

【实验内容】

1. 连接

按图 3－14－3 连接电源。接线时断开所有开关,电池 E、E_s 和 E_x 要同极性相连接,否则无法达到补偿状态。

2. 校准

选定电阻丝单位长度上的电位差为 K(V/m),根据标准电池电动势 E_s,调节 C、B 两接头,使 C、B 间电阻丝长度为 l'_{BC},这里记为 l_s:

$$l_s=\frac{E_s}{K}$$

(例如,若 $E_s=1.0186\text{V}$,选定 $K=0.2000\text{V/m}$,则 $l_s=5.0930\text{m}$)接通 K_1,将 K_2 倒向 E_s,调节 R,同时断续按下滑动键 C,直到检流计的指针不偏转。去掉保护电阻 R_h(按下 K_3),再次

微调 R 使检流计指针无偏转，此时电阻丝上每米的电位差为 K。

3. 测量

固定 R，保持工作电流不变。断开 K_3，将 K_2 倒向 E_x，活动触头移至米尺左端，按下触头 C，同时移动插头 B，找出使检流计指针偏转方向改变的两相邻插孔，将插头 B 插在数字小的插孔上。然后向右移动触头 C，当检流计指针不偏转时记下 C、B 间电阻丝的长度 l_x（注意接通 K_3）。

重复校准与测量两个步骤，共进行 6 次。求出 $\overline{E_x}$。

4. 注意事项

(1) 不操作时，应断开 K_1、K_2；接通时，先合 K_1，后合 K_2；断开时，先断 K_2，后断 K_1。

(2) 每次测量前应重新校准。

(3) 触头采用跃接法接通，严禁在电阻丝上用力按下滑动，以免磨损电阻丝。开关 K_3 只有在粗调到补偿回路平稳时才能合上(为什么)。

【数据记录】

数据表格如表 3-14-1 所示。

工作电源 $E=$______ V，标准电池 $E_s=$______ V。

表 3-14-1

次　数	l_s/m	l_x/m	$E_x=\frac{E_s}{l_s}l_x=Kl_x$/V
1			
2			
3			
4			
5			
6			

【思考题】

(1) 下列情况，将怎样影响电位差计的测量。

① 工作电源电压不稳定。

② 保护电阻选得过大或过小。

③ 待测电压与工作回路的极性相反。

④ 工作回路电源电动势小于待测电压。

⑤ 在接线中遇到断线。

(2) 要使电位差计能达到电位补偿的必要条件是什么?

2. 箱式电位差计测电动势

【实验要求】

(1) 掌握电位差计工作原理和结构特点。

(2) 学会用箱式电位差计测量电动势。

【实验目的】

用箱式电位差计测电动势。

【实验仪器与用具】

线式和箱式电位差计，灵敏电流计，标准电池，电阻箱，滑线变阻器，稳压电源，待测电池，待测电阻，毫安表，单刀及双刀开关。

【实验原理】

1. 补偿原理

如果要测量未知电动势 E_x，可按图 3-14-4 电路图进行测量，其中 E_0 是可调电压的电源。调节 E_0 的大小使回路中的电流为零（灵敏电流计 G 指零），则有：

$$E_x=E_0$$

这时，常称电路达到补偿。在补偿条件下，如果 E_0 数值已知，则 E_x 即可求出。据此原理构成的仪器称为电位差计。

2. 箱式电位差计工作原理

为了便于测量，常把电位差计做成箱式的，它可直接读出待测电动势或电压数值。

箱式电位差计工作原理图如图 3-14-5 所示。它包括以下三个部分：

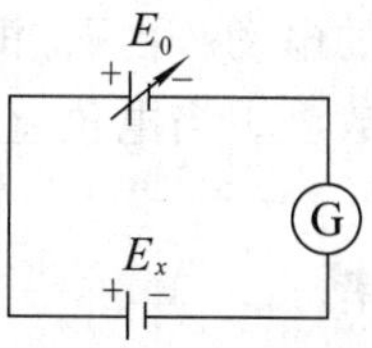

图 3-14-4　补偿原理图

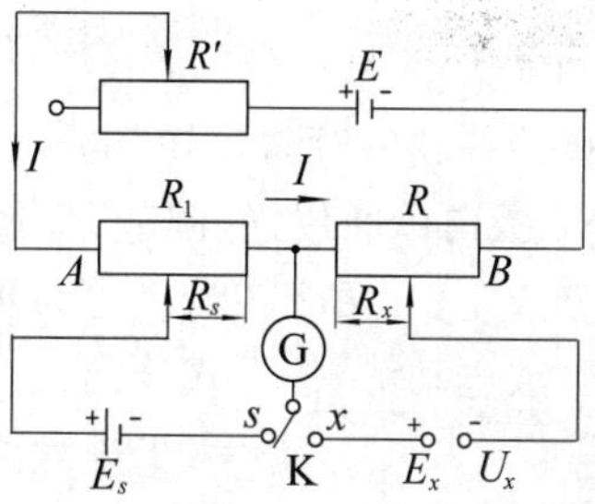

图 3-14-5　箱式电位差计工作原理图

(1) 工作电流调节回路。

$$E\rightarrow R'\rightarrow R_1\rightarrow R\rightarrow E\text{（辅助回路）。}$$

(2) 校正工作电流回路。

$$E_s\rightarrow R_s\rightarrow G\rightarrow K\rightarrow E_s$$

先将开关 K 扳向 S 端，然后调节 R' 使灵敏电流计指针指零。回路（$E_s\rightarrow R_s\rightarrow G\rightarrow$K$\rightarrow E_s$）达到补偿，这时有：

$$E_s=IR_s \tag{3-14-4}$$

即辅助回路中电流达到标准化，其值为：

$$I=\frac{E_s}{R_s} \tag{3-14-5}$$

(3) 待测回路。

$$E_x\rightarrow x\rightarrow G\rightarrow R_x\rightarrow E_x$$

先将开关 K 扳向 x 端，然后调节 R 使灵敏电流计指针指零。待测回路达到补偿时有：

$$E_x=IR_x \tag{3-14-6}$$

将(3-14-5)式代入(3-14-6)式得：

$$E_x=\frac{R_x}{R_s}E_s \tag{3-14-7}$$

从(3-14-7)式可知，如果 E_s、R_s、R_x 为已知，则被测电动势 E_x 即可求出。

【仪器介绍】

箱式电位差计类型较多，现以 UJ36 型为例加以说明。它是一种测量低电位的电位差计，测量范围是：×1 挡 0mV～120mV，×0.2 挡 0mV～24mV。测量准确度为±0.1%U_{max}，其中 U_{max} 为测量上限。

现将其面板图 3-14-6 和工作原理图 3-14-5 相应部分对照说明。

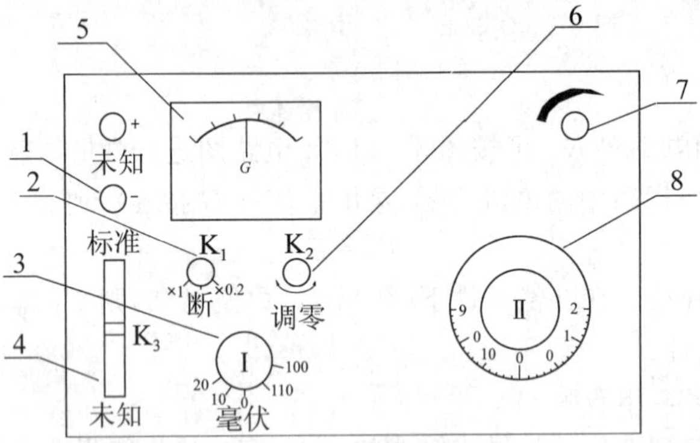

1—未知测量接线柱；2—倍率开关；3—步进读数盘；4—电键开关；5—灵敏电流计；
6—灵敏电流计调零旋钮；7—标准工作电流调节变阻器；8—滑线读数盘

图 3-14-6　UJ36 型电位差计面板图

“未知”接线柱：将被测“未知”电压（或电动势）接在此两个接线柱上（注意极性）。

R_p：将 K_3 扳向标准位置，调节 R_p 使 G 指零，此时标准电池的电动势由 R_p 的压降补偿。

R_x：R_x 分成Ⅰ、Ⅱ两个转盘。Ⅰ为步进读数盘，Ⅱ为滑线读数盘。当电位差计处于补偿时，未知电压（或电动势）按下式读出：

$$U_x=(\text{步进盘读数}+\text{滑线盘读数})\times\text{倍率}。$$

K_1：为倍率开关，旋至所需倍率位置上时，同时接通电位差计工作电源和灵敏电流计放大器电源。

K_2：用以调节灵敏电流计指零。

K_3：为“标准”、“未知”换向开关。

【实验内容】

1. 测量电压

(1) 按图 3-14-7 连接电路，电源电压取 4V 左右。

(2) 将待测电压两端接在“U_x”正、负接线柱上。

(3) 把倍率开关 K_1 旋至×1 或×0.2 挡上，并调节 K_2 使灵敏电流计指针指零（第一次指零）。

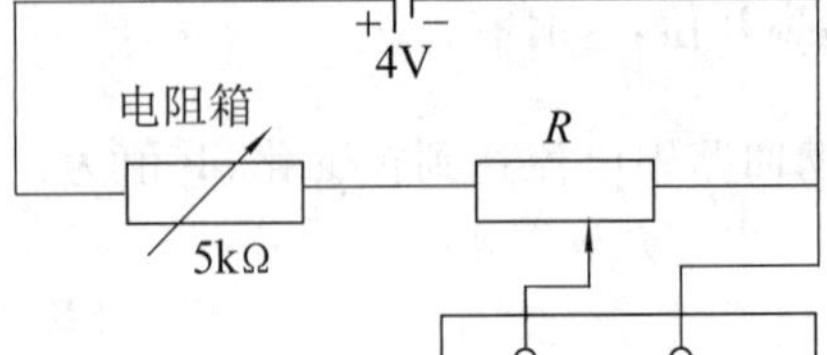

图 3-14-7　电位差计测电压线路图

(4) 将 K_3 扳向“标准”，调节 R_p 使灵敏电流计指零（第二次指零）。

(5) 再将 K_3 扳向“未知”，转动步进读数盘和滑线读数盘，使灵敏电流计再次指零（第三次指零）。

(6) 两读数盘读数之和乘上所取倍率，就等于被测电压值。

(7) 用×1 挡测 3 个电压值，再用×0.2 挡测 3 个电压值。

2. 测量 mA 表内阻(50mA 挡)

(1) 按图 3－14－8 连接电路，电源电压取≤1V，R_N 用电阻箱代替，接在 0 和 9.9Ω 两接线柱上，电位差计用×0.2 挡。

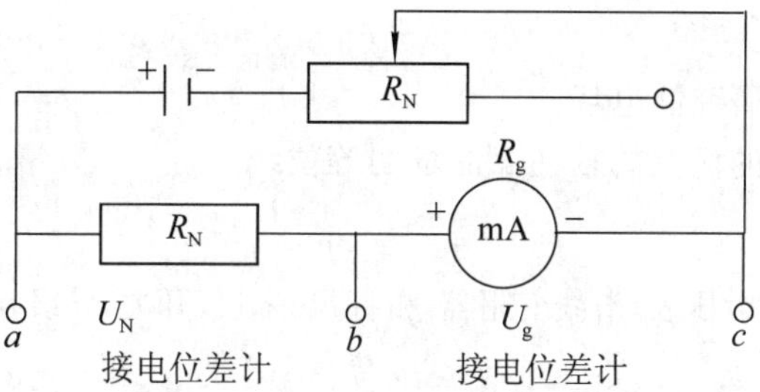

图 3－14－8　测量 mA 表内阻线路图

(2) 取 $R_N=1.0\Omega$，调变阻器 R 使毫安表电流为 10.0mA，用电位差计分别测出 a、b 间电压 U_N 和 b、c 间电压 U_g。

(3) 改变 $R_N=1.2\Omega$、1.4Ω，重复步骤(2)分别测出 U_N 和 U_g，代入公式 $R_g=(U_g/U_N)\cdot R_N$ 算出 R_g。

(4) 将所测数据填入表 3－14－2 中。

3. 注意事项

(1) 接线时要特别注意被测电压(或电动势)的正、负极性。

(2) 将 K_3 扳向"未知"时，应尽量采用跃接法(作短暂接通)，以保护灵敏电流计。

(3) 仪器使用完毕，应将"倍率"开关 K_1 旋向"断"位置，以避免浪费电源；电键开关 K_3 应放在中间位置；仪器长期搁置不用应将电池取出(标准电池除外)。

(4) 如发现调节 R_p 时不能使灵敏电流计指零，则应更换 1.5V 干电池(4 节并联)；如灵敏电流计灵敏度变低时，应更换 9V 电池($6F_{22}$，2 节并联)。

【数据记录】

表 3－14－2

项目 次数	R_N/Ω	U_N/mV	U_g/mV	R_g/Ω	$\Delta R/\Omega$
1					
2					
3					

$\overline{R}_g=$　　　　；　　　$\Delta\overline{R}_g=$　　　　；

$E=\dfrac{\Delta\overline{R}_g}{\overline{R}_g}=$　　　　；　　$R_g=\overline{R}_g\pm\Delta\overline{R}_g=$　　　　。

【思考题】

(1) 实验中如果发现灵敏电流计总是偏向一边无法指零，试分析是何原因。

(2) 试设计一个简单电路，用电位差计测量干电池的内阻。

实验十五 静电场的描绘

【实验目的】

(1) 学习用模拟法研究静电场

(2) 描绘两点电荷的场及同轴柱面的场的等位线

【实验仪器与用具】

静电场描绘仪电源,电压表,滑线变阻器,游标尺,米尺,开关,导线,电极,水槽,记录装置。

【实验原理】

带电物体周围存在着电场,带电物体间通过场相互作用。带电体周围的场强分布与带电体的形状、大小、所在点的位置和带电体所带的电量有关。知道了场强的分布就可以计算出相互作用力的大小,但是场强是矢量,不但有大小而且有方向。故在一些电子器件中,有时需知道其中的电场分布,一般都用实验的方法来确定。直接测量电场有很大的难度,所以实验时常用一种物理实验的方法——模拟法,即仿造一个电场(模拟场)与原电场完全一样。当用探针去测模拟场时,也不受干扰,因此可间接地测出模拟场中各点的电位,连接各等电位点作出等位线。根据电力线与等位线的垂直关系,描绘出电力线,即可形象地了解电场情况,加深对电场强度、电位和电位差等概念的理解。

由于真正的静电场中没有运动的电荷,不能使电表的指针偏转。如果将带电体放在各向同性的导电介质里,维持带电体间电势差不变,介质便会有恒定不变的电流,这样就可用电压表测量介质中各点的电势值:再根据电势变化的最大方向可计算出电场强度。理论和实验都能证明,导电介质里由恒定电流建立的电场(恒定电流场)与静电场的规律完全相似,因此在恒定电流场中测量到的电势分布可应用到静电场中去,这种比拟方法叫做模拟法。

1. 两点电荷的电场分布

如图 3-15-1 示,两点电荷带等量异号电荷,由于对称性,其等势面是对称分布的。做实验时,是用导电率很好的自来水填充在水槽电极的两极之间。若在两极上加一定的电压,可以测出自来水中两电极产生的场结构的等位线分布形状,从而得出两电极产生的场强分布情况,即为两异号点电荷的场强分布。电路接线图如 3-15-2 图所示。

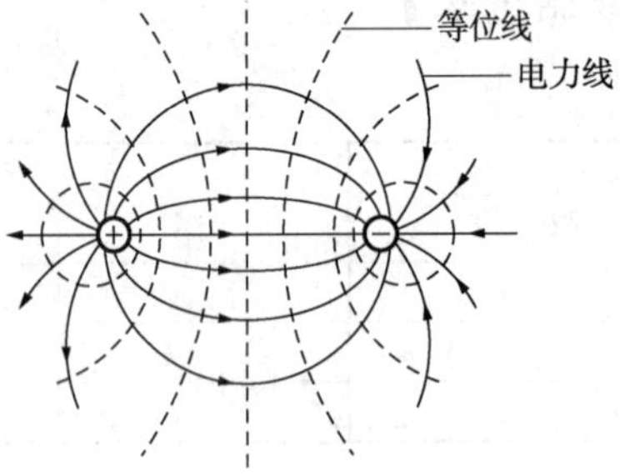

图 3-15-1

2. 同轴柱面的电场分布

如图 3-15-3 所示,圆环 B 的中心放一点荷 A,分别加 $-V$ 和 $+V$,由于对称性,场强和电位都与轴向坐标 z 无关,等位面都是同心圆,电场分布也就为图中有向线段。也可定量计算电位的关系式。

设小圆的电位为 V_a,半径为 a,大圆的电位为 V_b,半径为 b,则电场中距中心为 r 处的电位 V_r 可表示为:

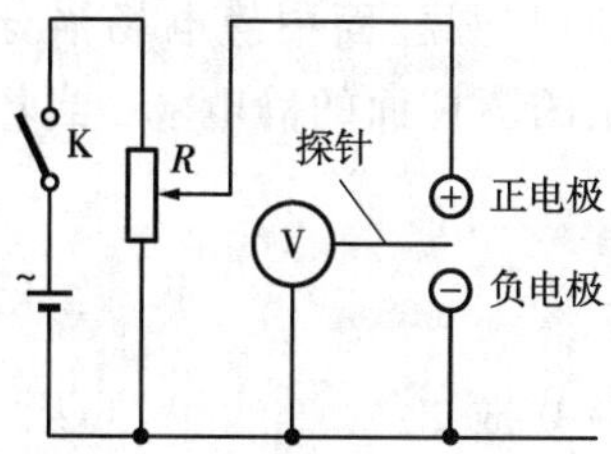

图 3－15－2

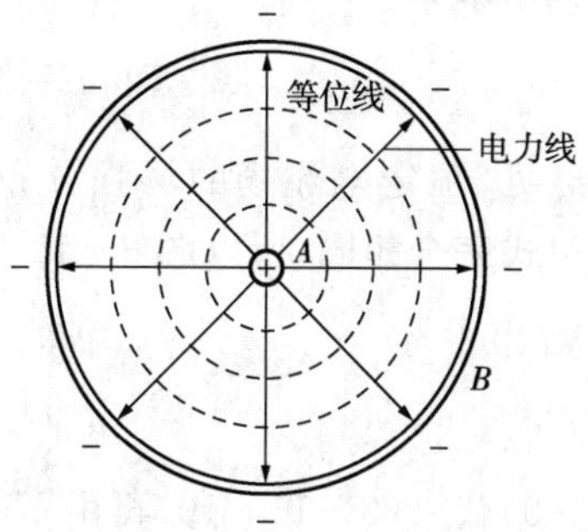

图 3－15－3

$$V_r = V_a - \int_a^r -\boldsymbol{E} \cdot \mathrm{d}\boldsymbol{r} \qquad (3-15-1)$$

又由高斯定理，则圆柱内 r 点的场强：

$$\boldsymbol{E}=\frac{\eta}{2\pi\varepsilon_0 r}=k/r \quad (a<r<b) \qquad (3-15-2)$$

式中，k 由圆柱的线电荷密度决定。

将(3－15－2)式代入(3－15－1)式有：

$$V_r = V_a - \int_a^r \frac{k}{r}\mathrm{d}r = V_a - k\ln\frac{r}{a} \qquad (3-15-3)$$

$$r=b \text{ 处}$$

$$V_b=V_a-k\ln\frac{b}{a}$$

所以

$$K=\frac{V_a-V_b}{\ln b/a} \qquad (3-15-4)$$

若取 $V_a=V_0$，$V_b=0$，将(3－15－4)式代入(3－15－3)式得：

$$V_r=V_0\,\frac{\ln b/r}{\ln b/a} \qquad (3-15-5)$$

其实验装置如图 3－15－4。

根据上面的实验装置，由欧姆定律可知，从极板 A 经过导电自来水流到 B 的电流强度：

$$I=\frac{U_A}{R} \qquad (3-15-6)$$

式中 U_A 是稳定电源的输出电压；R 是 A、B 间等效电阻。

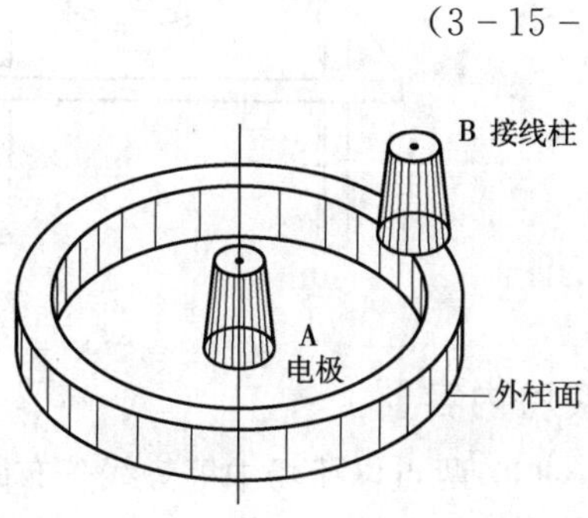

图 3－15－4

考虑到水分布的均匀性和柱形电极的对称性，总电流可写成：

$$I = \iint_s \boldsymbol{j} \cdot \mathbf{ds} = j2\pi rh \qquad (3-15-7)$$

r 为离开中心的距离，h 为水的深度，j 为 r 处的电流密度。又由欧姆定律的微分形式：

$$j=\sigma E \qquad (3-15-8)$$

(3-15-8)式代入(3-15-7)式,得到的 I 代入(6)式有:

$$E=\frac{U_A}{2\pi h\sigma R}\left(\frac{1}{r}\right)=C\frac{1}{r} \tag{3-15-9}$$

由此可见,恒定电流场的场强分布表示式(3-15-9)与圆柱面中静电场强分布表示(3-15-2)式完全相同,所以图 3-15-4 装置可模拟真正的圆柱面的静电场。当场强分布确定后有:

$$U_r=\int \mathbf{E}\cdot\mathbf{d}\boldsymbol{r}+C \tag{3-15-10}$$

把(3-15-9)代入(3-15-10)再由 $U(R_A)=U_A$,$U(R_B)=0$ 推知:

$$U_r=U_A\frac{\ln(r/R_B)}{\ln(R_A/R_B)}$$

若要计算某种电势的 r 值,可求上式的反函数:

$$r=R_B\left(\frac{R_A}{R_B}\right)^{U_r/U_A} \quad (R_A、R_B\text{ 分别为 }A、B\text{ 的半径}) \tag{3-15-11}$$

为了数据处理的方便,化简(3-15-11)可得:

$$\ln r=\ln R_B+\frac{U_r}{U_A}\ln(R_A/R_B) \tag{3-15-12}$$

如果取 $\ln r$ 为纵坐标,U_r/U_A 为横坐标,则(3-15-12)式表示的是一条截距为 $\ln R_B$,斜率为 $\ln(R_A/R_B)$ 的直线。

实验记录装置如图 3-15-5,当下压探棒时,探棒即与水面接触可测量电势。当找到电势点后,按下记录棒进行记录。

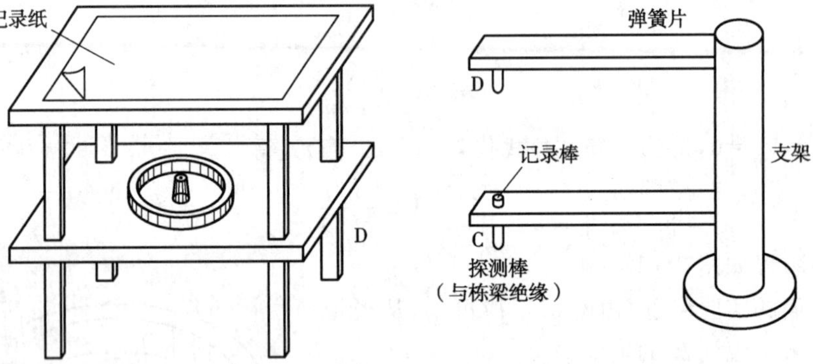

图 3-15-5

【实验内容】

(1) 两点电荷场中等势线分布的模拟测绘

参照连接电路原理图,用实验室准备的等臂记录装置记录等电势(1V,2V…)点。

要求描绘五条不同的电势的等势线,每条线应有七个以上的等电势点连接而成,连成的等势线不要忘记标明它的电势值。

(2) 圆柱面的等势线分布的模拟测绘

更换内容中的电极为 MJ-I 型电场描绘仪的同轴柱面水槽电极,按内容(1)的要求,定性地描绘出圆柱面的场结构等势线。

(3) 在理想情况下，内容(2)中的等势线应是以轴线为中心的同心圆，但实验误差使得圆心和半径都偏离真实值。

只能找到实验得到的圆心和半径。方法如下：首先根据描绘的等势线利用且测定一个“最佳”的圆心位置。将该圆的测量点与目测圆心连起来，测量长度求 r_i。

【数据记录】

表 3－15－1 $U_A=$

等势线	1	2	3	4	5
U_r					
U_r/U_A					
r					
$\ln r$					

以 $x(=U/U_A)$ 为横坐标，$y(=\ln r)$ 为纵坐标作图，根据(3－15－2)式，理论上应是一条直线，并由直线的截距和斜率，可分别算出 R_A、R_B，与测量结果相比较。

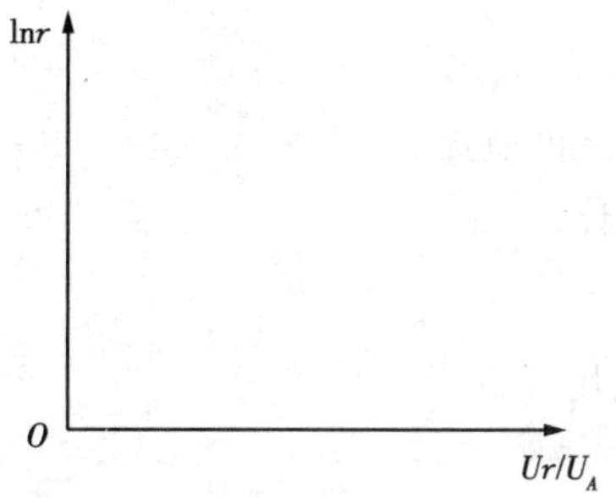

实验十六 霍尔效应

霍尔效应于1879年发现，对于一般的材料这种效应不十分明显，因此最初的近百年时间没有受到充分的重视。20世纪60年代以来，半导体技术得到了迅速发展，而半导体材料的霍尔效应十分显著。用半导体材料，利用霍尔效应制成的电子器件(霍尔器件)，由于结构简单、频率响应宽(高达10kHz)、寿命长、可靠性高等优点，已广泛用于非电量测量、自动化控制和信息处理等方面。

1. 利用霍尔效应测磁场

用半导体霍尔元件制成的磁场测量装置可测10^{-7}T～10T的磁场，测量精度可以从1%到0.01%，既可测直流磁场，也可测脉冲磁场。本实验就是利用N型锗片来测量螺线管内部的磁场。

【实验要求】

(1) 了解用霍尔元件测磁场的原理。

(2) 学习使用箱式电位差计。

【实验目的】

测量通电螺线管内轴向磁场分布。

【实验仪器与用具】

(1) 霍尔元件测螺线管装置1台，参数为：

霍尔元件尺寸：8mm×4mm×0.2mm(N型锗片)；

灵敏度K_H(各仪器一般不相同)；

螺线管长度260mm，匝数3 000±20；

通1A电流时螺线管中部$B=(1.4\pm0.1)$mT；

螺线管中的均匀区>80mm；

螺线管内B方向：当“6”接负、“5”接正时，左边为N极，右边为S极。

(2) UJ33a直流电位差计1台，各主要指标见表3－16－1(使用方法见本实验附录)：

表3－16－1

倍率	测量范围	最小分度值	$\Delta_{仪}$	热电势	检流计灵敏度
×5	0～1.0555V	50μV	≤0.05%U_x+50μV	≤2μV	≥格/50μV
×1	0～211.1mV	10μV	≤0.05%U_x+10μV	≤1μV	≥格/10μV
×0.1	0～21.11mV	1μV	≤0.05%U_x+1μV	≤0.2μV	≥格/3μV

(3) 直流稳压电源1台，最大输出电流大于1A。

(4) 安培表(量程为1A)、毫安表(量程为20mA)各1块。

(5) 滑线变阻器(500Ω～1 000Ω)1 个。

(6) 双刀双掷开关 3 只，甲电池(1.5V)1 节，导线若干。

【预习思考题】

(1) 产生霍尔电动势的非静电性力是何种非静电性力?

(2) 与霍尔效应一起产生的几种伴随效应的影响如何从测量结果中去掉。

(3) UJ33a 型电位差计读数的估读位对应电压值为多少?

【实验原理】

如图 3-16-1，将一块导体通上电流置于磁场中，磁场方向与电流方向垂直，在导体两侧方向上将出现一电势差，用电压表进行测量即可得到一个电压 U_H。这个现象是德国物理学家霍尔在 1879 年发现的。后来人们发现用半导体片代替导体片，效果要好得多。

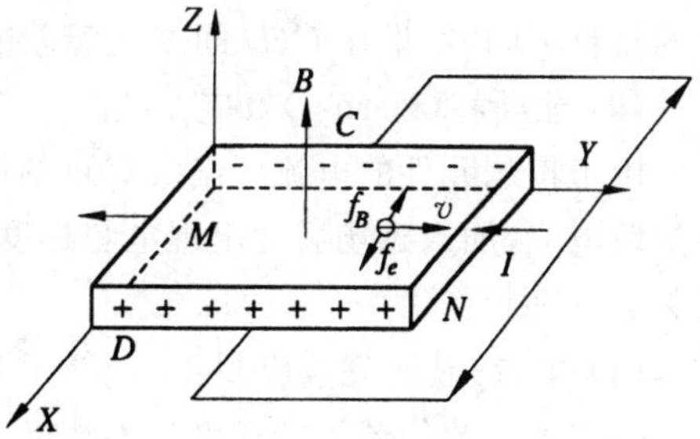

图 3-16-1

1. 霍尔效应测磁场原理

运动电荷在磁场中将受到洛伦兹力。图 3-16-1 中，设通过霍尔元件的电流是由于电子导电形成的，电流沿图中 Y 轴负向，电子运动速度 v 沿 Y 轴正向，洛伦兹力 f_B 沿 X 轴正向，

$$f_B = evB$$

f_B 使负电荷积累到与 Y 轴平行的一个侧面上，在另一个侧面上便积累了正电荷。这样在图 3-16-1中形成了一个沿 X 轴方向的电场，该电场对负电荷的作用力 f_e 与洛伦兹力相反

$$f_e = eE$$

当 $f_B = f_e$ 即 $evB = eE$ 时达到动态平衡。经过简单的计算可知，达到平衡时在霍尔元件的 X 方向测得的霍尔电压为：

$$U_H = K_H IB \tag{3-16-1}$$

式中 K_H 叫霍尔元件灵敏度，它与元件的材料和尺寸有关。实际上它还随温度变化。在实验中作为常数对待，单位为 mV/(mA · kGS)(1kGS=0.1T)。这样，给出 K_H 值后(由教师给定)即可由：

$$B = \frac{U_H}{I \cdot K_H} \tag{3-16-2}$$

算出磁感应强度 B 值。式(3-16-2)中 U_H 值一般为毫伏数量级，可由电位差计测出，I 为毫安量级，可在实验中由毫安表读出来。分析图 3-16-1 还可知，当霍尔片电流改变方向或磁场改变方向时，都可使 U_H 值改变，当霍尔片电流方向和磁场方向均已知时，可由 U_H 的极性判断霍尔元件载流子类型。

2. 伴随效应及其消除

(3-16-1)式、(3-16-2)式是从简化的理想模型导出的，实际情况却要复杂得多。除霍尔效应外，还有其他一些伴随效应一起发生，如果不设法消除，将使所测得的 B 值有较大的误差。

(1) 不等势电压降 U_0。

由横向电极位置不对称而产生的电压 U_0，由于制作上的困难，两个横向引出测量 U_H 的电极接头不在一个等势面上，即使不加磁场，只要霍尔元件通过电流，两引线间就有一个电势差 U_0。在各种伴随效应中 U_0 占首位。

(2) 厄廷豪森(Etinghausen)效应 U_E。

由于载流子以不同的速率平行于 Y 轴运动，载流子受的洛伦兹力也不相等，做圆周运动的轨道半径不同。于是霍尔片一面出现快载流子多、温度高，另一面慢载流子多、温度低。结果在 C、D 两面上分别积累了速度大小不同的载流子，载流子动能在积累平面上转化为热能，使 C、D 两面的温升不同，因而造成 C、D 两面的温度差，又霍尔元件上 C、D 两电极和元件的材料不同，结果在 C、D 间产生温差电动势 U_E，U_E 的正负及大小与 I、B 有关。

(3) 能斯特(Nernst)效应 U_N。

由于霍尔元件的电流引出线焊点的接触电阻不同，从而引起温度差。在 Y 轴方向引起热扩散电流，加入磁场后会出现电势梯度，从而产生 U_N，U_N 与 B 的方向有关，与电流 I 的方向无关。

(4) 里吉-勒迪克效应 U_R。

热扩散电流的载流子速度也不相同，在磁场作用下也会产生温差电势 U_R，U_R 只与 B 方向有关，与电流 I 方向无关。

为了消除这些伴随效应的影响，在实验中可以利用改变 B、I 的方向进行多次测量来尽量消除。例如，先确定某一方向的 I、B 为正，用 I_+、B_+ 表示，当改变方向时分别记为 I_-、B_-。

当 I_+、B_+ 时：$U_1=U_H+U_0+U_E+U_N+U_R$；

当 I_-、B_+ 时：$U_2=-U_H-U_0-U_E+U_N+U_R$；

当 I_-、B_- 时：$U_3=-U_H+U_0-U_E-U_N-U_R$；

当 I_+、B_- 时：$U_4=U_H-U_0+U_E-U_N-U_R$。

一般 $U_E \ll U_H$，故略去，所以霍尔电压为

$$U_H=\frac{1}{4}(U_1-U_2+U_3-U_4) \tag{3-16-3}$$

这种消除伴随效应的方法，是消除系统误差的一种方法，采取这种措施后可以使测量准确度提高一个数量级。

【实验内容】

1. 实验步骤

(1) 对照接线图 3-16-2，熟悉图中标号 1、2、3、4、5、6 接点的位置，将限流用滑线变阻器 R 调至最大，将电流表选择好挡位，按霍尔元件电流 10mA、励磁电流 0.5A 选择挡位。

(2) 对照图 3-16-2 接好线路，无误后合上各双刀双掷开关，调节稳压电源使励磁电流为 0.5A，调节变阻器 R 使霍尔片控制电流为 10mA，注意 3、4 两线与电位差计相连时，双刀双掷开关合上的方向应使 3、4 极性及信号极性一致。

(3) 按“附录”中方法或电位差计面板上的说明调整电位差计，按表 3-16-2 给出的数据，调节霍尔元件在螺线管中位置，测出每种情况下各个位置的 U 值。表 3-16-2 中位置刻度可在实验装置与调节霍尔片位置的旋钮相连的软尺上读出，表 3-16-2 中 U_H 按式(3-16-3)计算，B 按(3-16-2)式计算。

2. 注意事项

(1) 霍尔元件最大允许电流为 40mA(参考厂家给定的参数)，使用时绝不允许超过，否

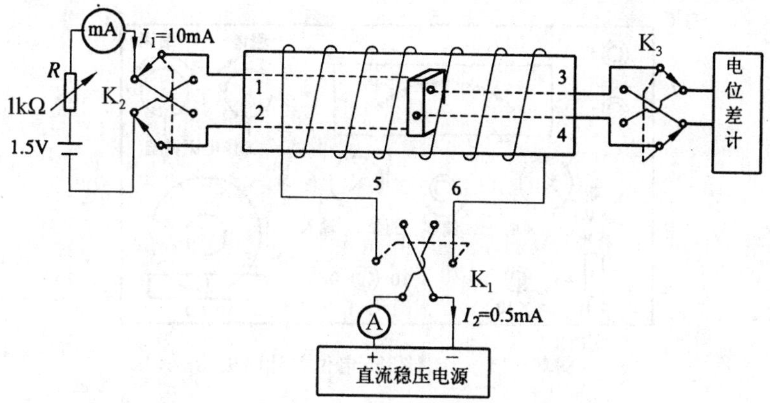

图 3－16－2

则会损坏元件。

(2) 接入螺线管的励磁电流不大于 1A，实际上大于 0.5A 时螺线管便开始发热。测量数据时一般先合上 K_1，让螺线管通电 5～10min 以使温度达到平衡。

(3) 图 3－16－2 中的 K_1、K_2、K_3 为双刀双掷开关，用它们改变电流或电压的方向很方便。K_1 或 K_2 中之一改变闭合方向时，与电位差计"未知"接线柱相连的 K_3 也要随之改变闭合方向以保证电位差计输入极性正确。由于伴随效应的影响，有时在测量过程中信号极性会自己反向，这时也要变换电位差计的输入极性，否则各倍率旋钮全部为零还无法使指针指零。

【数据记录】

表 3－16－2

数据 \ 位置刻度	0	0.5	1	1.5	2	2.5	3	3.5	4	5	7	9	11	12	13	14
U_1(＋10mA＋0.5A)																
U_2(－10mA＋0.5A)																
U_3(－10mA－0.5A)																
U_4(＋10mA－0.5A)																
U_H/V																
B/mT																

【思考题】

1. 报告要求

将数据表格重画，填入实测数据和经计算后的 U_H 及 B 值，以霍尔片位置为横坐标、磁感应强度为纵坐标，作出螺线管磁场分布图。

2. 思考题

(1) 试由测量结果计算不等位电动势 U_0 的大小。

(2) 用本实验装置能否测量霍尔元件灵敏度 K_H？如何进行测量？

【附】 UJ33a 直流电位差计使用方法

(1) 校准：将仪器面板上倍率开关 K_1 由断开位置旋到所需位置，K_3 旋向测量，2 分钟后

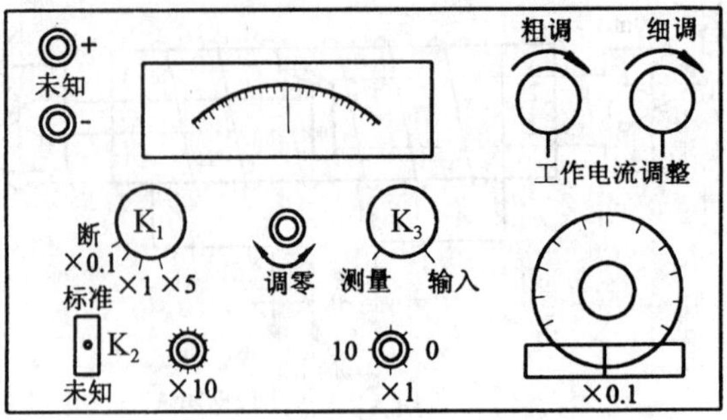

图 3－16－3 UJ33a 电位差计面板图

旋动调零旋钮，使检流计指针指零。

将电键 K_2 扳向标准；旋动工作电流调节旋钮，使指针指零。

(2) 测量：将被测电压按极性接在未知接线柱上，将电键扳向未知，调整读数盘Ⅰ、Ⅱ、Ⅲ，使指针返回零处，被测值即为读数示值之和与倍率之乘积。

(3) 本实验所测电压在毫伏范围，所以倍率选×0.1，各接线要尽量旋紧，以免由于接触电阻引起读数不准。如果被测信号在“未知”接线柱上接反，则在测量时指针无法调到零，这时应将信号极性反过来。

(4) 测量过程中，随着电池消耗，工作电流也会变化，所以连续使用时应经常核对校准，使测量精确。

(5) 测量完毕，将倍率开关旋至“断”位置，使电池不致无谓放电。

2. 利用霍尔效应测量霍尔元件的基本参数

【实验要求】

(1) 了解霍尔效应实验原理、霍尔元件基本参数以及有关霍尔器件对材料要求的知识。

(2) 学习用对称测量法消除副效应的影响。

【实验目的】

(1) 测绘试样的 $U_H - I_s$ 和 $U_H - I_M$ 曲线，计算材料的霍尔系数 R_H 和霍尔器件的灵敏度 K_H。

(2) 根据 R_H 判断样品的导电类型，求载流子浓度 n，测量电导率 σ，求载流子的迁移率 μ。

【实验原理】

一、霍尔效应

霍尔效应的本质是由于运动的带电粒子 q 在磁场 B 中受到洛伦兹力 $\boldsymbol{F}_B = q\boldsymbol{v} \times \boldsymbol{B}$ 的作用而引起的偏转。当带电粒子(电子 $-e$ 或空穴 e)被约束在固体材料中，这种偏转就导致在垂直电流和磁场的方向上产生正负电荷的聚集，从而形成附加的横向电场。

如图 3－16－4 所示，半导体试样的宽度为 b，厚度为 d，在 x 方向通以电流 I_S，在 z 方向加磁场 B，则在 y 方向即试样两侧 A、A' 就开始聚集异号电荷而产生相应的附加电场——霍

尔电场 E_H，电场的指向取决于试样的导电类型。对 N 型试样，霍尔电场逆 y 方向，P 型试样则沿 y 方向。显然，该电场是阻止载流子继续向侧面偏转的，当载流子所受的横向电场力 $F_E=eE_H$ 与洛伦兹力 $F_B=evB$ 相等时，样品两侧电荷的积累就达到平衡，形成稳定的电场，此时所产生的横向电场的大小为：

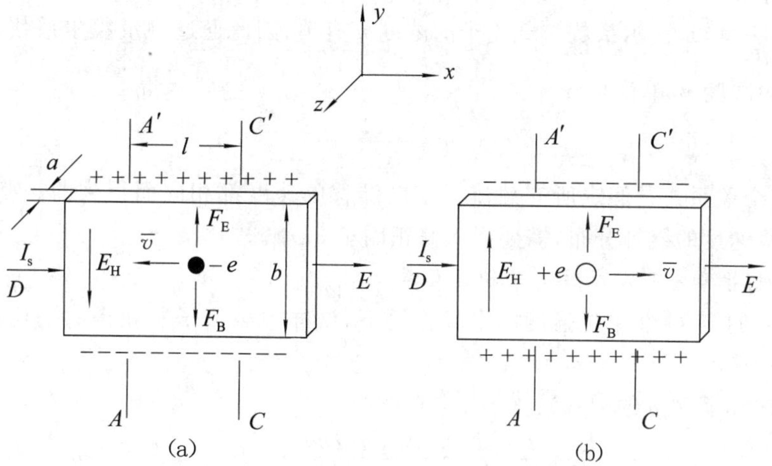

图 3－16－4　霍尔效应

$$E_H=vB$$

其中 E_H 是霍尔电场，v 是载流子在电流方向上定向漂移的平均速度。

由于横向电场 E_H 的出现，在试样的横向两侧会出现电势差——霍尔电压，其大小为：

$$U_H=E_H\cdot b=bvB \tag{3-16-4}$$

二、材料和器件的参数

1. 霍尔系数 R_H

设试样的宽为 b，厚度为 d，载流子浓度为 n，则载流子平均速度 v 与电流强度 I_s 的关系为：

$$I_s=nevbd \tag{3-16-5}$$

由(3－16－4)、(3－16－5)两式可得：

$$U_H=E_Hb=bvB=\frac{1}{ne}\cdot\frac{I_sB}{d}=R_H\cdot\frac{I_sB}{d} \tag{3-16-6}$$

即霍尔电压 U_H 与磁感应强度 B 成正比，与通过的电流 I_s 成正比，与试样的厚度 d 成反比。比例系数 $R_H=\frac{1}{ne}$称为霍尔系数，它是反映材料霍尔效应强弱的重要参数。

根据(3－16－5)式，只要测出 U_H(V)以及知道 I_s(A)、B(T)和 d(m)，即可得到霍尔系数 R_H(Ωm/T)。

2. 根据 R_H 的符号(或霍尔电压的正负)判断样品的导电类型

按图 3－16－4 所示的 I_s 和 B 的方向，若测得的 $U_H=U_{AA'}<0$(即点 A 的电位低于点 A' 的电位)则 R_H 的符号为负，样品为 N 型，反之则为 P 型。

3. 霍尔器件的灵敏度 K_H

由(3－16－6)式可见，霍尔电压的大小与材料的厚度成反比，因此薄膜型霍尔器件的输出电压比片状的要高得多。成品霍尔器件的厚度是一定的，所以实际上采用 $K_H=\frac{1}{ned}$ 来表示器件的灵敏度，K_H 称为器件的霍尔灵敏度。由 $K_H=\frac{R_H}{d}$ 可得到霍尔灵敏度 $K_H(\Omega/T)$。

4. 载流子浓度 n

由 $R_H=\frac{1}{ne}$ 可知，霍尔系数与载流子的浓度 n 有关，因此通过测量霍尔系数，可以算出导体内载流子的浓度 n，单位是 m^{-3}：

$$n=\frac{1}{|R_H|\cdot e} \tag{3-16-7}$$

应该指出，这个关系式是假定所有载流子定向漂移的速度都相同而得到的。严格一点应考虑载流子漂移速度的统计分布，需要引入修正因子 $3\pi/8$。①

5. 测量电导率 σ 可以求载流子的迁移率 μ

迁移率 μ 的定义：在单位强度的电场作用下，试样中载流子所获得的平均速度，其单位是 $m^2/(V\cdot s)$。

电导率 σ（电阻率 ρ 的倒数）：

$$\sigma=\frac{1}{\rho}=\frac{I_s}{U_\sigma}\cdot\frac{l}{S}=\frac{I_s}{U_\sigma}\cdot\frac{l}{bd}=\frac{ne\,\bar{v}bd}{U_\sigma}\cdot\frac{l}{bd}=ne\,\bar{v}\frac{l}{U_\sigma}=ne\mu \tag{3-16-8}$$

所以，迁移率 μ 与载流子 n 之间接关系为：

$$\mu=|R_H|\sigma \tag{3-16-9}$$

根据上述可知，要得到大的霍尔电压，关键是要选择霍尔系数大（即迁移率 μ 高，电阻率 ρ 也较高）的材料。因 $|R_H|=\mu\rho$，金属导体的 μ 和 ρ 均很低，而不是导体 ρ 虽高，但 μ 极小，所以这两种材料的霍尔系数都很小，不能用来制造霍尔器件。半导体 μ 高，ρ 适中，是制造霍尔器件较理想的材料。

三、装置介绍

TH-H 型霍尔效应组合实验仪由实验仪和测试仪两大部分组成。

1. 实验仪（图 3-16-5）

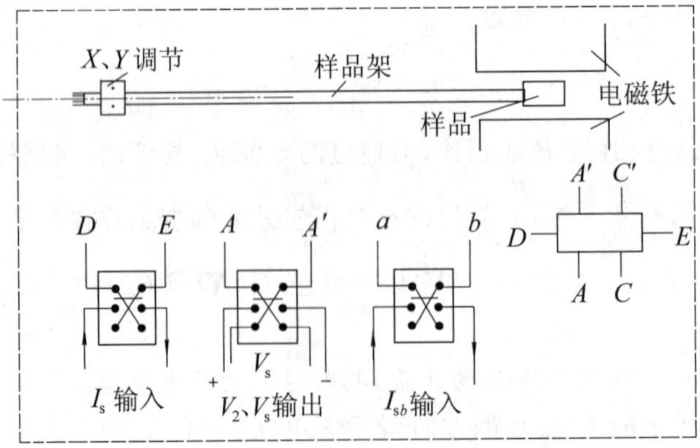

图 3-16-5 霍尔效应实验仪示意图

① 黄昆，谢希德. 半导体物理学。

(1) 电磁铁：规格为＞3.00kGS/A，磁铁线包的引线有星标者为头（见实验仪图 3－16－5 示），线包绕向为顺时针（操作者面对实验仪）。根据线包绕向及励磁电流 I_M 的流向，可确定磁感应强度 B 的方向，而 B 的大小与 I_M 的关系由厂家给定并标明在线包上。

(2) 样品和样品架：样品材料为 N 型半导体硅单晶片，根据空脚的位置不同，样品为两种形式，如图 3－16－6(a)、(b)，样品的几何尺寸为：厚度 $d=0.5$mm，宽度 $b=4.0$mm，A、C 电极间距 $l=3.0$mm。

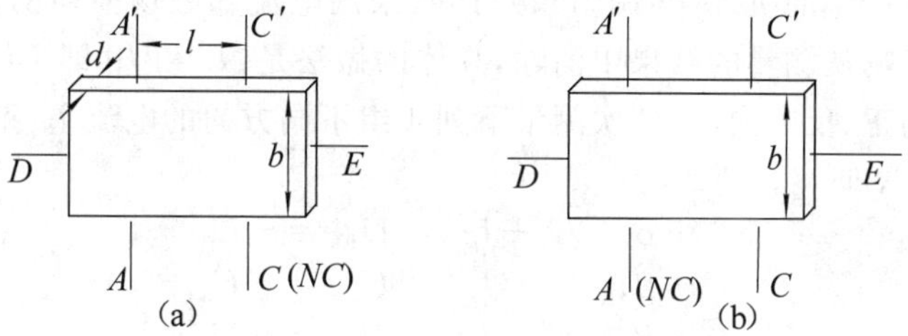

图 3－16－6 样品示意图

样品共有三对电极，其中 A、A 或 C、C 用于测量霍尔电压 U_H，A、C 或 A'、C' 用于测量电导率 D，E 为样品输入工作电流的电极。各电极与双刀换向开关的接线见实验仪上的图示说明。样品架具有 X、Y 调节功能及读数装置，样品放置的方位（操作者面对实验仪）如图 3－16－6所示。

(3) I_s 和 I_M 的换向开关及 U_H 和 U_σ 测量的切换开关：I_s 及 I_M 换向开关投向上方，则 I_s 及 I_M 均为正值，反之为负值；U_H、U_σ 切换开关投向上方测 U_H，投向下方测 U_σ。

2. 测试仪（图 3－16－7）

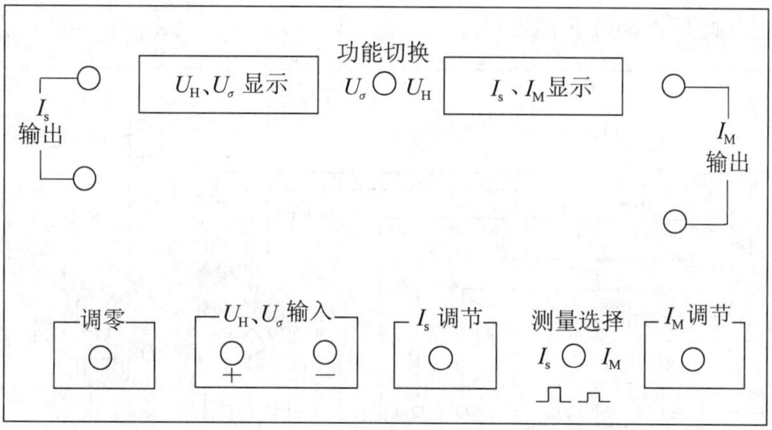

图 3－16－7 测试仪面板面

(1) 两组恒流源：第一组“I_s 输出”为 0～10mA 样品工作电流源，第二组“I_M 输出”为 0～1A励磁电流源，两组电流源彼此独立，两组输出电流大小通过 I_s 调节旋钮及 I_M 调节旋钮进行调节，两者均连续可调。其值可通过“测量选择”按键由同一只数字电流表进行测量，按键显示 I_M，放键显示 I_s。

(2) 直流数字电压表：霍尔电压 U_H 和 A、C 之间的电压降 U_σ 的、通过切换开关由同一只数字电压表进行测量。电压表零位可通过调零电位器进行调整。显示器的数字前出现

“—”号时，表示被测电压极性为负值。

四、实验方法

用对称测量法消除副效应引起的附加电压。

在产生霍尔效应的同时，因伴随着各种副效应，以致实验测得的 A、A' 两电极之间的电压并不等于真实的霍尔电压 U_H 值，而是包含着各种副效应引起的附加电压，因此必须设法消除。根据副效应产生的机理(参阅附录)可知，采用电流和磁场换向的对称测量法基本上能够把副效应的影响从测量的结果中消除，具体的做法是：I_s 和 B(即 I_M)的大小不变，并在设定电流和磁场的正、反方向后，依次测量下列 4 组不同方向的电流 I_S 和 B 组合的 A、A' 两点之间的电压 $U_{AA'}$，即

$$
\begin{aligned}
&+B, \quad +I_s \quad U_{AA'}=+U_1\\
&-B, \quad +I_s \quad U_{AA'}=-U_2\\
&-B, \quad -I_s \quad U_{AA'}=+U_3\\
&+B, \quad -I_s \quad U_{AA'}=-U_4
\end{aligned}
$$

然后，求上述四组数据 $+U_1$、$-U_2$、$+U_3$、$-U_4$ 的代数平均值，可得：

$$U_H=\frac{+U_1-U_2+U_3-U_4}{4}$$

通过上述的对称测量法求得的 U_H，虽然还不能消除所有的副效应，但所余的误差不大，可以忽略不计。

【实验内容】

(1) 按图 3-16-8 连接测试仪和实验仪之间的 I_s、U_H 和 I_M 各组连接，I_s 及 I_M 换向开关投向上方，表明 I_s 及 I_M 均为正值(即 I_s 沿 X 方向，B 沿 Z 方向)，反之为负值。U_H、U_σ 切换开关投向上方测 U_H，投向下方测 U_σ。

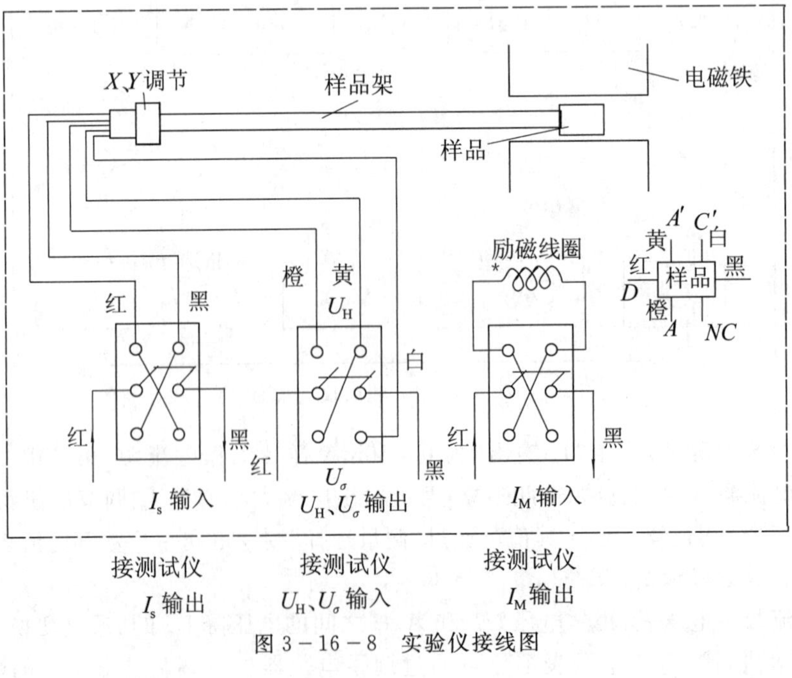

图 3-16-8 实验仪接线图

(2) 测绘 U_H-I_s 曲线。将实验仪的"U_H、U_σ"切换开关投向 U_H 侧，测试仪的"功能切换"置 U_H。

保持 I_M 不变(取 $I_M=0.600\text{A}$)，改变 I_s 的值，I_s 依次取 1.00mA、1.50mA、2.00mA、2.50mA、3.00mA 和 4.00mA，测量并计算相应的 U_H，填入表 3-16-3 中，在坐标纸上作 U_H-I_s 曲线并求斜率，计算霍尔系数 R_{H1}。

(3) 测绘 U_H-I_M 曲线。

保持 I_s 不变(取 $I_s=3.00\text{mA}$)，改变 I_M 的值，I_M 依次取 0.300A、0.400A、0.500A、0.600A、0.700A 和 0.800A，测量并计算相应的 U_H，填入表 3-16-4 中，在坐标纸上作 U_H-I_M曲线并求斜率，计算霍尔系数 R_{H2}。

比较上两次绘出的曲线和算出的霍尔系数 R_{H1} 和 R_{H2}，求出霍尔系数 $R_H=\dfrac{R_{H1}+R_{H2}}{2}$。

(4) 确定霍尔元件样品的导电类型，计算霍尔灵敏度 K_H 及载流子浓度 n。

(5) 测量电导率 σ，计算迁移率 μ。

σ 可通过图 3-16-4 所示的 A、C(或 A'、C')电极进行测量。

将"U_H，U_σ"切换开关投向 U_σ 侧，"功能切换"置 U_σ。在零磁场下，取 $I_s=2.00\text{mA}$，测量 A、C 之间的电位 U_{AC}(即 U_σ)；I_s 换向，再测一次 U_{AC}，填入表 3-16-5 中，两次测得的 U_{AC} 的绝对值平均，即得 U_σ 代入公式 $\sigma=\dfrac{I_s}{U_\sigma}\cdot\dfrac{l}{bd}$ 即可求得电导率 σ。用公式 $\mu=|R_H|\cdot\sigma$ 即可求得迁移率 μ，单位为 $\text{m}^2/(\text{V}\cdot\text{s})$。

注意事项：

(1) 绝不允许将"I_M 输出"接到"I_s 输入"和"U_H、U_σ输出"处，否则一旦通电，霍尔样品即遭破坏。

(2) 霍尔片性脆易碎，电极极细易断，严防撞击或用手触摸，否则霍尔片即遭破坏。测量时需将霍尔片置于电磁铁中心，调节时须谨慎、轻柔、缓慢。

【数据记录与计算】

$$\frac{B}{I_M}= \qquad \text{kGS/A},\quad l=3.0\text{mm},\quad d=0.5\text{mm}。$$

1. 测绘 U_H-I_s 曲线，并求霍尔系数 R_{H1}

表 3-16-3 $I_M=0.600\text{A}$ 单位：mV

I_S/mA	U_1	U_2	U_3	U_4	$U_H=\dfrac{+U_1-U_2+U_3-U_4}{4}$
	$+I_s$、$+B$	$+I_s$、$-B$	$-I_s$、$-B$	$-I_s$、$+B$	
1.00					
1.50					
2.00					
2.50					
3.00					
4.00					

在坐标纸上作 U_H-I_s 曲线；

从图中直线求出斜率 $R_{H1}\cdot\dfrac{B}{d}=$ ，$R_{H1}=$ 。

2. 测绘 U_H-I_M 曲线，并求霍尔系数 R_{H2}

表 3－16－4　　I_S＝3.00mA　单位：mV

I_M/A	U_1	U_2	U_3	U_4	$U_H=\frac{+U_1-U_2+U_3-U_4}{4}$
	$+I_s$、$+B$	$+I_s$、$-B$	$-I_s$、$-B$	$-I_s$、$+B$	
0.300					
0.400					
0.500					
0.600					
0.700					
0.800					

在坐标纸上作 U_H-I_M 曲线

从图中求出斜率 $R_{H2}\cdot\frac{I_S}{d}=$　　，$R_{H2}=$　　，

$$R_H=\frac{1}{2}(R_{H1}+R_{H_2})=$$

导电类型：

霍尔元件的灵敏度 $K_H=\frac{R_H}{d}=$　　；

载流子的浓度 $n=\frac{1}{|R_H|e}=$　　。

3. 测量电导率 σ，求迁移率 μ

表 3－16－5　　I_S＝2.00mA

I_s	$\lvert U_\sigma\rvert$/mV
换向前	
换向后	
平均	

$$\sigma=\frac{I_s}{U_\sigma}\cdot\frac{l}{bd}=$$

$$\mu=|R_H|\sigma=$$

【附】

霍尔器件中的副效应及其消除方法：

(1) 不等势电压 U_0。

这是由于器件的 A、A' 两电极的位置不在一个等势面上，因此，即使不加磁场，只要有电流 I_s 通过，就有电压 $U_0=I_sR$ 产生，R 为 A、A' 所在的两个等势面之间的电阻，结果在测量 U_H 时，就叠加了 U_0，使得 U_H 值偏大(当 U_0 与 U_H 同号)或偏小(当 U_0 与 U_H 异号)，显然，U_H 的符号取决于 I_s 和 B 两者的方向，而 U_0 只与 I_s 的方向有关，因此可以通过 I_s 的方向予

以消除。

(2) 温差电效应引起的附加电压 U_E。

如图 3-16-10 所示，由于构成电流的载流子速度不同，若速度为 v 的载流子所受的洛伦兹力与霍尔电场的作用力刚好抵消，则速度大于或小于 v 的载流子在电场和磁场作用下，将各自向对立面偏转，从而在 Y 方向引起温差 $T_A-T_{A'}$，由此产生的温差电效应在 A、A' 电极上引入附加电压 U_E，且 $U_E \propto I_s B$，其符号与 I_s 和 B 的方向的关系跟 U_H 是相同的，因此不能用改变 I_s 和 B 方向的方法予以消除，但其引入的误差很小，可以忽略。

(3) 热磁效应直接引起的附加电压 U_N。

如图 3-16-11 所示，因器件两端电流引线的接触电阻不等，通电后在接点两处将产生不同的焦耳热，导致在 X 方向有温度梯度，引起载流子沿梯度方向扩散而产生热扩散电流，热流 Q 在 Z 方向磁场作用下，类似于霍尔效应在 Y 方向上产生一附加电场 E_N，相应的电压 $U_N \propto QB$，而 U_N 的符号只与 B 的方向有关，与 I_s 的方向无关，因此可通过改变 B 的方向予以消除。

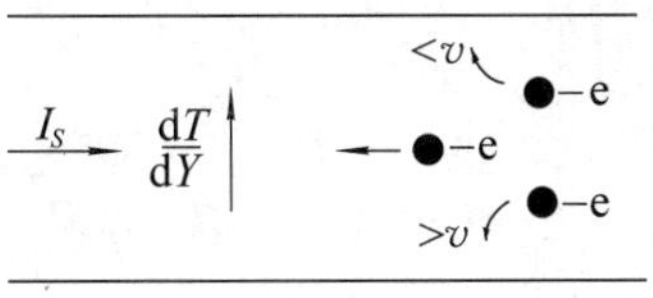

图 3-16-10

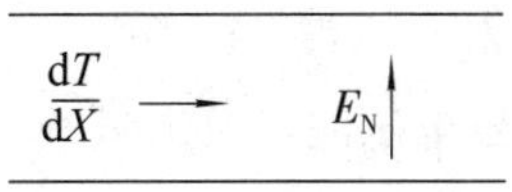

图 3-16-11

(4) 热磁效应产生的温差引起的附加电压 U_{RL}。

如(3)所述的 X 方向热扩散电流，因载流子的速度统计分布，在 Z 的方向的磁场 B 作用下，和(2)中所述的同一道理，将在 Y 方向产生温度梯度 $T_A-T_{A'}$，由此引入的附加电压 $U_{RL} \propto QB$，U_{RL} 的符号只与 B 的方向有关，亦能消除。

综上所述，实验中测得的 A、A' 之间的电压除 U_H 外还包含 U_0、U_N、U_{RL} 和 U_E 各电压的代数和，其中 U_0、U_N 和 U_{RH} 均通过 I_s 和 B 换向对称测量法予以消除。

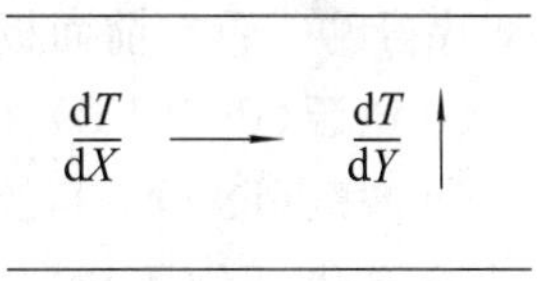

图 3-16-12

设 I_s 和 B 的方向均为正向时，则 A、A' 之间电压记为 U_1，即

当 $+I_s$、$+B$ 时，$U_1=U_H+U_0+U_N+U_{RL}+U_E$，

将 B 换向，而 I_s 的方向不变，测得的电压记为 U_2，此时 U_H、U_N、U_{RL}、U_E 均改号而 U_0 符号不变，即

当 $+I_s$、$-B$ 时，$U_2=-U_H+U_0-U_N-U_{RL}-U_E$，同理，按照上述分析，当 $-I_s$、$-B$ 时，$U_3=U_H-U_0-U_N-U_{RL}+U_E$，当 $-I_s$、$+B$ 时，$U_4=-U_H-U_0+U_N+U_{RL}-U_E$，求以上四组数据 U_1、U_2、U_3 和 U_4 的代数平均值，可得：

$$U_H+U_E=\frac{U_1-U_2+U_3-U_4}{4}$$

由于 U_E 符号与 I_s 和 B 两者方向关系和 U_H 是相同的，故无法消除，但在非大电流、非强磁场下，$U_H \gg U_E$，因此 U_E 可略而不计，所以霍尔电压为：

$$U_H=\frac{U_1-U_2+U_3-U_4}{4}$$

实验十七 示波器的调整与使用

阴极射线示波器，简称示波器，是常用的电子仪器之一。它可以将电压随时间变化的规律显示在荧光屏上，以便研究它。因此，一切可以转化为电压的电学量（如电流、电功率、阻抗等）、非电学量（如温度、位移、速度、压力、光强、磁场、频率等）以及它们随时间的变化过程，都可用示波器观察。由于电子射线惯性小，又能在荧光屏上显示出可见的图像，所以特别适用于观察测量瞬时变化过程。示波器是一种用途广泛的测量工具。

【实验要求】

(1) 掌握示波器显示波形的原理，并了解示波器的构造。

(2) 学习使用示波器和信号发生器。

【实验目的】

观察信号电压波形及测量其电压、频率和周期。

【实验仪器与器具】

1. 实验仪器

(1) SS-5702 示波器；

(2) 探头；

(3) XJ1630 型函数信号发生器。

2. SS-5702 示波器面板介绍

序号①～㉔在前面板上；㉕～㉘在后面板上。如图 3-17-1(a)、(b)所示。

① 电源(POWER)：电源线路开关。接通仪器时，指示灯亮。

② 辉度(INTEN)：控制显示亮度。

③ 聚焦(FOCUS)：供调出最佳清晰度。

④ 刻度照明(SCALE)：控制刻度照明的亮度。

⑤ 扫迹旋转(TRACE ROTATION)：机械地控制扫迹与水平刻度线平行。

⑥ 接地：输入信号源与本仪器连接的接地端。

⑦ 垂直方式(Y 方式)：选择垂直工作方式和 X-Y 工作方式。

以下方式可供选择：

通道 1 CH1：仅显示通道 1。在 X-Y 显示时，通道 1 的作用由触发源开关决定。

通道 2 CH2：仅显示通道 2。在 X-Y 显示时，通道 2 的作用也由触发源开关决定。

双踪(DUAL)：两个通道的信号双踪显示。在这一方式下，将扫描速度置于每格 0.5ms 范围时为断续显示，置于每格 0.2ms 以上范围时为交替显示。

相加(ADD)：加入通道 1 和通道 2 输入端的信号代数相加并在示波管屏幕上显示其和。通道 2“极性”开关可使显示为 CH1＋CH2 或 CH1－CH2。

⑧ 位移(拉出增益×5)(PULL×5MAG)：控制所显示波形的垂直位移。此旋钮也是用作控制灵敏度扩展 5 倍的推拉开关。

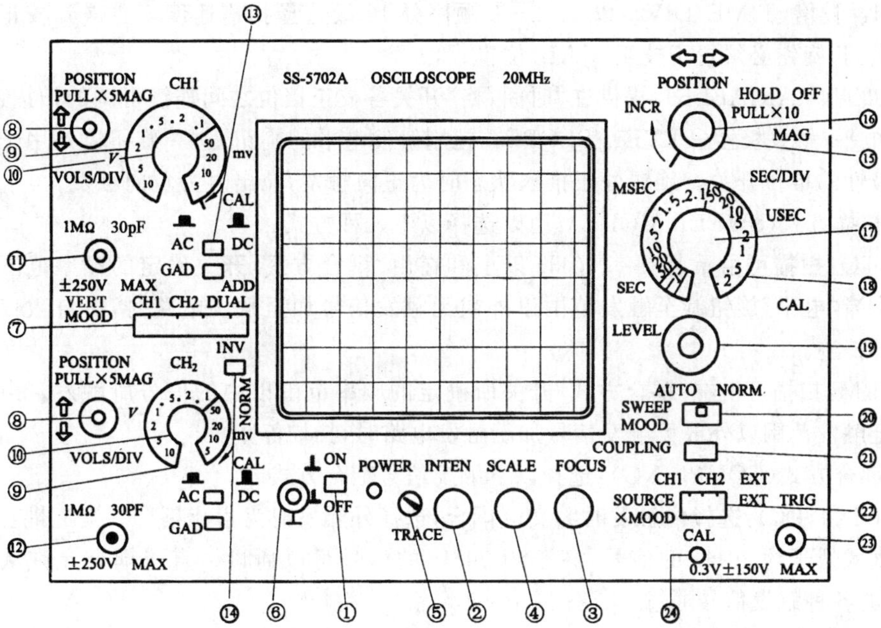

(a)

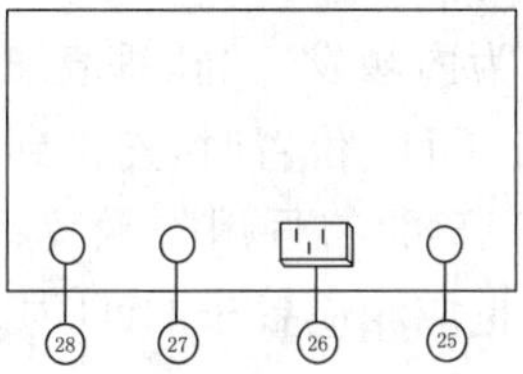

(b)

图 3－17－1

⑨ 伏特/格(VOLTS/DIV):按 1～2～5 序列分 11 挡选择垂直偏转因数。要获得校正的偏转因数,微调旋钮必须置于校正(CAL)位置。

⑩ 微调(VARIABLE):提供在“伏特/格”开关各校正挡位之间连续可调的偏转因数。

⑪、⑫ 通道 1、通道 2 输入端(CH1、CH2 INPUT):通道 1、通道 2 偏转信号或 X-Y 显示方式下的 Y 轴、X 轴偏转信号的输入端。

⑬ 交流-地-直流(AC－GND－DC):用以选择以下耦合方式的开关。

AC:信号经电容耦合到垂直放大器,信号的直流成分被阻断。低频极限(低端－3dB点)约为 4Hz。

GND:输入信号从垂直放大器的输入端断开且输入端接地,输入信号不接地。

DC:输入信号的所有成分都送入垂直放大器。

⑭ 极性(POLARITY):用以转换通道 2 显示极性的开关。当按钮处于按入位置时,极性反相。

⑮ ⇔位移(⇔ POSITION):控制显示的水平位移。

⑯ 扫描长度(拉出扩展 10 倍)(SWEEP LENGTH(PULL×10MAG)):控制显示扫描长度的旋钮。此旋钮也是用作控制显示扫描速度扩展 10 倍的推拉开关。

⑰ 时间/格(TIME/DIV):以1～2～5顺序分18级选择扫描速度。要得到校正的扫描速度,“微调”旋钮必须置于校正(CAL)位置。

⑱ 微调(VARIABLE):提供在“时间/格”开关各校正挡位之间连续可调的扫描速度。

⑲ 电平/触发极性(LEVEL/SLOPE):控制触发电平的旋钮,这一旋钮也是用于控制选择触发极性的推拉开关。旋钮处于推入状态时为正向触发,拉出时为负向触发。

⑳ 扫描方式(SWEEP MODE):用以选择以下几种方式。

AUTO:扫描可由重复频率50Hz以上和在由“耦合方式”开关确定的频率范围内的信号触发。当“电平”旋钮旋至触发范围以外或无触发信号加至触发电路时,由自激扫描产生一个基准扫迹。

NORM:扫描可由在“耦合方式”开关所确定的频率范围以内的信号所触发。当“电平”旋钮旋至触发范围以外或无触发信号加至触发电路时,扫描停止。

㉑ 耦合方式(COUPLING):选择以下触发信号耦合方式。

AC(EXT DC):选择内触发时为交流耦合,选择外触发时为直流耦合。交流耦合截止到直流和衰减低于约20Hz的信号,高于约20Hz的信号可以通过。直流耦合允许从直流至20MHz的各种触发信号通过。

TV-V:这种耦合方式适用于全电视信号的测试。

㉒ 触发源(SOURCE):选择触发信号源。

CH1/CH2:置于这两个位置时为内触发。当“垂直工作方式”开关置于“双踪”时,下列信号被用于触发:当触发源开关处于CH1位置时,连接到CH1 INPUT端的信号用于触发;处于CH2位置时连接到CH2 INPUT的信号用作触发;当“垂直工作方式”开关置于CH1或CH2时,触发信号源开关的位置也应相应置于CH1或CH2。

EXT:触发信号从连接到触发信号输入端的信号中取得。

㉓ 输入端(INPUT):外触发信号或外水平信号输入端。

㉔ 校正输出(CAL OUT):0.3V校正电压输出端。

㉕ Z轴输入端(Z AXIS INPUT):外辉度调制信号输入端。

㉖ 交流电源输入端(AC LINE INPUT):连接电源线的插口。

㉗ 保险(FUSE):容纳0.3A慢熔断保险管的保险座。

㉘ 连接大地的接地端。

3. XJ1630型函数信号发生器面板介绍

前面板和后面板的布局图如图3-17-2。

前面板上各控制机件的名称和作用:

① 电源开关(POWER):仪器的电源开关,揿入(ON)为电源接通。

② 指示灯:电源通指示灯亮。

③ 函数开关(FUNCTION):由3个互锁的按键开关组成,用来选择输出波形:方波、三角波、正弦波。每按一次仅可对3种波形中的一种进行选择。

④ 频率挡级(RANGE):由7个按键组成的一组互锁开关,用来选择信号的频率挡级。每按一次仅可对7挡频率中的一挡进行选择。该7挡频率挡级为:1、10、100、1k、10k、100k、1M(Hz)。

⑤ 度盘读数调节器:为一个带有度盘指针的可调电位器,可以调节信号的输出频率。

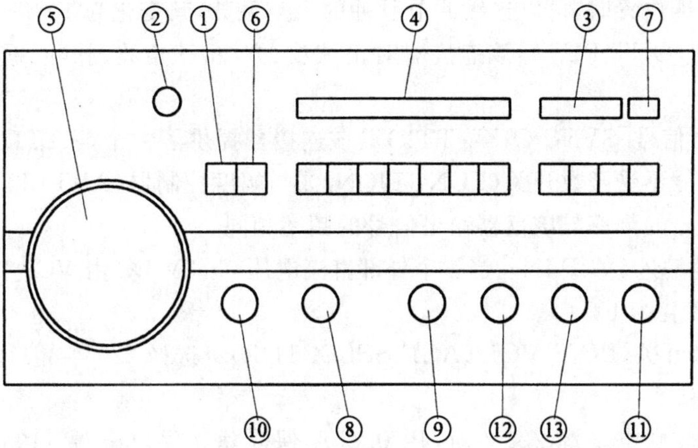

(前面板)

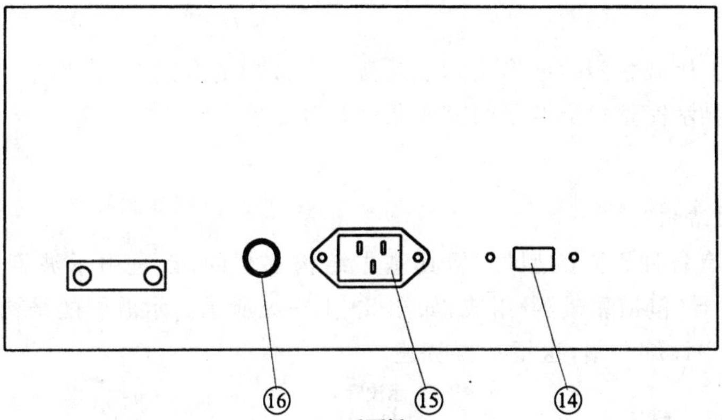

(后面板)

图 3－17－2 XJ1630 型函数信号发生器面板分布图

其最大读数为 2.0×频率挡级,最小读数为 0.1×频率挡级。

注:该电位器可以 360°旋转,但仪器选择的有效调节范围为 300°。面板上没有刻度指示的扇形区为无效区域,度盘指针位于该区域时,仪器不能正确工作,但不是故障。

⑥ 反向控制器(INVERT):当按键弹出时,输出脉冲信号不反向;揿入时,输出脉冲信号反向。

⑦ 衰减器(ATTENUATOR):按键弹出时,输出信号不衰减,当揿入时,输出信号衰减 30dB。

⑧ 直流偏置(DC OFF SET):当该旋钮被拉出时,可有一个直流偏置电压被加到输出信号上,该直流偏置电压可在－10V～＋10V 变化。当该旋钮被推入时,输出信号没有加上直流偏置电压。

⑨ 信号幅度(AMPLITUDE):可控制输出信号幅度的大小。顺时针方向旋转到底输出信号幅度为最大。

⑩ 占空系数锯齿波/脉冲(DUTY RAMP/PULSE):该控制器用来调整方波或三角波的占空系数,当控制器置于校准位置"CAL"时(反时针旋转到底),占空系数约 50%,输出的为方波。正弦波、三角波,其度盘指示的频率为有效。

当置于非校准位置时，可以连续调节脉冲的占空系数，其变化为10%～90%。

⑪ 信号输出(OUT PUT)：该连接器对正弦波、方波、三角波、脉冲、锯齿波各种波形可输出信号。

⑫ 同步输出信号[SYNC OUT(TTL)]：该连接器提供了一个与TTL电平兼容的同步输出信号。该信号不受函数开关(FUNCTION)③与幅度控制器(AMPLITUDE)⑨的影响。同步输出信号的频率与该仪器输出信号的频率相同。

⑬ 压控振荡输入(VCF IN)：当一个外部直流电压0～5V DC由VCF IN输入时，函数发生器的信号频率变化为100∶1。

⑭ 电源转换开关(LINE VOLTAGE SELECTOR)可选择220V或110V的供电电源。

⑮ 电源插座。

⑯ 保险丝座：供电电源220V时，用0.25A保险丝。供电电源110V时，用0.5A保险丝。

【预习思考题】

(1) 荧光屏上所观察到的波形实际上是哪两个波形的合成？

(2) 示波器显示完整稳定波形的充要条件是什么？

【实验原理】

1. 示波器的结构

尽管示波器有各种不同的型号，但其基本结构都相同，都是由示波管、锯齿波发生器、*X*、*Y*轴电压放大器(包括衰减器)组成，如图3-17-3所示。示波管的结构和工作原理在电子的荷质比实验中详细介绍，这里不再赘述。

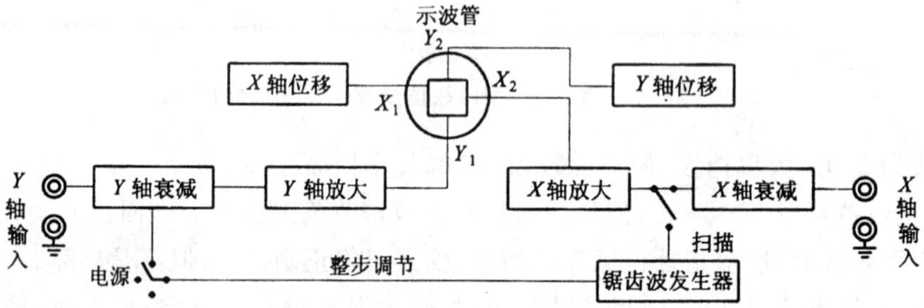

图3-17-3

(1) 电压放大器和衰减器。

由于示波管本身的*X*及*Y*轴偏转板的灵敏度不高，当加于偏转板的信号电压较小时，电子束不能发生足够的偏转，以至屏上光点位移过小，不便观测，这就要求我们预先把小的信号电压加以放大再加到偏转板上。为此，设置*X*轴和*Y*轴电压放大器。

从“*Y*轴输入”与“地”两端接入的输入电压，经*Y*轴衰减器衰减后，作用于“*Y*轴放大器”(也称增幅器)。经放大后与“*Y*轴位移”一起作用于Y_1-Y_2两偏转板，能使示波管屏上光点位移增大。

“衰减器”的作用是使过大的输入电压变小，以适应*Y*轴放大器的要求。衰减率通常分为3挡：1、1/10、1/100。但习惯上仪器面板上用其倒数：1、10、100。值得注意的是，过大的输入信号电压还可通过探头进行衰减。

X 轴的衰减器和放大器与 Y 轴的作用相同。

(2) 锯齿波发生器。

锯齿波发生器是产生锯齿波电压的，在 X 轴偏转板加上与时间成正比的线性电压，又称锯齿波电压，这时电子束在荧光屏上的亮点由左匀速地向右运动，到右端后马上又回到左端，该过程称为扫描。电子束在荧光屏上的扫描是周而复始的。如果重复的频率较大时，在荧光屏上看到的是一条水平亮线。

2. 示波器波形显示原理

(1) 示波器的扫描。

若将一个周期性的交变信号如正弦电压信号 $U_y = U_0 \sin\omega t$ 加到 Y 偏转板上而 X 偏转板不加信号电压，则荧光屏上的光点只是做上下方向的正弦振动，振动的频率较快时，荧光屏上呈现一条竖直亮线。要在荧光屏上展现出正弦波形，这就需要光点沿 X 轴方向展开，必须在 X 偏转板上加随时间作线性变化的电压，即上述的锯齿波电压，又称扫描电压。

在 Y 轴转板上的信号电压与 X 轴偏转板上的扫描电压同时作用下，电子束既有 Y 方向的偏转，又有 X 方向的偏转，穿过偏转板的电子束就可在荧光屏上显示出信号电压的波形，若扫描电压和信号电压周期完全一致，则荧光屏上显示的图形是一个完整的正弦波，如图 3－17－4 所示。

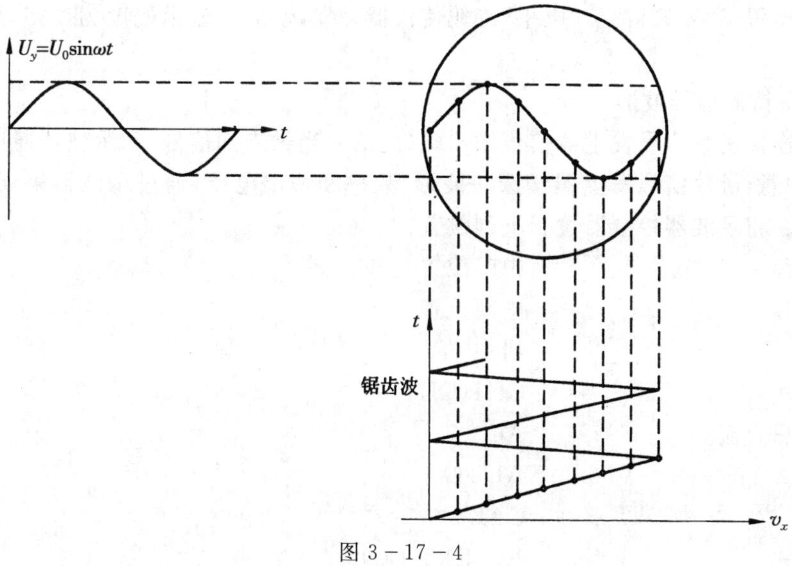

图 3－17－4

(2) 示波器的整步。

要看到输入信号的一个完整波形，必须使扫描电压的周期大于或等于输入信号的周期。而欲看到一个稳定波形，则要求扫描电压周期每个相同的相位点都时刻与输入信号的相同相位点保持不变，即要求扫描电压周期 T_s 与输入信号电压周期 T_i 的关系必须是整倍量：

$$T_s = nT_i (n=1,2,3,\cdots)$$

这就是示波器显示完整稳定波形的充要条件。n 表示完整稳定波形的数目。

一般情况下，被测信号周期 T_i 与扫描信号周期 T_s 难以调节成准确的整数倍，为此，采用输入信号去控制扫描信号的频率(或周期)，使 $T_s = nT_i$ 严格成立，电路的这个控制作用，称为整步(或称同步)。

【实验内容】

1. 实验步骤

(1) 熟悉示波器上各旋钮的功能和用法(表 3－17－1)。

(2) SS-5702A 型示波器使用前检查各旋钮的位置和正常工作的波形图。

表 3－17－1

控制机件	作用位置	控制机件	作用位置
垂直位移↑↓	居中	微调(CH1)	CAL
水平位移⇆	居中	耦合方式	AC(EXT DC)
辉度	居中	触发源	CH1
垂直方式	CH1	时间/格	0.2ms
扫描方式	AUTO	伏特/格	50mV
DC－⊥－AC	⊥	扫描长度	顺时针旋到底

接通电源开关,大约 15s 后出现扫描基线,调节“水平位移”、“垂直位移”钮,使扫迹移至荧光屏观测区域的中央。调“辉度”旋钮使扫迹的亮度适中,调节“聚焦”旋钮使扫迹纤细清晰。用探头将本机 0.3V、1kHz 的校准信号连接到通道 1 输入端,输入耦合置于“AC”位置,将探头衰减比置于“×1”,调节“电平”旋钮使仪器触发,使屏上显示幅度为 6 格,周期为 5 格的方波。

(3) 观察待测信号波形。

用导线连接函数信号发生器信号输出端(此信号当做未知信号)和示波器通道 1(或通道 2)输入端(注意:函数信号发生器任选一波形、频率和输出电压,通过示波器来观察波形,测频率、电压)。将示波器控制器置于下列位置:

垂直位移	中间位置
水平位移	中间位置
辉度	居中
垂直方式	CH1(CH2)
交流-地-直流	AC
扫描方式	AUTO
微调	CAL
耦合方式	AC(EXT DC)
触发源	CH1(CH2)

调节“电平”旋钮,使荧光屏上显示稳定的波形,调节“伏特/格”旋钮,使波形幅度适当,调节“时间/格”挡位,使信号易于观测。

(4) 测量。

① 电压测量。

在测量时一般把“VOLTS/DIV”开关的微调装置以顺时针方向旋至满度的校准位置,这样可以按“VOLTS/DIV”的指示值直接计算被测信号的电压幅值。

交流电压的测量:当只需测量被测信号的交流成分时,应将 Y 轴输入耦合方式开关置“AC”位置,调节“VOLTS/DIV”开关,使波形在屏幕中显示的幅度适中,调节“电平”旋钮使波形稳定，分别调节 Y 轴和 X 轴位移，使波形显示值方便读取，如图 3－17－5 所示。根据“VOLTS/DIV”的指示值和波形在垂直方向显示的坐标(DIV)，按下式读取：

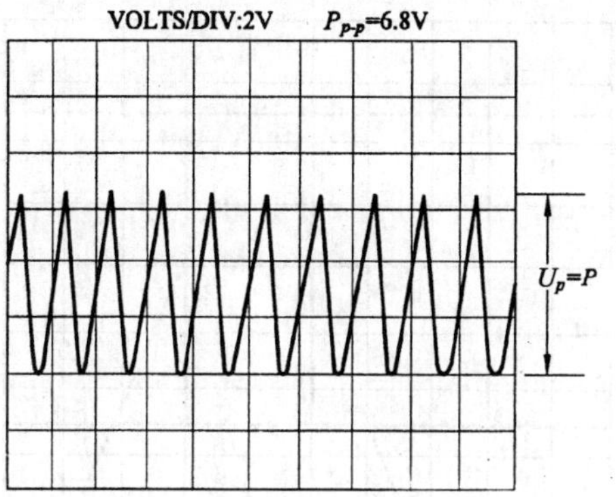

图 3－17－5

$$U_{p-p}=\mathrm{V/DIV}\times H(\mathrm{DIV})$$

$$U_{有效值}=\frac{U_{p-p}}{2\sqrt{2}}$$

$$\mathrm{VOLTS/DIV}:2\mathrm{V}, U_{p-p}=6.8\mathrm{V}$$

$$\mathrm{VOLTS/DIV}:0.5\mathrm{V}, U=1.8\mathrm{V}$$

直流电压的测量：当需要测量被测信号的直流成分的电压时，应先将 Y 轴耦合方式开关置“GND”位置，调节 Y 轴位移使扫描线在一个合适的位置上，再将耦合方式开关转换到“DC”位置，调节“电平”使波形同步。根据波形偏移原基线的垂直距离，用上述方法读取该信号的各个电压值，如图 3－17－6 所示。

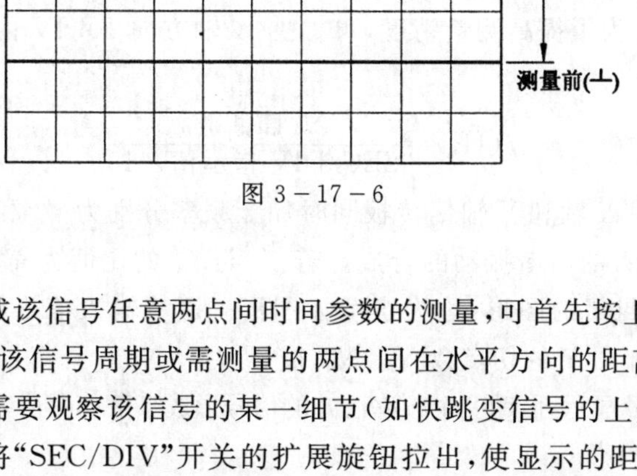

图 3－17－6

② 时间测量。

对某信号的周期或该信号任意两点间时间参数的测量，可首先按上述操作方法，使波形获得稳定同步后，根据该信号周期或需测量的两点间在水平方向的距离乘以“SEC/DIV”开关的指示值获得。当需要观察该信号的某一细节(如快跳变信号的上升或下降时间)时，如图 3－17－7 所示，可将“SEC/DIV”开关的扩展旋钮拉出，使显示的距离在水平方向得到 5 倍的扩展，调节 X 轴位移，使波形处于方便观察的位置，此时测得的时间值应除以 5。

③ 频率测量。

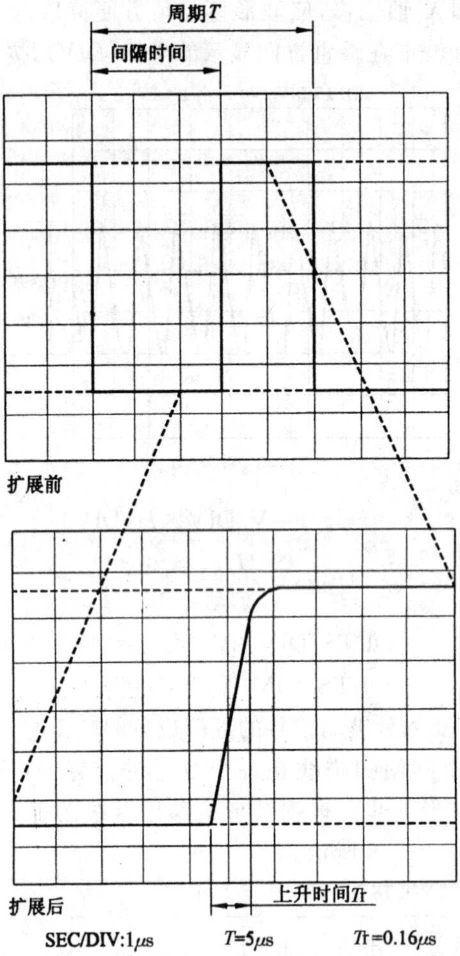

图 3－17－7

周期倒数法：对于重复信号的频率测量，可先测出该信号的周期，再根据公式 $f(\text{Hz})=\frac{1}{T(\text{s})}$ 计算出频率值，若被测信号的频率较高，即使将"SEC/DIV"开关已调至最快挡，屏幕中显示的波形仍然较密，为了提高测量精度，可根据 X 轴方向 10DIV 内显示的周期数用下式计算

$$f(\text{Hz})=\frac{N(\text{周期数})}{\text{SEC/DIV 指示值}\times 10}$$

李萨如图法：如果 X 轴和 Y 轴偏转板同时加上频率分别为 f_x 和 f_y 的正弦电压，光点的运动是两个相互垂直的简谐振动的合成。若 f_x 与 f_y 的比值为简单整数比时，则光点合成运动的轨迹是一个封闭的图形，称为李萨如图形。调节输入信号频率，当封闭图形稳定时，测出图形与坐标轴 X、Y 的切点数 N_x、N_y，按 $N_x f_x = N_y f_y$ 计算被测信号的频率。

将示波器进行 X-Y 显示，借助一个频率已知的信号形成李萨如图形，如图 3－17－8 所示。

2. 注意事项

(1) 接入电源前，要检查电源电压和仪器规定的使用电压是否相符。

(2) 各旋钮转动时切忌用力过猛。

f_y:f_x	1:1	1:2	1:3	2:3	3:2	3:4	2:1
李萨如图形	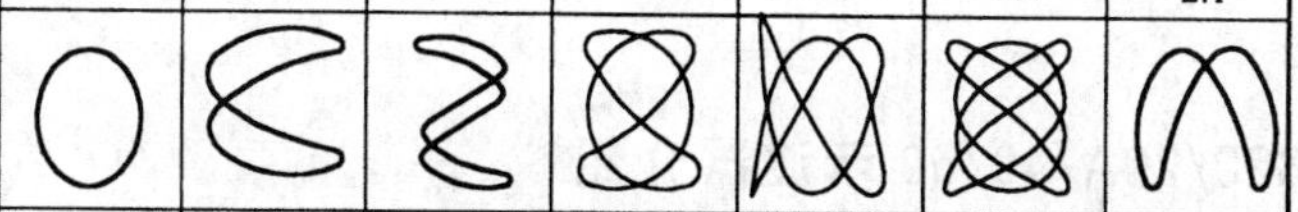						
N_x	1	1	1	2	3	3	2
N_y	1	2	3	3	2	4	1
f_x Hz	100	100	100	100	100	100	100
f_y Hz	100	50	100/3	200/3	150	75	200

图 3－17－8

(3) 为了保护荧光屏不被灼伤，使用时，光点亮度不能太强，而且也不能让光点长时间停在荧光屏的一点上。

(4) 示波器应聚焦良好。

【数据记录】

数据表格分别如表 3－17－2、表 3－17－3 所示。

表 3－17－2　观察与测量电压波形

波形	电压峰—峰值			周　期			频　率
	V/div	div	U_{p-p}/V	ms/div	div	T_y/ms	f_y/kHz

表 3－17－3　观察李萨如图形，测正弦信号频率

李萨如图形	f_x/kHz	n_y	n_x	$f_y=\frac{N_x}{N_y}f_x$/kHz	$\overline{f}_y$/kHz

【思考题】

(1) 用示波器观察正弦波时，在荧光屏上出现下列现象，试解释：①屏上呈现一竖直亮线；②屏上呈现一水平亮线；③屏上呈现一光点。

(2) 示波器电平旋钮的作用是什么？什么时候需要调节它？观察李萨如图形时，能否用它把图形稳定下来？

(3) 欲用示波器观察回路电流随时间变化的波形，应采用什么线路实现？试绘出线路图并加以说明。

【附Ⅰ】YB4320/20A/40/60 示波器介绍

YB4320/20A/40/60 前面板示意图如图 3－17－9 所示，后面板示意图如图 3－17－10 所示。

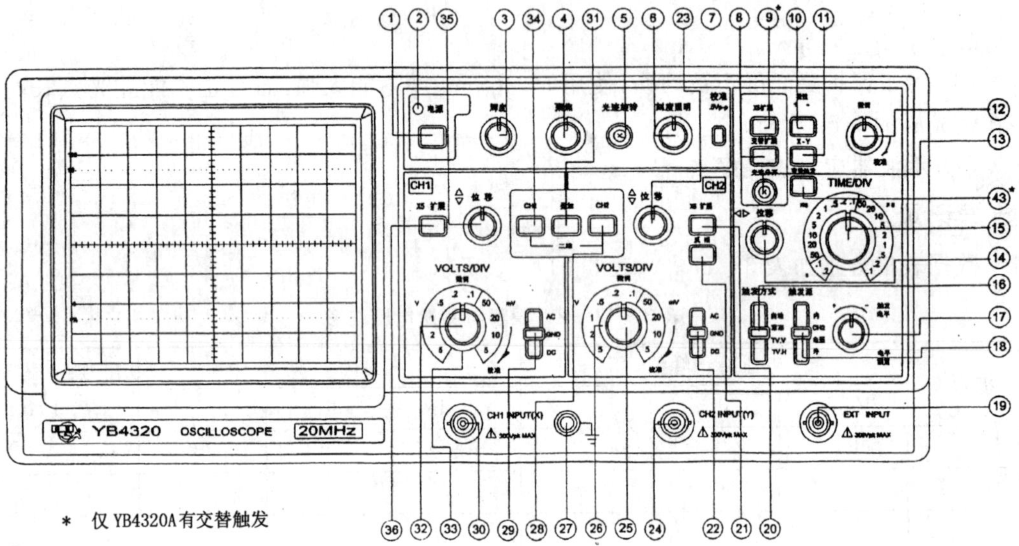

* 仅 YB4320A 有交替触发

图 3－17－9　YB4320/20A/40/60 前面板示意图

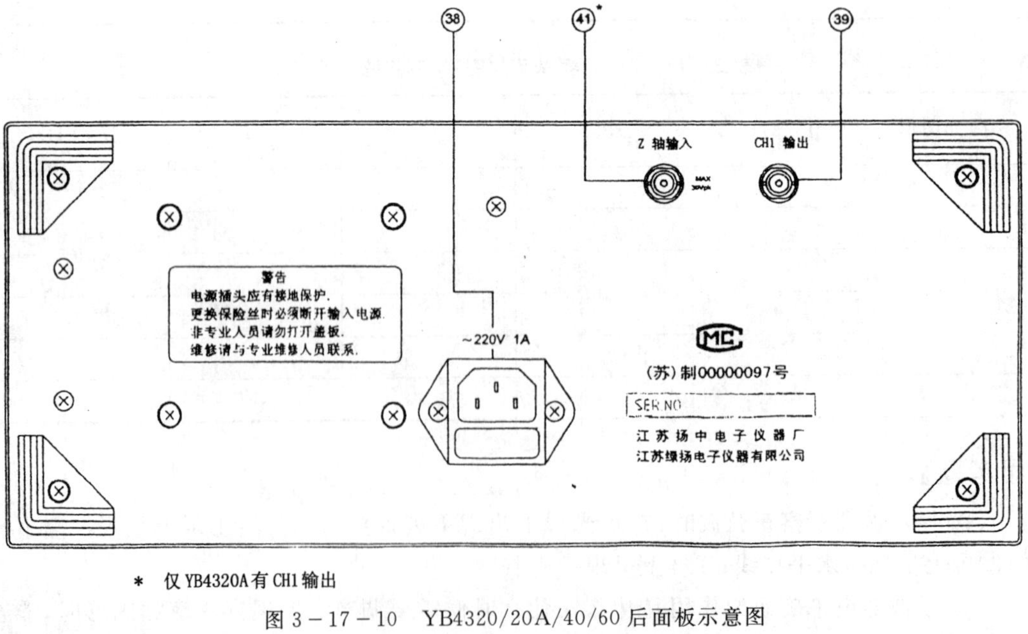

* 仅 YB4320A 有 CH1 输出

图 3－17－10　YB4320/20A/40/60 后面板示意图

面板控制键作用说明：

1. 主机电源

㊳交流电源插座，插座下端装有保险丝。

检查电压选择器上标明的额定电压，并使用相应的保险丝。该电源插座用于连接交流电源线。

① 电源开关(POWER)：将电源开关按键弹出即为“关”位置，将电源线接入，按电源开关，以接通电源。

② 电源指示灯：电源接通时指示灯亮。

③ 亮度旋钮(INTENSITY)：顺时针方向旋转旋钮，亮度增加。

接通电源之前将该旋钮逆时针方向旋转到底。

④ 聚焦旋钮(POCUS)：用亮度控制钮将亮度调节至合适的标准，然后调节聚焦控制钮直至轨迹达到最清晰的程度。虽然调节亮度时聚焦可自动调节，但聚焦有时也会轻微变化，如果出现这种情况，需重新调节聚焦。

⑤ 光迹旋转旋钮(TRACE ROTATION)：由于磁场的作用，当光迹在水平方向轻微倾斜时，该旋钮用于调节光迹与水平刻度线平行。

⑥ 刻度照明控制钮(SCALE ILLUM)：该旋钮用于调节屏幕刻度亮度。如果该旋钮顺时针方向旋转，亮度将增加。该功能用于黑暗环境或拍照时的操作。

2. 垂直方向部分

㉚ 通道 1 输入端[CH1 INPUT(X)]：该输入端用于垂直方向的输入。在 X-Y 方式时输入端的信号成为 X 轴信号。

㉔ 通道 2 输入端[CH2 INPUT(Y)]：和通道 1 一样，但在 X-Y 方式时输入端的信号仍为 Y 轴信号。

㉒、㉙交流-接地-直流　耦合选择开关(AC-GND-DC)：选择垂直放大器的耦合方式。

交流(AC)：垂直输入端由电容器来耦合。

接地(GND)：放大器的输入端接地。

直流(DC)：垂直放大器输入端与信号直接耦合。

㉖、㉝衰减器开关(VOLT/DIV)：用于选择垂直偏转灵敏度的调节。如果使用的是 10∶1的探头，计算时将幅度×10。

㉕、㉜垂直微调旋钮(VARIBLE)：垂直微调用于连续改变电压偏转灵敏度。此旋钮在正常情况下应位于顺时针方向旋到底的位置。将旋钮逆时针方向旋到底，垂直方向的灵敏度下降到 2.5 倍以上。

⑳、㊱CH1×5 扩展、CH2×5 扩展(CH1×5MAG、CH2×5MAG)：按下×5 扩展按键，垂直方向的信号扩大 5 倍，最高灵敏度变为 1mV/div。

㉓、㉟垂直移位(POSITION)：调节光迹在屏幕中的垂直位置。

垂直方式工作按钮(VERTICAL MODE)：选择垂直方向的工作方式。

㉞通道 1 选择(CH1)：屏幕上仅显示 CH1 的信号。

㉘通道 2 选择(CH2)：屏幕上仅显示 CH2 的信号。

㉞、㉘双踪选择(DUAL)：同时按下 CH1 和 CH2 按钮，屏幕上会出现双踪并自动以断续或交替方式同时显示 CH1 和 CH2 上的信号。

㉛叠加(ADD)：显示 CH1 和 CH2 输入电压的代数和。

㉑CH2 极性开关(INVERT):按此开关时 CH2 显示反相电压值。

3. 水平方向部分

⑮扫描时间因数选择开关(TIME/DIV):共 20 挡,在 0.1μs/div～0.2s/div 范围选择扫描速率。

⑪X-Y 控制键:如 X-Y 工作方式时,垂直偏转信号接入 CH2 输入端,水平偏转信号接入 CH1 输入端。

㉓通道 2 垂直移位键(POSITION):控制通道 2 在屏幕中的垂直位置,当工作在 X-Y 方式时,该键用于 Y 方向的移位。

⑫扫描微调控制键(VARIBLE):此旋钮以顺时针方向旋转到底时处于校准位置,扫描由 TIME/DIV 开关指示,该旋钮逆时针方向旋转到底,扫描减慢 2.5 倍以上。正常工作时,该旋钮位于校准位置。

⑭水平移位(POSITION):用于调节轨迹在水平方向移动。顺时针方向旋转该旋钮向右移动光迹,逆时针方向旋转向左移动光迹。

⑨ 扩展控制键(MAG×5)、(MAG×10,仅 YB4360):按下去时,扫描因数×5 扩展或×10 扩展。扫描时间是 TIME/DIV 开关指示数值的 1/5 或 1/10。

例如,×5 扩展时,100μs/DIV 为 20μs/DIV。

部分波形的扩展:将波形的尖端移到水平尺寸的中心,按下×5 或×10 扩展按钮,波形将扩展 5 倍或 10 倍。

⑧ALT 扩展按钮(ALT-MAG):按下此键,扫描因数×1、×5 或×10 同时显示,此时要把放大部分移到屏幕中心,按下 ALT-MAG 键(图 3-17-11)。

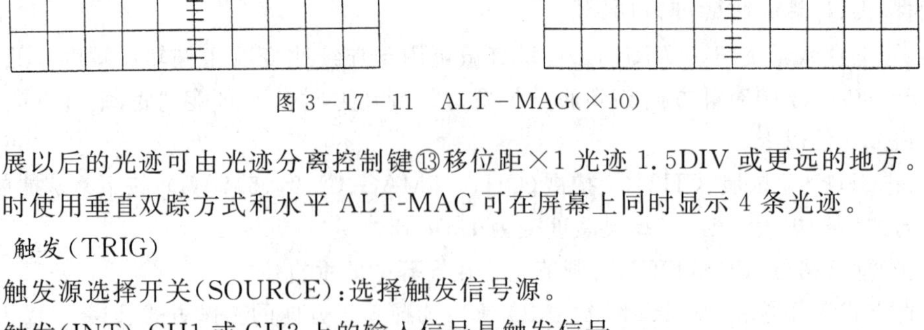

图 3－17－11　ALT－MAG(×10)

扩展以后的光迹可由光迹分离控制键⑬移位距×1 光迹 1.5DIV 或更远的地方。

同时使用垂直双踪方式和水平 ALT-MAG 可在屏幕上同时显示 4 条光迹。

4. 触发(TRIG)

⑱触发源选择开关(SOURCE):选择触发信号源。

内触发(INT):CH1 或 CH2 上的输入信号是触发信号。

通道 2 触发(CH2):CH2 上的输入信号是触发信号。

电源触发(LINE):电源频率成为触发信号。

外触发(EXT):触发输入上的触发信号是外部信号,用于特殊信号的触发。

㊸交替触发(ALT TRIG):在双踪交替显示时,触发信号交替来自于两个 Y 通道,此方

式可用于同时观察两路不相关信号。

⑲外触发输入插座(EXT INPUT):用于外部触发信号的输入。

⑰触发电平旋钮(TRIG LEVEL):用于调节被测信号在某一电平触发同步。

⑩触发极性按钮(SLOPE):触发极性选择。用于选择信号的上升沿和下降沿触发(图 3-17-12)。

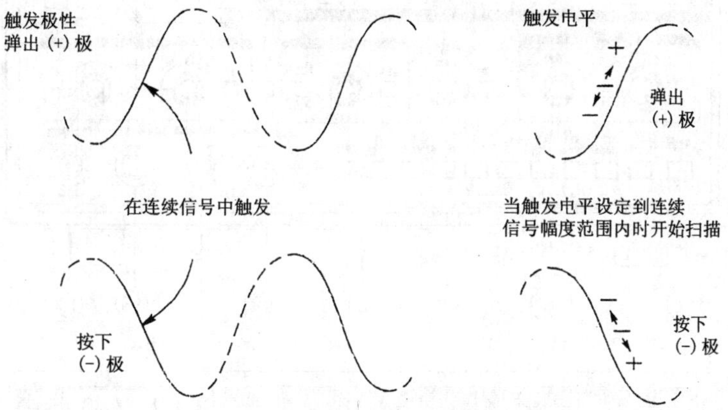

图 3-17-12

⑯触发方式选择(TRIG MODE)。

自动(AUTO):在自动扫描方式时扫描电路自动进行扫描。在没有信号输入或输入信号没有被触发同步时,屏幕上仍然可以显示扫描基线。

常态(NORM):有触发信号才能扫描,否则屏幕上无扫描线显示。当输入信号的频率低于 20Hz 时,请用常态触发方式。

TV-H:用于观察电视信号中行信号波形。

TV-V:用于观察电视信号中场信号波形。

注意:仅在触发信号为负同步信号时,TV-V 和 TV-H 同步。

㊶Z 轴输入连接器(后面板)(Z AXIS INPUT):Z 轴输入端。加入正信号时,辉度降低;加入负信号时,辉度增加。常态下的 $5U_{p-p}$ 的信号就能产生明显的调辉。

㊴通道 1 输出(CH1 OUT):通道 1 信号输出连接器,可用于频率计数器输入信号。

⑦校准信号(CAL):电压幅度为 $0.5U_{p-p}$、频率为 1kHz 的方波信号。

㉗接地柱⊥:这是一个接地端。

【附Ⅱ】 YB1600P 系列函数信号发生器介绍

如图 3-17-13、图 3-17-14 所示。

① 电源开关(POWER):将电源开关按键弹出即为“关”位置,将电源线接入,按下电源开关以接通电源。

② LED 显示窗口:此窗口指示输出信号的频率,当“外测”开关按入,显示外测信号的频率。如超出测量范围。溢出指示灯亮。

③ 频率调节旋钮(FREQUENCY):调节此旋钮改变输出信号频率,顺时针旋转,频率增大;逆时针旋转,频率减小,微调旋钮可以微调频率。

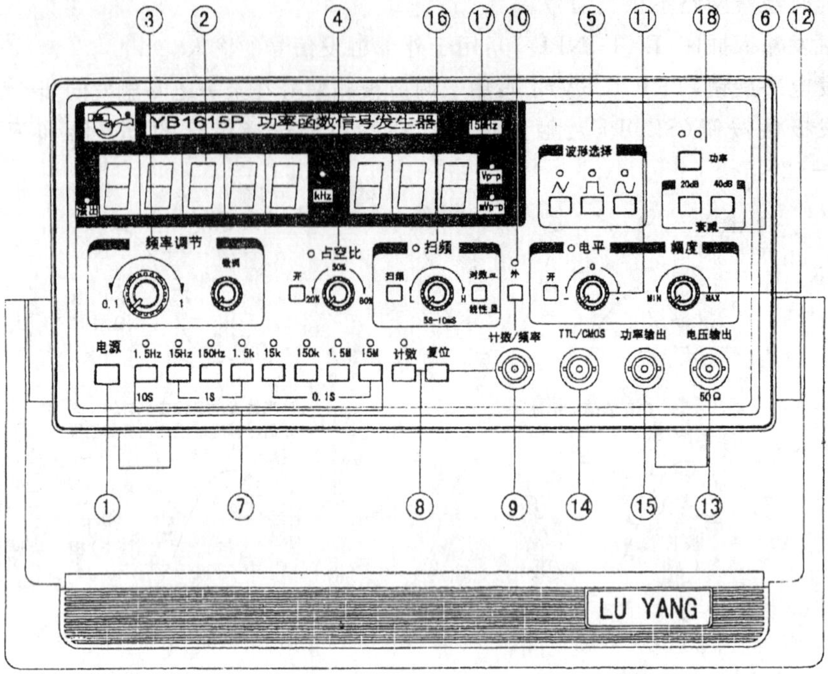

图 3－17－13　YB1600P 系列函数信号发生器前面板

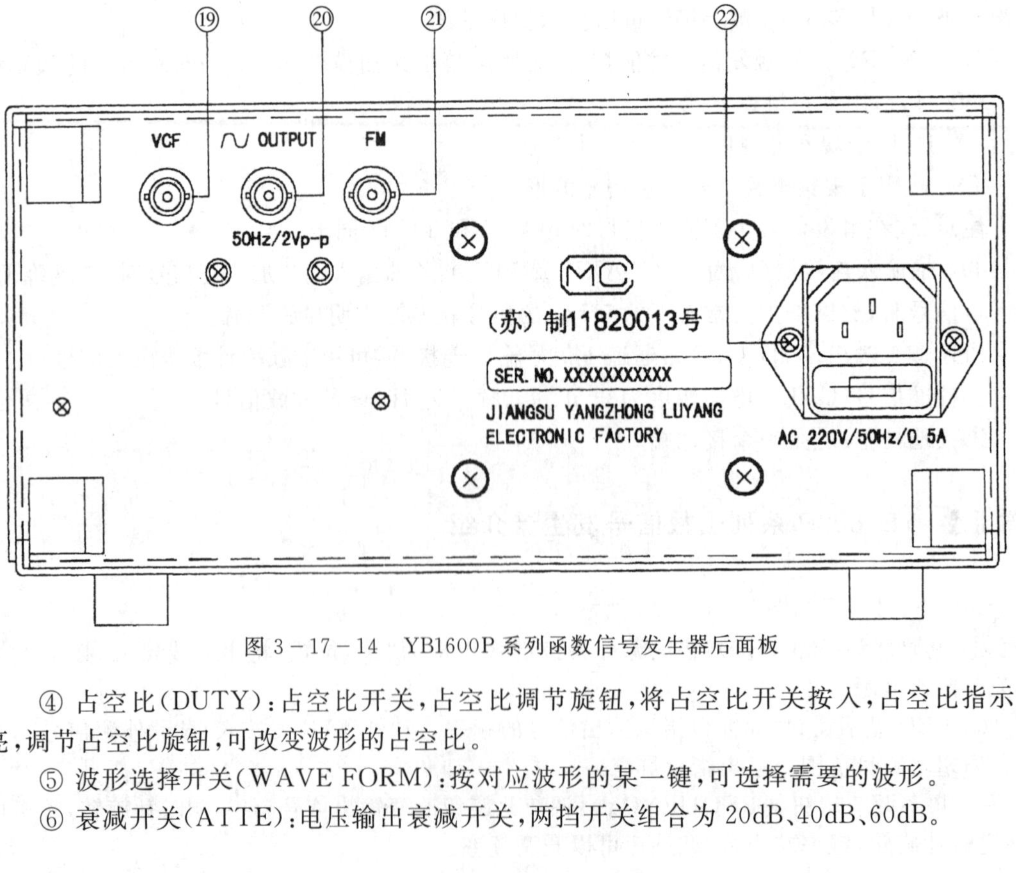

图 3－17－14　YB1600P 系列函数信号发生器后面板

④ 占空比(DUTY)：占空比开关，占空比调节旋钮，将占空比开关按入，占空比指示灯亮，调节占空比旋钮，可改变波形的占空比。

⑤ 波形选择开关(WAVE FORM)：按对应波形的某一键，可选择需要的波形。

⑥ 衰减开关(ATTE)：电压输出衰减开关，两挡开关组合为 20dB、40dB、60dB。

⑦ 频率范围选择开关(兼频率计闸门开关):根据所需要的频率,按其中一键。

⑧ 计数、复位开关:按计数键,LED 显示开始计数,按复位键,LED 显示全为 0。

⑨ 计数/频率端口:计数、外测频率输入端口。

⑩ 外测频开关:此开关按入 LED 显示窗显示外测信号频率或计数值。

⑪ 电平调节:按入电平调节开关,电平指示灯亮,此时调节电平调节旋钮,可改变直流偏置电平。

⑫ 幅度调节旋钮(AMPLITUDE):顺时针调节此旋钮,增大电压输出幅度。逆时针调节此旋钮,可减小电压输出幅度。

⑬ 电压输出端口(VOLTAGE OUT):电压输出由此端口输出。

⑭ TTL/CMOS 输出端口:由此端口输出 TTL/CMOS 信号。

⑮ 功率输出端口:功率输出由此端口输出。

⑯ 扫频:按入扫频开关,电压输出端口输出信号为扫频信号,调节速率旋钮,可改变扫频速率,改变线性/对数开关可产生线性扫频和对数扫频。

⑰ 电压输出指示:3 位 LED 显示输出电压值,输出送 500Ω 负载时应将读数除以 2。

⑱ 功率按键:按入按键上方,左边绿色指示灯亮,功率输出端口输出信号,当输出过载时,右边红色指示灯亮。

⑲ VCF:由此端口输入电压控制频率变化。

⑳ 50Hz 正弦波输出端口:50Hz 约 $2V_{p-p}$正弦波由此端口输出。

㉑ 调频(FM)输入端口:外调频波由此端口输入。

㉒ 交流电源 220V 输入插座。

基本操作方法如下:

打开电源开关之前,首先检查输入的电压,将电源线插入后面板上的电源插孔,如表 3－17－4所示设定各个控制键。

表 3－17－4

电源(POWER)	电源开关键弹出
衰减开关(ATTE)	弹出
外测频(COUNTER)	外测频开关弹出
电平	电平开关弹出
扫频	扫频开关弹出
占空比	占空比开关弹出

所有控制键如上设定后,打开电源。函数信号发生器默认 10k 挡正弦波,LED 显示窗口显示本机输出信号频率。

(1) 将电压输出信号由幅度(VOLTAGE OUT)端口通过连接线送入示波器 Y 输入端口。

(2) 三角波、方波、正弦波产生。

① 将波形选择开关(WALE FORM)分别按正弦波、方波、三角波,此时示波器屏幕上将分别显示正弦波、方波、三角波。

② 改变频率选择开关,示波器显示的波形以及 LED 窗口显示的频率将发生明显变化。

③ 幅度旋钮(AMPLITUDE)顺时针旋转至最大,示波器显示的波形幅度将$\geqslant 20U_{p-p}$。

④ 将电平开关按入,顺时针旋转电平旋钮至最大,示波器波形向上移动,逆时针旋转,示波

器波形向下移动，最大变化量±10V 以上。注意：信号超过±10V 或±5V(50Ω)时被限幅。

⑤ 按下衰减开关，输出波形将被衰减。

(3) 计数、复位。

① 按复位键，LED 显示全为 0。

② 按计数键、计数/频率输入端输入信号时，LED 显示开始计数。

(4) 斜波产生。

① 波形开关置“三角波”。

② 占空比开关按入指示灯亮。

③ 调节占空比旋钮，三角波将变化斜波。

(5) 外测频率。

① 按入外测开关，外测频指示灯亮。

② 外测信号由计数/频率输入端输入。

③ 选择适当的频率范围，由高量程向低量程选择合适的有效数，确保测量精度(注意：当有溢出指示时，请提高一挡量程)。

(6) TTL 输出。

① TTL/CMOS 端口接示波器 Y 轴输入端(DC 输入)。

② 示波器将显示方波或脉冲波，该输出端可作 TTL/CMOS 数字电路实验时钟信号源。

(7) 扫频(SCAN)。

① 按入扫频开关，此时幅度输出端口输出的信号为扫频信号。

② 线性/对数开关，在扫频状态下弹出时为线性扫频，按入时为对数扫频。

③ 调节扫频旋钮，可改变扫频速率，顺时针调节，增大扫频速率，逆时针调节，减小扫频速率。

(8) VCF(压控调频)。

由 VCF 输入端口输入 0V～5V 的调制信号，此时，幅度输出端口输出为压控信号。

(9) 调频(FM)。

由 FM 输入端口输入电压为 10Hz～20kHz 的调制信号，此时，幅度端口输出为调频信号。

(10) 50Hz 正弦波。

由交流 OUTPUT 输出端口输出 50Hz 约 $2V_{p-p}$ 的正弦波。

(11) 功率输出。

按入功率按键，上方左侧指示灯亮，功率输出端口有信号输出，改变幅度电位器，输出幅度随之改变，当输出过载时，右侧指示灯亮。

实验十八 电子束实验

带电子粒子在电场和磁场中的运动规律，已在近代物理及电子技术中得到广泛运用。如示波管、显像管、雷达指示等器件，就是利用电子束在互相垂直的两方向上偏移，以使电子束能够到达电子接受器的任何位置这一基本原理制成的。本实验采用 DS-Ⅲ电子束实验仪来研究电子束的电偏转、磁偏转、电聚焦和磁聚焦。

【实验目的】

(1) 了解示波管的结构和各电极的作用。

(2) 掌握用外加电场、磁场使电子束聚焦与偏转的原理和方法。

(3) 测量示波管的电偏灵敏度和磁偏灵敏度。

(4) 测量电子的荷质比。

【实验仪器】

本实验采用 DS-Ⅲ电子束实验仪，仪器面板各旋钮功能如下：

① 栅极电压(辉度)：用以调节加在示波管上的控制栅极上的电压大小，以控制栅极发射电子的数目，从而控制荧光屏上的亮度。

② 聚焦电压：用以调节聚焦极上 A_1 上的电压，以实现电子的聚焦和散焦。

③ 加速电压：用以调节加速阳极 A_2 上的电压，控制电子加速电压的大小，改变电子束的运动速度。

④ 高压转换开关：可选择 U_G、U_1、U_K 旋钮。

⑤ X、Y 位移：调节 X、Y 位移旋钮，可改变 X、Y 偏转板上的预偏电压 ΔU，以便将光点沿 X、Y 轴移动坐标原点。

⑥ 偏转电压 U_{dx}、U_{dy}：用以调节示波管内偏转板上的电压，改变荧光屏上亮点的上下、左右偏转位置。

⑦ 电压粗调、细调：用以调节励磁线圈中电流大小。

⑧ 示波管电源开关：前者用以按通或断开高压变压器的 220V 回路；后者按通或断开励磁电流电源。

⑨ 低压转换开关：可选择 U_{DX}、U_{dy}、U_d 旋钮

⑩ 面板各接口：表示所接励磁线圈借口。

【实验原理】

1. 示波管构造

示波管由三部分组成，如图 3-18-1 所示：①电子枪，它发射电子，把电子加速到一定速度，并聚焦成电子束；② 由两对金属板组成的电子束偏转系统；③荧光屏，用来显示电子的轰击点或图像。

2. 电子在横向电场作用下的运动——电子束的电偏转

电偏转是通过垂直电子束方向上加电场来实现的，如图 3-18-2 所示。电子射线经加

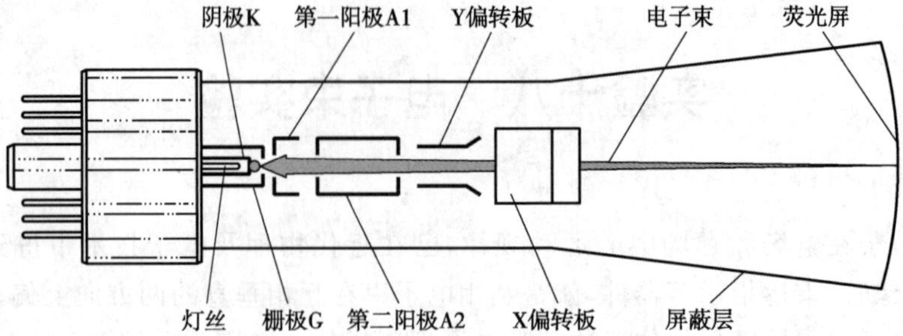

图 3－18－1 示波管结构示意图

速后，以速度 v 向 X 正方向射入，偏转电场 E 与 Y 轴平行，垂直于电子的入射方向，在偏转板区，受电场力的作用，使得通过偏转区的电子束发生偏转。假设最后电子束射在荧光屏上的 P 点处，P 点到入射线的距离为 Y，则可以从电子的运动方程以及功能原理推导出

$$S=K\frac{U_{偏}}{U_2}$$

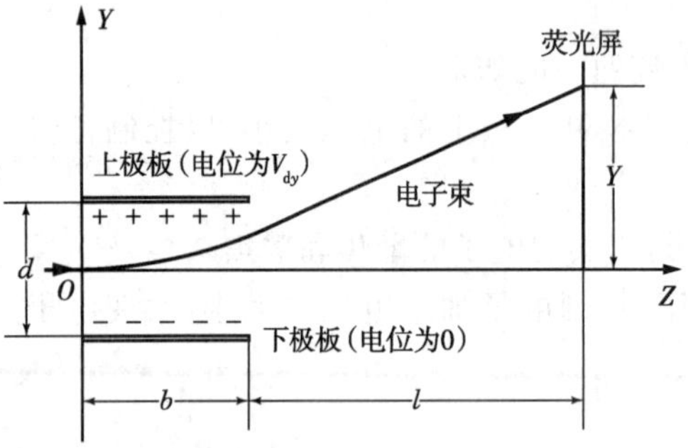

图 3－18－2 电子束的电偏转

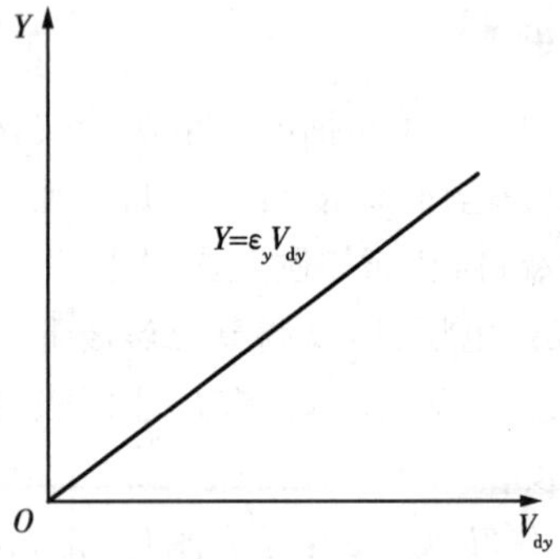

图 3－18－3 $Y-V_{dy}$ 曲线

其中 K 为比例常数，由偏转板及示波管的结构决定。

U_2 为加在第二阳极 A_2 上的电压，它决定了电子束进入偏转区前的速度 v_0，故称 U_2 为加速电压。

从上式中可以看出，当加速电压 U_2 一定时，所加的偏转电压 $U_{偏}$ 越大，光点在荧光屏上偏离的距离 Y 也越大，两者成正比。

对不同的示波管，在偏转板上加相同的电压，光点偏移量各不相同，也就是说，电偏转灵敏度不一样。我们定义电偏灵敏度 δ_e 为：当偏转板上加单位电压时所引起的电子束在荧光屏上的点的位移。

$$\delta_e=\frac{Y}{U_{偏}}=K\frac{1}{U_2}(\text{mm/V})$$

δ_e 越大，表示偏转系统越灵敏，而 δ_e 与加速电压 U_2 成反比，U_2 越大，δ_e 越小。若偏转板上加交变电压，则电子束在屏上为一条亮线，Y 为亮线的长度，$U_{偏}$ 为偏转电压的峰值。

3. 电子在纵向不均匀电场作用下的运动——电子束的电聚焦

从阴极发射的电子在加速电场作用下，会聚于控制栅极孔附近的一点，之后，电子束又散开。为了在屏上得到一个又亮又小的会聚光点，必须把散开的电子束会聚起来，A_1、A_2 是两个相邻的圆筒组成的聚焦系统，在 A_1、A_2 上分别加上不同的电压 U_1、U_2，当 $U_2>U_1$ 时，在 A_1 和 A_2 之间形成一非均匀电场，电场分布情况如图 3－18－4 所示，电场对 Z 轴是对称分布的。电子束中某个散离轴线的电子沿轨道 S 进入聚焦电场，受到电场 $F=eE$ 的作用，如图 3－18－4 所示。在电场的前半区可分解为垂直指向轴线的分力 F_r 与平行轴线的分力 F_z。F_r 的作用向 Z 轴靠拢，F_r 的作用使电子沿 Z 轴方向得到加速。在电场的后半区，电子受到的电场为 F' 可分解为相应的 F'_r 和 F'_z 两个分量。F'_z 的作用仍使电子沿 Z 轴方向加速，而 F'_r 却使电子离开轴线，但因为在整个电场区域里电子都受到同方向的沿 Z 轴的作用力 F_r 和 F'_r 的作用，电子在后半区的轴向速度比在前半区的大得多，因此电子在后半区停留的时间比在前半区停留的时间短，所以受到 F'_r 的作用时间短得多，这样电子在前半区受到的拉向轴线的作用大于在后半区受到的离开轴线的作用，总的作用是使电子向轴线靠拢。适当调节 A_1 和 A_2 上的电压比，便改变电极间的电场分布，使所有离散电子都汇集到轴线上成为很细的电子束打到荧光屏上，看到了小亮点，实现了电子束的聚焦。

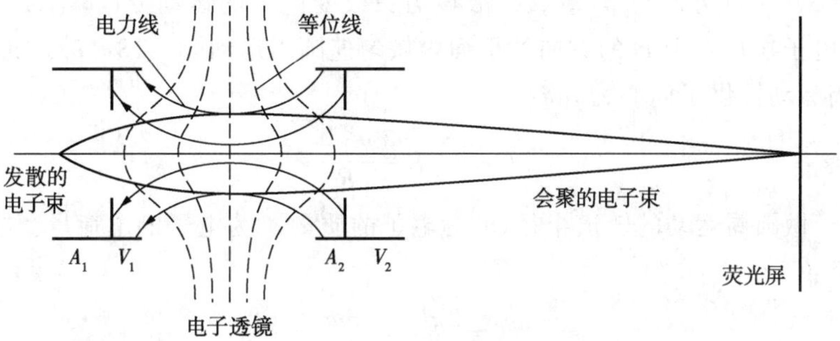

图 3－18－4 电子束的电聚焦

4. 电子在横向磁场作用下的运动——电子束的磁偏转

为了使电子束在磁场中产生偏转，通常在第二阳极 A_2 和荧光屏之间加一均匀横向磁场。如图 3－18－5 所示，电子进入磁场受到洛伦兹力的作用使电子运动轨迹发生偏转。假设电子束射在偏离中心距离的 P 点处，可推得：

$$S=K\frac{1}{\sqrt{U_2}}$$

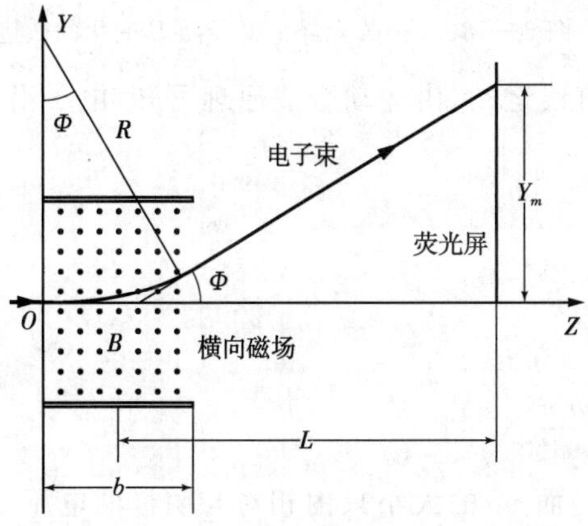

图 3－18－5 电子束的磁偏转

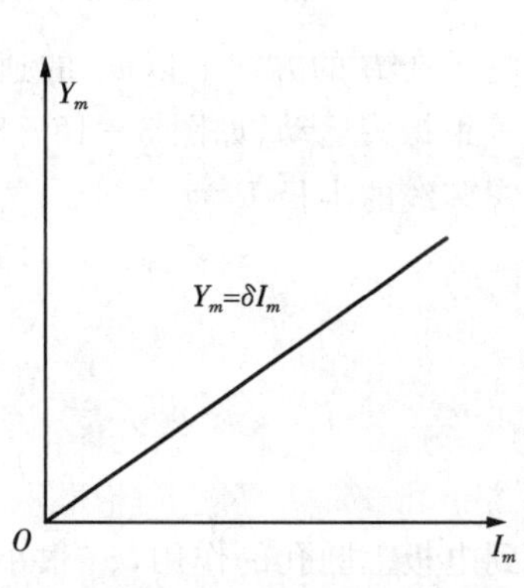

图 3－18－6 Y_m-I_m 曲线

式中，K 为比例系数，由偏转线圈形状、匝数、磁介质常数及示波管的参数决定。U_2 为加在第二阳极 A_2 上的电压。当 U_2 一定时，S 与 I 成正比，其比例系数在数值上等于单位励磁电流所引起的电子束在屏上的偏离距离 Y。若 Y 越大，就表示此偏转系数越灵敏。我们定义磁偏灵敏度为：

$$\delta_m = \frac{Y}{I} = K\frac{1}{\sqrt{U_2}}(\mathrm{mm/V})$$

5. 电子在纵向磁场作用下的运动——验证洛伦兹力

设一速度为 v，在磁感应强度为 B 的均匀磁场中运动的电子，如图 3－18－8 所示，电子将受到洛伦磁力的作用，其中：

$$F = -e(v \times B)$$

将 v 分解成与 B 平行的分量 $v_{/\!/}$ 和与 B 垂直的分量 $v_{\perp}$，则由洛伦磁力公式可知：电子沿着 B 的方向运动时不受力，故沿 B 的方向做匀速直线运动；电子在垂直于 B 的方向上运动时，受力的大小 $f = Bev_{\perp}$，其方向与 $v_{\perp}$ 垂直。故该力只改变电子的运动方向，不改变电子的速度大小，结果使电子在垂直于 B 的方向的平面内做匀速圆周运动(3－18－7)。此处，洛伦磁力为电子做圆周运动提供了向心力，故：

$$f = ev_{\perp}B = \frac{mv_{\perp}^2}{R}$$

式中，R 为电子做圆周运动的轨道半径，m 为电子的质量，e 为电子的电荷量。电子旋转 1 周所需的时间为：

$$T = \frac{2\pi R}{eB} = \frac{2\pi m}{eB}$$

由此可见，只要保持 B 不变，周期 T 是相同的。当 $v_{\perp}$ 不同时，R 也不同，但 T 仍保持不变。

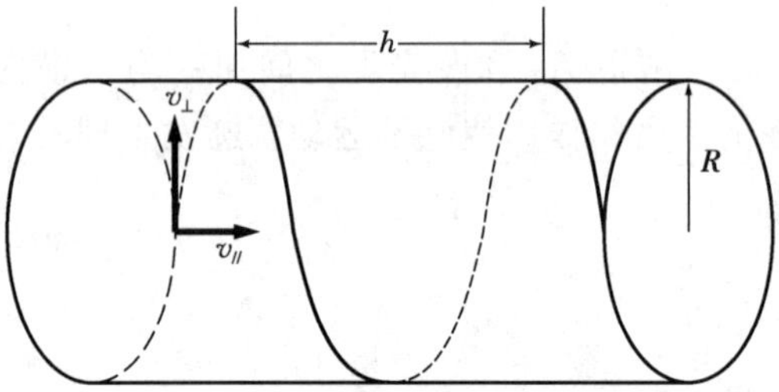

图 3－18－7 电子在纵向磁场中的运动

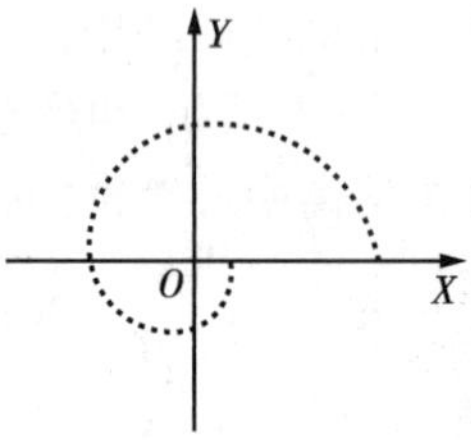

图 3－18－8 荧光屏上电子随 B 变化的轨迹

由于电子在 B 的方向上以 $v_{/\!/}$ 的速度做匀速直线运动，由运动合成原理可知，电子沿 B 的方向做等距螺旋运动，如图 3－18－8 所示。

其中螺旋线的半径 R 为

$$R = \frac{mv_{\perp}}{eB}$$

螺距 h 为

$$h = Tv_{/\!/} = \frac{2\pi mv_{/\!/}}{eB}$$

考虑到电极上圆孔的作用，$v_{\perp}$ 很小，故 R 较大，而 $v_{/\!/}$ 的大小只由相对与阴极的电压 U_2 决定，由功能原理可知：

$$v_{/\!/}=\sqrt{\frac{2eU_2}{m}}$$

则得

$$h=2\pi\sqrt{\frac{2mU_2}{eB^2}} \tag{3-18-1}$$

虽然电子以不同的角度 θ 入射时 $v_\perp$ 不同，在磁场作用下，各电子沿不同半径的螺旋线前进，但各螺旋线的螺距是相等的，与 θ 无关。这一点由(3-18-1)式可以看出。如果示波管中从电子束的交叉点 O 到荧光屏的距离为 l，则当 $l/h=n$ 时($n=1,2,3\cdots$)，散开的电子恰好会聚在荧光屏上，这便是磁聚焦。

6. 电子束的磁聚焦和电子荷质比的测定

利用磁聚焦现象可以测定电子的荷质比$\frac{e}{m}$，调节磁场 B，使螺距 h 正好等于电子束交叉点到荧光屏的距离 l，这时在荧光屏上出现的将是聚焦的一个亮点(图 3-18-9)。

当 $h=l$ 时，由(3-18-1)式可得电子的荷质比为：

$$\frac{e}{m}=\frac{8\pi^2U_2}{l^2B^2} \tag{3-18-2}$$

只要测定 l、B、U_2，便可求出 e/m。

在本实验中，示波管在磁聚焦线圈(长直螺线圈)中间部位，故有：

$$B=\frac{3\pi NI_0\times10^{-7}}{\sqrt{D^2+L^2}} \tag{3-18-3}$$

将(3-18-3)式代入式(3-18-2)得：

$$\frac{e}{m}=\frac{D^2+L^2}{2l^2N^2\times10^{-14}}\times\frac{U_2}{I_0^2} \tag{3-18-4}$$

式中，$K=\frac{D^2+L^2}{2L^2\cdot N^2\times10^{-14}}$为该台仪器常数，$D$ 为螺线管线圈平均直径，$D=0.093\text{m}$，L 为螺线管线圈长度，$L=0.232\text{m}$，N 为螺线管线圈匝数，$N=1500$ 匝，I_0 为光斑进行三次聚焦时对应的励磁电流的平均值。若光斑第一次聚焦的励磁电流为 I_1，则第二次聚焦的电流为 $I_2=2I_1$，第三次 $I_3=3I_1$，则

$$I_0=\frac{I_1+I_2+I_3}{1+2+3} \tag{3-18-5}$$

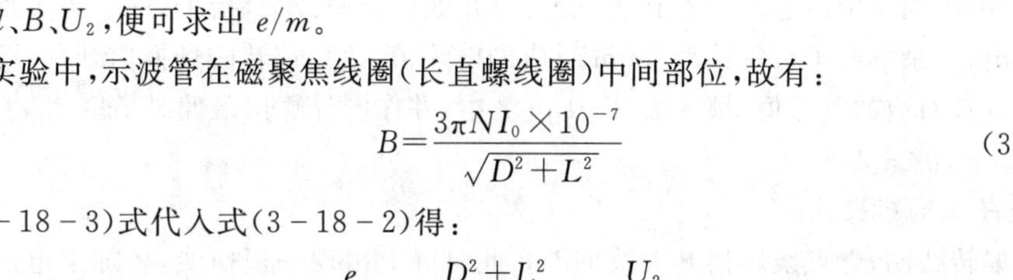

图 3-18-9 电子束的磁聚焦

【实验内容】

1. 电子束的电聚焦

(1) 打开机箱取出示波管，按插口方向安装上示波管，去掉示波管两侧的偏转线圈，在

示波管屏前装上刻度屏。

(2) 打开示波管电源开关，指示灯亮，将高压转换开关置 U_K 挡，调节加速电压旋钮，看加速电压变化情况，再将高压转换置 U_1 挡，调节聚焦电压旋钮，看聚焦电压变化情况。

(3) 将低压转换开关置 U_{dx} 挡，调节 U_{dx} 旋钮，使 U_{dx} 为零，再将低压转换开关置 U_{dy} 挡，调节 U_{dy} 旋钮，使 U_{dy} 为零，此时光点应置于荧光屏中心，若不在中心，则调节 X、Y 旋钮调零，使之居中，调节栅压旋钮，使光点亮度适中。

(4) 观察在不同的加速电压 U_2 下使电子束聚焦电压 U_1 的值，了解 U_2、U_1 的变化关系。

2. 电子束的电偏转

在 U_{dx}、U_{dy} 为零，电子束置中心的情形下，低压转换开关置 U_{dx} 挡，顺时针和逆时针调节 U_{dx} 旋钮，则光点随电压的改变而发生偏移，记录下电子束向左和向右每移动 5mm 对应的偏转电压 U_{dx} 值，填入表格中，并作图计算出电偏灵敏度 δ_{ex}。在 U_{dx}、U_{dy} 为零，电子束置中心的情形下，低压转换开关置 U_{dy}，调节 U_{dy} 旋钮，同样记录下偏转距离和偏转电压 U_{dy} 的关系，记入表 3－18－1 中，并计算出电偏灵敏度 δ_{ey}，在不同的加速电压 U_2 下，测量 3 次。

3. 电子束的磁偏转

在 U_{dx}、U_{dy} 为零，电子束置中心的情形下，插入偏转线圈，将低压转换开关置于 U_d 挡，将电压粗调、电压细调旋钮逆时针旋到底，然后打开温压电源开关，指示灯亮，逐步加大稳压电源电压输出，记录下电子束每移动 5mm 对应的电流值，改变偏转磁场换向开关，可以测出电子束反向偏转对应的电流值，填入表 3－18－2 中，并作图计算出磁偏灵敏度 δ_m，在不同的加速电压 U_2 下，测量 3 次。

4. 电子束的磁聚焦

取下偏转线圈，将点线转换开关拨向 U_x，此时屏上出现一短横线，将加速电压旋钮逆时针旋到底，聚焦电压旋钮顺时针旋到底，此时短线变成散线，再装上纵向线圈，将线圈与面板上的电压输出孔相连，然后将点线转换开关拨向“点”，此时为散焦现象，调节电压粗调和电压细调旋钮，看磁聚焦现象，记录下电子束聚焦时的电流，填入表 3－18－3 中，并计算电子的荷质比，在不同的加速电压 U_2 下测量 3 次。

【数据记录】

表 3－18－1 电子束的电偏转

U_2/V \ 偏转电压/V \ 偏移量		−20	−15	−10	−5	0	5	10	15	20	δ_e
X偏转											
Y偏转											

表 3－18－2　电子束的磁偏转

偏移量 / 偏转电流/mA / U_2/V	−20	−15	−10	−5	0	5	10	15	20	δ_m

表 3－18－3　电子束的磁聚焦

测量次数	U_2/V	I/mA				e/m	平均值
		I_1	I_2	I_3	I_4		
1							
2							
3							

【思考题】

(1) 荧光屏上光点的亮度由什么决定？怎样调节？

(2) 如果在偏转板上加一个交变电压，会出现什么现象？

(3) 地磁场对实验有无影响？试说明。

(4) 试说明电偏转和磁偏转的原理，从原理上比较两者的异同。

实验十九　铁磁材料的磁滞回线和基本磁化曲线

【实验目的】

(1) 认识铁磁物质的磁化规律,比较两种典型的铁磁物质的动态磁化特性。

(2) 测定样品的基本磁化曲线,作 μ-H 曲线。

(3) 测定样品的 Hc、Br、Bm 和(Hm・Bm)等参数。

(4) 测绘样品的磁滞回线,估算其磁滞损耗。

【实验原理】

铁磁物质是一种性能特异,用途广泛的材料。铁、钴、镍及其众多合金以及含铁的氧化物(铁氧体)均属铁磁物质。其特征是在外磁场作用下能被强烈磁化,故磁导率 μ 很高。另一特征是磁滞,即磁化场作用停止后,铁磁质仍保留磁化状态,图 3－19－1 为铁磁物质的磁感应强度 B 与磁化强度 H 之间的关系曲线。

图中的原点 O 表示磁化之前铁磁物质处于磁中性状态,即 $B=H=0$,当磁场 H 从零开始增加时,磁感应强度 B 随之缓慢上升,如线段 Oa 所示,继之 B 随 H 迅速增长,如 ab 所示,其后 B 的增长又趋缓慢,并当 H 增至 H_s 时,B 到达饱和值 B_s,OabS 称为起始磁化曲线。图 3－19－1 表明,当磁场从 H_s 逐渐减小至零。磁感应强度 B 并不沿起始磁化曲线恢复到"O"点,而是沿另一条新的曲线 SR 下降,比较线段 OS 和 SR 可知,H 减小 B 相应也减小,但 B 的变化滞后于 H 的变化,这现象称为磁滞,磁滞的明显特征是当 $H=0$ 时,B 不为零,而保留剩磁 B_z。

当磁场反向从 0 逐渐变至 $-H_B$ 时,磁感应强度 B 消失,说明要消除剩磁,必须施加反向磁场,H_D 称为矫顽力,它的大小反映铁磁材料保持剩磁状态的能力,线段 RD 称为退磁曲线。

图 3－19－1 还表明,当磁场按 $H_S \to O \to H_D \to H_S \to O \to H_D \to H_S$ 次序变化,相应的磁感应强度 B 则沿闭合曲线 $SRDS'R'D'S$ 变化,这闭合曲线称为磁滞回线。所以,当铁磁材料处于交变磁场中时(如变压器中的铁心),将沿磁滞回线反复被磁化→去磁→反向磁化→反向去磁。在此过程中要消耗额外的能量,并以热的形式从铁磁材料中释放,这种损耗称为磁滞损耗:可以证明,磁滞损耗与磁滞回线所围面积成正比。

应该说明:当初始态为 $H=B=0$ 的铁磁材料,在交变磁场强度由弱到强依次进行磁化,可以得到面积由小到大向外扩张的一簇磁滞回线,如图 3－19－2 所示,这些磁滞回线顶点的连线称为铁磁材料的基本磁化曲线,由此可近似确定其磁导率 $\mu=B/H$,因 B 与 H 非线性,故铁磁材料的 μ 不是常数而是随 H 而变化(如图 3－19－3 所示)。铁磁材料的相对磁导率可高达数千乃至数万,这一特点是它用途广泛的主要原因之一。

可以说磁化曲线和磁滞回线是铁磁材料分类和选用的主要依据,图 3－19－4 为常见的两种典型的磁滞回线,其中软磁材料的磁滞回线狭长、矫顽力、剩磁和磁滞损耗均较小,是制造变压器、电机和交流磁铁的主要材料。而硬磁材料的磁滞回线较宽,矫顽力大,剩磁强,可用来制造永磁体。

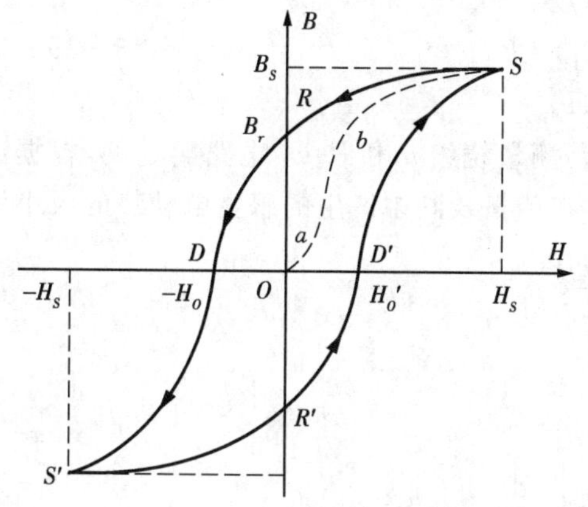

图 3－19－1　铁磁质起始磁化曲线和磁滞回线

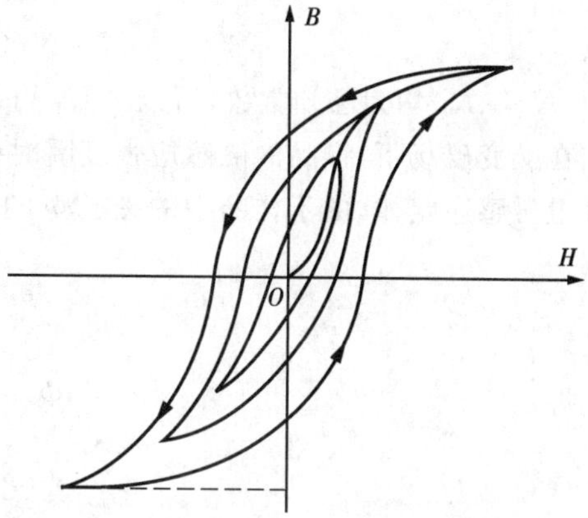

图 3－19－2　同一铁磁材料的一簇磁滞回线

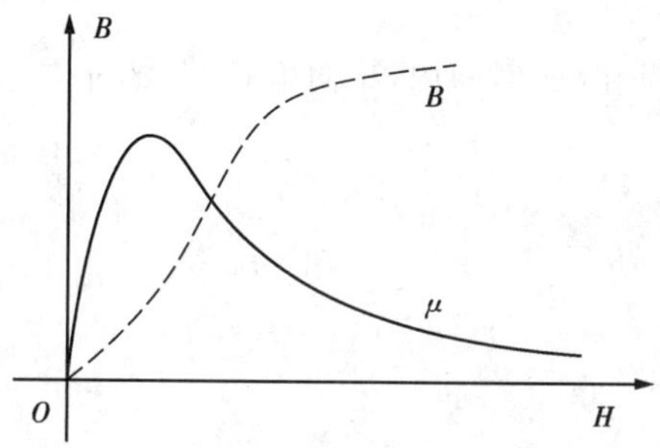

图 3－19－3　铁磁材料 μ 与 H 关系曲线

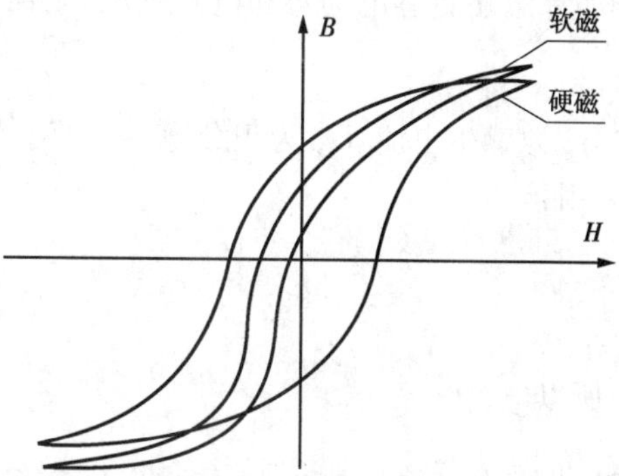

图 3－19－4　不同铁磁材料的磁滞回线

观察和测量磁滞回线和基本磁化曲线的线路如图 3－19－5 所示。

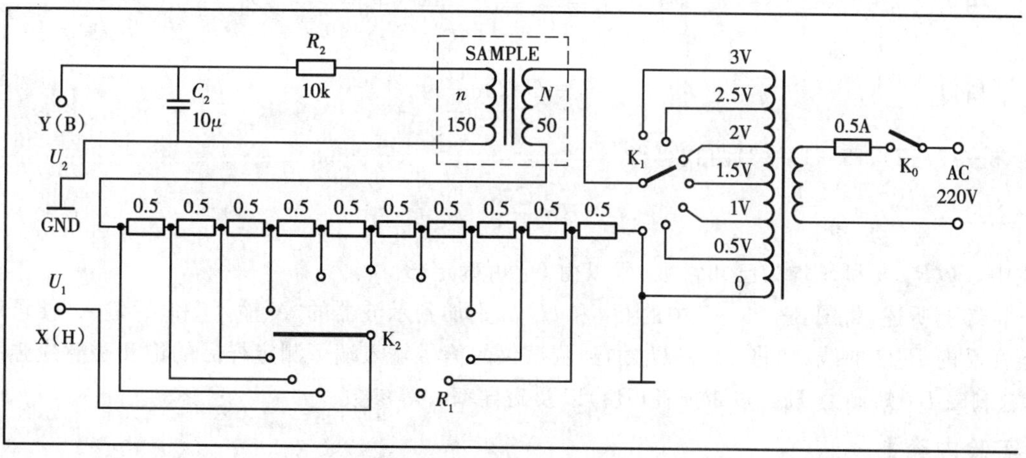

图 3－19－5　实验线路

待测样品为 E_1 型矽钢片，N 为励磁绕组，n 为用来测量磁感应强度 B 而设置大绕组。R_1 为励磁电流取样电阻，设通过 N 的交流励磁电流为 i，根据安培环路定律，样品的磁化场强 $H=Ni/L$(L 为样品的平均磁路)，因为

$$i=U_1/R_1$$

所以
$$H=N/(L\cdot R_1)\cdot U_1 \tag{3-19-1}$$

式中，N、L、R_1 均为已知常数，所以由 U_1 可确定 H。

在交变磁场下，样品的磁感应强度瞬时值 B 是测量绕组 n 和 R_2C_2 电路给定的，根据法拉第电磁感应定律，由于样品中的磁通 Φ 的变化，在测量线圈中产生的感生电动势的大小为

$$\varepsilon_2=n\frac{\mathrm{d}\Phi}{\mathrm{d}t}$$

$$\Phi=\frac{1}{n}\int\varepsilon_2\,\mathrm{d}t$$

$$B=\frac{\Phi}{S}=\frac{1}{nS}\int\varepsilon_2\,\mathrm{d}t \tag{3-19-2}$$

S 为样品的截面积。

如果忽略自感电动势和电路损耗，则回路方程为：

$$\varepsilon_2=i_2R_2+U_2$$

式中，i_2 为感生电流，U_2 为积分电容 C_2 两端电压，设在 Δt 时间内，i_2 向电容 C_2 的充电电量为 Q，则：

$$U_2=\frac{Q}{C_2}$$

所以
$$\varepsilon_= i_2R_2+\frac{Q}{C_2}$$

如果选取足够大的 R_2 和 C_2，使 $i_2R_2\gg Q/C_2$ 则：

$$\varepsilon_2=i_2R_2$$

因为
$$i_2=\frac{\mathrm{d}Q}{\mathrm{d}t}=C_2\frac{\mathrm{d}U_2}{\mathrm{d}t}$$

所以
$$\varepsilon_2=C_2R_2\frac{\mathrm{d}U_2}{\mathrm{d}t}$$

由(3－19－2)、(3－19－3)两式可得

$$B=\frac{C_2R_2}{nS}U_2$$

式中，C_2、R_2、n 和 S 均为已知常数，所以由 U_2 可确定 B。

综上所述，将图 3－19－5 中的 U_1 和 U_2 分别加到示波器的"X 输入"和"Y 输入"便可观察样品的 B-H 曲线；如将 U_1 和 U_2 加到测试仪的信号输入端可测定样品的饱和磁感应强度 B_S、剩磁 B_r、矫顽力 H_D、磁滞损耗(B_H)以及磁导率 μ 等参数。

【实验内容】

(1) 电路连接：选样品 1 按实验仪上所给的电路图连接线路，并令 $R_1=2.5\Omega$，"U 选择"置于 0 位。U_H 和 U_2(即 U_1 和 U_2)分别接示波器的"X 输入"和"Y 输入"，插孔⊥为公共端。

(2) 样品退磁：开启实验仪电源，对试样进行退磁，即顺时针方向转动"U 选择"旋钮，令 U 从 0 增至 3V，然后逆时针方向转动旋钮，将 U 从最大值降为 0，其目的是消除剩磁，确保

样品处于磁中性状态，即 $B=H=0$，如图 3-19-6 所示。

(3) 观察磁滞回线：开启示波器电源，令光点位于坐标网格中心，令 $U=2.2\text{V}$，并分别调节示波器 x 和 y 轴的灵敏度，使显示屏上出现图形大小合适的磁滞回线(若图形顶部出现编织状的小环，如图 3-19-7 所示，这时可降低励磁电压 U 予以消除)。

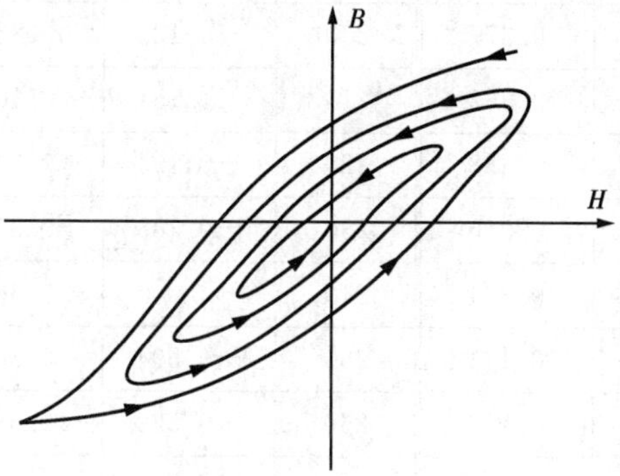

图 3-19-6　退磁示意图

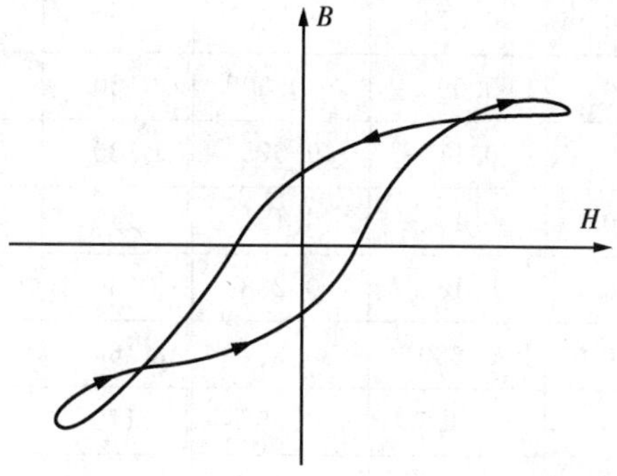

图 3-19-7　U_2 和 B 的相位差等因素引起的畸变

(4) 观察基本磁化曲线，按步骤(2)对样品进行退磁，从 $U=0$ 开始，逐档提高励磁电压，将在显示屏上得到面积由小到大一个套一个的一簇磁滞回线。这些磁滞回线顶点的连线就是样品的基本磁化曲线，借助长余辉示波器，便可观察到该曲线的轨迹。

(5) 观察、比较样品 1 和样品 2 的磁化性能。

(6) 测绘 μ-H 曲线：仔细阅读测试仪的使用说明，接通实验仪和测试仪之间的连线。开启电源，对样品进行退磁后，依次测定 $U=0.5, 1.0, \cdots, 3.0\text{V}$ 时的十组 H_m 和 B_m 值，作 μ-H 曲线。

(7) 令 $U=3.0\text{V}$，$R_1=2.5\Omega$ 测定样品 1 的 B_m、B_r、H_D 和 B_H 等参数。

(8) 取步骤(7)中的 H 和其相应的 B 值，用坐标纸绘制 B-H 曲线(如何取数？取多少组数据？自行考虑)，并估算曲线所围面积。

【数据记录】

表 3-19-1　基本磁化曲线与 μ-H 曲线

U/V	$H\times10^4$/(A/m)	$B\times10^2$/T	$\mu=B/H$/(H/m)
0.5	0.020	0.017	
1.0	0.034	0.048	
1.2	0.044	0.084	
1.5	0.048	0.095	
1.8	0.056	0.120	
2.0	0.071	0.155	
2.2	0.099	0.198	
2.5	0.108	0.207	
2.8	0.116	0.258	
3.0	0.322	0.319	

表 3-19-2 B-H 曲线　　$H_D=$　　$B_r=$　　$B_m=$　　$BH=$

NO.	$H/(10^4\,A/m)$	$B/(10^2\,T)$	NO.	$H/(10^4\,A/m)$	$B/(10^2\,T)$	NO	$H/(10^4\,A/m)$	$B/(10^2\,T)$
1	0.002	−0.216	90	0.494	0.354	180	−0.081	0.018
10	0.046	−0.161	100	0.574	0.390	190	−0.102	0.084
20	0.074	−0.087	110	0.417	0.377	200	−0.123	0.086
30	0.095	−0.009	120	0.355	0.362	210	−0.151	−0.168
40	0.116	0.075	130	0.247	0.338	220	−0.196	−0.248
50	0.141	0.151	140	0.145	0.305	230	−0.288	−0.318
60	0.185	0.238	150	0.056	0.364	240	−0.44	−0.362
70	0.269	0.307	160	−0.068	0.114	250	−0.504	−0.386
80	0.395	0.357	170	−0.058	0.152	260	−0.522	−0.389
						270	−0.430	−0.376
						280	−0.348	−0.359
						290	−0.220	−0.139
						300	−0.084	−0.241

【附Ⅰ】 型智能磁滞回线测试仪使用说明书

磁滞回线实验组合仪分为实验仪和测试仪两大部分

一、实验仪

配合示波器，即可观察铁磁性材料得基本磁化曲线和磁滞回线。它由励磁电源、试样、电路板以及实验接线图等部分组成。

1. *励磁电源*

由 200V，50Hz 的市电经变压器隔离、降压后供试样磁化。电源输出电压共分 11 档，即 0V、0.5V、1.0V、1.2V、1.5V、1.8V、2.0V、2.2V、2.5V、2.8V 和 3.0V，各档电压通过安置在电路板上的波段开关实验切换。

2. *试样*

样品 1 和样品 2 为尺寸（平均磁路长度 L 和截面积 S）相同而磁性不同的两只 EI 型铁芯，两者的励磁绕组匝数 N 和磁感应强度 B 的测量绕组匝数 n 亦相同。

$N=50$，$n=150$，$L=60\text{mm}$，$S=80\text{mm}^2$。

3. *电路板*

该印刷电路板上装有电源开关、样品 1 和样品 2、励磁电源“U 选择”和测量励磁电流（即磁场强度 H）的取样电阻“R_1 选择”，以及为测量磁感应强度 B 所设定的积分电路元件 R_2、C_2 等。

以上各元器件（除电源开关）均已通过电路板与其对应的锁紧插孔连接，只需采用专用导线，便可实现电路连接。

此外，设有电压 U_B（正比于磁感应强度 B 的信号电压）和 U_H（正比于磁场强度 H 的信号电压）的输出插孔，用以连接示波器，观察磁滞回线波形和连接测试仪作定量测试用。

4. 实验接线示意图如图 3－19－8 所示

图 3－19－9 所示为测试仪原理框图，测试仪与实验仪配合使用，能定量、快速测定铁磁性材料在反复磁化过程中的 H 和 B 之值，并能给出其剩磁、矫顽力、磁滞损耗等多种参数。

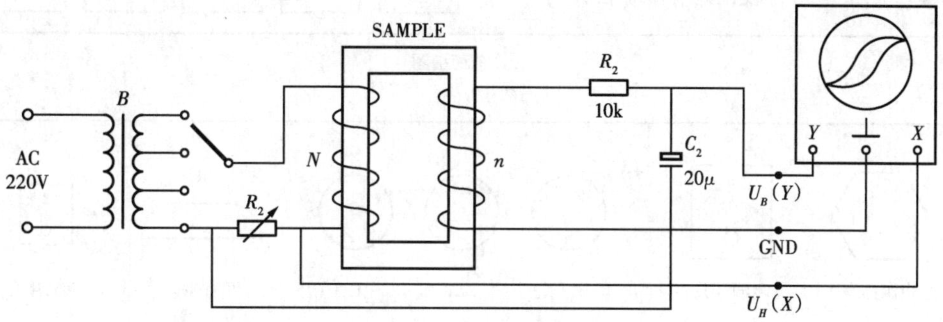

图 3－19－8

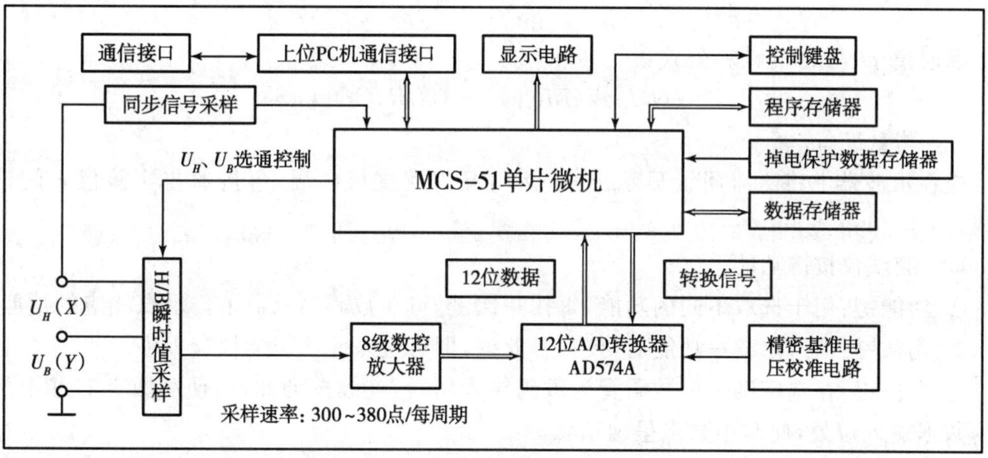

图 3－19－9

测试仪面板如图 3－19－10 所示，下面对测试仪使用说明作介绍。

(1) 参数。

待测样品平均磁路长度	$L=60\text{mm}$
待测样品横截面积	$S=80\text{mm}^2$
待测样品励磁绕组匝数	$N=50$
待测样品磁感应强度 B 的测量绕组匝数	$n=150$
励磁电流 i_H 取样电阻，阻值	$0.5\Omega\sim5\Omega$
积分电阻	阻值 $10\text{k}\Omega$
积分电容	容量 $20\mu\text{F}$

U_{HC} 正比于 H 的有效值电压，供调试用。电压范围（0～1V）。

U_{BC} 正比于 B 的有效值电压，供调试用。电压范围（0～1V）。

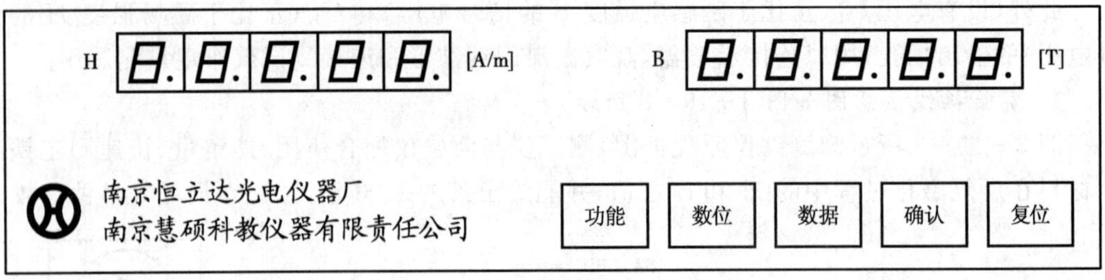

(a) 前面板图

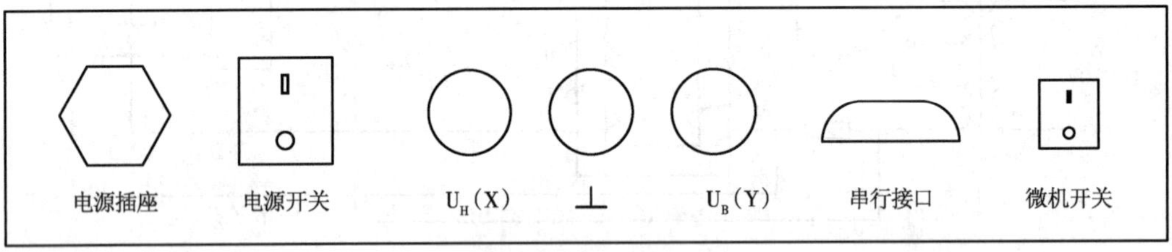

(b) 后面板图

图 3－19－10

瞬时值 H 与 B 的计算公式：

$$I=(NU_H)/(LR_1),B=(U_BR_2C_2)/(nS)$$

（2）测量准备。

先在示波器上将磁滞回线显示出来，然后开启测试仪电源，再接通与实验仪之间信号连线。

（3）测试仪按键功能。

① 功能键：用于选取不同的功能，每按一次键，将在数码显示器上显示出相应的功能。

② 确认键：当选定某一功能后，按一下此键，即可进入此功能的执行程序。

③ 数位键：在选定某一位数码管为数码输入位后，连续按动此键，使小数点右移至所选定的数据输入位处，此时小数点呈闪动状。

④ 数据键：连续按动此键，可在有小数点闪动的数码管输入相应的数字。

⑤ 复位键(RESET)：开机后，显示器将依次巡回显示 P…8…P…8…的信号，表明测试系统已准备就绪。在测试过程中由于外来的干扰出现死机现象时，应按此键，使仪器进入或恢复正常工作。

（4）测试仪操作步骤。

① 所测样品的 N 与 L 值。

按 RESET 键后，当 LED 显示 P…8…P…8…时，按功能键，显示器将显示：

H	N	0	0	5	0
	千匝	百匝		十匝	个匝

B	L	0	6	0.	0
	百毫米	十毫米	个毫米	分毫米	

这里显示的 $N=50$ 匝、$L=60$mm 为仪器事先的设定值（如要改写上述参数，可参阅附录）。

② 所测样品的 n 与 S 值。

按功能键，将显示：

H	n	0	1	5	0
	千匝	百匝		十匝	个匝

B	S	0	8	0.	0
	百平毫米	十平方毫米	个平方毫米	分平方毫米	

这里显示的 $n=150$ 匝、$S=80\text{mm}^2$ 为仪器事先的设定值（如要改写上述参数，可参阅附录Ⅰ）

③ 电阻 R_1 值和 H 与 B 值的倍数代号。

按功能键，将显示：

H	r	1	2	5	0
	1Ω		0.2Ω		0.01Ω

B	H.	3	B.	3	
		H 与 *B* 值的倍数代号			

这里显示的 $R_1=2.5\Omega$、H 与 B 值的倍数代号 3 为仪器事先的设定值（如要改写上述参数，可参阅附Ⅰ）

注：H 与 B 值的倍数是指其显示值需乘上的倍数

	倍数代号	倍数及单位
H 值倍数	1	$\times 10\text{A/m}$
	2	$\times 10^2\text{A/m}$
	3	$\times 10^3\text{A/m}$
	4	$\times 10^4\text{A/m}$
	5	$\times 10^5\text{A/m}$

	倍数代号	倍数及单位
B 值倍数	1	$\times 10^{-1}\text{T}$
	2	$\times 1\text{T}$
	3	$\times 10\text{T}$
	4	$\times 10^2\text{T}$
	5	$\times 10^3\text{T}$

④ 电阻 R_2、电容 C_2 值。

按功能键，将显示：

H	r	2	1	0.	0
	10k		1k	0.1k	

B	C	2.	2	0.	0
	10μF		1μF	0.1μF	

这里显示的 $R_2=10\text{k}\Omega$、$C_2=20\mu\text{f}$ 为仪器事先的设定值（如要改写上述参数，可参阅附Ⅱ）。

注：N、L、n、S、R_1、R_2、C_2、H 与 B 值的倍数代号等参数可根据不同要求进行改写，并可通过 SEEP 操作存入串行 EEROM 中，掉电后数据仍可保存。

⑤ 定标参数显示（仅作调试用）。

按功能键，将显示：

H		U.	H	C	

B		U.	B	C	

按确认键，将显示 U_{HC} 和 U_{BC} 电压值。

注：(1) 无输入信号时，禁止操作此功能键。

(2) 显示值不能大于1.0000，否则必须减小输入信号。

⑥ 显示每周期采样的总点数和测试信号的频率。

按功能键，将显示：

H						B					
		n.						F.			

按确认键，将显示出每周期采样的总点数 n 和测试信号的频率 f。

⑦ 数据采样。

按功能键将显示：

H						B					
		H.		B.			t	e	s	t	

按确认键后，仪器将按步序⑥所确定的点数对磁滞回线进行自动采样，显示器显示为：

H						B					
	.	.	.	.	.		.	.	.	.	.

若测试系统正常，稍等片刻后，显示器将显示"GOOD"，表明采样成功，即可进入下一步程序操作。

如果显示器显示"BAD"表明系统有误，查明原因并修复后，按"功能"键，程序将返回到数据采样状态，重新进行数据采样。

⑧ 显示磁滞回线采样点 H 与 B 的值。

连续按两次功能键，将显示：

H						B					
	H.	S	H	O	W.		B.	S	H	O	W.

每按两次确认键，将显示曲线上一点的 H 和 B 的值(第一次显示采样点的序号，第二次显示出该点 H 和 B 之值)，采样总点数参照步序⑥，H 与 B 值的倍数参照步序③。显示点的顺序，是依磁滞回线的第 4、1、2 和 3 象限的顺序进行，否则，说明数据出错或采样信号出错。

若在进行第⑦步序中只按功能键而未按确认键(表明未完成数据采样就进入第⑧步序，此时将显示："NO DATA"，表明系统和操作有误)。

⑨ 显示磁滞回线的矫顽力 H_D 和剩磁 B_r。

按功能键，将显示：

H						B					
		H	c.					B	r.		

按确认键，将按步序③所确定的倍数显示 H_D 与 B_r 之值。

⑩ 显示样品的磁滞损耗。

按功能键，将显示：

H						B					
			A.	=				H.	B.		

按确认键，将按步序③所确定的单位显示样品磁滞回线面积。

磁滞损耗的计算公式：

$$W=\int SH\,\mathrm{d}b \quad \text{单位为 } H\times B\times 10^3 \text{ 焦耳/米}^3\text{(单位参照步序③)}$$

⑪ 显示 H 与 B 的最大值 H_m 与 B_m。

H	H_m					B	B_m				

按确认键，将按步序(3)所确定的倍数显示出 H_m 与 B_m 之值。

⑫ 显示 H 与 B 的相位差。

按功能键，将显示：

H		p	H	R.		B					C

按确认键，如显示为：

H		2	5.	5	0	B		H.	—	—	B

上列显示表示，H 与 B 的相位差是 25.5。在相位上 U_H 超前 U_B。

⑬ 与 PC 联机测试操作。

按功能键，显示：

H		p.	C	—	—	B	S	H	O	W.	

按确认键，进入联机状态(参阅附Ⅲ)。

⑭ U_{HC} 电压校准操作(调试时用)。

按功能键，将显示：

H			H.			B	C	H	E	C.	

⑮ UBC 电压校准操作(调试时用)。

H			B.			B	C	H	E	C.	

⑯ SEEP 操作(数据存入 EEPROM－93C46)。

按功能键，将显示：

H						B		S	E	E	P.

方法：在 H 显示器的最高两位上写入存入码"96"；

按确认键，片刻后，回显"85"，说明数据已存入 EEPROM 中。

⑰ 程序结束。

按功能键，将显示：

H		O				B					

注意事项：

(1) 如按仪器事先设定值输入 N、L、n、S、R_1、R_2、C_2、H 与 B 的倍数代号等参数，则不必按确认键；如要改写上述参数，则改写后，务必按确认键，才能将数据输入。

(2) 按常规操作至步序⑫(显示 H 与 B 的相位差)后，磁滞回线采样数据将自动消失，必须重新进行数据采样。

(3) 测试过程中如显示"COU"字符，表示应继续按动功能键。

【附Ⅱ】 数位键和数据键操作

若改写样品的某项参数，如将 $N=50$ 匝，$L=60$mm 改写 $N=100$ 匝，$L=80$mm，可按如下步骤进行。

按功能键，显示器将显示：

H	N.	0	0	5	0
	千匝	百匝		十匝	个匝

B	L.	0	6	0.	0
	百毫米	十毫米	个毫米	分毫米	

(1) 将 N 由 50 匝改写为 100 匝。

按动数位键，使位于 B 窗口数据框内“个毫米”处的小数点右移至“分毫米”处；再按动数位键，使小数点渐次移入 H 窗口“百匝”(即数据输入位)处。

H	N	0	0.	5	0

按动数据键，将小数点处数码管数字“0”改写为“1”

H	N	0	1.	5	0

再按动数位键，使小数点右移一位至“十匝”处(数据输入位)。

H	N	0	1	5.	0

按动数据键，将小数点位处数码管数字“5”改写为“0”

H	N	0	1	0.	0

再按动数位键，使小数点右移一位至“个匝”处。

H	N	0	1	0	0.

至此，样品匝数已由 50 改写为 100。

(2) 将 L 由 60mm 改定为 80mm。

操作方法同上。

连续按动数位键，使小数点由 H 窗口的“个匝”处右移至 B 窗口“十毫米处”(数据输入位)：

B	L	0	6.	0	0

按动数据键，将小数点位处的数码管数字“6”改写为“8”：

B	L	0	8.	0	0

再按动数位键，使小数点右移一位至“个毫米”处：

H	L	0	8	0.	0

至此，样品平均磁路长度 L 已由 60 改写为 80。

(3) 按确认键，当显示器显示“1”，表明修改后的 N、L 值已输入。

(4) 若要将改写后的数据存入 EEPROM 中，请参阅操作步序⑯。

第四章

光学与近代的物理实验

实验二十　薄透镜焦距的测定

透镜是光学仪器中最基本的元件，掌握透镜的成像规律，对于了解光学仪器的原理和正确使用是很有益的。焦距是透镜的一个重要的参数，不论是单个透镜还是透镜组，不论是较简单的应用还是复杂的应用，都有测定焦距的问题。这里介绍两种焦距的常用方法。

【实验要求】

(1) 加深理解薄透镜的成像规律。

(2) 学习简单光路的分析和调节技术。

(3) 学习两种测量透镜焦距的方法。

【实验目的】

测定薄透镜的焦距。

【实验仪器与用具】

透镜组，光具座及其一系列配件。

【预习思考题】

(1) 本实验中薄透镜成像公式中各量的符号取值是如何规定的？

(2) 为什么要作共轴调节？怎样判断物上的某一点已调至透镜的光轴上了？

【实验原理】

薄透镜是指其厚度比其焦距小得多的透镜，常用的有凸透镜和凹透镜两种。

凸透镜：透镜两个光学表面都向外突出，它能够会聚光线，所以又叫会聚透镜或正透镜。

凹透镜：透镜两个光学表面都向里凹进，它能够发散光线，所以又叫发散透镜或负透镜。

用薄透镜成像时，物距、像距和焦距之间有下述关系，即透镜成像的高斯公式：

$$\frac{1}{u}+\frac{1}{v}=\frac{1}{f} \tag{4-20-1}$$

式中，u 表示物距，它总取正值；v 表示像距，实像像距为正，虚像像距为负；f 表示透镜的焦距，凸透镜的焦距为正，凹透镜的焦距为负。

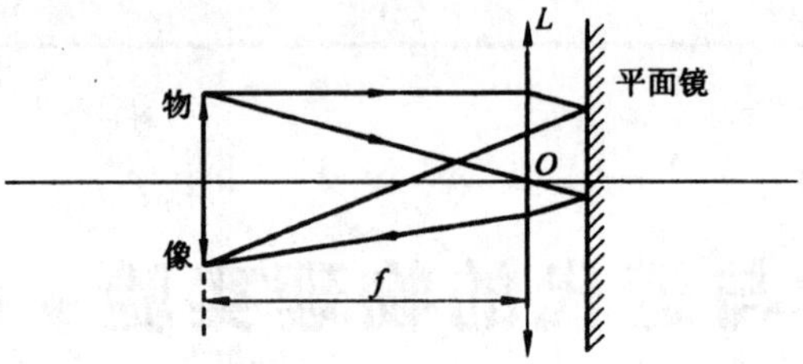

图 4－20－1

1. 测凸透镜焦距的原理

(1) 自准法求焦距。如图 4－20－1 所示，将网屏(物体)放在凸透镜的焦面上；经凸透镜折射后，折射光线成为一束平行光线，经平面镜反射到凸透镜的另一表面，由于凸透镜的会聚作用，在网屏上成一倒立的实像；移动透镜，使此像清晰，此时网屏与凸透镜之间的距离等于凸透镜的焦距。

(2) 共轭法求焦距。如图 4－20－2 所示，固定网屏(代表物)和物屏(代表像)不动，并使网屏和像屏之间的距离大于 4 倍焦距，即 $A>4f$。根据凸透镜成像原理，我们总可以在网屏之间找到两个位置。当透镜放在这两个位置时，像屏上都会出现清晰的倒立实像，其中一个是放大的，另一个是缩小的。

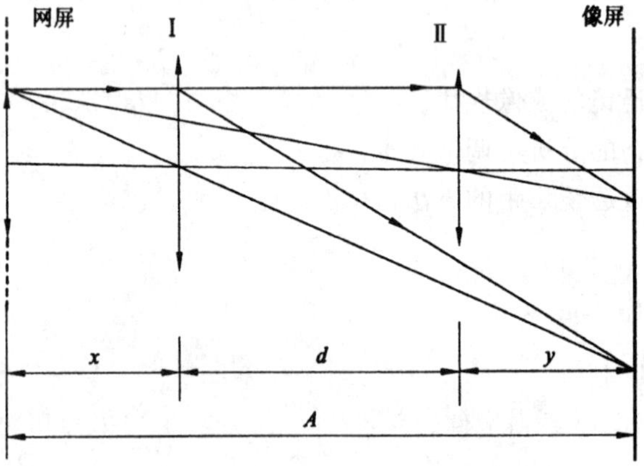

图 4－20－2

当透镜在Ⅰ位置时，根据透镜成像公式有：

$$\frac{1}{x}+\frac{1}{y+d}=\frac{1}{f}$$

式中，$x=A-d-y$ 为物距，$y+d$ 为像距，化简后得：

$$f=\frac{x(y+d)}{A} \tag{4-20-2}$$

当透镜在Ⅱ位置时有：

$$\frac{1}{A-y}+\frac{1}{y}=\frac{1}{f}$$

化简得：

$$f=\frac{y(A-y)}{A} \tag{4-20-3}$$

由式(4－20－2)、式(4－20－3)得：

$$\frac{x(y+d)}{A}=\frac{y(A-y)}{A}$$

即

$$x(y+d)=y(A-y) \tag{4-20-4}$$

将 $x=A-d-y$ 代入式(4－20－4)得：

$$y=\frac{A-d}{2} \tag{4-20-5}$$

将式(4－20－5)代入 $x=A-d-y$ 得：

$$x=\frac{A-d}{2} \tag{4-20-6}$$

将式(4－20－5)、式(4－20－6)代入式(4－20－2)得：

$$f=\frac{A^2-d^2}{4A} \tag{4-20-7}$$

因此，只要测量出网屏与像屏之间的距离 A 和透镜的位移 d，就可以求出焦距 f。

2. 测凹透镜焦距的原理

凹透镜只能产生虚像，因而需要借助于凸透镜来测定凹透镜的焦距。如图 4－20－3 所示，设从 A 点发出的光线经凸透镜 B 折射后，会聚于 D 点，这时 D 是 A 的像。

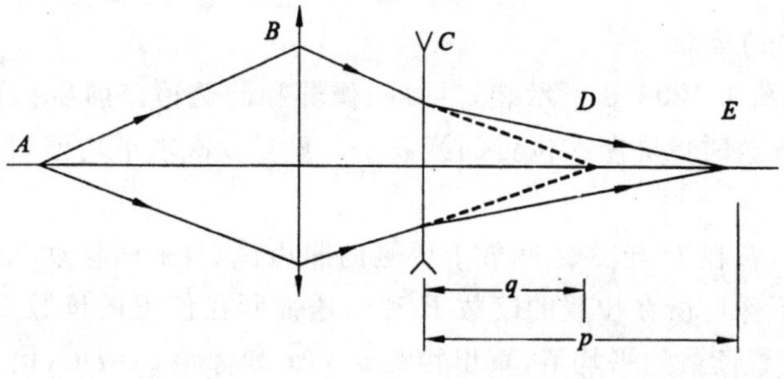

图 4－20－3

如果在凸透镜 B 与像 D 之间插放凹透镜 C，使 C 到 D 的距离小于凹透镜的焦距，则从 A 点发出的光线经过透镜 B 和 C 后，将不再会聚在 D 点，而是会聚到 E 点了。这时，E 是光线通过透镜组 B、C 后所成的像。

根据光路的可逆性，我们认为光线是由 E 点发出的，而 D 点就是 E 点发出的光线通过凹透镜 C 后所成的像。在这种情况下物距 $u=p$，像距 $v=q$，同时注意到 f 和 v 应取负值，则有：

$$\frac{1}{u}=\frac{1}{v}-\frac{1}{f} \tag{4-20-8}$$

由此求得凹透镜的焦距为

$$f=\frac{uv}{u-v} \tag{4-20-9}$$

3. 仪器描述

光具座由附有米尺的支架组成，支架上有网屏夹、像屏夹和透镜夹等，各个夹子下尖端在米尺上所指的数，就表示这个夹子上物体所在的位置。进行实验时，所有仪器的中心高度必须相等，即网屏和像屏的中心应该在透镜的主光轴上。

【实验内容】

1. 测定凸透镜的焦距

(1) 自准法测焦距。按图 4-20-1 把透镜、平面镜和网屏、光源等装在光具座上，并使平面镜紧随在凸透镜之后。

移动透镜和平面镜，直到由平面镜反射回来的光线在网屏上出现一个清晰的网像。这时网屏所在的位置就是透镜的焦点。

从光源发出的光线在透镜的焦点上，经过透镜折射后的出射光线是平行光，平行光经平面镜反射回来后还是平行光，这束平行光又成像于透镜的焦点上，记下网屏与透镜之间的距离就是所求的焦距。由于眼睛对像的清晰程度不能估计得很准确，实验应重复，共做 6 次。

(2) 共轭法测焦距。在光具座上按图 4-20-2 装好仪器，使网屏与像屏之间的距离 $A>4f$(f 取上面所测得的值)。把透镜放在中间，向左移动透镜到位置Ⅰ，使像屏上出现清晰的倒立而放大的网像，记下透镜所在位置的读数 m；再把透镜向右移动到位置Ⅱ，使像屏上出现清晰的倒立而缩小的网像，记下透镜所在位置的读数 n。

重复 6 次，求 m、n 的平均值，计算出 A 和 d，代入公式：

$$\overline{f}=\frac{A^2-\overline{d}^2}{4A}$$

就可求出焦距 $\overline{f}$。

2. 测定凹透镜的焦距

在光具座上按图 4-20-3 所示装好网屏、像屏和凸透镜。前后移动像屏，使像屏上出现清晰的网像，记下这时像屏所在位置的读数 D。重复 6 次求平均值，得出像屏所在的第一位置 D。

将像屏往右移，并在 D 与 B 之间放上要测的凹透镜 C，来回移动凹透镜 C，使像屏上出现清晰的网像，记下像屏所在位置的读数 E 和凹透镜所在位置的读数 C；再重复做 5 次，求出凹透镜 C 所在位置读数的平均值，算出物距 $\overline{u}=\overline{EC}$和像距 $\overline{v}=\overline{DC}$，代入公式：

$$\overline{f}=\frac{\overline{uv}}{\overline{u}-\overline{v}}$$

求出焦距 $\overline{f}$。

3. 注意事项

不要用手指去摸透镜的镜面，以免弄脏镜面或在镜面上造成划痕；取用透镜时，只能拿透镜边上没有磨光的部分；透镜装入镜夹时，必须将夹箍上紧，使夹持稳固，以免透镜跌下破损。

【数据记录】

仪器名称	编号
光具座	
透镜组	

1. 自准法测凸透镜焦距数据(表 4-20-1)

表 4-20-1

次数	1	……	6	平均
f/cm				

2. 共轭法测凸透镜焦距数据(表 4-20-2)

表 4-20-2

	A/cm	m/cm	n/cm	d/cm
1				
⋮				
6				

3. 测凹透镜焦距的数据(表 4-20-3)

表 4-16-3

	A/cm	C/cm	E/cm	u/cm	v/cm
1					
⋮					
6					

按间接测量的不确定度计算公式和教师给出的 $\Delta_{仪}$,计算各测量值的不确定度。

【思考题】

(1) 用共轭法测量凸透镜焦距时,为什么要使物与屏的距离大于 4 倍焦距?

(2) 在测量透镜焦距时,像距的读数怎样才能使误差较小?

实验二十一　分光计的调整与使用

分光计是一种精确测量角度的仪器，它常用来测量折射率、光波波长、色散率和观察光谱等。它是一种比较精密的仪器，调节时必须按照一定的步骤，仔细认真调整，才能得到较为准确的实验结果。初学者可能感到比较困难，但只要认真预习，做到心中有数，严格按步骤操作，掌握它也并不很难。

【实验要求】

(1) 了解分光计的基本结构和原理。

(2) 掌握分光计的调整要求和调整方法。

【实验目的】

(1) 调整分光计，使其达到最佳工作状态，可进行精密测量。

(2) 用调整好的分光计测三棱镜的顶角。

【实验仪器与用具】

(1) 水银灯光源(汞光灯)1 个。

(2) 玻璃三棱镜 1 个。

(3) 分光计 1 台。

分光计的结构如图 4 - 21 - 1 所示。

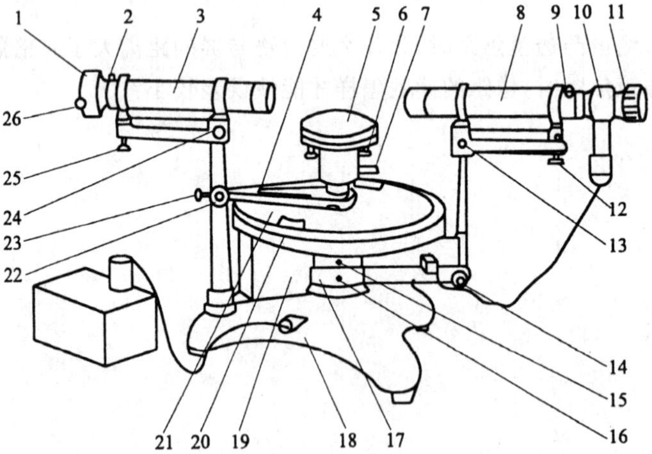

1—狭缝装置；2—狭缝装置锁紧螺钉；3—平行光管；4—制动架(二)；5—载物台；6—载物台调节螺钉(3 只)；7—载物台锁紧螺钉；8—望远镜；9—目镜锁紧螺钉；10—阿贝尔自准直目镜；11—目镜调节手轮；12—望远镜仰角调节螺钉；13—望远镜水平调节螺钉；14—望远镜微调螺钉；15—转座与度盘止动螺钉；16—望远镜止动螺钉；17—制动架(一)；18—底座；19—转座；20—度盘；21—游标盘；22—游标盘微调螺钉；23—游标盘止动螺钉；24—平行光管水平调节螺钉；25—平行光管仰角调节螺钉；26—狭缝宽度调节手轮

图 4 - 21 - 1　分光计的结构示意图

分光计主要由底座、望远镜、平行光管、载物台和读数圆盘5部分组成。

(1) 分光计底座。底座中心有一固定转轴，望远镜、读数盘、载物台套在中心转轴上，可绕其旋转。

(2) 望远镜。望远镜由物镜 Y 和目镜 C 组成，如图4-21-2所示。为了调节和测量，物镜和目镜之间装有分划板 P，分划板上刻有"丰"形格子，它固定在 B 筒上。目镜可沿 B 筒前后移动以改变目镜与分划板的距离，使"丰"形格子能调到目镜的焦平面上。物镜固定在 A 筒的另一端，是一个消色复合透镜。B 筒可沿 A 筒滑动，以改变"丰"形格子与物镜的距离，使"丰"形格子既能调到目镜焦平面上又同时能调到物镜焦平面上。我们所使用的目镜是阿贝尔目镜，在目镜和分划板间紧贴分划板下边胶粘着一块全反射小棱镜 R（此小棱镜遮去一部分视野)，在分划板与小棱镜相接触的面上，镀有不透光的薄膜，并在薄膜上刻画出一个透光小十字，小十字的交点对称于分划板上边的十字线的交点，如图4-21-2所示。

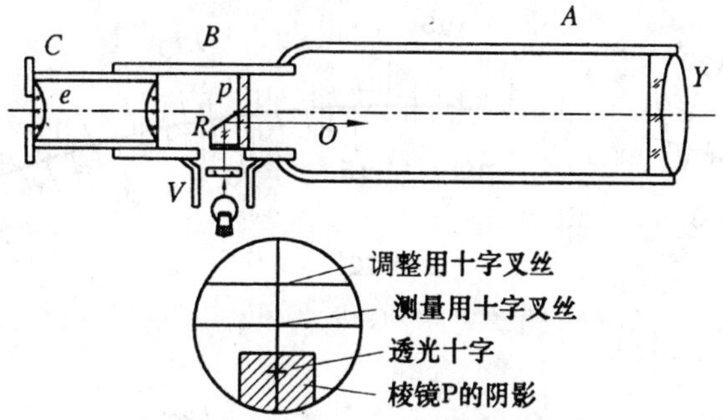

图4-21-2　阿贝尔目镜式望远镜

在目镜调节管外装有一个"T"形接头，在接头中装有一个磨砂电珠(电压6.3V，由专用变压器供电)。电珠发出的光透过绿色滤光片 V 和目镜调节管 B 上的小方孔射到小棱镜上，经它全反射后，透过小十字方向转为沿望远镜轴线，从物镜 Y 射出。若被物镜外面的平面镜反射回来，将成绿色十字像落在分划板上。

(3) 平行光管。它的作用是产生平行光。一端是一个消色的复合正透镜，另一端是可调狭缝。如图4-21-3所示，狭缝和透镜的距离可通过伸缩狭缝套筒来调节，只要将狭缝调到透镜的焦平面上，则从狭缝进入的光经透镜后就成为平行光。狭缝的宽度可通过缝宽螺钉来调节，狭缝的方向也可以通过狭缝套筒来调节。

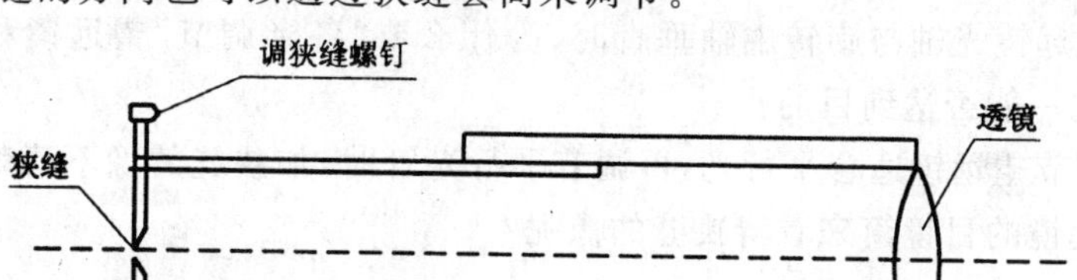

图4-21-3

(4) 载物台。是一个用以放置棱镜、光栅等光学元件的旋转平台，平台下有3个调节螺钉，用以改变平台对中心转轴的倾斜度。

(5) 读数圆盘。用来确定望远镜旋转的角度，读数圆盘有内、外两层，外盘和望远镜可通过螺钉相连，能随望远镜一起转动，上有0°～360°的圆刻度，最小刻度为0.5°(30′)；内盘通过螺钉可与载物台相连，盘上相隔180°处有2个对称的角游标 v_1 和 v_2，其中各有30个分格，相当于度盘上29个分度，故游标上每一分格对应为1′(其精度为1′)。在游标盘对径方向上设有2个角游标，这是因为读数时要读出2个游标处的读数值，然后取平均值，这样可消除刻度盘和游标盘的圆心与仪器主轴的轴心不重合所引起的偏心误差。

读数方法与游标卡尺相似，这里读出的是角度。读数时，以角游标零线为准，读出刻度盘上的度值，再找游标上与刻度盘上刚好重合的刻线为所求之分值。如果游标零线落在半度刻线之外，则读数应加上30′。

举例如下：

图4-21-4(a)是游标尺上20与刻度盘上的刻线重合，故读数为119°20′。

图4-21-4(b)是游标尺上14与刻度盘上的刻线重合，但零线过了刻度的半度线，故读数为119°44′。

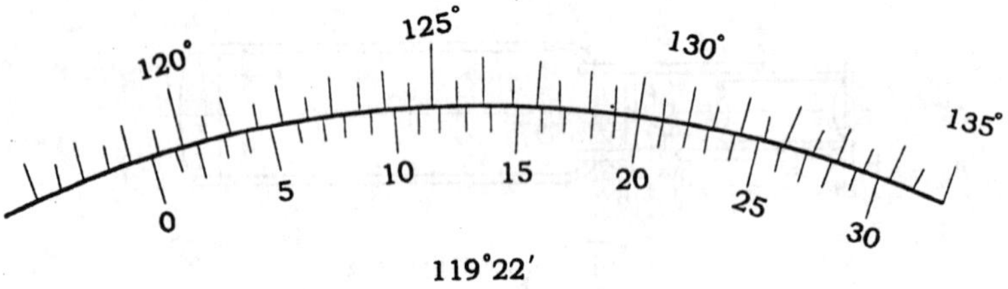

(a)

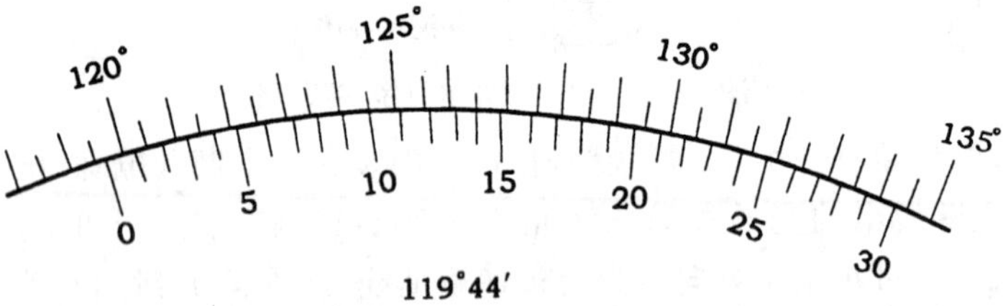

(b)

图4-21-4 读数用的刻度盘和游标盘

【预习思考题】

(1) 达到什么要求时可认为分光计已经调整好了？

(2) 调节望远镜光轴与旋转主轴垂直时，为什么要“各半调节”望远镜和光反射平面的倾斜？调其中之一能否达到目的？

(3) 当已调节望远镜适合平行光，再调节平行光管时，如狭缝的像不清楚，应怎样调节？是否可调节望远镜的目镜筒来看清狭缝的像呢？

【实验原理】(分光计的调整)

在用分光计进行测量前，必须将分光计各部分仔细调整，应满足以下几个要求：

(1) 望远镜能接收平行光，且其轴线垂直于中心转轴。

(2) 载物台平面水平且垂直于中心转轴。

(3) 平行光管能发出平行光，且其轴线垂直于中心转轴。

分光计调整的关键是调好望远镜，其他调整可以望远镜为标准。

具体调整步骤如下：

1. 目视调节(目测粗调)

首先用眼睛对分光计仔细观察并调节,调节平行光管光轴高低位置调节螺钉25,使平行光管尽量水平;调节望远镜光轴高低位置调节螺钉12,使望远镜光轴尽量水平;调节载物台下面的3个调平螺钉6,使载物台尽量水平,直到肉眼看不出偏差为止且使载物台台面略低于望远镜物镜下边缘。这一粗调很重要,做好了,才能比较顺利地进行下面的细调。

2. 调整望远镜

(1) 调节望远镜适合于观察平行光。

① 根据观察者视力的情况,适当调整目镜,即把目镜调焦手轮11轻轻旋出,然后一边旋进,一边从目镜中观看,直到观察者看到分划板刻线即"+"形格子叉丝清晰为止。

② 接通电源,在目镜中应看到分划板下方的绿色光斑及透光十字架(图4-21-2)。

③ 用三棱镜的抛光面紧贴望远镜物镜的镜筒前,旋松螺钉9,沿轴向移动目镜筒,调节目镜与物镜的距离,使物镜后焦点与目镜前焦点重合,直到能清晰地看见反射回来的绿色十字像。然后,眼睛在目镜前稍微偏移后,如分划板上的十字丝与其反射的绿色亮十字像之间无相对位移即说明无视差。如有相对位移则说明有视差,这时稍微往复移动目镜,直至无视差为止,这样望远镜就适合于平行光,此时将望远镜的目镜锁紧螺钉9旋紧(注意:目镜调整好后,在整个实验过程中不要再调动目镜)。

(2) 调整望远镜的光轴垂直于中心转轴。

① 把三棱镜放在载物台上,放置方位如图4-21-5所示。转动望远镜(或转动游标盘使载物台转动),使望远镜的物镜分别对准三棱镜的光学面,若绿十字像在三棱镜3个光学面中任意两个光学面的视场中找到,则目视调节达到了要求,若看不到绿十字像,或只能从一个面看到,则需重新进行目视调节。

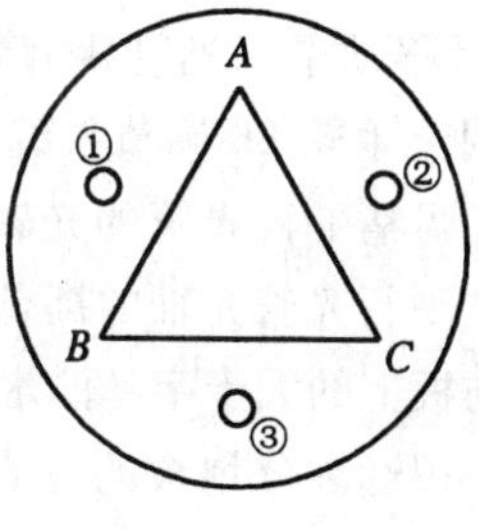

①、②、③为载物平台下面的3个调平螺钉

图4-21-5

② 分半调节(细调)。由三棱镜任意两上光学面都能从望远镜目镜视场中看到清晰的绿色十字反射像,但是,十字像与分划板上面的十字丝一般不重合。这时,为了能使分光计进行精确测量,必须将绿十字反射像调到与分划板上面的十字丝重合,即与透光十字架对称的位置,以满足望远镜的轴线垂直于中心转轴。

调节的过程采用分半调节法:先将望远镜对准光学面AB,若绿十字像位于图4-21-6(a)中的位置,调节载物台下的调平螺丝①,使十字像上移一半(十字像与调整用十字丝间的距离减少一半)至图4-21-6(b)位置,再调节望远镜下面的水平调节螺丝12,使十字像与调整用十字丝重合,如图4-21-6(c)位置。将望远镜转至AC面,此时绿十字像可能与调整用十字丝又不重合,应该再按上面的方法调节载物台的调平螺钉②与望远镜的水平调节螺钉12,使十字像重合于上部调整用十字丝。因为AB、AC两面相互牵连,故应反复调节,直至望远镜不论对准哪一个面,十字像都能与分划板上面的调整用十字丝完全重合。此时望远镜轴线和载物台平面均垂直于中心轴,且三棱镜两光学面AB、AC也垂直于望远镜光轴。

注意:在后面的调整或读数过程中,不要再动望远镜的水平调节螺钉12和载物台下的3个调平螺钉。

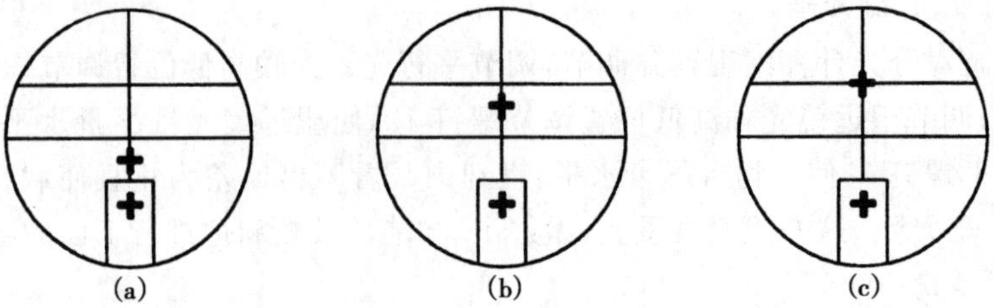

图 4－21－6

3. 调节载物台平面与中心轴垂直

在第 2 步调整时已同步完成。

4. 调节平行光管

(1) 调节平行光管使其产生平行光。

将已调整好的望远镜作为标准，这时平行光射入望远镜必聚焦在十字线平面上，就是要把平行光管的狭缝调整到其透镜的焦平面上。调整方法如下：

① 去掉目镜照明器上的光源，将望远镜管正对平行光管。

② 从侧面和俯视两个方向用目视法调节平行光管光轴的高低位置调节螺钉 25，大致调到与望远镜光轴一致。

③ 取去三棱镜，开启汞光灯，照亮平行光管的狭缝。从望远镜中观察狭缝的像，旋松螺钉 2，前后移动平行光管狭缝装置，直到看到边缘清晰而无视差的狭缝像为止。然后使用狭缝宽度调节手轮 26 调节狭缝的宽度，使从望远镜中看到它的像宽为 1mm 左右。

(2) 调整平行光管的光轴垂直于中心转轴。

调整平行光管光轴的高低位置调节螺钉 25，使狭缝的像被望远镜分划板上的大十字丝的水平线上下平分；旋转狭缝机构，使狭缝的像与望远镜分划板的垂直线平行，注意不要破坏平行光管的调焦；然后将狭缝位置锁紧螺钉 2 旋紧；再利用望远镜微调螺钉 13，使分划板的垂直线精确对准狭缝像的中心线，如图 4－21－7 所示。此后整个实验中不再变动平行光管。

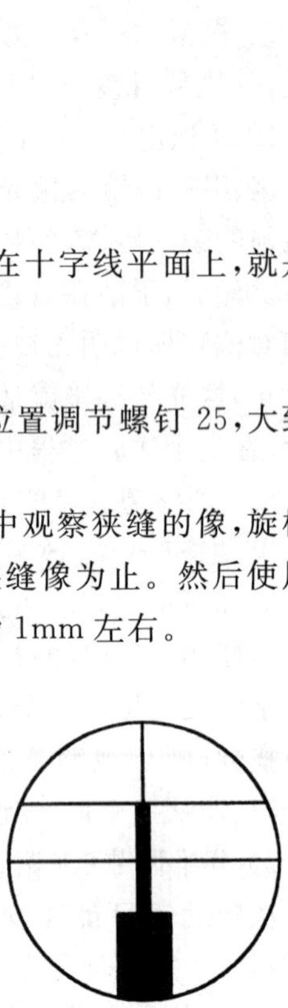

图 4－21－7

完成上述操作步骤以后，分光计就可用来进行精密测量。

【实验内容】

1. 调整分光计(调整方法见原理部分)

(1) 使望远镜对平行光聚焦。

(2) 使望远镜光轴垂直于仪器公共轴。

(3) 使载物台台面水平且垂直于中心轴。

(4) 使平行光管射出平行光。

(5) 使平行光管光轴垂直于仪器公共轴，且与望远镜等高同轴。

2. 调整三棱镜光学面垂直于望远镜光轴

分光计调整第(2)步时已完成。

3. 测量棱镜顶角 A(自准法)

在分光计调整时，完成分半调节后，就可以测量三棱镜的顶角(注：用自准法测顶角时可不用平行光，即本次实验可以不调平行光管）。

测量方法如下：

(1) 对两游标做一适当标记，分别称游标 A 和游标 B，切记勿颠倒。

(2) 将载物台锁紧螺钉 7 和游标盘止动螺钉 23 旋紧，固定平台；再将望远镜对准三棱镜 AC 面，使十字像与分划板上面的十字丝重合，如图 4-21-8 所示。

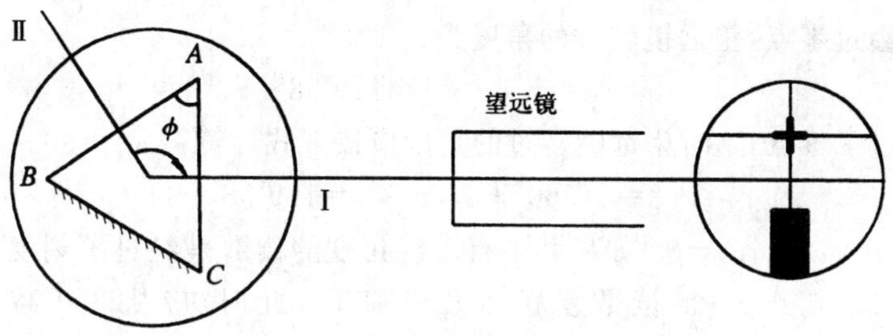

图 4-21-8　测棱镜顶角 A

记下游标 A 的读数 α_1 和游标 B 的读数 β_1。

(3) 转动望远镜（此时度盘 20 与望远镜固定在一起同时转动），将望远镜对准 AB 面，使十字像与分划板上面的十字丝重合，记下此时游标 A 的读数 α_2 和游标 B 的读数 β_2。同一游标两次读数之差 $|\alpha_1-\alpha_2|$ 或 $|\beta_1-\beta_2|$，即是望远镜转过的角度 ϕ，而 ϕ 是 A 角之补角。则三棱镜顶角 $A=180°00'-\phi$。其中：

$$\phi=\frac{1}{2}[|\alpha_2-\alpha_1|+|\beta_2-\beta_1|]$$

(4) 稍微变动载物台的位置，重复测量 3 次，数据填入表 4-21-1。

表 4-21-1

次数＼角度数据	A 游标			B 游标			ϕ
	α_1	α_2	$\|\alpha_2-\alpha_1\|$	β_1	β_2	$\|\beta_2-\beta_1\|$	
1							
2							
3							

【数据记录】

$$\phi_1=(\phi_1+\phi_2+\phi_3)/3=$$
$$\overline{A}=180°00'-\overline{\phi}=$$

注意事项：

(1) 保持好光学仪器的光学面。

(2) 光学仪器螺钉的调节动作要轻柔，锁紧螺钉指锁住即可，不可用力，以免损坏器件。

(3) 仪器要避免震动或撞击，以防止光学零件损坏和影响精度。

(4) 在计算望远镜转过的角度时，要注意望远镜是否经过了刻度盘的零点。例如，当望远镜由图 4-21-8 中位置Ⅰ转到位置Ⅱ时，读数如表 4-21-2 所示。

表 4-21-2

望远镜的位置	Ⅰ	Ⅱ
游标 A	$170°45'(\alpha_1)$	$295°43'(\alpha_2)$
游标 B	$355°45'(\beta_1)$	$115°43'(\beta_2)$

游标 A 未经过零点，望远镜转过的角度为：

$$\phi=|\alpha_2-\alpha_1|=119°58'$$

游标 B 经过了零点，这时望远镜转过的角度应按下式计算：

$$\phi=|(360°+\beta_2)-\beta_1|=119°58'$$

即上述公式中 $|\alpha_2-\alpha_1|$、$|\beta_2-\beta_1|$ 如果其中有一组角度的读数是经过了刻度盘的零点而读出的，则 $|\alpha_2-\alpha_1|$ 或 $|\beta_2-\beta_1|$ 的读数差就会大于 180°。此时，应从 360°减去此值，再代入 $A=180°-\frac{1}{2}[|\alpha_2-\alpha_1|+|\beta_2-\beta_1|]$ 计算。

【思考题】

(1) 测角 θ 时，望远镜由 α_1 经 O 转到 α_2，则望远镜转过的角度 $\theta=$?，如 $\alpha_1=330°0'$，$\alpha_2=30°1'$，$\theta=$?

(2) 分光计为什么要设置两个读数游标？

(3) 借助于三棱镜的光学反射面调节望远镜光轴使之垂直于分光计中心转轴时，为什么要求两面反射回来的绿十字像都要和“丰”形叉丝的上交点重合？

(4) 为什么采用分半调节法能迅速地将十字像与分划板上面的十字丝重合？

(5) 对分光计的调整，你能提出什么好方法吗？

实验二十二　用分光计测折射率

折射率是物质的重要光学特性常数。测定折射率的常用方法有棱镜法、干涉法、多次反射法、偏振法和观察升高法。就其测量精确度来说，以干涉法为最高，偏振法为最低。本实验主要讨论棱镜法，这种方法需用分光计。

【实验要求】

(1) 进一步熟悉分光计的调节和使用。

(2) 了解利用分光计测玻璃棱镜折射率的原理和方法。

【实验目的】

用最小偏向角法测玻璃三棱镜对汞绿光的折射率。

【实验仪器与用具】

分光计 1 台，玻璃三棱镜 1 个，低压汞灯 1 个。

【实验原理】

如图 4－22－1 所示，一束单色光以 i_1 角入射到棱镜 AB 面上，经棱镜两次折射后，从 AC 面射出来，出射角为 i'_2。入射光和出射光之间的夹角 δ 称为偏向角。当棱镜顶角 A 一定时，偏向角 δ 的大小是随入射角 i_1 的变化而变化的。而当 $i_1=i'_2$ 时，即入射光线和出射光线相对于棱镜对称时 δ 为最小(证明略)。这时的偏向角称为最小偏向角，记为 $\delta_{\min}$。

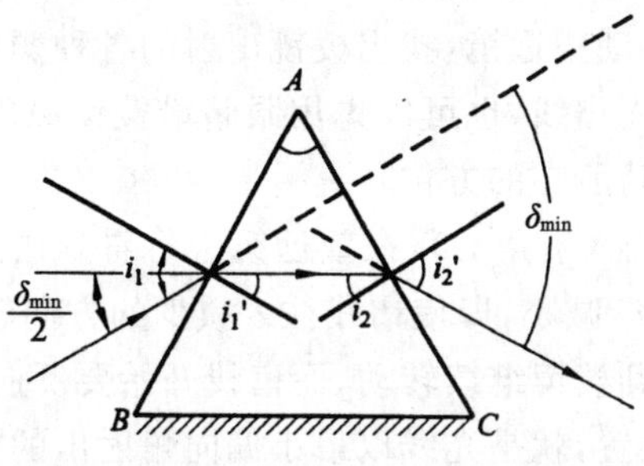

图 4－22－1　三棱镜最小偏向角原理图

由图 4－22－1 中可以看出，这时，

$$i'_1=\frac{A}{2}$$

$$\frac{\delta_{\min}}{2}=i_1-i'_1=i_1-\frac{A}{2}$$

$$i_1=\frac{1}{2}(\delta_{\min}+A)$$

设棱镜材料的折射率为 n，则：

$$\sin i_1=n\sin i'_1=n\sin\frac{A}{2}$$

所以
$$n=\frac{\sin i_1}{\sin\frac{A}{2}}=\frac{\sin\frac{\delta_{min}+A}{2}}{\sin\frac{A}{2}}$$

由此可知，要求得棱镜材料折射率 n，必须测出其顶角 A 和最小偏向角 δ_{min}。

【实验内容】

1. 按分光计的调整要求调整分光计

调整方法参阅实验十六。

2. 测量最小偏向角 δ_{min}

测量方法：

(1) 平行光管狭缝对准前方水银灯光源，将三棱镜放在载物台上，并使棱镜折射面 AB 与平行光管光轴的夹角大约为 120°(即使入射角 i_1 为 45°～60°)，如图 4-22-2 所示。

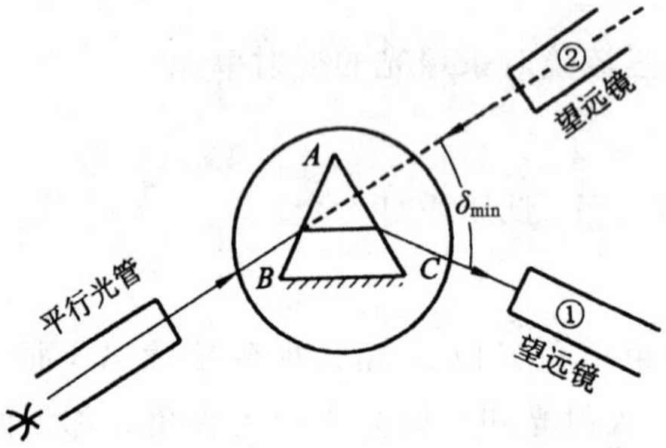

图 4-22-2 测最小偏向角方法

(2) 旋松望远镜止动螺钉 16 和游标盘止动螺钉 23，把载物台及望远镜转至图 4-22-2 中①所示位置，再左、右微微转动望远镜，找出棱镜出射的各种颜色水银灯光谱线(各种波长的狭缝像)。如果一时看不到光谱线，也可以先用眼睛沿棱镜 AC 面出射光的方向寻找。看到谱线后，再将望远镜转到眼睛所在的方位。

(3) 轻轻转动载物台(改变入射角 i_1)，在望远镜中将看到谱线跟着动，注意绿色谱线的移动情况。改变 i_1，使入射角 i_1 减小，即使谱线往 δ 减少的方向转动(向顶角 A 方向移动)。望远镜要跟踪光谱线转动，直到棱镜继续转动，而谱线开始要反向移动(即偏向角反而变大)为止。这个反向移动的转折位置，就是光线以最小偏向角射出的方向。固定载物台(锁紧螺钉 23)，再使望远镜微动，使其分划板上的中心竖直叉丝对准其中那条绿色谱线(5461Å)。

(4) 测量。记下此时两游标处的读数 θ_1 和 θ_2。取下三棱镜(载物台保持不动)，转动望远镜对准平行光管图 4-22-2 中②(以确定入射光的方向)，使竖直叉丝对准狭缝中央的狭缝像，再记下两游标处的读数 θ'_1 和 θ'_2，此时绿谱线的最小偏向角为：

$$\delta_{min}=\frac{1}{2}[|\theta_1-\theta'_1|+|\theta_2-\theta'_2|]$$

转动游标盘即变动载物台的位置，重复测量 3 次，把数据记入表 4-22-1。

表 4－22－1

$\theta_1\theta_2$ 次数	最小偏向角位置		入射光线位置		$\delta_{A\min}=\lvert\theta_1-\theta'_1\rvert$	$\delta_{B\min}=\lvert\theta_2-\theta'_2\rvert$	$\delta_{\min}=\frac{1}{2}(\delta_{A\min}+\delta_{B\min})$
	游标 A θ_1	游标 B θ_2	游标 A θ'_1	游标 B θ'_2			
1							
2							
3							

3. 注意事项

(1) 转动载物台，都是指转动游标盘带动载物台一起转动。

(2) 狭缝宽度 1mm 左右为宜，宽了测量误差大，太窄光通量小。狭缝易损坏，应尽量少调。调节时要边看边调，动作要轻，切忌两缝太近。

(3) 光学仪器螺钉的调节动作要轻柔，锁紧螺钉也是指锁住即可，不可用力，以免损坏器件。

(4) 分光计平行光管对好汞光灯光源后，不要随意挪动位置。

【数据记录】

将 $\delta_{\min}$ 值和前一实验中测得的 A 角平均值代入下式：

$$n=\frac{\sin\frac{1}{2}(\delta_{\min}+A)}{\sin\frac{A}{2}}$$

计算 n_1、n_2、n_3，求出 $\overline{n}=\frac{n_1+n_2+n_3}{3}=$　　　　。

【思考题】

(1) 找最小偏向角时，载物台应向哪个方向转动？

(2) 玻璃对什么颜色的光折射率大？

(3) 同一种材料，对红光和紫光的最小偏向角哪一个要小些？

(4) 本实验中三棱镜在载物台上的位置为什么不得任意？适当放置基于哪些考虑？

(5) 实验中测出汞光谱中绿光的最小偏向角后，固定载物台和三棱镜，是否可以直接确定其他波长的最小偏向角位置？

实验二十三　用分光计测光栅常数和波长

衍射光栅是一种高分辨率的光学色散元件，它广泛应用于光谱分析中。随着现代技术的发展，它在计量、无线电、天文、光通信、光信息处理等许多领域中都有重要的应用。

【实验要求】

本实验通过对光栅常数和波长的测量，了解光栅的分光作用，并加深对光的波动性的认识。

【实验目的】

(1) 观察光栅的衍射现象，研究光栅衍射的特点。

(2) 测定光栅常数和汞黄光的波长。

【实验仪器与用具】

分光计 1 台，光栅 1 个，低压汞灯 1 个。

【实验原理】

普通平面光栅是在一块基板玻璃片上用刻线机刻画出一组很密的等距的平行线构成的。光射到每一刻痕处便发生散射，刻痕起不透光的作用，光只能从刻痕间的透明狭缝中通过。因此，可以把光栅看成一系列密集、均匀而又平行排列的狭缝。

光照射到光栅上，通过每个狭缝的光都发生衍射，而衍射光通过透镜后便互相干涉。因此，本实验光栅的衍射条纹应看作是衍射与干涉的总效果。

下面来分析平行光垂直射到光栅上的情况(图 4-23-1)。设光波波长为 λ，狭缝和刻痕的宽度分别为 a 和 b，则通过各狭缝以角度 φ 衍射的光，经透镜会聚后如果是互相加强时，在其焦平面上就得到明亮的干涉条纹。根据光的干涉条件，光程差等于波长的整数倍或零时形成亮条纹。由图 4-23-1 可知，衍射光的光程差为 $(a+b)\sin\varphi$，于是，形成亮条纹的条件为：

$$(a+b)\sin\varphi=K\lambda, K=0, \pm1, \pm2, \cdots$$

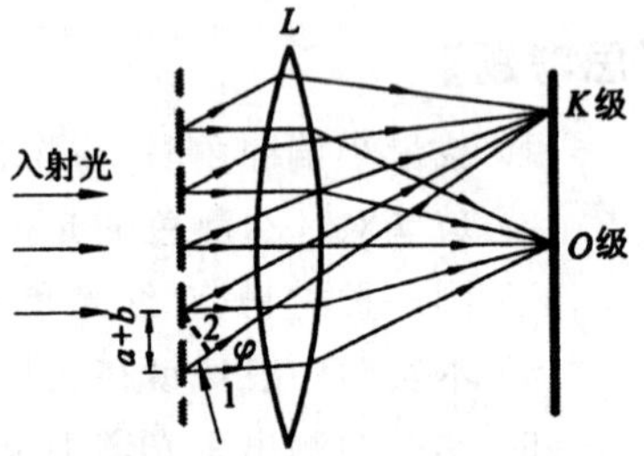

图 4-23-1

或

$$d\sin\varphi=K\lambda \qquad (4-23-1)$$

式中，$d=a+b$ 称为光栅常数，λ 为入射光波波长，K 为明条纹(光谱线)级数，φ 是 K 级明条纹衍射角。

$K=0$ 的亮条纹叫中央条纹或零级条纹，$K=\pm1$ 为左右对称分布的一级条纹，$K=\pm2$ 为左右对称的二级条纹，依此类推。

光栅狭缝与刻痕宽度之和 $a+b$ 称为光栅常数。若在光栅片上每厘米宽刻有 n 条刻痕，则光栅常数 $d=(a+b)=\frac{1}{n}$cm。当 $a+b$ 已知时，只要测出某级条纹所对应的衍射角 φ，通过(4-23-1)式即可算出光波波长 λ。当 λ 已知时，只要测出某级条纹所对应的衍射角 φ，通过

(4－23－1)式可计算出光栅常数。

在λ和$a+b$一定时，不同级次的条纹其衍射角不同。如$a+b$很小，则光栅衍射的各级亮条纹分得很开，有利于精密测量。另外，如果K和$a+b$一定时，则不同波长的光对应的衍射角也不同。波长愈长衍射角也愈大，有利于把不同波长的光分开，所以光栅是一种优良的分光元件。

【实验内容】

1. 调整分光计

参照实验十六。调整望远镜使其能接收平行光，且其光轴与分光计的中心轴垂直；调整载物台平面水平且垂直于中心轴；调整平行光管发出平行光，且光轴与望远镜等高同轴(注：分光计调整时可用光栅平面作为光学反射面)。

2. 测定光栅常数

(1) 放置光栅。如图4－23－2所示，将光栅放在载物台上，先用目视使光栅平面与平行光管光轴大致垂直(拿光栅时不要用手触摸光栅表面，只能拿光栅的边缘)，使入射光垂直照射光栅表面。

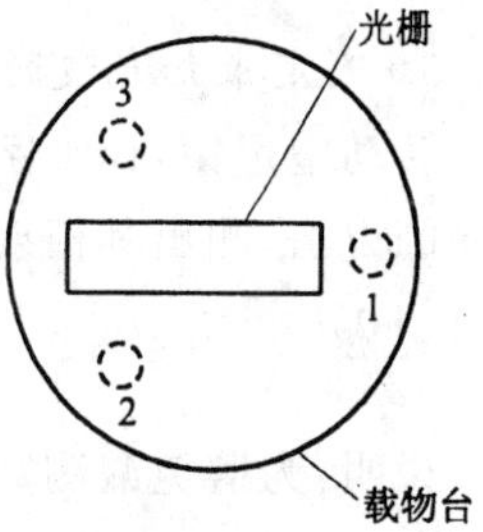

图4－23－2

(2) 调节光栅平面与平行光管光轴垂直。接上目镜照明器的电源，从目镜中看光栅反射回来的亮十字像是否与分划板上方的十字线重合。如果不重合，则旋转游标度盘，先使其纵线重合(注意：此时狭缝的中心线与亮十字的纵线、分划板的纵线三者重合)，再调节载物台的调平螺钉2或3使横线重合(注意：绝不允许调节望远镜系统)，然后旋紧游标盘止动螺钉，定住游标盘，从而定住载物台。

(3) 观察干涉条纹。去掉目镜照明器上的光源，放松望远镜止动螺钉16，推动支臂旋转望远镜，从目镜观察各级干涉条纹是否都在目镜视场中心对称，否则调节载物台下调平螺钉1，使之中心对称，直到中央明条纹两侧的衍射光谱基本上在同一水平面为止。

(4) 测衍射角。

① 推动支臂使望远镜和度盘一起旋转，并使分划板的十字线对准右边绿色谱线第一级明纹的左边缘(或右边缘)；旋紧望远镜止动螺钉16，旋转望远镜微调螺钉，精确对准明纹的左边缘(或右边缘，注意对以后各级明纹都要对准同一边缘)，从A、B两游标读取刻度数，记为$\alpha_{右1}$、$\beta_{右1}$。同理测出左边绿色谱线第一级明纹的刻度数$\alpha_{左1}$、$\beta_{左1}$，则第一级明纹的衍射角为(衍射光谱对中央明纹对称，两个位置读数之差的1/2即为衍射角φ)：

$$\varphi_1=\frac{1}{2}|\alpha_{右1}-\alpha_{左1}|$$

$$\varphi'_1=\frac{1}{2}|\beta_{右1}-\beta_{左1}|$$

取平均得第一级明纹衍射角的平均值：

$$\overline{\varphi}_1=\frac{1}{2}(\varphi_1+\varphi'_1)=\frac{1}{4}(|\alpha_{右1}-\alpha_{左1}|+|\beta_{右1}-\beta_{左1}|) \qquad (4-23-2)$$

如图4－23－3所示，将$\overline{\varphi}_1$代入(4－23－1)式求得d_1。

② 用上述同样的方法测得绿色谱线第二级明纹的衍射角$\overline{\varphi}_2$，同理求得d_2，则所测光栅常数为：

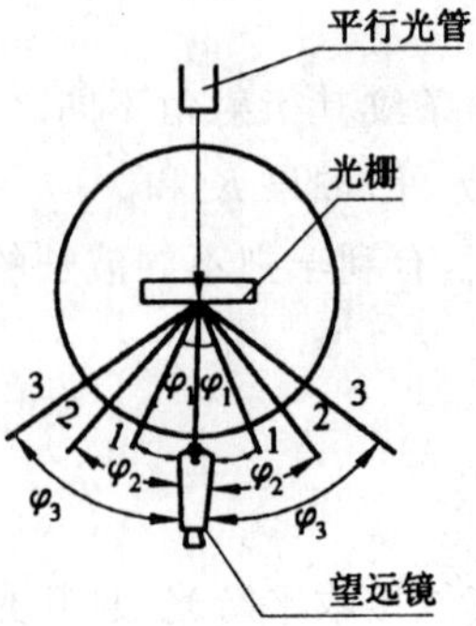

图 4－23－3

$$\overline{d}=\frac{d_1+d_2}{2}$$

3. 测定未知光波的波长

转动望远镜，让十字叉丝依次对准 0 级左、右两边 $K=\pm1$、$K\pm2$ 的黄线亮条纹，按上述相同的方法，测出其衍射角 $\varphi_{黄1}$、$\varphi_{黄2}$。由于已知 d，将其代入(4－23－1)式，则得出 λ_1、λ_2，故 $\overline{\lambda}=\frac{\lambda_1+\lambda_2}{2}$。

说明：为避免漏测数据，测量时也可将望远镜移至最左端，从－2、－1 到＋1、＋2 级依次测量。

4. 注意事项

(1) 光栅是精密光学器件，严禁用手触摸刻痕，以免弄脏或损坏。

(2) 水银灯的紫外线很强，不可直视，以免灼伤眼睛。

(3) 分光计各部分调节一定要细心、缓慢，如发现异常现象，要及时报告。

【数据记录】

1. 测定光栅常数

由式(4－23－1)得 $d=K\lambda/\sin\varphi$。测定光栅常数数据表如表 4－23－1 所示。

表 4－23－1　测定光栅常数数据表

波长 λ/nm	光谱级数 K	衍射角位置读数			角度 (2φ)	衍射角 (φ)	衍射角 ($\overline{\varphi}$)	光栅常数 (d)	$\overline{d}$
		读数窗	$+1$ $+2$ 级位置	-1 -2 级位置					
646.1	±1	A							
		B							
	±2	A							
		B							

按下式计算误差：

$\Delta d=\overline{d}\cdot\cot\overline{\varphi}\Delta\varphi$（$\Delta\varphi$ 为衍射角的平均误差）。

结果 $d=\overline{d}\pm\Delta d=$　　　　。

2. 测定黄光波长。测定黄光波长数据如表 4－23－2 所示。

表 4－23－2　测定黄光波长数据表

水银黄线	衍射角位置读数			角度 2φ	衍射角 φ	衍射角 $\overline{\varphi}$	波长 $\overline{\lambda}$
	读数窗	+1 +2 级位置	−1 −2 级位置				
黄 1	A						
	B						
黄 2	A						
	B						

按下式计算误差：

$$\Delta\lambda=\lambda(\Delta d/d+\cot\overline{\varphi}\Delta\varphi)=\qquad,$$

结果

$$\lambda=\overline{\lambda}\pm\Delta\lambda=\qquad。$$

【思考题】

(1) 光栅光谱和棱镜光谱有哪些不同之处？

(2) 用光栅观察自然光，看到什么现象？为什么紫光离中央 0 级条纹最近，红光离 0 级条纹最远？

(3) 光狭缝太宽或太窄时，将会出现什么现象？为什么？

(4) 按图 4－23－2 放置光栅有何好处？

(5) 用光栅测定光波波长，对分光计的调节有什么要求？

(6) 利用 $\lambda=5\,893$Å 的纳光垂直入射到 1mm 内有 500 条刻痕的平面透射光栅上时，最多能看到几级光谱？

实验二十四 牛 顿 环

干涉现象是典型的波动现象，光的干涉现象充分地表明了光的波动性。分振幅法产生的干涉是一项常用的光学技术。牛顿环干涉现象在实际生产和科学研究中有着广泛的应用，如精密测量长度、厚度和角度，检验试件加工表面的光洁度、平整度，以及在半导体技术中镀膜厚度的测量等。

【实验目的】

(1) 观察干涉现象，并用以测定平凸透镜的曲率半径。

(2) 掌握利用牛顿环测量光波波长的方法。

(3) 熟悉读数显微镜的结构，掌握其使用方法。

【实验仪器】

读数显微镜(物镜前加有一倾斜成 45°角的反射平面玻璃片)，牛顿环，单色光源(汞 $\lambda=577.0\text{nm}$，钠 $\lambda=589.0\text{nm}$)。

【实验原理】

牛顿环是由一块弯度微小的平凸透镜，和一块平板玻璃组成，平凸透镜的凸面和玻璃平板相接触，在它们中间存在一层不等厚的空气层，如图 4-24-1 所示：A 和 B 的接触点只有一点，即 S 点，在其余的地方 A、B 之间存在着一空气层。距离 S 点相等的地方空气层的厚度相同。离 S 点愈远的地方，空气层中部愈大。若有一束平行光垂直入射，则自空气层上、下界面反射回来的光产生干涉。因为平凸镜的凸面是球面的一部分，所以光程差相等的地方是以接触点为圆心的圆。因之，在干涉条纹也是以接触点为中心的一族同心圆。

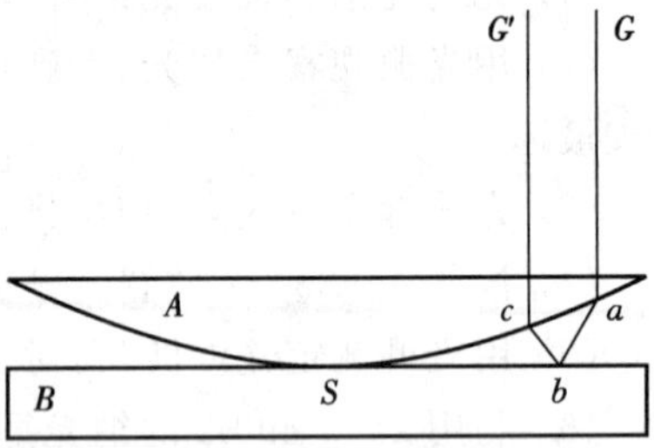

图 4-24-1

当一束单色平行光沿垂直方向投射在由 A、B 组成的系统上时，由系统反射回来的光会发生干涉现象，干涉的结果如何决定于由空气层的上表面反射的光线 $G'c$ 和由空气层下表面反射的光线 $Gabc$ 的光程差(如图 4-24-1 所示)。考虑到透镜凸面的曲率半径很大，光程差 A 可以近似计算如下。曲率半径很大，表示凸面近似为一平面。并与水平面所成的角度很小。所以，可以近似地认为 $ab=bc=t$，所以光程差为设入射光是波长为 λ 的单色光，距接触点为 a 处的空气层厚度为 t，则该处空气层上下界面反射光的光程差为：

$$\delta=2t+\frac{\lambda}{2} \tag{4-24-1}$$

式中，$\lambda/2$ 一项是由于下界面反射光从光疏媒质到光密媒质的交界面上反射时，发生半波损失所引起的，式中 $2t$ 是空气层厚度引起的光程差，t 即为 a 点的空气层厚度，(光线由光密物质反射回光疏物质时，有半波损失现象)。由此可见 δ 是 t 和的函数，当入射光的波长一定时，δ 仅是 t 的函数，也就是空气层的厚度不同的点，反射光线有不同的光程差，厚度相同的点，有相同的光程差，如图 4－24－2 所示，而且由几何关系可得：

$$t = r_k^2/2R \qquad (4-24-2)$$

式中，R 为平凸镜的曲率半径，光程差满足条件：

$$\delta = K\lambda,\ (K=0,1,2\cdots)$$

产生相长干涉 (4－24－3)

$$\delta = (2K+1)\frac{\lambda}{2}\ (K=0,1,2\cdots)$$

产生相消干涉(4－24－4)

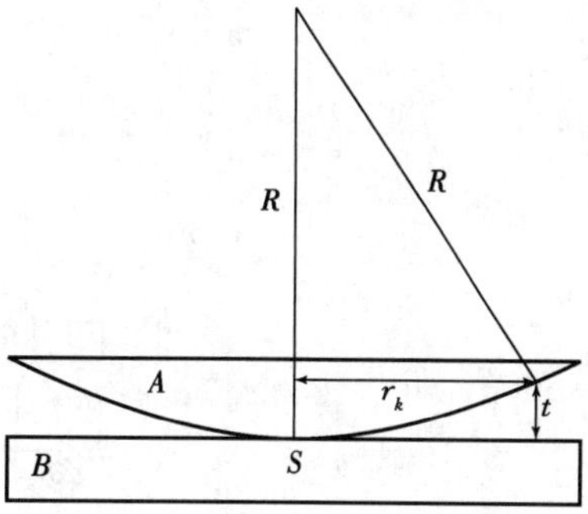

图 4－24－2

将(4－24－1)，(4－24－2)式代入(4－24－3)，(4－24－4)式可得：

明纹半径为：

$$r_k = \sqrt{\left(k-\frac{1}{2}\right)R\lambda} \qquad (4-24-5)$$

暗纹半径为：

$$r_k = \sqrt{kR\lambda} \qquad (4-24-6)$$

此式表示出暗环半径与光的波长及透镜曲率半径的关系。若已知波长 λ，则测定暗环半径即可由此式计算曲率半径 R(反之，若已知曲率半径 R，由此式可测定入射光的波长)。但由于玻璃的弹性变形，以及接触点不清洁等原因，平凸透镜与平面玻璃不可能很理想的只有一点接触，所以干涉图形的中心不是一点，而是一个不很规则的圆片，所以用公式(4－24－6)很难准确判定干涉级次。通常实验中采用如下方法：

设第 K 级干涉圆环的直径为 D_k，第 K_{+m} 干涉圆环直径为 D_{k+m}，故：

$$D_k^2 = 4KR\lambda$$

$$D_{k+m}^2 = 4(K+m)R\lambda$$

两式相减整理得：

$$R = \frac{D_{K+m}^2 - D_k^2}{4m\lambda} \qquad (4-24-7)$$

【实验内容】

1. 实验步骤

(1) 安置仪器如图 4－24－3 所示，打开钠光灯。然后调节显微镜目镜，使之能清楚地看到叉丝。转动目镜筒，使叉丝之一与显微镜移动方向正交。

(2) 从下向上调节显微镜物镜，直到视野中能清楚地看到明暗的环为止。移动牛顿环，使牛顿环中央暗点恰好在叉丝的交点上。

(3) 接通电源，将牛顿环放在读数显微镜的工作台上，且环心正对显微镜，转动物镜外装有 45°倾斜透明平玻璃的套筒，使光源 S 射来的光线经过玻璃反射恰好垂直地反射到牛顿环上，再经牛顿环反射后经玻璃而进入显微镜见图 4－24－3，转动调焦手柄，使显微镜上下移动进行调焦，直至从目镜中看到放大了的清晰干涉条纹。

(4) 测量暗环直径，方法如下：先调节显微镜上测微丝杆，使显微镜叉丝正对牛顿环中心。转动鼓轮，使显微镜向左移动，同时从中心开始数干涉条纹暗环级次到 20 环以上。然后鼓轮反转，当显微镜叉丝与第 20 个暗环宽度的中心线相切时，记下显微镜标尺读数 $d_{左20}$，

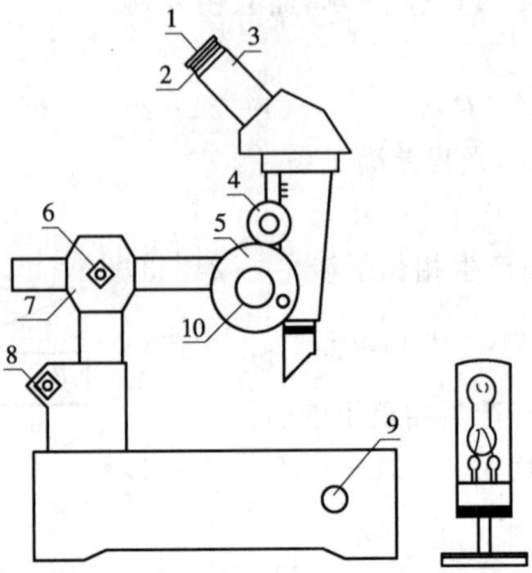

图 4－24－3

继续向左移动，依次读取 $d_{左20}$、$d_{左15}$、$d_{左10}$、$d_{左5}$ 越过干涉环圆心，测出同级干涉环另一边的 $d_{右5}$、$d_{右10}$、$d_{右15}$、$d_{右20}$ 算出直径 $D_K=|d_{左K}-d_{右K}|$ 得到 D_5、D_{10}、D_{15}、D_{20}。

(5) 由式 4－24－7 计算出光波波长（若已知凸透镜的曲率半径）或计算出曲率半径 R（若已知光波波长）。并计算出某平均值。

2. 注意事项

光学平面玻璃在实验时不要用手去摸或与其他东西相接触，因为这样极易磨损精致的光学平面，这点在实验中千万小心。若有不洁需用专门的擦镜纸擦拭。

【数据记录与处理】

表 4－24－1　测出曲率半径 R

环数	$d_左$	$d_右$	直径 D	$\|D_{K+m}^2-D_K^2\|$	$R_i(m)$	$\overline{R}_i$

【思考题】

(1) 牛顿环干涉条纹中心是高级次还是低级次？为什么？

(2) 如何避免测微鼓轮反向旋转时的空程误差？

【附】 读数显微镜简介

读数显微镜分瞄准显微镜，测量架和底座三部分（图 4－24－3）。目镜 1 嵌在目镜接筒 3 内，目镜止动螺钉 3 可以固定目镜于任一位置。转动调焦手轮 4 使显微镜上下移动进行调焦，利用锁紧手轮 6 可把测量架连同瞄准显微镜固定于任一位置，支架 7 借助锁紧手轮 8 紧固在底座的适当位置。牛顿环放在工作台面 9 上。旋转测微鼓轮 10 可使瞄准显微镜左右移动，移动距离可在长标尺上读出整数，测微鼓轮口上读取小数，此二数之和即为此点位置的读数。

实验二十五 偏振光的研究

1808 年马吕斯(Malus,1775—1812)发现了光的偏振现象,并对光的偏振现象进行了深入研究,证明了光波是横波,使人们进一步认识光的本性。随着科学技术的发展,偏振光元件、偏振光仪器和偏振光技术在各个领域都得到了广泛应用,尤其是在实验应力分析、计量测试、晶体材料分析、薄膜和表面研究、激光技术等方面更为突出。

【实验要求】

(1) 了解产生和检验偏振光的仪器,并掌握产生和检验偏振光的条件和方法。

(2) 加深对光的偏振的认识。

【预习思考题】

按光矢量的不同振动状态,通常把光波分为哪几种?

【实验原理】

1. 自然光与偏振光

光是一种电磁波,电磁波中的电矢量 E 就是光波的振动矢量,它的振动方向和光的传播方向垂直。光的振动方向和传播方向所组成的平面称为振动面。按光矢量的不同振动状态,通常把光波分为五种形式,如图 4-25-1 所示。

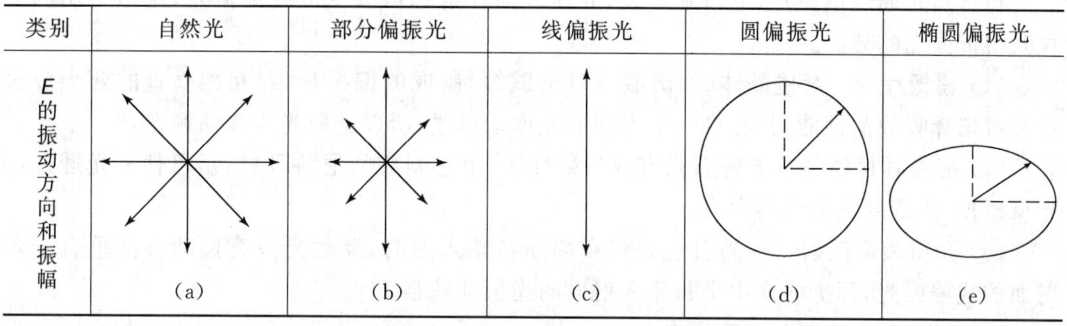

图 4-25-1 光波的五种形式

实验证明,在光的 E 振动和 B 振动中,引起感光作用和生理作用的是 E 振动,所以一般把矢量 E 叫做光矢量,而把 E 振动叫做光振动。

光波在传播过程中,如果在各个方面上 E 振动的振幅相等,这样的光叫自然光。在除激光以外的一般光源发出的光中,包含着各个方向的光矢量,没有哪一个方向比其他方向占优势,所以一般光源所发出的光都是自然光。

自然光经过某些物质反射、折射或吸收后,可能只保留某一方向的光振动。这种光振动只是某一固定方向的光,叫做线偏振光,简称偏振光,如图 4-25-1(c)。若光波中,某一方向的光振动比与之相垂直方向的光振动占优势,这种光就叫做部分偏振光,如图 4-25-1(b)。

由同一单色偏振光通过双折射物质后,所产生的两束偏振光是可能相干的。这两束偏振光的振动方向相互垂直,所以与两个互相垂直的同周期振动的合成一样,光矢量 E 的端点将推出椭圆轨迹，称为椭圆偏振光，如图 4-25-1(e)。在特殊情况下，如果两束偏振光的振幅相等，就成为圆偏振光，图 4-25-1(d)。

理论的实验都证明，反射光的偏振化程度和入射角有光。当入射角等于某一特定值 i_0 时，反射光是光振动垂直于入射面的线偏振光(图 4-25-2)。这个特定的入射角 i_0 称为偏振角，或称为布儒斯特角。

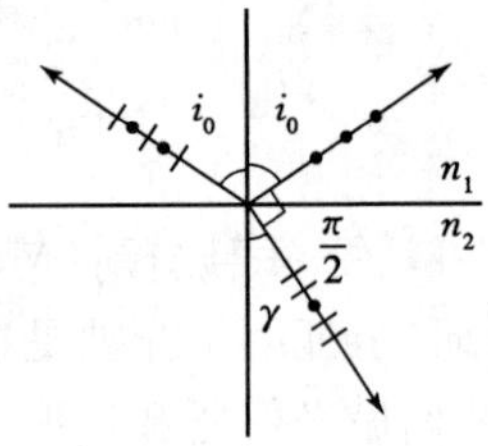

图 4-25-2

实验还发现，当光线以起偏振角入射时，反射光和折射光传播方向相互垂直，即：

$$i_0+\gamma=90°$$

根据折射定律，有：

$$n_1 \sin i_0=n_2 \sin\gamma=n_2=\cos i_0$$

即：

$$\tan i_0=\frac{n_2}{n_1}$$

或

$$\tan i_0=n_{21} \tag{4-25-1}$$

式中，$n_{21}=n_2/n_1$，是媒质 2 对媒质 1 的相对折射率。(4-25-1)式称为布儒斯特定律。

2. 偏振片的起偏与检偏

在光学实验中，常利用某些装置移去自然光一部分振动而获得偏振光，我们把从自然光获得偏振光的装置称为起偏振器(或起偏振片)，两者可通用。

将自然光通过偏振片、尼科耳棱镜、介质表面反射都可以变成线偏振光，这是常用的三种获得偏振光的方法。

(1) 偏振片——某些晶体(如硫酸金鸡钠碱等)制成的偏振片，对互相垂直的两个分振动具有选择吸收的性能，只允许一个方向的光振动通过，所以透射光为线偏振光。

(2) 尼科耳棱镜——方解石具有双折射性质，由它制成的尼科耳棱镜，可使 e 光透过，o 光反射掉，故透射光为线偏振光。

(3) 介质表面反射——当自然光以布儒斯特角入射时，反射光只有振动方向垂直于入射面的线偏振光，而折射光中平行于入射面的光振动较强。

3. 波片、圆偏振光和椭圆偏振光

如果将双折射晶体切割成光轴与表面平行的晶体，当波长为 λ 的平面振动光垂直入射到晶片时，o 光与 e 光的传播方向相同，但折射率不同，传播速度也不同。因此，透过晶片后，两种光就产生恒定的相差：

$$\Delta\varphi=\frac{2\pi}{\lambda}d(n_o-n_e)$$

式中 d 为晶片厚度，n_o 和 n_e 分别表示 o 光和 e 光的折射率。

由上式可知，o 光、e 光合成振动随位相差的不同，就有不同的偏振方式：

(1) $\Delta\varphi=k\pi$ $(k=0,1,2,\cdots)$为平面偏振光。

(2) $\Delta\varphi=\left(k+\frac{1}{2}\right)\pi$ $(k=0,1,2,\cdots)$为正椭圆偏振光。

(3)$\Delta\varphi$ 不等于以上各值为椭圆偏振光。

晶片根据不同的厚度可分为全波片、$\frac{1}{2}$波片、$\frac{1}{4}$波片。

(1) 以上波长为 λ 的单色光，如晶片厚度满足 $\Delta\varphi=2k\pi, k=1,2,3\cdots$ 则该晶片称为对波长为 λ 的光的全波片。

(2) 对波长为 λ 的单色光，如晶片厚度满足 $\Delta\varphi=(2k+1)\pi, k=0,1,2,\cdots$ 则该晶片称为对波长为 λ 的光的$\frac{1}{2}$波片。

(3) 对波长为 λ 的单色光，如晶片厚度满足 $\Delta\varphi=(2k+1)\frac{\pi}{2}, k=0,1,2,\cdots$ 则该晶片称为对波长为 λ 的光的$\frac{1}{4}$波长。

【实验内容】

实验操作前，请仔细思考应怎样布置仪器、光学器件安装在何处？

1. 起偏与检偏

(1) 按图 4-25-3 布置仪器，先只装 P_1。开启电源，光源 S 发出平行光直射到偏振片 P_1 上，以 P_1 作为起偏器，以光的传播方向为轴旋转 P_1，观察并记下屏上光斑强度的变化情况。

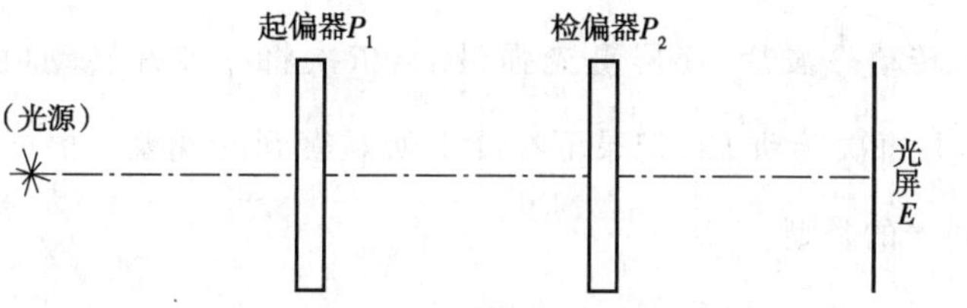

图 4-25-3

(2) 在 P_1 后加入作为检偏器的偏振片 P_2，固定 P_1 的方位，转动 P_2，观察并记下屏上光斑强度的变化。

2. 观察反射偏振现象

(1) 按图 4-25-4 布置仪器，首先将光源布置于仪器左前方，然后放上反射镜，调节反射镜与光源光轴大致成 33°方位角，再放上检偏器 P，开启光源，并使反射光斑落在屏上，转动检偏器 P，观察并记下屏上光强的明暗变化。

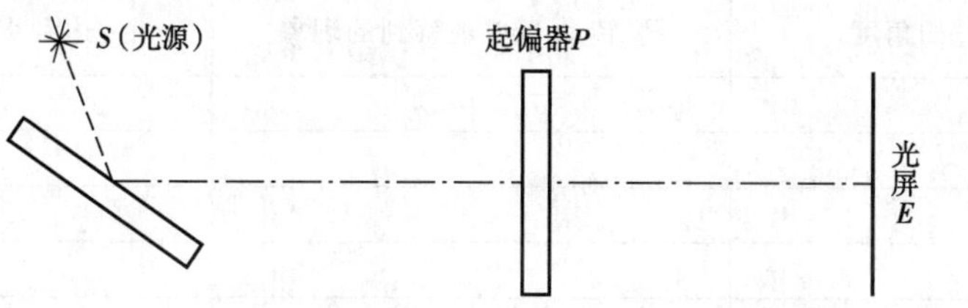

图 4-25-4

转动反射镜的角度，屏上光强增强或减弱，同时转动检偏器 P，出现消光时，光线在反射镜上的入射角即为布儒斯特角。

(2) 取下检偏器 P，改变反射镜与光源光轴的夹角，并使反射光斑落在屏上，再放上起偏器 P，转动 P，观察并记下屏上光斑强度的变化情况。

3. 鉴别 o 光、e 光及其振动方向

(1) 按图 4 - 25 - 5 装置仪器，先只装双折射棱镜。调整透镜和双折射棱镜与光源的距离(透镜与双折射材镜固定在一起)，使屏上可观察到两个大小相等的清晰光斑，以光的传播方向为轴，转动双折射镜 B，观察并记下屏上两光斑的运动情况(提示：可见一个像绕另一个像旋转，不动的光斑为 o 光，旋转的光斑为 e 光)。

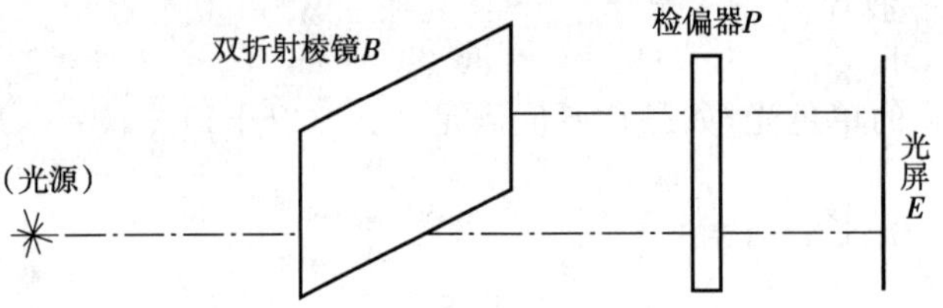

图 4 - 25 - 5

(2) 加入检偏器 P，旋转 P，观察并记下屏上两光斑的亮度变化情况(提示：可见两像的光强不断变化，而且两像交替消失，可知 o 光与 e 光的振动方向成 90°)。

4. 圆偏振光与椭圆偏振光

按图 4 - 25 - 6 装置仪器，先安装 P_1、P_2，然后转动起偏器 P_1，使之与检偏器 P_2 正交，最后再插入$\frac{1}{4}$波片，转动$\frac{1}{4}$波片，使屏上光强最弱，依次将$\frac{1}{4}$波片转动(由消光位置)0°、30°、45°、60°、75°、90°，并每次转动 P_2，记录下在屏上所观察到的现象。根据观察到的现象，判断$\frac{1}{4}$波片与 P_2 之间光的类型。

图 4 - 25 - 6

表 4 - 25 - 1

$\frac{1}{4}$波片转过的角度	P_2 转动 360°观察到的现象	达到 P_2 的光的类型
0°		
30°		
45°		
60°		
75°		
90°		

【思考题】

(1) 怎样鉴别自然光、部分偏振光和线偏振光？

(2) 如果在互相正交的 P_1、P_2 中间插进一块 1/4 波片，使其光轴与起偏器 P_1 的光轴平行，那么透过检偏器 P_2 的光斑是亮的还是暗的？为什么？将 P_2 转动 90°后，光斑的亮度是否变化？为什么？

(3) 怎样区别圆偏振光和椭圆偏振光？

(4) 怎样区别圆偏振光与部分偏振光？

(5) 怎样区别圆偏振光与部分自然光？

(6) 线偏振光经过 1/4 波长、1/2 波片后，偏振状态发生了什么变化？

【附】 偏振光的分析

如何区别以下几种光？(1) 线偏振光；(2) 圆偏振光；(3) 椭圆偏振光；(4) 自然光；(5) 线偏振光和自然光的混合(即部分偏振光)；(6) 圆偏振光和自然光的混合；(7) 椭圆偏振光和自然光的混合。

解：对于人的眼睛来说，所有这些光看起来都是一样的。

在光束行进的路径上插一个偏振片，并且以光的传播方向为轴转动偏振片，将会出现下面三种可能性：

(1) 如果偏振片在某两个位置时完全消光，那么这束光就是线偏振光，所以线偏振光最容易鉴别。

(2) 如果强度不变，那么这束光或者是自然光，或者是圆偏振光，或者是圆偏振光和自然光的混合。这时可在偏振光之前放一个 1/4 波片，再转动偏振片。如果强度仍然没有变化，那么入射光就是自然光。如果在两个位置上完全消光，那么入射光就是圆偏振光(这是由于 1/4 波片会把圆偏振光变成线偏振光的缘故)。如果强度有变化但不能完全消光，表明入射光是自然光和圆偏振光的混合。

(3) 如果强度有变化但不能完全消光，那么这束光或者是椭圆偏振光，或者是线偏振光和自然光的混合(即部分偏振光)，或者是椭圆偏振光和自然光的混合。这时可将偏振片停留在透射光强度最大的位置，在偏振的前面插入 1/4 波片，使它的光轴与偏振片的偏振方向平行。这里，椭圆偏振光经过 1/4 波片后就转变成线偏振光。因此，再转动偏振片，如果不存在完全消光的位置，而且强度极大的方位同原先一样，那么原光束就是自然光和线偏的混合(部分偏振光)。最后，如果出现强度极大的方位跟原先不同，原光束就是自然光和椭圆偏振光的混合。

把上面的主要内容简要地列于表 4－25－2 中。

表 4－25－2　用偏振片和 $\frac{1}{4}$ 波片研究光的偏振性质

第一步	令入射光通过偏振光片 I，转动偏振片 I，观察透射光强度的变化				
观察到的现象	有消光	强度无变化		强度有变化，但无消光	
结论	线偏振光	自然光或圆偏振光		椭圆偏振光或部分偏振光	
第二步		a. 令入射光依次通过 $\frac{\lambda}{4}$ 波片和偏振片 Ⅱ，转动偏振片 Ⅱ，观察透射光的强度变化。		b. 同 a，只是 $\frac{\lambda}{4}$ 波片的光轴方向必须与第一步中偏振片 Ⅰ 产生的强度极大或极小的透振方向重合。	
观察到的现象		有消光	无消光	有消光	无消光
结论		圆偏振光	自然光	椭圆偏振光	部分偏振光

实验二十六　迈克耳孙干涉仪测波长

迈克耳孙干涉仪是利用分振幅法实现干涉的干涉仪。在近代物理和近代计量技术中，迈克耳孙干涉仪具有一定的地位，例如，在光谱线精细结构的研究和用光波标定标准米尺等实验中都有着重要的应用。在迈克耳孙干涉仪的基础上发展出了各种形式的干涉仪。

【实验要求】

(1) 了解迈克耳孙干涉仪的工作原理，掌握其调整和使用方法。

(2) 观察薄膜的等倾和等厚干涉现象。

【实验目的】

测定钠光的波长。

【实验仪器与用具】

迈克耳孙干涉仪，钠光灯。

迈克耳孙干涉仪结构简介：

图 4-26-1 为迈克耳孙干涉仪，G_1 为分光束板，G_2 为补偿板，M_1、M_2 为两反射镜。透过读数窗可看到读数大鼓轮，转动手轮 C 可使镜 M_1 在导轨上移动。导轨上有 0mm～50mm 的刻度，借助于微调螺丝，可微微移动镜 M_1，因此可进行精确读数。读数鼓轮上每小格为 0.01mm，微调螺丝 D(微调小鼓轮)上每小格为 0.000 1mm，估读数为 10^{-5}mm。

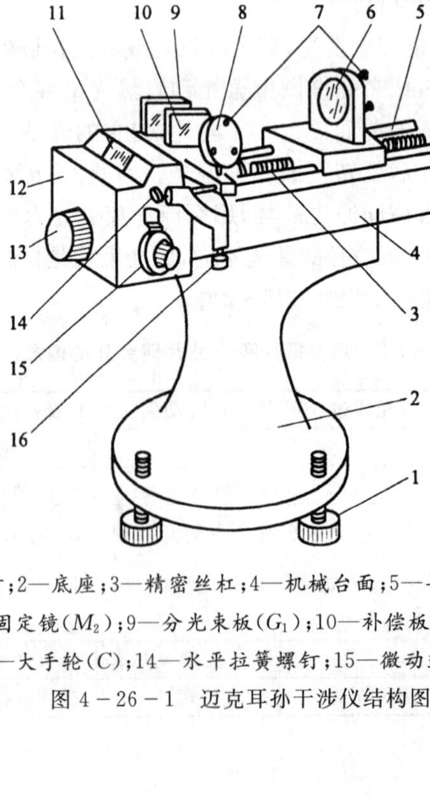

1—水平调节螺钉；2—底座；3—精密丝杠；4—机械台面；5—导轨；6—可动镜(M_1)；7—螺钉；8—固定镜(M_2)；9—分光束板(G_1)；10—补偿板(G_2)；11—读数窗；12—齿轮系统外壳；13—大手轮(C)；14—水平拉簧螺钉；15—微动鼓轮(D)；16—垂直拉簧螺钉

图 4-26-1　迈克耳孙干涉仪结构图

使用该仪器时，反射镜 M_1、M_2 和 G_1、G_2 绝对不能用手摸，以免损坏光学表面。导轨及精密丝杆的精度也很高，如它们受损，会使仪器精度下降，甚至使仪器不能使用。因此，操作时动作要轻、要慢，严禁粗鲁、急躁。

在读数与测量时要注意：

(1) 转动微动鼓轮 D 时，手轮 C 随着转动，但转动手轮 C 时，鼓轮 D 并不随着转动。因此在读数前应调整零点，方法如下：将鼓轮 D 沿某一方向（如顺时针方向）旋转至零，然后以同方向转动手轮 C 使之对齐某一刻度。这以后，在测量时只能仍以同方向转动手轮 C 使 M_1 镜移动，这样才能使手轮与鼓轮读数相互配合。

(2) 为了使测量结果正确，必须避免引入空程，也就是说，在调整好零点以后，应将鼓轮 D 按原方向转几圈，直到干涉条纹开始移动以后，才可开始读数测量。

【预习思考题】

(1) 在迈克耳孙干涉仪中是利用什么方法产生两束相干光的？

(2) 读数前怎样调整干涉仪的零点？

(3) 什么是空程？测量时如何操作才能避免引入空程？

【实验原理】

图 4-26-2 所示为迈克耳孙干涉仪的光路图，从光源 S 发出的钠光光束射到分光板 G_1 上，G_1 的前、后两个表面严格平行。后表面一般镀银膜（或铝膜、铬膜），镀膜的厚度要求能使反射光束和透射光束都是原入射光束强度的 50%，即使反射光(1)和透射光(2)两者强度近乎相等，故 G_1 称为分光板。G_2 也是平行平面玻璃板，与 G_1 平行放置，厚度和折射率均与 G_1 相同，补偿了光线(1)和(2)之间附加的光程差。光束(1)和(2)经 M_1 和 M_2 反射后，逆着各自的入射方向返回，最后都到达 E 处。这两束光是相干光，因而在 E 处就能看到干涉条纹。

由 M_2 反射回来的光束经分光板 G_1 的第二面上反射时，如同平面镜反射一样，使 M_2 在 M_1 附近形成 M_2 的虚像 M'_2，因而在迈克耳孙干涉仪中，来自 M_1 和 M_2 的反射光相当于来自 M_1 和 M'_2 的反射光。由此可见，在迈克耳孙干涉仪中所产生的干涉，是空气薄膜所产生的干涉。

当 M'_2 与 M_1 交成很小的角度时，形成空气劈尖，可以观察到等厚的平行干涉条纹。当 M'_2 与 M_1 严格平行时（即 M_2 严格垂直于 M_1），将观察到等倾的环形条纹。与玻璃薄膜的干涉情况完全相似，设扩展光源中任一束光，以入射角 i 射到薄膜表面上，在上表面反射的一束光(1)和在下表面反射的一束光(2)为两束平行的相干光，它们在无限远处相遇产生干涉，用眼睛观察，可看到干涉图像。在图 4-26-3 中，光线(1)和光线(2)两束相干光之间的光程差为：

$$\Delta = 2d\sqrt{n_2^2 - n_1^2\sin^2 i}$$

将 $n_2 = n_1 = 1$ 代入上式即得：

$$\Delta = 2d\cos i \tag{4-26-1}$$

在圆心处，$i=0$，$\Delta = 2d$ 最大，所以干涉环的级数最高。若圆心是亮点，则级数 N 由下式决定：

$$\Delta = 2d = N\lambda$$

即：

$$N = \frac{2d}{\lambda} \tag{4-26-2}$$

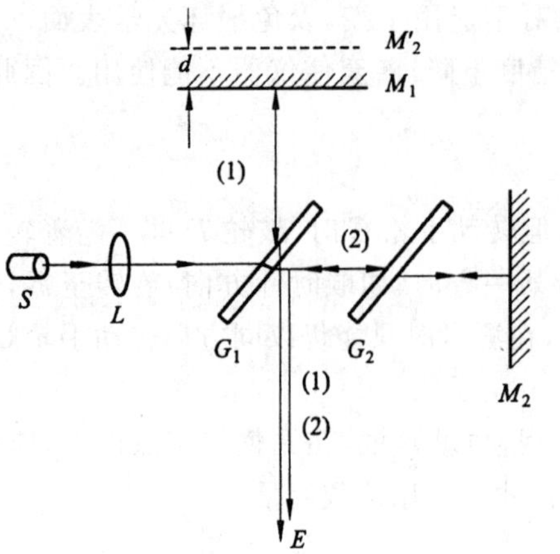

图 4-26-2

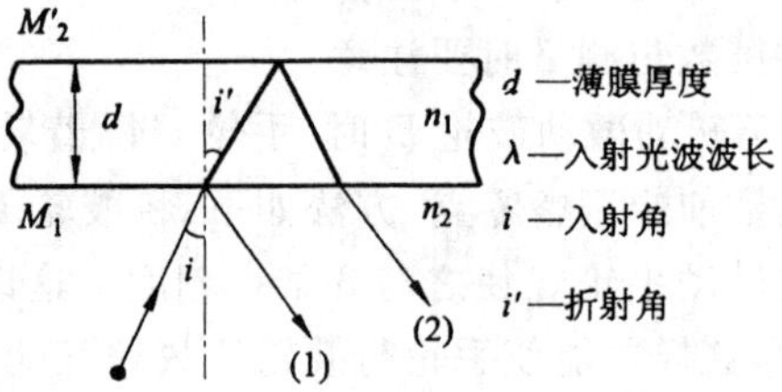

图 4-26-3

移动 M_1，使 d 增大时，中心的干涉环级数也就增加，因此就可观察到干涉圆环逐个地从中心"冒"出来。反之，当 d 减小时，干涉圆环就逐个地向中心"缩"进去。每"冒"出来或"缩"进一个圆环时，d 就增加或减小 $\frac{\lambda}{2}$ 的距离。由(4-26-2)式可以进行微小长度和未知波长的测量。本实验是利用干涉仪精确测量 d 值，然后测量钠光波长。如果观察到 N 个环纹自中心"冒"出时，则表明 M_1 沿离开 M'_2 的方向移动了：

$$\Delta d = N\frac{\lambda}{2} \tag{4-26-3}$$

反之，若有 N 个环纹陷入时，则表明 M_1 向 M'_2 的方向移近了 $\Delta d = N\frac{\lambda}{2}$。由此分析可知，如果精确地测定 Δd 和 N，则可由(4-26-3)式计算出入射光的波长。

【实验内容】

(1) 仪器水平调节。置水准仪于迈克耳孙干涉仪的平台上，用地脚螺丝调节水平。

(2) 读数系统调整。转动手轮 C，使镜 M_1 的位置在主尺的 30mm 附近(因 M_2 的像在 32mm 附近，这样调节便于以后观察 0 级等厚条纹)。将鼓轮 D 沿某一方向旋转至零，然后沿同一方向旋转手轮 C 使其与某一刻度对齐。

(3) 按图 4-26-2 布置光路，使钠光灯上带毛玻璃的窗口自分光板 G_1 的中点正对 M_2。点亮钠光灯，眼睛从 E 处朝 G_1 观察，即可看到长方形橘黄色的光斑。调节 M_2 背后的螺丝，可使其中两个较亮的光斑基本重合，这时可看到极细密、较模糊的干涉条纹。若还不出现干涉条纹，应将 M_2 镜调节螺丝稍微拧紧或放松一些(必要时，也可调 M_1 镜后的螺丝)，就可出现干涉条纹。

(4) 看到干涉条纹后，仔细地调节 M_2 镜的两个拉簧螺丝，把干涉条纹变粗、曲率变大，直到把条纹的圆心调至视场中央、视场中出现明暗相间的等倾干涉同心圆环；然后，沿调零方向旋转鼓轮 D，观察干涉环"冒"或"缩"的现象。

(5) 看到"冒"或"缩"现象后，记下开始位置 d_0，然后继续朝原方向旋转鼓轮。每冒出或缩进 50 个干涉圆环记录一次 M_1 镜的位置，连续记录 10 次，将数据填入表 4-26-1。根据(4-26-3)式，用逐差法求出钠光的波长。

【数据记录】

表 4-26-1

次数	0	1	2	3	4	5	6	7	8	9	10
环数 N	0	50	100	150	200	250	300	350	400	450	500
d_i/mm	$d_0=$										

$\Delta d_{\text{I}}=d_6-d_1=$ mm; $\Delta d_{\text{II}}=d_7-d_2=$ mm

$\Delta d_{\text{III}}=d_8-d_3=$ mm; $\Delta d_{\text{IV}}=d_9-d_4=$ mm

$\Delta d_{\text{V}}=d_{10}-d_5=$ mm

$$\overline{\Delta d}=\frac{1}{5}(\Delta d_{\text{I}}+\Delta d_{\text{II}}+\Delta d_{\text{III}}+\Delta d_{\text{IV}}+\Delta d_{\text{V}})=\qquad \text{mm}$$

$$S_{\overline{\Delta d}}=\sqrt{\frac{\sum_{i=1}^{5}(\Delta d_i-\overline{\Delta d})^2}{5\times 4}}=\qquad \text{mm}$$

$$\Delta_{\overline{\Delta d}}=\sqrt{S_{\overline{\Delta d}}^2+\Delta_{仪}^2/3}=\qquad \text{mm}(\Delta_{仪}=5\times 10^{-5}\,\text{mm})$$

$$\bar{\lambda}=\frac{2\,\overline{\Delta d}}{N}=\frac{2\,\overline{\Delta d}}{250}=\qquad \text{mm}=\qquad \text{Å}$$

$$E_\lambda=\frac{\Delta_\lambda}{\lambda}=\frac{\Delta_{\Delta d}}{\Delta d}=E_{\Delta d}\quad \Delta_\lambda=\frac{\Delta_{\Delta d}}{\Delta d}\lambda=\qquad \text{mm}$$

$$\lambda=\bar{\lambda}\pm\Delta_\lambda\times 1.96=\qquad \text{mm}$$

【思考题】

(1) 实验中毛玻璃起什么作用？为什么观察等倾干涉条纹要用通过毛玻璃的光束照明？

(2) 用白光做光源，能否测量其中一光波的波长？

(3) 迈克耳孙干涉仪中补偿板、分光板的作用是什么？

(4) 当反射镜 M_1 和 M_2 不严格垂直时，在屏上观察到的干涉条纹的分布具有什么特点？

实验二十七　全息照相技术

1948 年盖伯(D. Gabor)提出用一个合适的相干参考波与一个物体的散射波叠加，则此散射波的振幅相位的分布就以干涉图样的形式被记录在感光板上，所记录的干涉图称全息图。如移去被拍摄的物体，用相干光源照射全息图，透射光的一部分就能重新模拟出原物的散射波波前，于是重现出一个与原物非常逼真的三维图像。但这一想法直到激光问世后才付诸实现。自 20 世纪 60 年代拍出第一张全息片以来，全息技术发展很快，遍及各行各业，并显示出强大的生命力。

【实验要求】

(1) 了解全息照相的记录原理。

(2) 学习拍摄全息片的基本技术，了解基本装置的特点。

【实验目的】

(1) 布置全息照相的光路图。

(2) 拍摄一张漫反射三维静物的全息照片。

(3) 观察全息底片再现的物像。

【实验仪器与用具】

He－Ne 激光器，透镜，分束镜，平面反射镜，全息实验抗振台，全息干板，待拍样品，暗室，显影、定影设备全套，电子定时器。

【预习思考题】

(1) 全息照相与普通照相有什么不同？

(2) “全息”的含意是什么？

(3) 在实验中要注意些什么？

【实验原理】

光是电磁波，它的状态由振幅和相位来确定。普通照相只记录了物光的强度，却没有记录物光的相位信息。全息照相则不同，它可同时把物光的振幅和相位即物光的全部信息都记录下来。这种记录方法是借助于物光(信息光)波前和一束叫参考光的波前相干涉的结果。如干涉斑纹使底片感光，那底片就记下了它们的干涉花纹。如果再用参考光照明这一组干涉斑纹时，物光的波前就重现出来，重现出原物逼真的立体图像。如把这组干涉斑纹准确放回到拍摄它时的位置上，这三维图像无论其大小、位置或者景深，和原物丝毫不差。当改变观察角度时，还可以看到该物不同的侧面，就好像原物还放在那里一样。

典型的全息照相光路如图 4－27－1 所示。由氦氖激光器发出的激光束经分光板 2 分成两束，一束射向反射镜 3′，经反射，由扩束镜 4′扩束，照射到拍摄物体 5 上，经物体漫反射后照射在全息干板 6 上。这束光是由物体漫反射而来，故称为物光；另一束射向反射镜 3，经它反射，由 4 扩束后，直接照射干板 6，成为参考光。物光和参考光出自同一光源并且两束光的光程差在激光的相干长度以内，因而物光和参考光是相互干涉的，在全息干板 6 上形成较复杂的干涉图样(肉眼在一般情况下不能观察到这些图样)。曝光后的全息干板经显影、定影处理后即称为全息图。其上记录了物光和参考光相互叠加所形成的干涉图样，干涉条纹的对比度、走向以及疏密取决于物光和参考光的振幅和相位，因而全息干板上记录的干涉条纹包含了被摄物体的振幅信息和相位信息。在高倍显微镜下观察，全息图是一幅复杂的光栅结构图样。

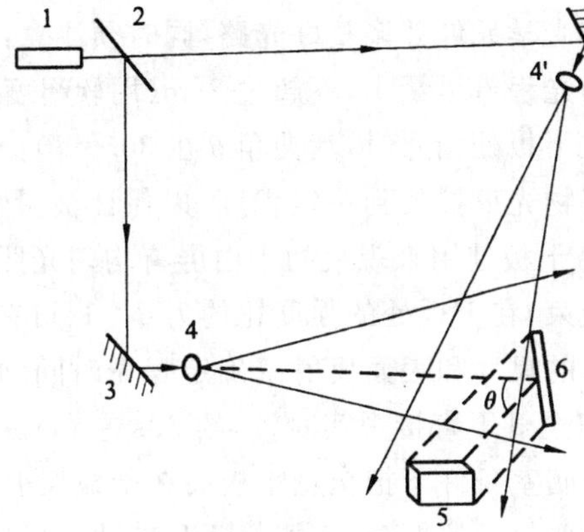

1—激光器；2—分光板；3—3′全反镜；4—4′扩束镜；5—被摄物体；6—全息干板

图 4－27－1

原物的再现是基于全息图的衍射。用原来的参考光照明所得的全息图，经衍射后产生 3 个波束：其中一个波束直接透射(0 级衍射光)，是再现光本射，不携带被摄物体的信息，强度有所衰减。另外两个波束，一束是发散的(＋1 级衍射光)，形成原物的原始像(虚像)；一束是会聚的(－1 级衍射光)，形成原始像的共轭像(实像)。图 4－27－2 为用参考光照明全息图的再现光路。

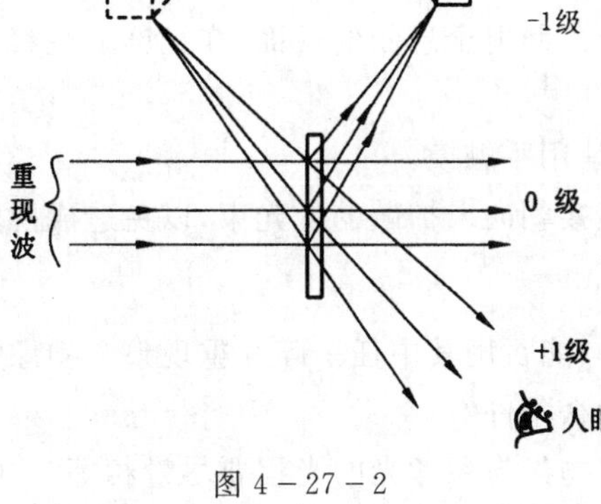

图 4－27－2

从上面的介绍看，全息图具有以下特点：

(1) 再现出被摄物的形象是完全逼真的三维立体形象。

(2) 具有分割的特点。全息图的任一部分都记录了全部光学信息，所以都能现出完整的被摄物形象，只是衍射光强度相应减弱。

(3) 全息干板可进行多次曝光记录。只需稍稍改变全息干板与参考光的入射方向的方位，这些不同景物的形象，可以无干扰地再现，而不发生重叠。再现时，只需适当转动全息图，就可逐个观察到不同的物像。

（4）全息图的再现像亮度可调。再现时的入射光越强，再现像就越亮。

【实验步骤与注意事项】

1. 制作全息图

（1）按图 4－27－1 安排光学元件并调整好光路，同时须注意：

① 物光路与参考光路的光程差尽量小，不超过 2cm（用软绳度量）。

② 参考光束与物光束在干板处相遇时，其夹角 θ 在 30°～60°。

③ 用透镜（即扩束镜）将物光束扩展到一定程度，以保证被摄物全部受到光照。参考光束也应加以扩展，使放在全息干板处用来观察的小白屏有均匀光照。

④ 参考光束应强于物光束，在干板处的强度比约为 2：1（可在 2：1 至 5：1 范围）。

（2）由激光器功率、物体的尺寸和表面反射率确定曝光时间，并把曝光定时器的时间旋钮置于相应的位置上（或在安全灯下直接观察时钟，约 30s 左右）。

（3）关闭室内照明灯，在暗室条件下把全息干板夹在干板架上，注意乳胶面向着物体。

（4）曝光期间，注意手不要触及抗振台，不能说话和走动，以保持室内空气的稳定。

（5）将曝光后的全息干板取下并放入已稀释的 D-19 显影液里，待干板有一定的黑度后取出；用清水冲洗一下（最好进停显液）再放入定影液内定影，5min 后取出并用清水冲洗 5min（最好定影后再作漂白处理）；最后取出干板，吹干后就得到一张全息图。

2. 观察全息图

（1）将吹干后的全息图按原来的方向夹持在干板架上，挡掉物光束，适当调整观察方向即可看到原来物体所在位置出现逼真的物体三维虚像。

（2）将全息图倒置、旋转、翻面，观察虚像的变化。

（3）用直径约 1cm 的小孔遮住全息图的大部分，通过小孔再观察虚像，移动小孔，观察虚像的变化。

（4）用没有扩束的激光束照射全息图的反面，在光屏上观察被摄物的实像。

3. 注意事项

（1）所有光学元件，严禁用手触摸。

（2）绝对不能用眼睛直接朝向未扩散的激光束，以免造成视网膜永久性损伤。

【思考题】

（1）全息照片被打碎后，能否用其中任一碎片重现整个物像？为什么？

（2）全息照相要具备什么条件？

（3）为什么要求光路中物光与参考光的光程要尽量相等？

【附】 全息照相原理的简单数学描述

光是电磁波，当物光（O 光）和参考光（R 光）传扩到干板上时，它们在干板处的函数为：

$$\begin{cases} O(x,y)=|O(x,y)|\cos[\omega t+\varphi_O(x,y)] \\ R(x,y)=|R(x,y)|\cos[\omega t+\varphi_R(x,y)] \end{cases}$$

式中，(x,y)是底片（干板）平面坐标参量，为了方便起见，以下省去不写，并将上式写成复数形式：

$$\begin{cases} O=|O|e^{i(\omega t+\varphi_O)} \\ R=|R|e^{i(\omega t+\varphi_R)} \end{cases}$$

两束光在干板处叠加的合成光场为

$$H=O+R$$

合成光（即干涉条纹）的光强为：

$$I=|O+R|^2=(O+R)(O^*+R^*)=|O|^2+|R|^2+R\cdot O^*+O\cdot R^* \quad (4-27-1)$$

式中，O^*、R^*为O、R的共轭复数。将(4－27－1)式展开得：

$$I=|O|^2+|R|^2+2|O||R|(\varphi_R-\varphi_O) \quad (4-27-2)$$

式中，最后一项[也就是(4－27－1)式中的后两项]是干涉项，可见干涉条纹中记录了物光波的振幅和相位（全部信息）。

底片（干板）经曝光与线性冲洗后，就得到一张全息图。由于感光量与入射光强度有关，当入射于干板的光强提高时，干板所得的透射率在曝光和显影后将降低。干板经显、定影之后的透明度（密度或透射率）的分布函数$t(x,y)$应与光强$I(x,y)$成正比，即：

$$t(x,y)=t_0+\beta I(x,y) \quad (4-27-3)$$

式中，β是与干板性能、曝光时间有关的比例系数，t_0是未曝光时干板的透射率。

当用再现光波C照射全息图时，再现光束被全息图（相当于光栅）衍射，则透射光与透射率$t(x,y)$成正比。透射光经调制而成为：

$$Ct(x,y)=C[t_0+\beta I(x,y)]=Ct_0+C\beta|O|^2+C\beta|R|^2+C\beta R^*\cdot O+C\beta R\cdot O^* \quad (4-27-4)$$

可见：

① 前三项($Ct_0+C\beta|O|^2+C\beta|R|^2$)没有相干因子，分别为物光与参考光独立照射到干板时的光强。其衍射为零级衍射（直射），不成像。

② 后两项($C\beta R^*\cdot O$和$C\beta R\cdot O^*$)为干涉项，在底片上得到干涉花纹，它们保留了物光波的振幅与相位的信息。由于参考光是均匀投射到干板上，则有$C(x,y)=$常数，$R(x,y)=$常数。因此$(C\beta R^*)\cdot O=$常数$\cdot O$，此项实现了物光波的再现，而成虚像，为＋1级衍射；$(C\beta R)\cdot O^*=$常数$\cdot O^*$（此项也再现了物光波，而成共轭实像，为－1级衍射）。

实验二十八　物质旋光性的研究与测量

【实验目的】

(1) 观察线偏振光通过旋光物质时的旋光现象。

(2) 了解旋光仪的结构原理,学会用它测旋光溶液的浓度。

【实验仪器】

旋光仪一台,量糖计一只,已知浓度的糖溶液,待测浓度的糖溶液,旋光仪的光学系统如图(4-28-1)。

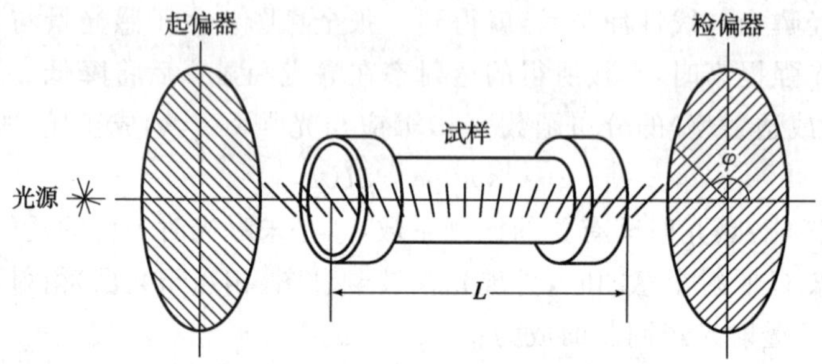

图 4-28-1

【实验原理】

1. 仪器原理

当偏振光通过某些透明物质时,光矢量 E 的振动面会绕着光前进的方向旋转,这种现象称为“物质的旋光性”。具有旋光性的物质叫做旋光物质(如某些果汁、糖溶液、石油及一些有机化合物的溶液)。当观察者迎着光线看时,振动面沿着顺时针方向旋转的物质称为“右旋”(或正旋)物质;振动面沿着反时针方向旋转的物质称为“左旋”(或负旋)物质。

在本实验中,旋光性物质为糖溶液,设溶液的浓度为 C,长度为 L,如图 4-28-1 所示。当偏振光通过该溶液时,光矢量振动面旋转过的角度 φ 与浓度 C 及长度 L 成正比,即:

$$\varphi = acl \tag{4-28-1}$$

式中,φ 的用度;L 用分米;C 为百分比浓度(即 100cm^3 中所含溶质的克数);则 a 在数值上等于偏振光通过单位长度(分米)、单位浓度(克/毫升)的溶液后,引起振动面旋转的角度。单位(度· 毫米/分米·克)。

实验的仪器原理见图 4-28-2 光线从光源 1 投射到聚光镜 2、滤色片 3、起偏镜 4 后变成平面直线偏振光,再经半波片 5 分解成寻常光与非常光后,视场中出现了三分视界,旋光物质盛入试管 6 放入镜筒测定,由于溶液具有旋光性,故把平面偏振光旋转了一个角度,通过检偏镜 7 起分析作用,从目镜 9 中观察,就能看到中间亮(或暗),左右暗(或亮)的照度不等,三分视场(见图 4-28-3(a)或(b)),转动度盘手轮 12 带动度盘 11,检偏镜 7 觅得视场照度(暗视场)相一致(见图 4-28-3(c))时为止,然后从放大镜中读出度盘旋转的角度(见图 4-28-4)。

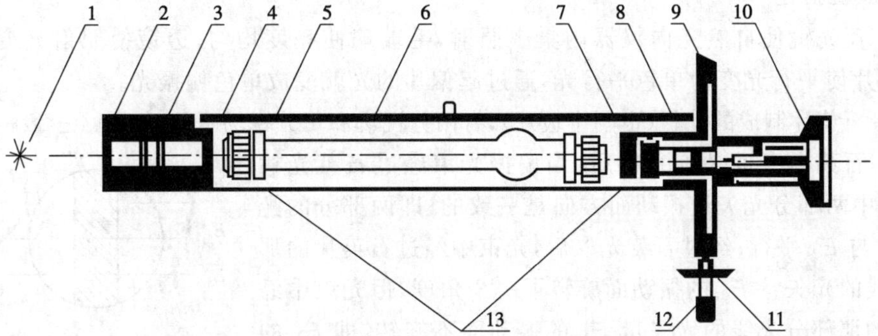

1—光源　2—聚光镜　3—滤色镜　4—起偏片　5—石英光栏(半玻片)　6—试管溶液　7—检偏片　8—物镜　9—目镜　10—放大镜　11—分度盘　12—度盘转动手轮　13—保护片

图 4-28-2

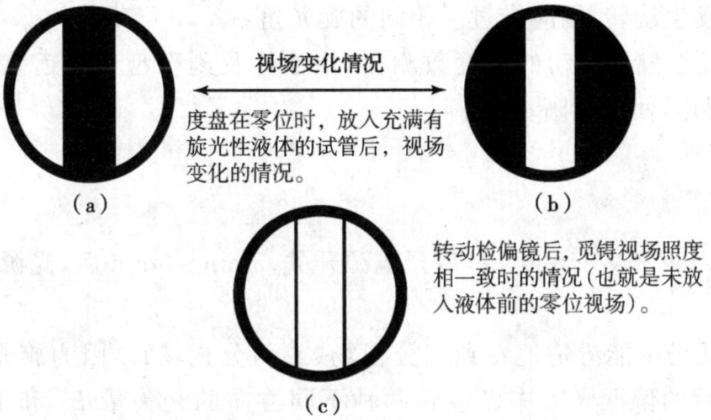

图 4-28-3

旋光仪的外形如图 4-28-4 所示，为便于操作，将光系统倾斜 20°安装在基座上。

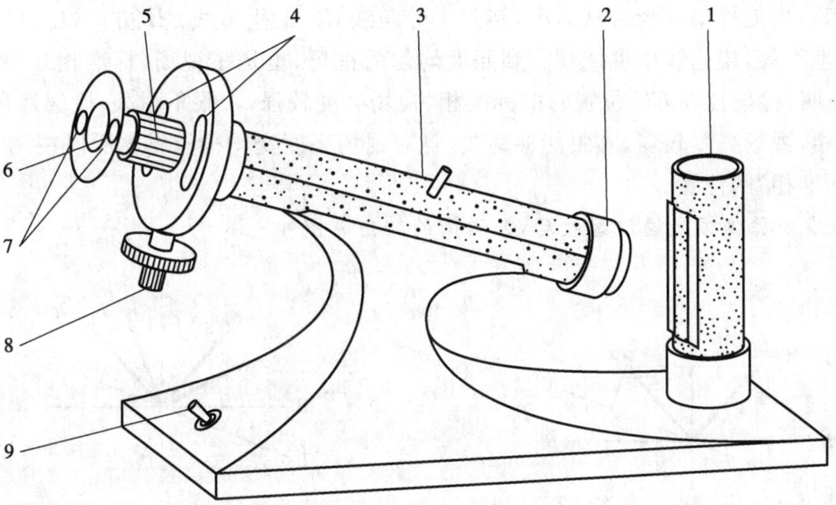

图 4-28-4

2. 仪器描述

(1) 反光镜使自然光向仪器内集中照射,毛玻璃使亮度均匀,透镜使照射光变为平行光,滤波片使平行光变为单色平行光,通过起偏片的光就变成单色偏振光。

(2) 石英片制成的光栏(也叫半玻片),有两分视场和三分视场两种,如图(4-28-3)所示。

(3) 石英本身也是旋光物质,当偏振光束经过石英光栏前,光束中两部分光矢量振动面方向是一致的;即两部分的光矢量 E_1 与 E_2 平行;经过石英光栏后,光束中经过石英片的那部分光线的光矢量 E_2 的振动面旋转了一个角度,但光束中经过空气的那部分光线的光矢量 E_1 的振动面不旋转,即 E_1 的方向保持不变,如图 4-28-5 所示。

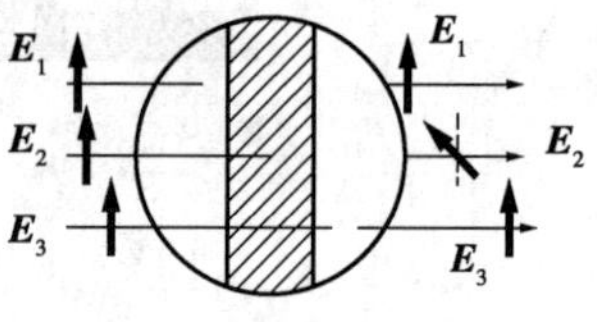

图 4-28-5

(4)光束经过石英光栏后,光束中两部分光线的光矢量 E_1 与 E_2 已不再同方向,所以它们的振动面已不再同方向,但是当光束进入旋光性溶液后,在同一种旋光性溶液中,E_1 和 E_2 的振动面都要发生旋转,同时转过了相同的旋光角 φ。

φ 的大小,通过检偏片转动的刻度数测得,检偏片及刻度盘和望远镜牢固连接,同时转动。目镜可伸缩调焦,使像清晰。

【实验内容】

1. 调试仪器

(1) 旋光仪接于 220V 交流电源,启开电源开关,3min~5min 后,光源发光正常,可开始工作。

(2) 调焦,使视场中能清楚地看到三分视场(或两分视场)。因为旋光仪中放入溶液之前,经过石英光栏后的偏振光束中已包含两种不同方向的光矢量 E_1 和 E_2,它们在检偏片(偏转化方向)AA'上的投影不相等(照度不同),所以视场中呈现明暗不等的三分视场(或两分视场)。只要把检偏片(偏振化方向)由 AA'转到E_1 与 E_2 夹角的平分角线方向 CC'位置,这时 E_1 及 E_2 在检偏片上的投影就相等,望远镜中就可看到一照度均匀的视场,叫零视场(或标准相);当然检偏片也可从 AA',转到平分角线 CC'的垂直线 BB'方向,E_1 与 E_2 在 BB'上的投影也相等,望远镜中也能观察到照度均匀的视场,也是零视场(标准相)。见图 4-28-6 实验证明:检偏片在 CC'位置时的标准相,视场亮度较强,人眼不耐久;检偏片在 BB'位置时的标准相,视场亮度较弱,人眼能够耐久,且对视场亮度变化很敏感。所以在测量时,一般采用"弱标准相"的位置。

2. 测量步骤偏振光通过溶液后,振动面的转角见图 4-28-7

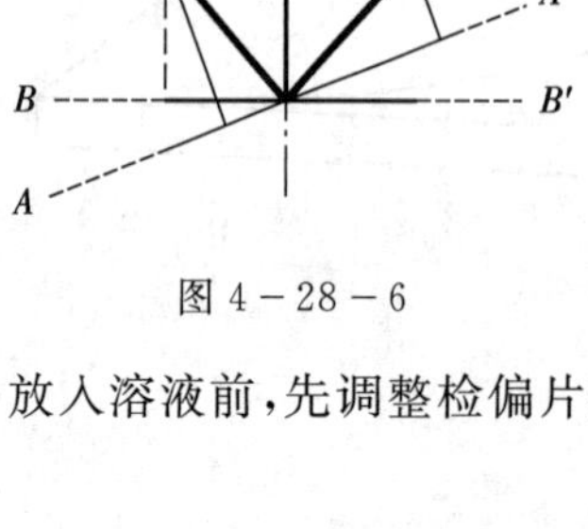

图 4-28-6

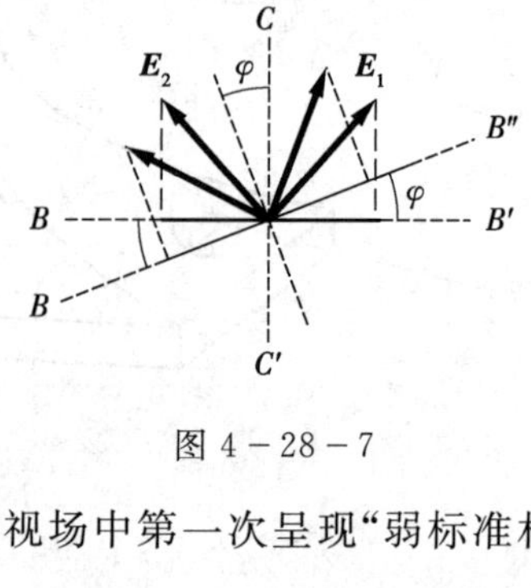

图 4-28-7

(1) 放入溶液前,先调整检偏片到 BB'位置(观察视场中第一次呈现"弱标准相"时即为

BB'位置)记下这时刻度盘上初读数 φ_0。

(2) 把浓度为 C_1 的糖溶液玻璃管放入旋光仪的镜筒槽中，由于偏振光经过溶液后，E_1 及 E_2 都转过了相同的角度，破坏了视场中原来的弱标准相，这时，再次旋转检偏振片，使从原来的 BB'位置转到 BB''位置时，第二次又出现原来的“弱标准相”，记下这时刻度盘上的读数为末读数 φ_1，则偏振光通过浓度为 C_1 的溶液后，振动面转过的角度[由(4-28)式得]

$$a=\frac{\varphi}{C_1L} \qquad (4-28-2)$$

(3) 重复步骤(2)，两次测得振动面相应的转角分别为 φ_2 及 φ_3，得糖溶液旋光系数的平均值 $\bar{a}=\frac{a_1+a_2+a_3}{3}$。

(4) 换上待测浓度 C 的糖溶液，找出两次对应的“弱”标准相，测出对应的旋光角，将步骤(3)中求得的旋光系数作为已知，由(4-28-1)式求待测溶液的浓度。

(5) 由量糖计直接读出浓度 C 分析比较上述三种方法测出的 C 值，哪一种更为精确。

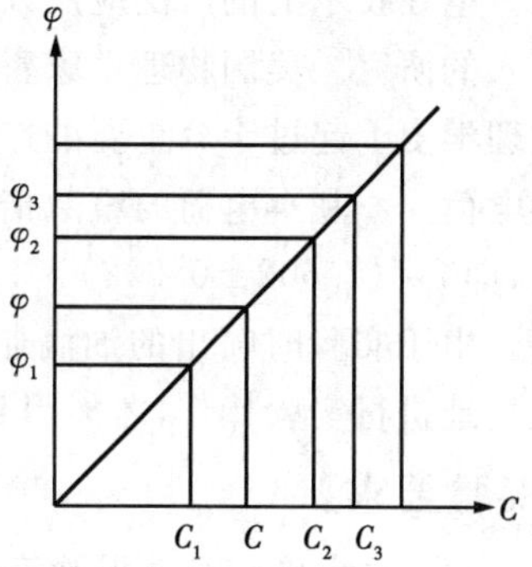

图 4-28-8

3. 注意事项

(1) 盛液管要洗净，凡更换不同浓度的溶液时，先用蒸馏水洗净、甩干。

(2) 溶液必须装满试管，不能留有气泡，万一有气泡，必须赶到气泡井里，放置时有井一端向上。

(3) 仪器接通电源后，连续工作时间不宜超过 4 小时，如使用时间较长应关熄 15 分钟以后再继续使用。

(4) 读数盘上的读数为正时是右旋(正旋)物质；读数为负时是左旋(负旋)物质。如果刻度盘上游标读数窗的读数值 $A=B$，且刻度盘转到任意位置都是如此，表明仪器没有偏心差，读数时亦可采用双游标读数法：

$$\varphi=\frac{A+B}{2}$$

【数据记录】

糖溶液旋光系数

溶液浓度/%	溶液长度 L/dm	零视场(标准相)		旋光角 φ /°	旋光系数 a /(°/dm)	
		初读数 φ_0	末读数 φ_1		各次	平均
C						

待测溶液的浓度 $C=\frac{\varphi}{aL}$。

实验二十九　密立根油滴实验

电在技术上的广泛应用以及物质的电结构理论的发展，促使人们要求对电的本质作更深入的研究。美国物理学家密立根(R. A. Millikan)设计并完成的密立根油滴实验，在近代物理学史上起过十分重要的作用。实验的结论证明了任何带电物体所带的电荷都是某一最小电荷——基本电荷的整数倍；明确了电荷的不连续性，并精确地测定了这一基本电荷的数值，即 $e=(1.602\pm0.002)\times10^{-19}$ C。本实验采用一种比较简单的方法来测定电子的电荷量。由于实验时喷出的油滴非常微小，它的半径约 10^{-6} m，质量约 10^{-15} kg，这就需要严格、认真地进行实验操作，才能得到比较好的实验结果。

【实验要求】

(1) 学会操作密立根油滴仪，学习一种用油滴精确测量电子电荷的基本实验方法。

(2) 了解证明电荷量子化的实验数据分析方法。

【实验目的】

用油滴仪测定电子电荷，验证电荷的不连续性。

【实验仪器与用具】

MOD-5 型密立根油滴仪，CCD 显示系统，喷雾器，钟油，调焦针。

MOD-5 型密立根油滴仪结构简介：

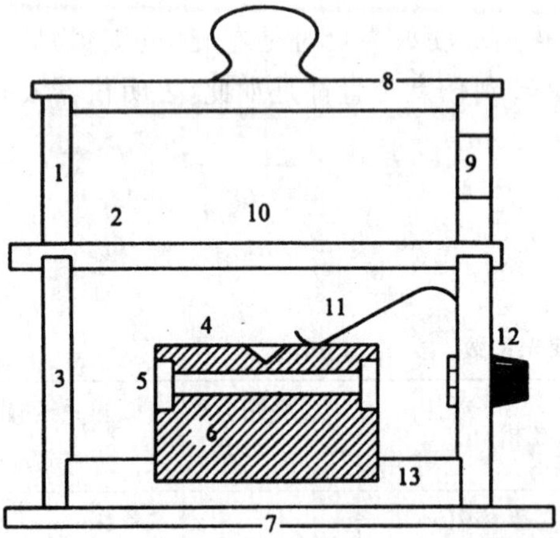

1—油雾室；2—油雾孔开关；3—防风罩；4—上电极板；5—胶木圆环；
6—下电极板；7—底板；8—上盖板；9—喷雾口；10—油雾孔；
11—上电极板压簧；12—上电极板电源插孔；13—油滴盒基座

图 4-29-1

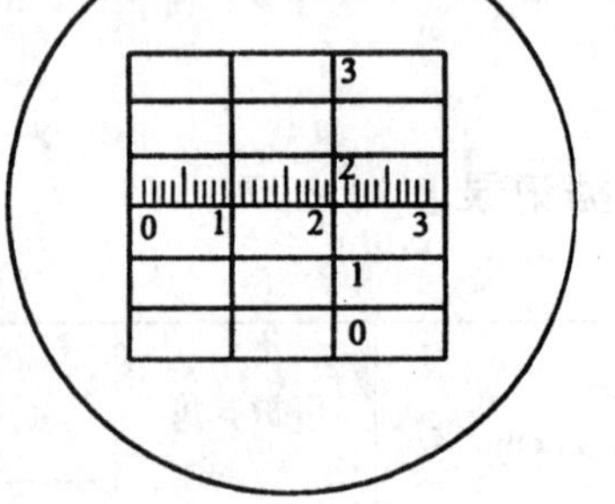

图 4-29-2

(1) 油滴盒是本仪器很重要的部件，机械加工要求很高，其结构如图 4-29-1 所示。油滴盒防风罩前装有测量显微镜，通过胶木圆环上的观察孔可观察平行极板间的油滴。目镜头中装有分划板，其总刻度相当于线视场中的 0.300cm，用以测量油滴运动的距离 l。分划板的刻度如图 4－29－2 所示，分划板中间的横向刻度尺是用来测量布朗运动的。

（2）仪器面板结构如图 4－29－3 所示。

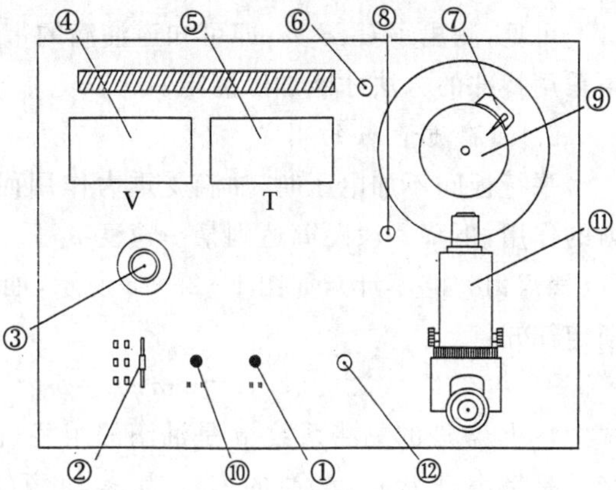

图 4－29－3

① 电源开关按钮：按下按钮，电源接通，整机工作。

② 功能控制开关：有平衡、升降、测量 3 挡。

a. 当处于中间位置即“平衡”挡时，可用平衡电压调节旋钮 K3 来调节平衡电压，使被测量油滴处于平衡状态。

b. 打向“升降”挡时，上、下电极在平衡电压的基础上自动增加 DC 200V～300V 的提升电压。

c. 打向“测量”挡时，极板间电压为 0V，被测量油滴处于被测量阶段而匀速下落，并同时计时；油滴下落到预定距离时，迅速拨到平衡挡，同时停止计时。

③ 平衡电压调节旋钮：可调节“平衡”挡时的极板间电压，调节电压为 DC 0V～500V。

④ 数字电压表：显示上下电极板间的实际电压。

⑤ 数字秒表：显示被测量油滴下降预定距离的时间。

⑥ 视频输出插座：在本机配用 CCD 摄像头时用，输出至监视器，监视器阻抗选择开关拨至 75Ω 处。

⑦ 照明灯室：内置半永久性照明灯，单灯使用寿命大于 3 年。

⑧ 水泡：调节仪器底部 2 只平螺丝，使水泡处于中间，此时平行板处于水平位置。

⑨ 上、下电极：组成一个平行板电容器，加上电压时，板间形成相对均匀的电磁场，可使带电油滴处于平衡状态（参见实验原理）。

⑩ 秒表清零键：按一下该键，清除内存，秒表显示“00.0”s。

⑪ 显微镜：显示油滴成像，可配用 CCD 摄像头。

⑫ CCD 视频输入和 CCD 电源共用座：配备 CCD 成像系统时用。

【预习思考题】

（1）什么是平衡法？

（2）若水平仪没有调整好，将对实验测量有何影响？

【实验原理】

这里介绍一种简单的实验方法——静态平衡法。

1. 基本原理

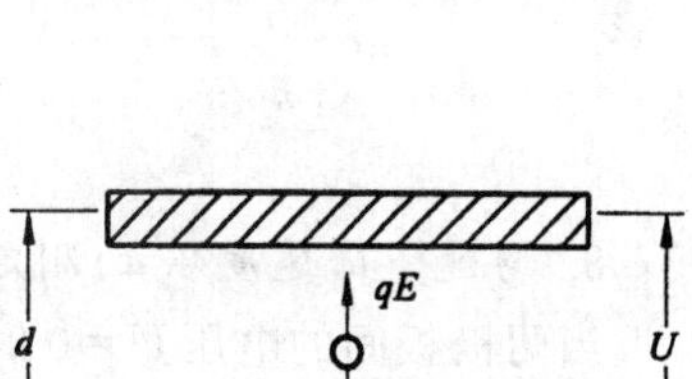

图 4－29－4

用喷雾器将油滴入两块相距为 d 的水平放置的平行极板之间，如图 4－29－4 所示，油滴在喷射时由于摩擦一般都是带电的。设油滴的质量为 m，所带电量为 q，两极板间加的电压为 U，则油滴在平行极板间将同时受到两个力的作用，一个

是重力 mg，一个是静电力 qE。如果调节两极板间的电压 U 可使两力相互平衡，这时

$$mg=qE=q\frac{U}{d} \tag{4-29-1}$$

可见，测出了 U、d、m，即可知道油滴的带电量 q。由于油滴的质量很小（约 10^{-15} kg），必须采用特殊的方法才能加以测定。

2．油滴质量 m 的测定

平行板间不加电压时，油滴受重力作用而加速下降。由于空气阻力的作用，下降一段距离达到某一速度 v_g 后，阻力 f_r 与重力 mg 平衡（空气浮力忽略不计），如图 4-29-5 所示，油滴将匀速下降，由斯托克斯定律知：

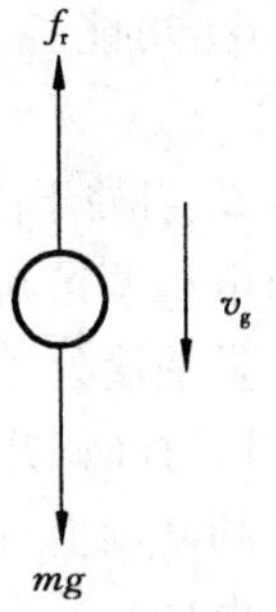

图 4-29-5

$$f_r=6\pi a\eta v_g=mg \tag{4-29-2}$$

式中，η 是空气的黏滞系数，a 是油滴的半径（由于表面张力的原因，油滴总是呈小球状）。设油的密度为 ρ，油滴的质量 m 又可以用下式表示：

$$m=\frac{4}{3}\pi a^3\rho \tag{4-29-3}$$

合并(4-29-2)式和(4-29-3)式，得到油滴的半径：

$$a=\sqrt{\frac{9\eta v_g}{2\rho g}} \tag{4-29-4}$$

对于半径小到 10^{-6} m 的小球，油滴半径近似于空气中孔隙的大小，空气介质不能再认为是连续的，而斯托克斯定律只能对连续介质才正确。空气的黏滞系数应作如下修正：

$$\eta'=\frac{\eta}{1+\frac{b}{Pa}}$$

这时斯托克斯定律修正为：

$$f_r=\frac{6\pi a\eta v_g}{1+\frac{b}{Pa}}$$

式中，b 为修正常数，$b=8.47\times10^{-3}$ m·Pa，P 为大气压强，单位用厘米汞高。则：

$$a=\sqrt{\frac{9\eta v_g}{2\rho g}\frac{1}{1\ \frac{b}{Pa}}} \tag{4-29-5}$$

式中，根号中还包含油滴的半径 a，但因它是处于修正项中，不需要十分精确，故它仍可用(4-29-4)式计算。将(4-29-5)式代入(4-29-3)式得：

$$m=\frac{4}{3}\pi\left(\frac{9\eta v_g}{2\rho g}\frac{1}{1+\frac{b}{Pa}}\right)^{3/2}\rho \tag{4-29-6}$$

3．匀速下降速度 v_g 的测定

当两极板间的电压 $U=0$ 时，设油滴匀速下降的距离为 l，时间为 t_g，则：

$$v_g=\frac{l}{t_g} \tag{4-29-7}$$

由(4-29-7)、(4-29-6)、(4-29-1)式得：

$$q=\frac{18\pi}{\sqrt{2\rho g}}\left[\frac{\eta l}{t_g\left(1+\frac{b}{Pa}\right)}\right]^{3/2}\frac{d}{U} \tag{4-29-8}$$

实验发现,对于同一颗油滴,如果我们设法改变它的电量,则能够使油滴达到平衡的电压必须是某些特定值 U_n。研究这些电压变化的规律,可以发现,它们都满足下列方程:

$$q=ne=mg\frac{d}{U_n}$$

式中,$n=\pm1,\pm2,\cdots$而 e 则是一个不变的值。

对于不同的油滴,可以发现有同样的规律,而 e 值是共同的常数。这就证明了电荷的不连续性,并存在着最小的电荷单位,即电子的电荷值 e。

$$ne=\frac{18\pi}{\sqrt{2\rho g}}\left[\frac{\eta l}{t_g\left(1+\frac{b}{Pa}\right)}\right]^{3/2}\frac{d}{U_n} \tag{4-29-9}$$

(4-29-8)式、(4-29-9)式是用平衡法测量油滴电荷的理论公式。

【实验内容】

1. 实验步骤

(1) 打开仪器箱,用随机提供的连接线连接油滴仪面板上的视频输出端和显示器后的视频输入端。

(2) 打开油滴箱仪和显示器电源,整机开始预热,预热时间不得少于10min。

(3) 调仪器水平:调节油滴仪箱底的调平螺栓,使水泡在圆圈中央,这时油滴盒处于水平状态。

(4) 调焦:调焦之前,千万要使"平衡电压"和"升降电压"都置"0",以保护人身安全,并防止短路和损坏仪器。

打开油滴盒,将调焦针(细铜丝)插入上电极板直径为0.4mm的小孔内,前后调节显微镜位置,以显示器上细铜丝的像最清晰为佳。如调焦针不在视场中央,可转动上、下电极板,使它到视场中央(即显示器屏中央)。调焦后将调焦针抽出,盖好油滴盒。

本仪器也可不调焦,可直接前后移动显微镜,使显微镜筒前边缘与油滴盒小孔外缘平齐,这时基本上达到了最佳聚焦状态。

(5) 功能键拨到"平衡"挡,调节平衡电压在250V左右,从油雾室小孔喷入油雾,打开油雾孔开关,油雾从上电极板中间直径为0.4mm孔落入电场中;此时,显示器上可以看见大量闪亮的油滴(似星星)纷纷下落。

(6) 不需要的油滴落下后,显示屏上只剩下几颗缓慢运动的油滴,选择其中1颗油滴(屏上显示直径为1mm左右的油滴为佳)。此时可微微调节显微镜,使这颗油滴最清晰。仔细调节平衡电压(最好为200V～300V),使油滴完全静止不动;记下此时的平衡电压值,填入数据表4-29-1中。

(7) 利用功能键上的"升降"挡(使油滴上移)和"测量"挡(使油滴下移),使油滴静止在显示屏最上面的刻度线上。

(8) 按清零键,使计时秒表消零。

(9) 功能键拨到"测量"挡,油滴匀速下落,同时计时;油滴下落2mm即屏上4格时,再将功能键拨到"平衡"挡,同时停止计时;记下计时秒表的时间,填入数据表4-29-1中。

(10) 重复步骤(7)、(8)、(9)，对此油滴进行 6 次测量。

(11) 如此反复测量 5 个不同油滴，得到该实验所需数据。

(12) 实验结束，整理好实验仪器。

2. 注意事项

(1) 插入调焦针对显微镜调焦时，油滴仪两电极板绝对不允许加电压，否则会因短路造成仪器损坏。

(2) 对选定的油滴进行跟踪测量时，如油滴变模糊，应随时微调显微镜。

(3) 喷油时应竖拿喷雾器，切勿将喷雾器插入油雾室甚至将油倒出来，更不应该将油雾室拿掉后对准上电极板的落油小孔喷油。

(4) 实验时，电风扇不能对着油滴仪吹。

(5) 实验中，选择平衡电压为 200V～300V、下落时间为 10s～30s 的油滴为宜。

【数据记录与计算】

表 4－29－1

油滴 序号 i	测量 次数	平衡 电压 U_n/V	下降 时间 t_g/s	电量 $q_i/10^{-19}$C	平均 电量 $\overline{q_i}/10^{-19}$C	量子数 n	基本电量 $e_i/10^{-19}$C
1	1						
	2						
	3						
	4						
	5						
	6						
2	1						
	2						
	3						
	4						
	5						
	6						
3	1						
	2						
	3						
	4						
	5						
	6						
4	1						
	2						
	3						
	4						
	5						
	6						
5	1						
	2						
	3						
	4						
	5						
	6						
平均							

数据处理：

$$q=\frac{18\pi}{\sqrt{2\rho g}}\left[\frac{\eta l}{t_g\left(1+\frac{b}{Pa}\right)}\right]^{3/2}\frac{d}{U}$$

式中 $a=\frac{9\eta l}{2\rho g t_g}$。其中，油的密度 $\rho=981\text{kg}\cdot\text{m}^{-3}$，重力加速度 $g=9.80\text{m}\cdot\text{s}^{-2}$，空气的黏滞系数 $\eta=1.83\times10^{-5}\text{kg}\cdot\text{m}^{-1}\cdot\text{s}^{-1}$，油滴匀速下降距离 $l=2.00\times10^{-3}\text{m}$，修正常数 $b=8.47\times10^{-3}\text{m}\cdot\text{Pa}$，大气压强 $P=76.0\text{cm(Hg)}$，平行极板距离 $d=5.00\times10^{-3}\text{m}$。

将以上数据代入公式得：

$$q=\frac{1.43\times10^{-14}}{[t_g(1+0.02\sqrt{t_g})]^{3/2}}\cdot\frac{1}{U}$$

由于油的密度 ρ、空气的黏滞系数 η 都是温度的函数，重力加速度 g 和大气压 P 又随实验地点和条件的变化而变化，因此，上式的计算是近似的。其引起的误差约为1%，但运算方便多了，这是可取的。

为了证明电荷的不连续性和所有电荷都是基本电荷 e 的整数倍，并得到基本电荷 e 值，我们就应对实验测得的各个电荷值求出它们的最大公约数，此最大公约数就是基本电荷 e 值。但由于实验所带来的误差，求最大公约数比较困难，因此常用“倒过来验证”的办法进行数据处理。即用实验测得的每个电荷值 q 除以公认的电子电荷值 $e=1.60\times10^{-19}\text{C}$，得到一个接近于某一整数的数值，这个整数就是油滴所带的基本电荷的数目 n；再用实验测得的电荷值除以相应的 n，即得到电子的电荷值 e。

【思考题】

(1) 在调平衡电压的同时，可否加上升降电压？

(2) 若所加的平衡电压没有使油滴完全静止，将对测量结果有何影响？

(3) 若油滴在视场中不是垂直下降，试找出其原因。

(4) 在跟踪某一油滴时，油滴为什么有时会突然变得模糊起来或消失？应如何控制？

(5) 怎样使油滴匀速下落？

实验三十 弗兰克-赫兹实验

20 世纪初，对原子离散能级的证实有两种方法：一种是对原子光谱线的研究，原子光谱中的每级谱线是原子的跃迁辐射形成的；另一种方法，是利用慢电子轰击稀薄气体原子的方法来证明。1914 年，Frank、Hertz 采用后一种方法，研究了电子与汞原子碰撞前后电子能量变化的情况，测定了汞原子的第一激发电位，从而证明了能级分立的存在，为玻尔的原子模型理论提供了直接的实验结果。弗兰克和赫兹两人因此而同获 1925 年诺贝尔物理学奖。

本实验通过研究电子与氩原子的碰撞作用及其特殊的伏安特性，来测定氩原子的第一激发电位，以了解原子能级的量子特性。

【实验要求】

(1) 了解 F-H 管的设计思想。

(2) 学习氩原子第一激发电位的测定方法。

(3) 了解原子能级分立的事实。

【实验目的】

测定氩原子的第一激发电位。

【实验仪器与用具】

ZKY-FH 智能弗兰克-赫兹实验仪。它由弗兰克-赫兹管、工作电源及扫描电源、微电流测量仪 3 部分组成。

该仪器具有手动测量、自动测量两种工作方式。在实验中，采用手动测量工作方式。

手动测量：{数显测量值—人工描绘曲线。
普通示波器动态显示曲线的形成过程。

自动测量：普通示波器动态显示曲线的形成过程—回查实验数据—人工描绘曲线。

仪器面板及基本操作介绍：

1. 前面板功能说明

前面板如图 4-30-1 所示，按功能划分为 8 个区。

区(1)是弗兰克-赫兹管各输入电压连接插孔和板极电流输出插座。

区(2)是弗兰克-赫兹管所须激励电压的输出连接插孔，其中左侧输出孔为正极，右侧为负极。

区(3)是测试电流指示区：四位七段数码管指示电流值；4 个流量程挡位选择按键用于选择不同的最大电流量程挡，每一个量程选择同时备有一个选择指示灯指示当前电流量程挡位。

区(4)是测试电压指示区：四位七段数码管指示当前选择电压源的电压值；4 个电压源选择按键用于选择不同的电压源，每一个电压源选择都备有一个选择指示灯指示当前选择的电压源。

区(5)是测试信号输入输出区：电流输入插座输入弗兰克-赫兹管板极电流；信号输出和

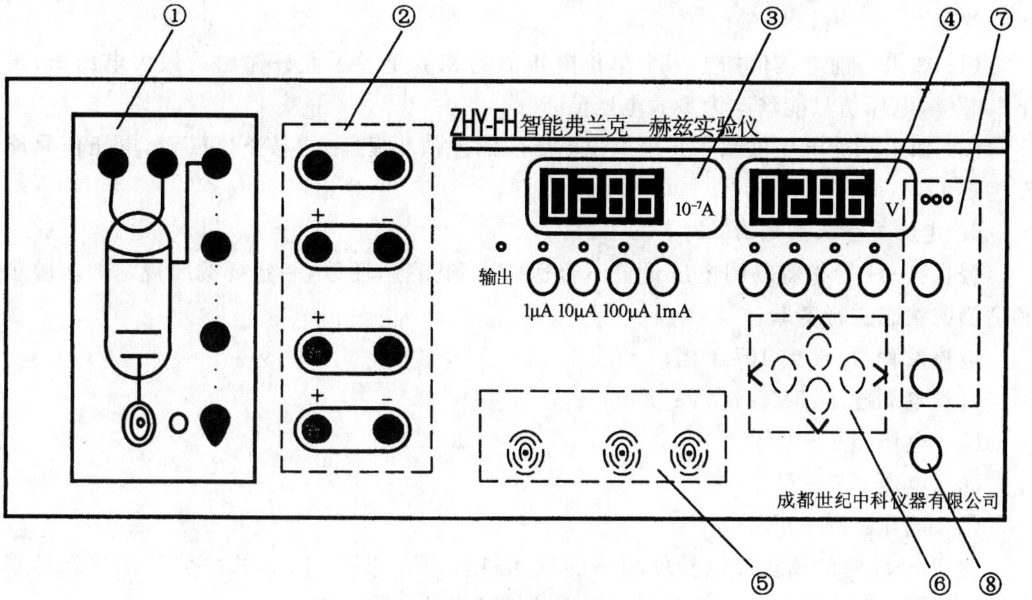

图 4－30－1　仪器前面板图

同步输出插座可将信号送示波器显示。

区(6)是调整按键区，用于改变当前电压源电压设定值；设置查询电压点。

区(7)是工作状态指示区：通信指示灯指示实验仪与计算机的通信状态；启动按键与工作方式按键共同完成多种操作，详细说明见相关栏目。

区(8)是电源开关。

2. 开机后的初始状态

开机后，实验仪面板状态显示如下：

(1) 实验仪的“1mA”电流挡位指示灯亮，表明此时电流的量程为 1mA 挡；电流显示值为 0001. μA。

(2) 实验仪的“灯丝电压”挡位指示灯亮，表明此时修改的电压为灯丝电压；电压显示值为 000.0V；最后一位在闪动，表明现在修改位为最后一位。

(3) “手动”指示灯亮，表明此时实验操作方式为手动操作。

3. 改变电流量程

如果想改变电流量程，则按下在区(3)中的相应电流量程按键，对应的量程指示灯点亮，同时电流指示的小数点位置随之改变，表明量程已改变。

4. 选择电压源

如果想修改某项电压，首先要选择电压源。按下在区(4)中的相应电压源按键，对应的电压源指示灯随之点亮，表明电压源选择已完成，可以对选择的电压源进行电压值的设定和修改。

5. 修改电压值

按下前面板区(6)上的“</>”键，当前电压的修改位将进行循环移动，同时闪动位随之改变，以提示目前修改的电压位置。按下面板上的“∧/∨”键，电压值在当前修改位递增或递减一个增量单位。

注意：

(1) 如果当前电压值加上一个单位电压值的和值超过了允许输出的最大电压值，再按下“∧”键，电压值只能修改为最大电压值。

(2) 如果当前电压值减去一个单位电压值的差值小于零，再按下“∨”键，电压值只能修改为零。

6. 建议工作状态范围

警告：F-H 管很容易因电压设置不合适而遭到损害，所以，一定要按照规定的实验步骤和适当的状态进行实验。

电流量程：1μA 或 10μA 挡；

灯丝电源电压：3V～4.5V；

U_{G_1K}电压：1V～3V；

U_{G_2A}电压：5V～7V；

U_{G_2K}电压：≤80.0V。

由于 F-H 管的离散性以及使用中的衰老过程，每一只 F-H 管的最佳工作状态是不同的，对具体的 F-H 管应在上述范围内找到其较理想的工作状态。

【预习思考题】

(1) 简述 F-H 管中电子与氩电子的碰撞作用过程。

(2) 简述如何操作弗兰克-赫兹实验仪进行手动测量。

【实验原理】

由玻尔的原子理论可知，原子是由原子核和以核为中心沿各种不同轨道运动的电子构成的(图 4－30－2)。一定轨道上的电子具有一定的能量。当电子从最低能量的轨道跃迁到较高能量的轨道时(如从图中Ⅰ到Ⅱ)，原子就处于受激态。若轨道Ⅰ为正常稳定状态(称为基态)，则较高能量的Ⅱ、Ⅲ轨道分别为第一激发态、第二激发态。原子只能处在类似图 4－30－2 这样一系列的稳定状态中(称为定态)，其中每一定态对应于一定的能量值 $E_i(i=1,2,3)$，这些能量值彼此分立，不连续。当原子从一个稳定状态过渡到另一稳定状态时，就吸收或释放一定频率的电磁波。频率的大小决定于原子所处两定态之间的能量差，并满足：

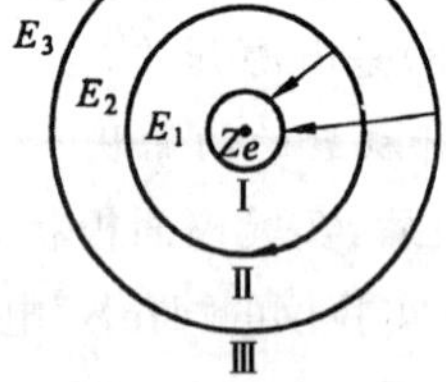

图 4－30－2 原子结构的玻尔模型

$$h\nu=E_n-E_m$$

其中 $h=6.63\times10^{-34}$ J·s，ν 为电磁辐射频率。

原子状态的改变通常在两种情况下发生：一是当原子本身吸收或发射电磁辐射时；二是当原子与其他粒子发生碰撞而交换能量时。能够变更原子所处状态最简便的方法是用电子轰击原子，电子的动能可用改变加速电压的方法加以调节。本实验中通过电子与氩原子碰撞而发生能量交换实验氩原子状态的改变。

由玻尔理论可知，处于正常状态的原子发生状态改变时，它所需要的能量不能小于该原子从正常状态跃迁到第一受激态时所需要的能量，这个能量称做临界能量。所需的能量决定于下式：

$$h\nu = eU_0$$

U_0 为氩原子的第一激发电位。当电子与原子碰撞时，如果电子能量小于 eU_0，则发生弹性碰撞，即电子碰撞前后的能量几乎不变，而只改变运动方向。如果电子能量大于 eU_0，则发生非弹性碰撞，这时电子给予原子跃迁到第一受激态所需要的能量为 eU_0，其余的能量仍由电子保留。

为实现这一碰撞过程，设计了专用的弗兰克-赫兹管，如图 4－30－3。它包括灯丝、阴极 K、第一栅极 G_1、第二栅极 G_2、板极 A 等，封闭的玻璃管内充有氩。灯丝接上电压 U_F 后发热，使它旁边的阴极受热，产生慢电子。在靠近阴极的第一栅极 G_1 与阴极 K 之间加上几伏的正向电压，作用是消除空间电荷造成的电场对阴极发射电子的影响。加速电压加在阴极 K 与第二栅极 G_2 之间，建立加速区，使慢电子加速。由于从阴极 K 到第二栅极 G_2 之间的距离比较远，电子与氩原子可以发生多次碰撞。板极 A 与第二栅极 G_2 之间加一拒斥电压，使到达 G_2 附近而能量小于 eU_{G_2A} 的电子不能到达板极。板极电路中的电流用微电流放大器来测量，其值的大小反映了从阴极发出、最后到达板极的电子数。实验中直接要测量的就是板极电流与加速电压之间的关系。

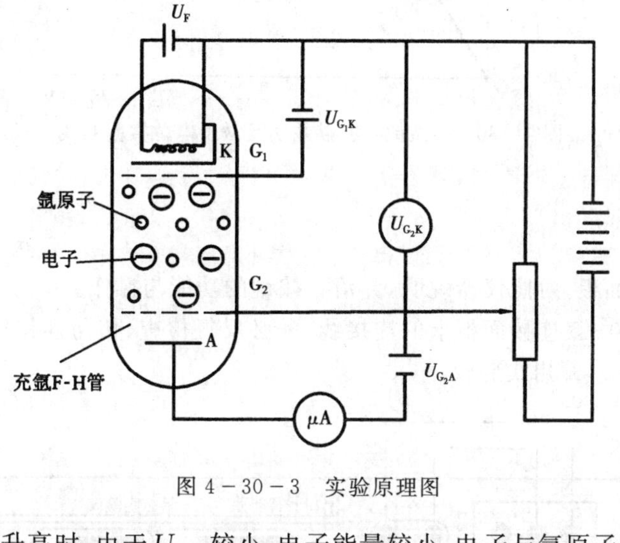

图 4－30－3　实验原理图

当 U_{G_2K} 刚开始升高时，由于 U_{G_2K} 较小，电子能量较小，电子与氩原子碰撞基本上不发生能量交换，板极电流 I_A 将随 U_{G_2K} 的增加而增大（曲线 Oa 段，见图 4－30－4）。当 $U_{G_2K}=U_0$ 时，电子在栅极 G_2 附近与汞原子发生非弹性碰撞，氩原子获得能量从基态跃迁到第一激发态。而电子剩余的能量不足以克服拒斥电场被迫返回，I_A 显著减小（曲线 ab 段）。随着 U_{G_2K} 的增加，加速区电子能量也随之增加，与氩原子相撞后，剩余能量足以克服拒斥电场，这样，极板电流 I_A 又开始上升（曲线 bc 段），直到 $U_{G_2K}=2U_0$ 时，电子与氩原子会因在 KG_2 间的二次碰撞而失去能量，造成曲线的第二次下降（cd 段）。同理，当 $U_{G_2K}=nU_0$ 时，板极电流 I_A 都会下跌。由此可见，随着加速电压 U_{G_2K} 的增加，微电流放大器就指示出一系列电流的极大值和极小值。

相邻两次 I_A 下跌时对应的栅极电位之差 V_n-V_{n-1} 对应于氩原子的第一激发电位。本实验就是通过确定各板极电流峰值对应的栅极电位来计算氩原子的第一激发电位。另外，请注意，由于碰撞实验中板极电流 I 的下降并不是完全突然的，I 的极大值附近出现的“峰”

总会有一定的宽度,这主要是由于从阴极发出的电子的能量服从一定的统计分布规律。另外,从实验曲线可以看到,极板电流并不降为零,这主要是由于电子与原子的碰撞有一定的概率,当大部分电子恰好在栅极前使汞原子激发而损失能量时,显然会有一些电子"逃避"了碰撞。

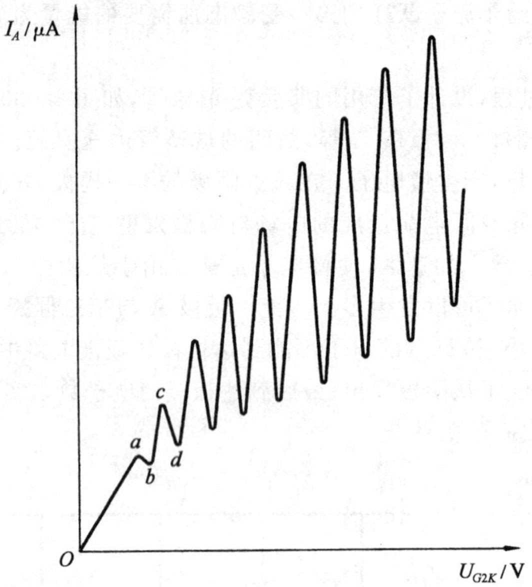

图 4-30-4　弗兰克-赫兹实验激发电位实验曲线

【实验内容】

1. 实验步骤

(1) 观察仪器面板,对照仪器说明,弄清各按键的功能与操作。

(2) 按图 4-30-5 连接面板上的连接线,务必反复检查,切勿连错！经老师检查,确认无误后按下电源开关,开启实验仪。

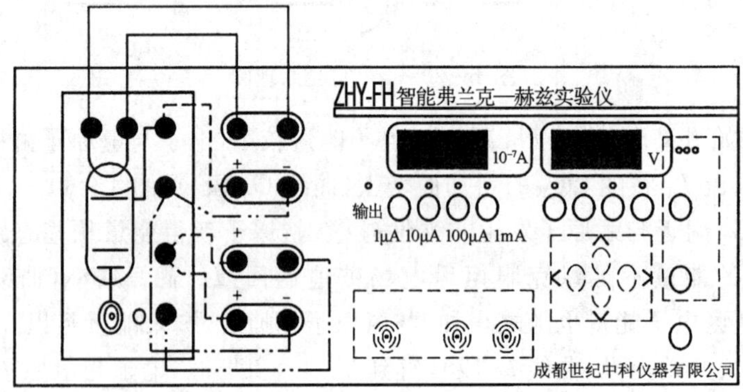

图 4-30-5　弗兰克-赫兹管连线图

(3) 检查开机后的初始状态。

开机后,实验仪面板应显示如下:

① “1mA”电流挡位指示灯亮，电流显示为“0001.”；

② “灯丝电压”挡位指示灯亮，电压显示为“000.0”，最后一位在闪动；

③ 工作方式“手动”指示灯亮。

如上述显示不符，应告知指导老师。

(4) 选定“手动”工作方式。

按下“工作方式”按键，使“手动”指示灯亮。

(5) 设定电流量程。

根据厂家提供的工作状态参数(贴在机箱上盖的标牌参数)，按下区(3)中相应的电流量程按键“1μA”，对应的量程指示灯亮，同时电流读数的小数点位置改变，显示为“0.000”，表明量程已变换。

(6) 设定各电压源的电压值。

需设定的电压源有灯丝电压 U_F、U_{G_1K}、U_{G_2A}。首先用面板上区(4)中的“灯丝电压”、“U_{G_1K}”、“U_{G_2A}”3 个按键来选定要设定的电压对象，然后根据厂家提供的工作状态参数，用区(6)中的“＜”或“＞”、“∧”或“∨”键来设置。

例如，设置灯丝电压为 4.2V。首先按下区(4)中的“灯丝电压”键，对应的指示灯亮，电压显示为“000.0”，同时小数点后的“0”闪动；然后按“∧”键两下，电压每次增加 0.1V，电压显示变为“000.2”，此时“2”闪动。再按一下“＜”键，电压显示仍为“000.2”，但此时小数点之前的“0”闪动；然后按“∧”键四次，电压每次增加 1V，电压显示变为“004.2”，其中“4”闪动。这样就完成了对灯丝电压为 4.2V 的设置。

对 U_{G_1K}、U_{G_2A}电压值的设定类似。

(7) 测量操作与数据。

在设置好灯丝电压 U_F、U_{G_1K}、U_{G_2A}之后，按区(4)中的“U_{G_2K}”键，对应的指示灯亮，电压显示为“000.0”，同时小数点后的“0”闪动。然后按区(6)中的“∧”键，电压显示将改变，F-H 管的板极电流值[即区(3)中的电流显示]也随之改变。每按一次“∧”键，U_{G_2K}电压将改变 0.5V。注意：U_{G_2K}电压值最大不要超过 80V。

记下区(4)显示的 U_{G_2K}电压值数据及对应的区(3)显示的电流值($0\leqslant U_{G_2K}\leqslant 80V$)。

在手动测试的过程中，按下区(7)中的启动按键，U_{G_2K}的电压值将被设置为零，内部存储的测试数据被消除，示波器上显示的波形被清除，但 U_F、U_{G_1K}、U_{G_2A}电流挡位等的状态不发生改变。这时，操作者可以在该状态下重新进行测试。

如果实验室提供了示波器，则可将区(5)的“信号输出”和“同步输出”分别连接到示波器的信号通道和外同步通道，调节好示波器的同步状态和显示幅度，按上面的方法操作实验仪，在示波器上即可看到 F-H 管板极电流的即时变化。

注：U_{G_2K}的电压值的最小变化值是 0.5V，为了使 U_{G_2K}的电压值每次变化更大，可按“＜”键改变调整位的位置，再按“∧”或“∨”键来调整电压值，可以得到每步大于 0.5V 的调整速度。

(8) 实验数据测量完毕，整理仪器。

2. 注意事项

(1) 实验操作前，应充分了解仪器各功能键的操作。

(2) 连线准确无误后，才能开启电源。

(3) 电流量程、各电压值要按厂家提供的参数设置。

(4) U_{G_2K}电压不能超过 80V。

【数据记录与计算】

数据表格如表 4-30-1 所示。

工作状态参数:灯丝电压 U_F=____V,U_{G_1K}=____V,U_{G_2A}=____V。

表 4-30-1

U_{G_2K}/V	0	0.5	1.0	1.5	2.0	…	78.0	78.5	79.0	79.5	80.0
$I_A/\mu A$						…					
电流峰位						…					

首先在电流测量数据中,找到各电流峰位,在表中作出标记;然后用逐差法对各电流峰值对应的电压值进行处理,求出相邻峰位的电压差,即为第一激发电位。

$$U_0=\frac{U_6-U_3+U_5-U_2+U_4-U_1}{9}= \qquad 。$$

【思考题】

(1) 怎样设置 U_F、U_{G_1K}、U_{G_2A}?

(2) 为什么相邻电流峰值对应的电压之差就是第一激发电位?

(3) 为什么电流的谷值不为零?

(4) 为什么随着 U_{G_2K}的增加,I_A 的峰值越来越高?

【附】 弗兰克-赫兹实验仪自动测量操作

智能弗兰克-赫兹实验仪除可以进行手动测试外,还可以进行自动测试。进行自动测试时,实验仪将自动产生 U_{G_2K}扫描电压,完成整个测试过程。将示波器与实验仪相连接,在示波器上可看到 F-H 管板极电流随 U_{G_2K}电压变化的波形。

(1) 连线。

面板连线与手动测试连线相同。如要通过示波器观察自动测试过程,可将区(5)的"信号输出"和"同步输出"分别连接到示波器的信号通道和外同步通道,调节好示波器的同步状态和显示幅度(0.5ms,0.5V)。

(2) 检查开机后的初始状态。

(3) 选定"自动"工作方式。

按下"工作方式"键,使"自动"指示灯亮。

(4) 设置工作状态参数。

根据厂家提供的工作状态参数,设置电流挡位和灯丝电压 U_F、U_{G_1K}、U_{G_2A}。操作与手动测试一样。

(5) U_{G_2K}扫描终止电压的设定。

进行自动测试时,实验仪将自动产生 U_{G_2K}扫描电压。实验仪默认 U_{G_2K}扫描电压的初始值为零,U_{G_2K}扫描电压大约每 0.4s 递增 0.2V,直到扫描终止电压。

要进行自动测试,必须设置电压 U_{G_2K}的扫描终止电压。

首先，将面板区(7)中的"手动/自动"测试键按下，自动测试指示灯亮；在区(4)按下 U_{G_2K} 电压源选择键，U_{G_2K} 电压源选择指示灯亮，此时电压显示为"000.0"，且小数点后的"0"闪动；按区(6)中的"<"键 2 次，此时电压显示中小数点之前的第二个"0"闪动；再按区(6)中的"∧"键 8 次，此时电压显示为"080.0"表示已设置好 U_{G_2K} 的终止电压为 80.0V。

(6) 自动测试启动。

自动测试状态设置完成后，在启动自动测试过程前应检查 U_F、U_{G_1K}、U_{G_2K} 的电压设定值是否正确，电流量程选择是否合理，自动测试指示灯是否正确指示。如果有不正确的项目，请重新设置正确。

如果所有设置都是正确、合理的，将区(4)的电压源选择选为 U_{G_2K}，再按下面板上区(7)的"启动"键，自动测试开始。

在自动测试过程中，通过面板的电压指示区[区(4)]、测试电流指示区[区(3)]，观察扫描电压 U_{G_2K} 与 F-H 管板极电流的相关变化情况。

如果连接了示波器，可通过示波器观察扫描电压 U_{G_2K} 与 F-H 管板极电流的相关变化的输出波形。

当扫描电压 U_{G_2K} 的电压值大于设定的测试终止电压值后，实验仪将自动结束本次自动测试过程，进入数据查询工作状态。此时电流显示、电压显示均为"0"。

测试数据保留在实验仪主机的存储器中，供数据查询过程使用，所以，示波器仍可观测到本次测试数据所形成的波形，直到下次测试开始时才刷新存储器的内容。

在自动测试过程中，为避免面板按键错误操作而导致自动测试失败，面板上除"手动/自动"按键外的所有按键都被屏蔽禁止。

在自动测试过程中，只要按下"手动/自动"键，手动测试指示灯亮，实验仪就中断了自动测试过程，回复到开机初始状态。所有按键都被再次开启工作，这时可进行下一次的测试准备工作。

(7) 自动测试后的数据查询。

自动测试过程正常结束后，实验仪进入数据查询工作状态。这时面板按键除区(3)部分还被禁止外，其他都已开启。

区(7)的自动测试指示灯亮，区(3)的电流量程指示灯指示本次测试的电流量程选择挡位；区(4)的各电压源选择按键可选择各电压源的电压值指示，其中 U_F、U_{G_1K}、U_{G_2K} 三电压源只能显示原设定的电压值，不能通过区(6)的按键改变相应的电压值。

改变电压源 U_{G_2K} 的指示值，就可查阅到在本次测试过程中电压源 U_{G_2K} 的扫描电压值为当前显示值时，对应的 F-H 管板极电流值的大小，该数值显示于区(3)的电流指示表上。

(8) 结束查询过程，回复初始状态。

当需要结束查询过程时，只要按下区(7)的"手动/自动"键，区(7)的手动测试指示灯亮，查询过程结束。面板按键再次全部开启，原设置的电压状态被清除，实验仪存储的测试数据被清除，实验仪回复到初始状态。

思考题如下：

(1) 自动测试时，怎样设置扫描终止电压 U_{G_2K}？

(2) 怎样启动自动测试？

(3) 怎样查询自动测试数据？

实验三十一　光电效应法测定普朗克常数

19世纪末，德国科学家赫兹发现，光射到金属上能使电子从金属表面逸出。当时人们对这种称为光电效应的现象进行了大量的实验研究，总结出一系列实验规律，但是，这些规律无法用经典的电磁波理论解释。

1905年，爱因斯坦在普朗克(1858—1947)量子假说的基础上圆满地解释了光电效应。其中的普朗克常量联系着微观世界普遍存在的波粒二象性和能量交换量子化的规律，在近代物理学中有着重要的地位。通过亲手实验测量这个物理常量，不仅有助于理解光的量子性，对掌握微弱电流测量等实验技术也是有意义的。

【实验目的】

(1) 通过实验加深对光的量子性的了解。

(2) 验证爱因斯坦方程，求出普朗克常数。

【实验仪器与用具】

HK-Ⅱ型普朗克常数测定仪1套，其中包括：GDH-1型光电管(带暗盒)、CX-50WHg仪器用高压汞灯、外径为36mm的CX型滤光片(共有5片)、GD-Ⅱ型微电流测量放大器、电缆线2根。

【预习思考题】

(1) 光电效应的4个基本实验事实是什么？

(2) 爱因斯坦光电效应方程是什么？

【实验原理】

在光的照射下，电子从金属表面逸出的现象称为光电效应，所产生的电子称为光电子。其基本规律为：

(1) 光电流与光强成正比，如图4-31-1中(a)、(b)所示。

(2) 光电效应存在一个阈频率，当入射光的频率低于某一阈值 ν_0 时，不论光的强度如何，都没有光电子产生，如图4-31-1(c)所示。

(3) 光电子的初动能与光强无关，但与入射光的频率成正比，如图4-31-1(d)所示。

(4) 光电效应是瞬时效应，一经光线照射，立刻产生光电子。

然而用经典波动理论是无法对上述实验事实做出圆满解释的。

爱因斯坦认为，从一点发出频率为 ν 的光以 $h\nu$ 为能量单位(光量子)的形式一份一份地向外辐射，而不是按麦克斯韦电磁学说指出的那样以连续分布的形式把能量传播到空间的。当频率为 ν 的光以 $h\nu$ 为能量单位作用于金属中的一个自由电子，而自由电子获得能量后，克服金属表面的逸出功 W_s 逸出金属表面，其初动能为 $\frac{1}{2}mv^2$。有：

$$\frac{1}{2}mv^2=h\nu-W_s \quad 或 \quad h\nu=\frac{1}{2}mv^2+W_s \tag{4-31-1}$$

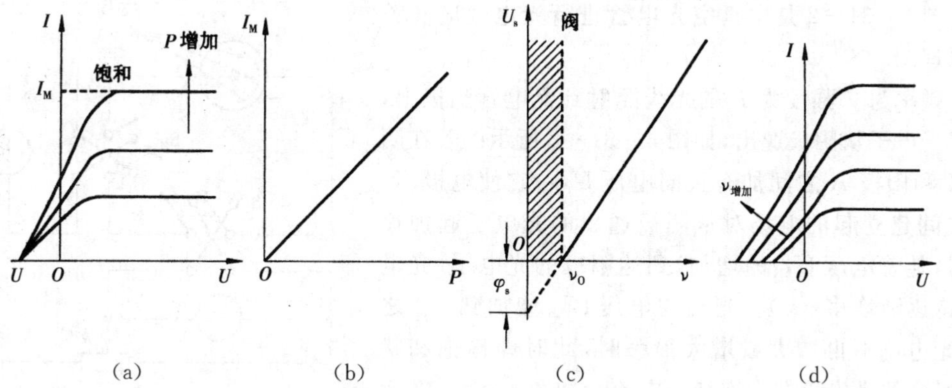

I—光电流；I_M—饱和光电流；*P*—光强；*U*—加速电压；

U_s—截止电压；ν_0—截止频率；φ_s—逸出电位

图 4-31-1 关于光电效应的几个特性

此式为爱因斯坦光电效应方程。式中，h 为普朗克常量，公认值为 $6.626\ 075\ 5\times10^{-34}$ J·s；ν 为入射光频率；m 为电子的质量；v 为光电子逸出金属表面的初速度；W_s 为受光照射的金属材料的逸出功。

在(4-31-1)式中，$mv^2/2$ 是没有受到空间电场的阻止从金属中逸出的光电子的最大初动能。入射到金属表面的光频率越高，逸出来的电子初动能就越大，如图 4-31-1(d)。正因为光电子具有最大初动能，所以即使阳极不加电压也会有光电子到达阳极而形成光电流，甚至阳极相对于阴极电位为负时也会有光电子到达阳极。直到阳极电位低于某一数值时，所有光电子都不能到达阳极，光电流为零，如图 4-31-1(a)。此时相对于阴极为负值的阳极电位 U_s，被称为光电效应的截止电位(或称截止电压)。此时有：

$$eU_s-\frac{1}{2}mv^2=0 \qquad (4-31-2)$$

将(4-31-2)式代入(4-31-1)式，有：

$$eU_s=h\nu-W_s \qquad (4-31-3)$$

由于金属材料的逸出功 W_s 是金属的固有属性，对于给定的金属材料 W_s 为一个定值，它与入射光的频率无关。令 $W_s=h\nu_0$，ν_0 为“红限”频率，即具有“红限”频率 ν_0 的光子恰恰具有逸出功 W_s 的能量，而没有多余的动能。

将(4-31-3)式改写为：

$$U_s=\frac{h\nu}{e}-\frac{W_s}{e}=\frac{h}{e}(\nu-\nu_0) \qquad (4-31-4)$$

(4-31-4)式表明：截止电压 U_s 是入射光频率的线性函数。当入射光的频率 $\nu=\nu_0$ 时，截止电压 U_s 为零，便没有光电子逸出。图 4-31-1(c)上的斜率 $K=\frac{h}{e}$ 是一个正常数，

$$h=eK \qquad (4-31-5)$$

可见，只要用实验方法测出不同频率下的截止电压 U_s，然后再作出 U_s-ν 直线，并求出该直线的斜率 K，即可应用(4-31-5)式求出普朗克常量 h 的数值。其中 $e=1.60\times10^{-19}$ C 是电子的电量。

图 4-31-2 是用真空光电管进行光电效应实验的原理图。

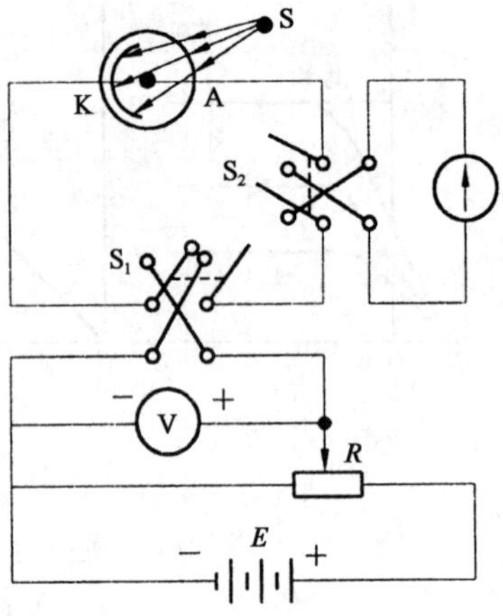

图 4-31-2 光电效应原理图

频率为 ν、强度为 P 的光线照射到光电管阴极上，即有光电子从阴极逸出，如图 4-31-2 所示。若在阴极 K 和阳极 A 之间加有正向电压 U_{AK}，它使电极 K、A 之间建立起的电场对从阴极逸出的光电子起加速作用，随着电压 U_{AK} 的增加，到达阳极的光电子(光电流)将逐渐增多(大)。当正向电压 U_{AK} 增加到 U_m 之后，光电流不再增大或增大很小时，此时即称饱和状态，对应的光电流即为饱和光电流。如图 4-31-2 所示，若在阴极 K 和阳极 A 之间加反向电压 U_{KA}，它使电极 K、A 之间建立起的电场对阴极逸出的光电子起减速作用，随着电压 U_{KA} 的增加，到达阳极的光电子(光电流)将逐渐减少(小)。当 $U_{KA}=U_s$ 时，光电流降为零。

应当指出，由于光电管结构等各种原因，用光电管在光照射下进行实验时，伴随着下列两个物理过程：

(1) 收集极的光电子发射：当光束入射到光阴极上后，必然有部分漫反射到收集极上，致使它也能发射光电子。而外电场对这些光电子却是一个加速场，因此，它们很容易到达阴极，形成阳极反向电流。

(2) 当光电管不受任何光照射时，在外加电压下，光电管仍有微弱电流流过，我们称之为光电管的暗电流。形成暗电流的主要原因之一是光电管阴极与收集极之间的绝缘电阻(包括管座以及光电管玻璃壳内、外表面等的漏电阻)；另一原因是阴极在常温下的热电子发射等。从实测情况来看，光电管的暗特性即无光照射时的伏安特性曲线，基本上接近线性。

由于上述两个因素的影响，使实际测得的 I-U 曲线如图 4-31-3。这里的 I，实际上是阴极光电流、阳极反向电流和暗电流的代数和。因此所谓的外加截止电压，并不是电流 I 为零时 A 点对应的电压值，而是曲线上 B 点(抬头点)所对应的外电压值(想一想，为什么)。

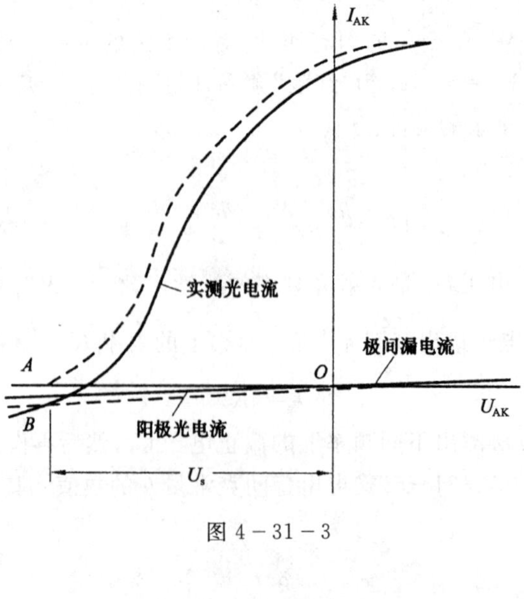

图 4-31-3

准确地找出每种频率入射光所对应的外加截止电压，是本次实验的关键所在。

光电效应法测定普朗克常数，从原理上来看是一个并不太复杂的实验。但是，由于存在光电管收集极（阳极）的光电子发射以及弱电流测量上的困难等问题，使得由 I-U 曲线上确定截止电位值有很大的任意性，不够严格，这是造成实验误差较大的主要原因。

【实验内容】

1. 测试前的准备

(1) 按图 4－31－4 将光源、光电管暗盒、微电流放大器安放在适当位置，暂不连线，并将微电流放大器前面板上（如图 4－31－5 所示）各开关、旋钮置于下列位置：

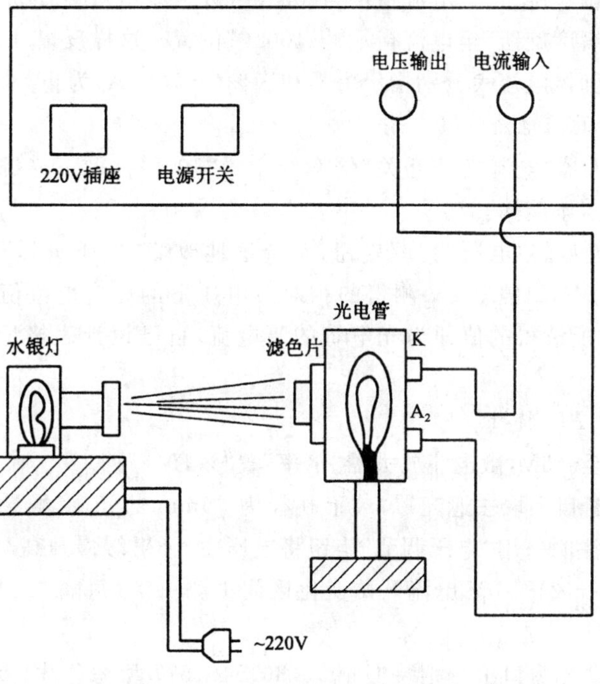

图 4－31－4

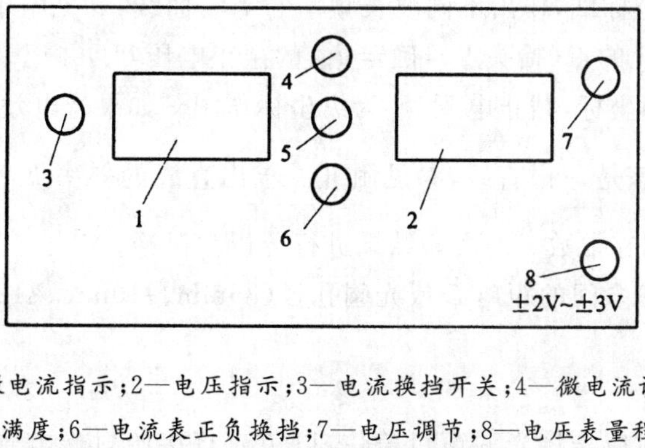

1—微电流指示；2—电压指示；3—电流换挡开关；4—微电流调零；
5—调满度；6—电流表正负换挡；7—电压调节；8—电压表量程换挡

图 4－31－5　微电流放大器前面板示意图

“电流表正负换挡开关”置“+”,“电流换挡开关”置“调零”挡;“电压表量程换挡”置“-3V”挡;“电压调节”调到反时针最小。

(2) 按图 4-31-4 将光源上出光孔和暗盒上入光孔分别用挡光盖盖上;把光电管暗盒上 A 端和接地端用屏蔽电缆与微电流放大器背板上的“电压输出”端连接,光电管暗盒上 K 端用电缆接在背板的“电流输入”端上。

(3) 打开微电流放大器电源开关(在背板上),让其预热 20min~30min;打开光源开关,让汞灯预热 15min~20min。

(4) 让光源出光孔与暗盒入光孔水平对准,二者间距保持 30cm~50cm 为宜。

(5) 待微电流放大器充分预热后,先调整零点,后校正满度,即把“电流换挡开关”拨至“调零”,然后调节“调零旋钮”至电流指示为“00.0”(数字显示);接着把“电流换挡开关”拨至“满度”,然后调节“满度旋钮”至电流指示“-100.0”位置。这样反复几次,直至拨“电流换挡开关”至调零和满度时,电流表分别指示为零和满偏(-100μA)为止。

2. 测量光电管的暗电流*

(1) 将测量放大器“电流换挡开关”倍率旋钮置“10^{-7}”。取下光源出光孔挡光盖,此时暗盒上入光孔挡光盖不能摘。

(2) 顺时针缓慢旋转“电压调节”旋钮,并合适地改变“电压量程”和“电压极性”开关。仔细记录从-2V~0V,每隔 0.2V 测得的相对应电压下的相应电流值(电流值=倍率×电表读数×μA),此时所读得的值即为光电管的暗电流,自己设计表格记录数据,作暗电流特性曲线。

3. 测量光电管 *I-U* 特性

(1) 将电压调至-3V,微电流放大器“倍率”置“$\times10^{-6}$”挡。

(2) 在暗盒光窗口上取去遮光罩,装上孔径为 ϕ5mm 的光阑,再装上 365 型滤色片(型号在滤色片外框上注明);用“电压调节”旋钮将电压由-3V 缓慢升高至+3V,每隔 0.5V 记录一个电流值,但在-2V~0V 电流开始变化区间细测一下(每隔 0.1V 记录一个电流值)。将数据记入表 4-31-1。

(3) 依次从暗盒光窗口上分别装上 405、436、546、577 型滤色片,重复步骤(1)和(2),测出其伏安特性。

(4) 选择合适的坐标纸,作出不同波长频率的 *I-U* 曲线,参见附Ⅰ。从曲线中仔细找出各反向光电流开始变化的点(抬头点),确定 I_{KA} 的截止电压 U_s,并记录在表 4-31-2。

(5) 以频率 ν 为横坐标,截止电压 U_s 为纵坐标作图。如果光电效应遵从爱因斯坦方程,$U_s=f(\nu)$ 关系曲线应该是一根直线,参见附Ⅱ。求出直线的斜率 $K=\dfrac{\Delta U_s}{\Delta\nu}$。利用 $h=eK=1.6\times10^{-19}K$ 求出普朗克常数。对实验结果进行分析和讨论。

(6) 改变光源与暗盒间的距离 L 或光阑孔径(ϕ5mm、ϕ10mm、ϕ12mm)重做上述实验。(备注:选做。)

4. 注意事项

(1) 更换滤色片时应先将光源窗口盖住,以免光直接照射光电管而影响使用寿命。实验完毕或仪器存放时必须将光电管窗口和光源窗口盖住。

(2) 本仪器使用的滤色片为精密光学元件,严禁用手直接接触,以免脏物、灰尘划伤表面或手上汗渍腐蚀光学表面。在使用前用镜头纸擦拭,保证良好的透光特性。更换滤色片时务必平整地放入套架,以免不必要的折射光带来实验误差。

(3) 实验虽不必在暗室中进行,但在实验室安放仪器时,光电管入光孔请勿直对其他强光源(窗户等),以减少杂散光干扰。仪器不宜在强磁场、强电场、强振动、高温度、带辐射物质的环境下工作。

(4) 如遇环境湿度较大,应将光电管和微电流放大器进行干燥处理,以减少漏电流影响。

【数据记录】

表 4－31－1

距离 $L=$　　　cm；　　光阑孔 $\Phi=$　　　mm

滤色片波长	365nm	U_{KA}/V																				
		$I_{KA}/10^{-11}A$																				
	405nm	U_{KA}/V																				
		$I_{KA}/10^{-11}A$																				
	436nm	U_{KA}/V																				
		$I_{KA}/10^{-11}A$																				
	546nm	U_{KA}/V																				
		$I_{KA}/10^{-11}A$																				
	577nm	U_{KA}/V																				
		$I_{KA}/10^{-11}A$																				

表 4－31－2

距离 $L=$　　　cm；　　$\Phi=$　　　mm

波长/nm	365	405	436	546	577
频率/10^{14} Hz	8.22	7.41	6.88	5.49	5.20
U_s/V					

结果处理　$h=eK=1.6\times10^{-19}\dfrac{\Delta U_s}{\Delta\nu}=$　　　。

【思考题】

(1) 本实验中,测暗电流的目的是什么?

(2) 爱因斯坦光电效应方程的物理意义是什么?

(3) 在什么条件下光照射金属表面,其表面有光电子逸出?

(4) 试从实验结果分析,实验产生误差的主要原因是什么? 如何进行改进?

【附Ⅰ】 不同波长的 I-U 曲线

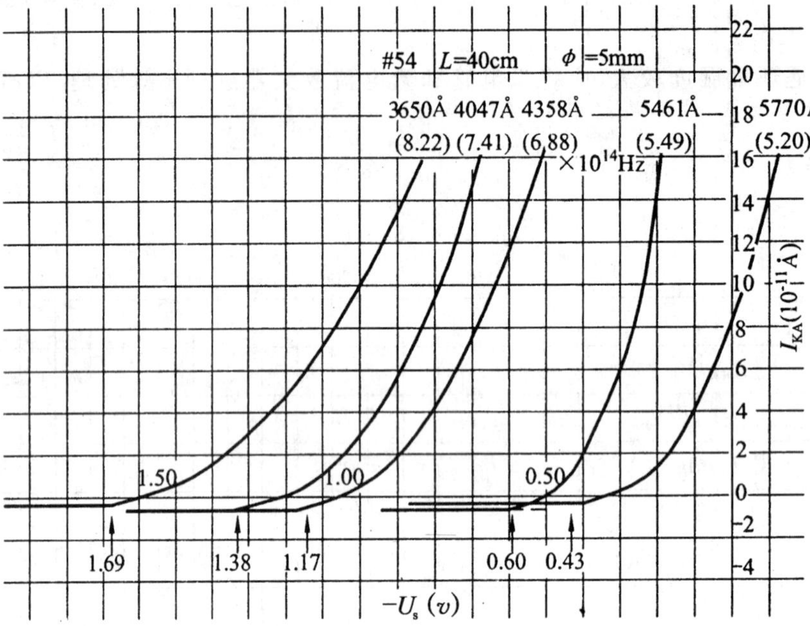

【附Ⅱ】 $U_s=f(\nu)$关系曲线

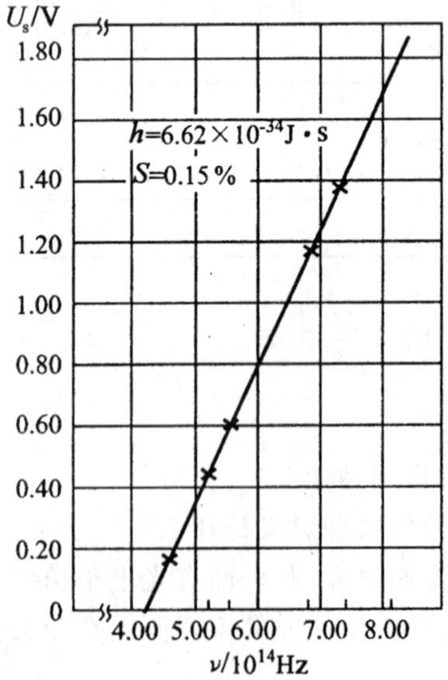

实验三十二　多普勒效应综合实验

当波源和接收器之间有相对运动时，接收器接收到的波的频率与波源发出的频率不同的现象称为多普勒效应。多普勒效应在科学研究、工程技术、交通管理、医疗诊断等各方面都有十分广泛的应用。例如，原子、分子和离子由于热运动使其发射和吸收的光谱线变宽，称为多普勒增宽，在天体物理和受控热核聚变实验装置中，光谱线的多普勒增宽已成为一种分析恒星大气及等离子体物理状态的重要测量和诊断手段。基于多普勒效应原理的雷达系统已广泛应用于导弹、卫星、车辆等运动目标速度的监测。在医学上利用超声波的多普勒效应来检查人体内脏的活动情况、血液的流速等。电磁波（光波）与声波（超声波）的多普勒效应原理是一致的。本实验既可研究超声波的多普勒效应，又可利用多普勒效应将超声探头作为运动传感器，研究物体的运动状态。

【实验目的】

(1) 测量超声接收器运动速度与接收频率之间的关系，验证多普勒效应，并由 f-V 关系直线的斜率求声速。

(2) 利用多普勒效应测量物体运动过程中多个时间点的速度，由显示屏显示 V-t 关系图，或调阅有关测量数据，即可得出物体在过去过程中的速度变化情况，可研究：

① 匀加速直线运动，测量力、质量与加速度之间的关系，验证牛顿第二定律。

② 自由落体运动，并由 V-t 关系直线的斜率求重力加速度。

③ 简谐振动，可测量简谐振的周期等参数，并与理论值比较。

④ 其他变速直线运动。

【实验仪器】

多普勒效应综合实验仪。

【实验原理】

根据声波的多普勒效应公式，当声源与接收器之间有相对运动时，接收器接收到的频率 f 为：

$$f=f_0(u+V_1\cos\alpha_1)/(u-V_2\cos\alpha_2) \qquad (4-32-1)$$

式中，f_0 为声源发射频率，u 为声速，V_1 为接收器运动速率，α_1 为声源与接收器连线与接收器运动方向之间的夹角，V_2 为声源运动速率，α_2 为声源与接收器连线与声源运动方向之间的夹角。

若声源保持不动，运动物体上的接收器沿声源与接收器连线方向以速度 V 运动，则从(4－32－1)式可得接收器接收到的频率应为：

$$f=f_0(1+V/u) \qquad (4-32-2)$$

当接收器向着声源运动时，V 取正，反之取负。

若 f_0 保持不变，以光电门测量物体的运动速度，并由仪器对接收器接收到的频率自动计数，根据(4－32－2)式，作 f-V 关系图可直观验证多普勒效应，且由实验点作直线，其斜率

应 $k=f_0/u$，由此可计算出声速 $u=f_0/k$。

由(4－32－2)式可解出：

$$V=u(f/f_0{}^{-1}) \qquad (4-32-3)$$

若已知声速 u 及声源频率 f_0，通过设置使仪器以某种时间间隔对接收器接收到的频率 f 采样计数，由微处理器按(4－32－3)式计算出接收器运动速度，由显示屏显示 V-t 关系图，或查阅有关测量数据，即可得出物体在运动过程中的速度变化情况，进而对物体运动状况及规律进行研究。

仪器介绍如下：

整套仪器由实验仪，超声发射/接收器，导轨，运动小车，支架，光电门，电磁铁，弹簧，滑轮，砝码等组成。实验仪内置微处理器，带液晶显示屏，图 4－32－1 为实验仪的面板图。

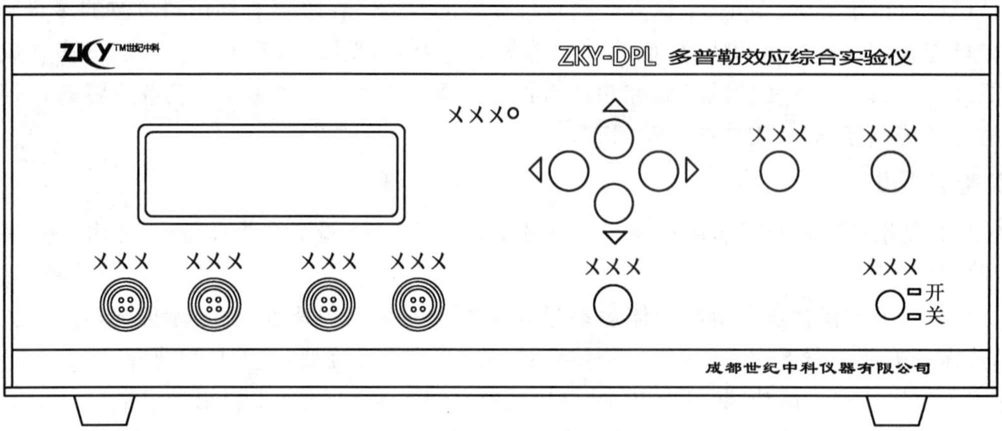

图 4－32－1 实验仪面板图

实验仪采用菜单式操作，显示屏显示菜单及操作提示，由▲ ▼ ◀ ▶键选择菜单或修改参数，按确认键后仪器执行。操作者只须按提示即可完成操作，学生可把时间和精力用于物理概念和研究对象，不必花大量时间在仪器使用，提高了课时利用率。

验证多普勒效应时，仪器的安装如图 4－32－2 所示。导轨长 1.2m，两侧有安装槽，所有须固定的附件均安装在导轨上。

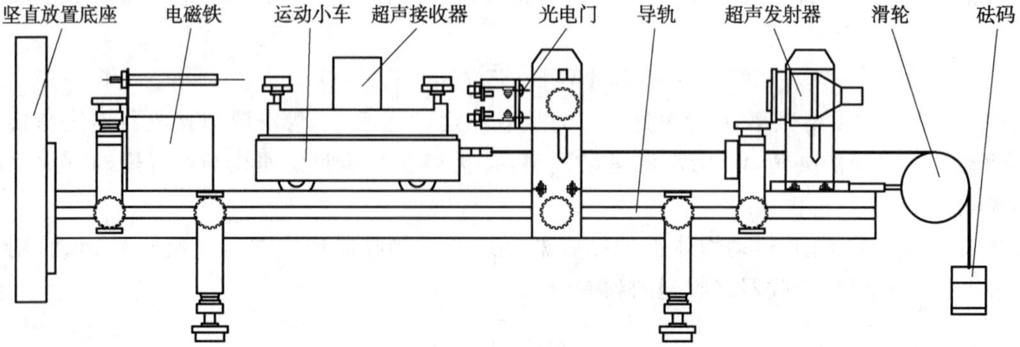

图 4－32－2 多普勒效应验证实验及测量小车水平运动安装示意图

测量时先设置测量次数(选择范围 5～10)，然后使运动小车以不同速度通过光电门(既可用砝码牵引，也可用手推动)，仪器自动记录小车通过光电门时的平均运动速度及与之对应的平均接收频率，完成测量次数后，仪器自动存储数据，根据测量数据作 f-V 图，并显示测量数据。

作小车水平方向的变速运动测量时，仪器的安装类似图 4－32－2，只是此时光电门不起作用。

测量前设置采样次数(选择范围 8～150)及采样间隔(选择范围 50ms～100ms)经确认后仪器按设置自动测量，并将测量到的频率转换为速度。完成测量后仪器根据测量数据自动作 V-t 图，也可显示 f-t 图，测量数据，或存储实验数据与曲线供后续研究。图 4－32－3 表示了采样数 60，采样间隔 80ms 时，对用两根弹簧拉着的小车(小车及支架上留有弹簧挂钩孔)所做水平阻尼振动的 1 次测量及显示实例。

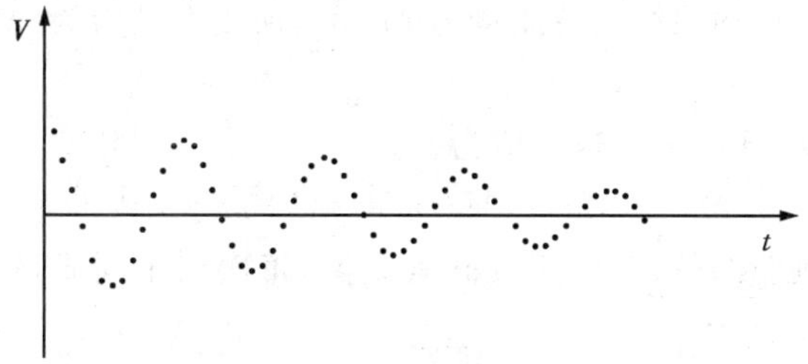

图 4－32－3 测量阻尼振动

【实验内容】

1. 实验仪的预调节

实验仪开机后，首先要求输入室温，这是因为计算物体运动速度时要代入声速，而声速是温度的函数。

第 2 个界面要求对超声发生器的驱动频率进行调谐。调谐时将所用的发射器与接收器接入实验仪，二者相向放置，用▶键调节发生器驱动频率，并以接收器谐振电流达到最大作为谐振的判据。在超声应用中，需要将发生器与接收器的频率匹配，并将驱动频率调到谐振频率，才能有效地发射与接收超声波。

2. 验证多普勒效应并由测量数据计算声速

将水平运动超声发射/接收器及光电门、电磁铁按实验仪上的标示接入实验仪。调谐后，在实验仪的工作模式选择界面中选择“多普勒效应验证实验”，按确认键后进入测量界面。用▶键输入测量次数“6”，用▼键选择“开始测试”，再次按确认键使电磁铁释放，光电门与接收器处于工作准备状态。

将仪器按图 4－32－2 安置好，当光电门处于工作准备状态而小车以不同速度通过光电门后，显示屏会显示小车通过光电门时的平均速度与此时接收器接收到的平均频率，并可用▼键选择是否记录此次数据，按确认键后即可进入下一次测试。

完成测量次数后，显示屏会显示 f-V 关系与 1 组测量数据，若测量点成直线，符合(4－32－2)式描述的规律，即直观验证了多普勒效应。用▼键翻阅数据并记入表 4－32－1 中，用作图法或线性回归法计算 f-V 关系直线的斜率 k，由 k 计算声速 u，并与声速的理论值比较，声速理论值由 $u_0=331(1+t/273)^{1/2}(m/s)$计算，$t$ 表示室温。

表 4-32-1 多普勒效应的验证与声速的测量

测量数据							直线斜率 k/m^{-1}	声速测量值 $u=f_0/k$ /(m/s)	声速理论值 u_0 /(m/s)	百分误差 $(u-u_0)/u_0$
次数	1	2	3	4	5	6				
V_n/(m/s)										
f_n/Hz										

3. 研究匀变速直线运动，验证牛顿第二运动定律

实验时仪器的安装如图 4-32-4 所示，质量为 M 的垂直运动部件与质量为 m 的砝码托及砝码悬挂于滑轮的两端，测量前砝码托吸在电磁铁上，测量时电磁铁释放砝码，系统在外力作用下加速运动。运动系统的总质量为 $M+m$，所受合外力为 $(M-m)g$（滑轮转动惯量与摩擦力忽略不计）。

根据牛顿第二定律，系统的加速度应为：

$$a=(M-m)g/M+m \tag{4-32-4}$$

用天平称量垂直运动部件，砝码托及砝码质量，每次取不同质量的砝码放于砝码托上，记录每次实验对应的 m。

将垂直运动发射/接收器接入实验仪，在实验仪的工作模式选择界面中选择"频率调谐"调谐垂直运动发射/接收器的谐振频率，完成后回到工作模式选择界面，选择"变速运动测量实验"确认后进入测量设置界面。设置采样点总数 8，采样步距 50ms，用▼键选择"开始测试"，按确认键使电磁铁释放砝码托，同时实验仪按设置的参数自动采样。

采样结束后会以类似图 4-32-3 的界面显示 V-t 直线，用▶键选择"数据"，将显示的采样次数及相应速度记入表 4-32-2 中（为避免电磁铁剩磁的影响，第 1 组数据不记。t_n 为采样次数与采样步距的乘积）。由记录的 t，V 数据求得 V-t 直线的斜率即为此次实验的加速度 a。

在结果显示界面中用▶键选择返回，确认后重新回到测量设置界面。改变砝码质量，按以上程序进行新的测量。

将表 4-32-2 得出的加速度 a 作纵轴，$(M-m)/(M+m)$ 作横轴作图，若为线性关系，符合(4-32-4)式描述的规律，即验证了牛顿第二定律，且直线的斜率应为重力加速度。

表 4-32-2 匀变速直线运动的测量 $M=$ (kg)

n	2	3	4	5	6	7	8	加速度 a /(m/s²)	m /kg	$\frac{M-m}{M+m}$
$t_n=0.05(n-1)$(s)										
V_n										
$t_n=0.05(n-1)$(s)										
V_n										
$t_n=0.05(n-1)$(s)										
V_n										
$t_n=0.05(n-1)$(s)										
V_n										

4. 研究自由落体运动，求自由落体加速度

实验时仪器的安装如图 4-32-5 所示，将电磁铁移至导轨的上方，测量前垂直运动部件吸在电磁铁上，测量垂直运动部件自由下落 1 段距离后被细线拉住。

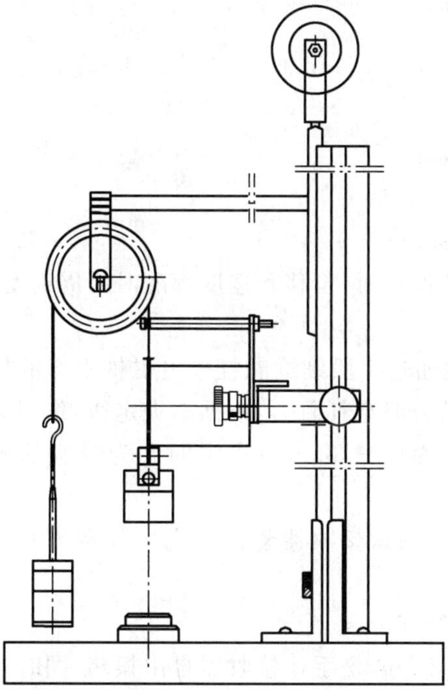

图 4-32-4　匀变速直线运动安装示意图

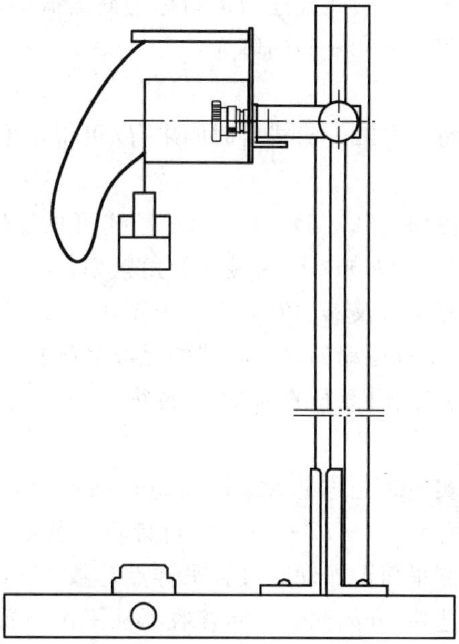

图 4-32-5　重力加速度测量安装示意图

在实验仪的工作模式选择界面中选择“变速运动测量实验”，设采样点总数 8，采样步距 50ms。选择“开始测试”，按确认键后电磁铁释放，接收器自由下落，实验仪按设置的参数自动采样。将测量数据记入表 4-32-3 中，由测量数据求得 V-t 直线的斜率即为重力加速度 g。

为减小偶然误差，可作多次测量，将测量的平均值作为测量值，并将测量值与理论值比较，求百分误差。

表 4-32-3　自由落体运动的测量

n	2	3	4	5	6	7	8	g /(m/s^2)	平均值 g	理论值 g_0	百分误差 $(g-g_0)/g_0$
$t_n=0.05(n-1)$(s)											
V_n											
$t_n=0.05(n-1)$(s)											
V_n											
$t_n=0.05(n-1)$(s)											
V_n											
$t_n=0.05(n-1)$(s)											
V_n											

5．究简谐振动

当质量为 m 的物体受到大小与位移成正比，而方向指向平衡位置的力的作用时，若以物体的运动方向为 x 轴，其运动方程为：

$$m\frac{d^2x}{dt^2}=-kx \tag{4-32-5}$$

由(4－32－5)式描述的运动称为简谐振动，当初始条件为 $t=0$ 时，$x=-A_0$，$V=dx/dt=0$，则方程(4－32－5)的解为：

$$x=-A_0\cos\omega_0 t \tag{4-32-6}$$

将(4－32－6)式对时间求导，可得速度方程：

$$V=\omega_0 A_0\sin\omega_0 t \tag{4-32-7}$$

由(4－32－6)、(4－32－7)式可见物体作简谐振动时，位移和速度都随时间周期变化，式中 $\omega_0=(k/m)^{1/2}$，为振动的角频率。

测量时仪器的安装类似于图 4－32－5，将弹簧通过 1 段细线悬挂于电磁铁上方的挂钩孔中，垂直运动超声接收器的尾翼悬挂在弹簧上，若忽略空气阻力，根据胡克定律，作用力与位移成正比，悬挂在弹簧上的物体应作简谐振动，而(4－32－5)式中的 k 为弹簧的倔强系数。

实验时先称量垂直运动超声接收器的质量 M，测量接收器悬挂上之后弹簧的伸长量 Δx，记入表 4－32－4 中，就可计算 k 及 ω_0。

测量简谐振动时设置采样点总数 150，采样步距 100ms。

选择“开始测试”，将接收器从平衡位置下拉约 20cm，松手让接收器自由振荡，同时按确认键，让实验仪按设置的参数自动采样，采样结束后会显示如(4－32－7)式描述的速度随时间变化关系。查阅数据，记录第 1 次速度达到最大时的采样次数 N_{1max} 和第 11 次速度达到最大时的采样次数 N_{11max}，就可计算实际测量的运动周期 T 及角频率 ω，并可计算 ω_0 与 ω 的百分误差。

表 4－32－4 简谐振动的测量

M /kg	Δx /m	$k=mg/\Delta x$ /(kg/s²)	$\omega_0=(k/m)^{1/2}$ /s⁻¹	N_{1max}	N_{11max}	$T=0.01(N_{11max}-N_{1max})$ /s	$\omega=2\pi/T$ /s⁻¹	百分误差 $(\omega-\omega_0)/\omega_0$

6．其他变速运动的测量

以上介绍了实验内容的测量方法和步骤，这些内容的测量结果可与理论比较，便于得出明确的结论，适合学生基础实验，也便于使用者对仪器的使用及性能有所了解。若让学生根据原理自行设计实验方案，也可用做综合实验。

与传统物理实验用光电门测量物体运动速度相比，用本仪器测量物体的运动具有更多的设置灵活性，测量快捷，既可根据显示的 V-t 图一目了然地定性了解所研究的运动的特征，又可查阅测量数据作进一步的定量分析。特别适用于综合实验，让学生自主的对一些复杂的运动进行研究，对理论上难于定量的因素进行分析，并得出自己的结论(如研究摩擦力与运动速度的关系，或与摩擦介质的关系)。

【附】 多普勒效应各实验装置示意图

多普勒验证实验

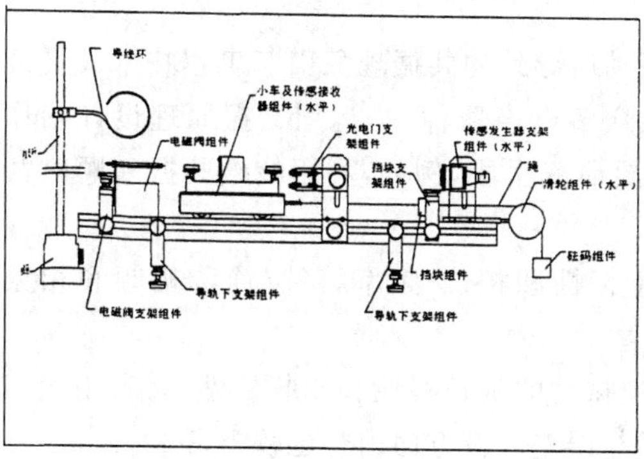

水平谐振实验

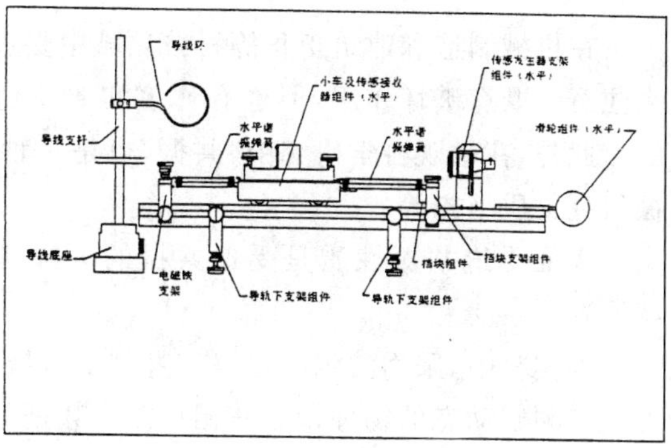

垂直谐振实验

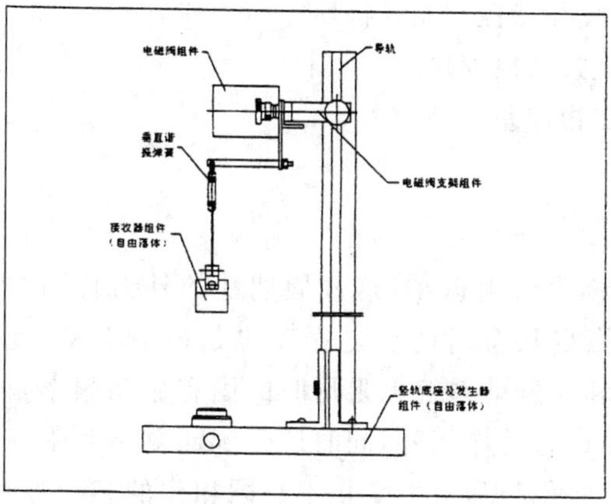

自由落体实验

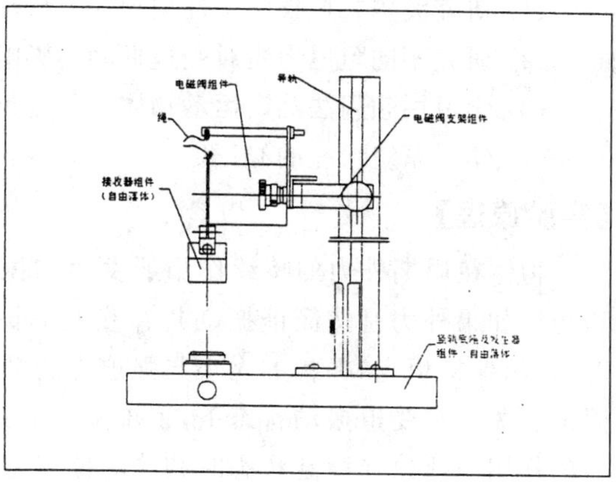

牛顿第二定律实验

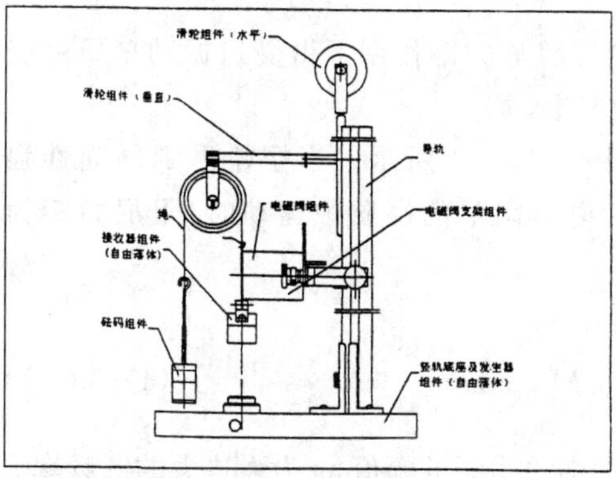

成都世纪中科仪器有限公司

实验三十三　波尔共振实验

在机械制造和建筑工程等科技领域中受迫振动所导致的共振现象引起工程技术人员极大注意。既有破坏作用，但也有许多实验价值。众多电声器件，是运用共振原理设计制作的。此外，在微观科学研究中“共振”也是一种重要研究手段，例如，利用核磁共振和顺磁共振研究物质结构等。

表征受迫共振性质是受迫共振的振幅-频率特性和相位-频率特性（简称幅频和相频特性）。

本实验中，采用波尔共振仪定量测定机械受迫振动的幅频特性和相频特性，并利用频闪方法来测定动态的物理量——相位差。数据处理与误差分析方面内容也较丰富。

【实验目的】

(1) 研究波尔共振仪中弹性摆轮受迫振动的幅频特性和相频特性。

(2) 研究不同阻尼力矩对受迫振动的影响，观察共振现象。

(3) 学习用频闪法测定运动物体的某些量，如相位差。

(4) 学习系统误差的修正。

【实验原理】

物体在周期外力的持续作用下发生的振动称为受迫振动，这种周期性的外力称为强迫力。如果外力是按简谐振动规律变化，那么稳定状态时的受迫振动也是简谐振动，此时，振幅保持恒定，振幅的大小与强迫力的频率和原振动系统无阻尼时的固有振动频率及阻尼有关。在受迫振动状态下，系统除了受到强迫力的作用外，同时还受到回复力和阻尼力的作用。所以在稳定状态时物体的位移、速度变化与强迫力变化不是同相位的，存在一个相位差。当强迫力频率与系统的固有频率相同时产生共振，此时振幅最大，相位差为 90°。

实验采用摆轮在弹性力矩作用下自由摆，在电磁阻尼力矩作用下做受迫振动来研究受迫振动特性，可直观地显示机械振动中的一些物理现象。

实验所采用的波尔共振装置的外型结构如图 4－33－1 所示。当摆轮受到周期性强迫外力矩 $M=M_0\cos\omega t$ 的作用，并在有空气阻尼和电磁阻尼的媒质中运动时（阻尼力矩为 $-b\dfrac{\mathrm{d}\theta}{\mathrm{d}t}$）其运动方程为：

$$J\frac{\mathrm{d}^2\theta}{\mathrm{d}t^2}=-k\theta-b\frac{\mathrm{d}\theta}{\mathrm{d}t}+M_0\cos\omega t \tag{4-33-1}$$

式中，J 为摆轮的转动惯量，$-k\theta$ 为弹性力矩，M_0 为强迫力矩的幅值，ω 为强迫力的圆频率。

令
$$\omega_0^2=\frac{k}{J},\quad 2\beta=\frac{b}{J},\quad m=\frac{m_0}{J}$$

则(4－33－1)式变为：

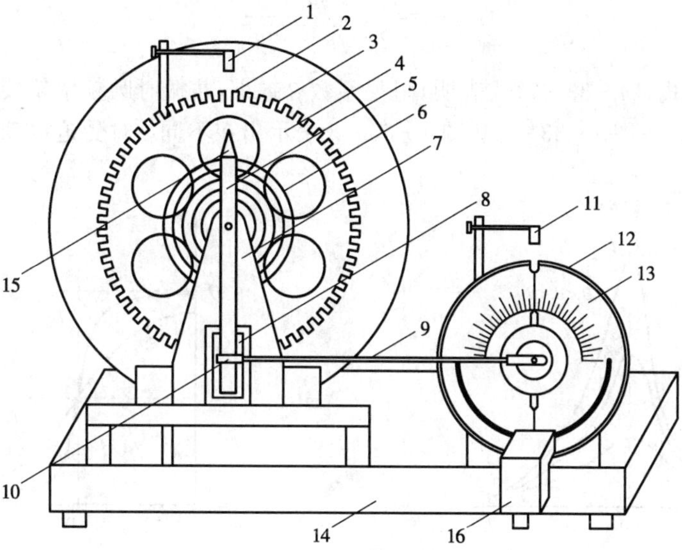

图 4－33－1

$$\frac{d^2\theta}{dt^2}+2\beta\frac{d\theta}{dt}+\omega_0^2\theta=m\cos\omega t \qquad (4-33-2)$$

当 $m\cos\omega t=0$ 时，(4－33－2)式即为阻尼振动方程。

当 $\beta=0$，即在无阻尼情况时(4－33－2)式变为简谐振动方程，ω_0 即为系统的固有频率。

方程(4－33－2)的通解为：

$$\theta=\theta_1 e^{-\beta t}\cos(\omega f^{t}+\alpha)+\theta_2\cos(\omega t+\varphi_0) \qquad (4-33-3)$$

由(4－33－3)式可见，受迫振动可分成两部分：

第一部分，$\theta_1 e^{-\beta t}\cos(\omega_f t+\alpha)$表示阻尼振动，经过一定时间后衰减消失。

第二部分，说明强迫力矩对摆轮作功，向振动体传送能量，最后达到一个稳定的振动状态。

振幅：

$$\theta_2=\frac{m}{\sqrt{(\omega_0^2-\omega^2)^2+4\beta^2\omega^2}} \qquad (4-33-4)$$

它与强迫力矩之间的相位差 φ 为：

$$\varphi=\arctan^{-1}\frac{2\beta\omega}{\omega_0^2-\omega^2}=\frac{\beta T_0^2 T}{\pi(T^2-T_0^2)} \qquad (4-33-5)$$

由(4－33－4)式和(4－33－5)式可看出，振幅 θ_2 与相位差 φ 的数值取决于强迫力矩 m、频率 ω、系统的固有频率 ω_0 和阻尼系数 β 四个因素，而与振动起始状态无关。

由$\frac{\partial}{\partial\omega}[(\omega_0^2-\omega^2)^2+4\beta^2\omega]=0$ 极值条件可得出，当强迫力的圆频率 $\omega=\sqrt{\omega_0^2-2\beta^2}$时，产生共振，$\theta$ 有极大值。若共振时圆频率和振幅分别用 ω_r、θ_r 表示，则：

$$\omega_r=\sqrt{\omega_0^2-2\beta^2} \qquad (4-33-6)$$

$$\theta_r = \frac{m}{2\beta\sqrt{\omega_0^2 - 2\beta^2}} \tag{4-33-7}$$

(4－33－6)式,(4－33－7)式表明,阻尼系数β越小,共振时圆频率越接近于系统固有频率,振幅θ_r也越大。图4－33－2和图4－33－3表示出在不同β时受迫振动的幅频特性和相频特性。

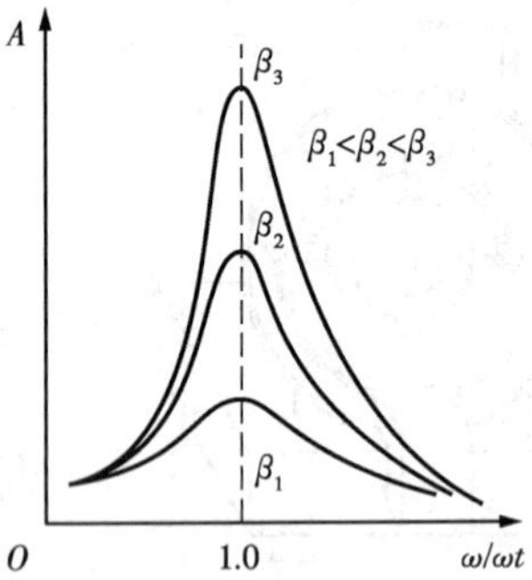

图4－33－2

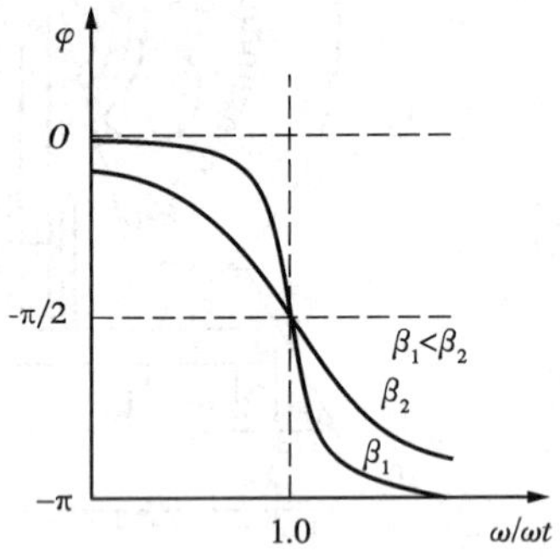

图4－33－3

【实验仪器】

BG-2型波尔共振仪由振动仪与电器控制箱两部分组成。振动仪部分如图4－33－1所示。由铜质圆形摆轮A安装在机架上,弹簧B的一端与摆轮A的轴相连,另一端可固定在机架支柱上,在弹簧弹性力的作用下,摆轮可绕轴自由往复摆事实动。在摆轮的外围有一卷槽形缺口,其中一个长形凹槽C比其他凹槽D长出许多。在机架上对准长型缺口处有一个光电门H。它与电气控制箱相连接,用来测量摆轮的振幅(角度值)和摆轮的振动周期。在机架下方有一对带有铁芯的线圈K,摆轮A恰巧嵌在铁芯的空隙。利用电磁感应原理,当线圈中通过直流电流后,摆轮受到一个电磁阻尼力的作用。改变电流的数值即可使阻尼大小相应变化。为使摆轮A做受迫振动。在电动机轴上装有偏心轮,通过连杆机构E带动摆轮A,在电动机轴上装有带刻线的有机玻璃转盘F,它随电机一起转动。由它可以从角度读数盘G读出相位差φ。调节控制箱上的10圈电机转速调节旋钮,可以精确改变加于电机上的电压,使电机的转速在实验范围(30r/min～45r/min)内连续可调,由于电路中采用特殊稳速装置、电动机采用惯性很小的带有测速发电机的特种电机,所以转速极为稳定。电机的有机玻璃转盘F上装有两个挡光片。在角度读数盘G中央上方90°处也装有光电门(强迫力矩信号),并与控制箱相连,以测量强迫力矩的周期。

受迫振动时摆轮与外力矩的相位差利用小型闪光灯来测量。闪光灯受摆轮信号光电门H控制,每当摆轮上长形凹槽C通过平衡位置时,光电门H接受光,引起闪光。闪光灯放置位置如图(4－33－1)所示搁置在底座上,切勿拿在手中直接照射刻度盘。在稳定情况时,由闪光灯照射下可以看到有机玻璃指针F好像一直"停在"某一刻度处,这一现象称为频闪现象,所以此数值可方便地直接读出,误差不大于2°。

摆轮振幅是利用光电门H测出摆轮读数A处圈上凹形缺口个数,并有数显装置直接显示出此值,精度为2°。

波尔共振仪电气控制箱的前面板和后面板分别如图4－33－4和图4－33－5所示。

左面三位数字显示摆轮A的振幅。右面5位数字显示时间,计时精度为10^{-3}s。利用

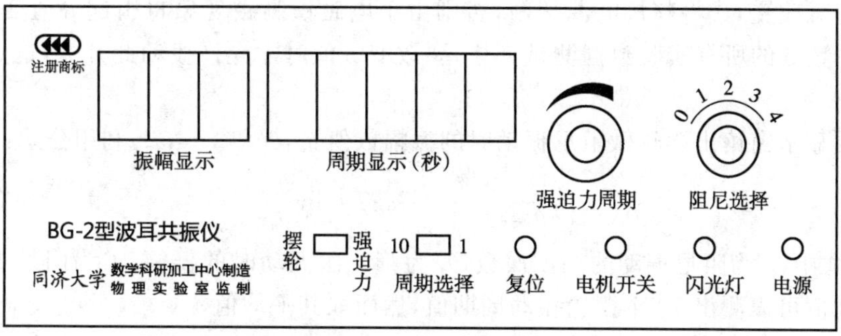

图 4－33－4　前面板

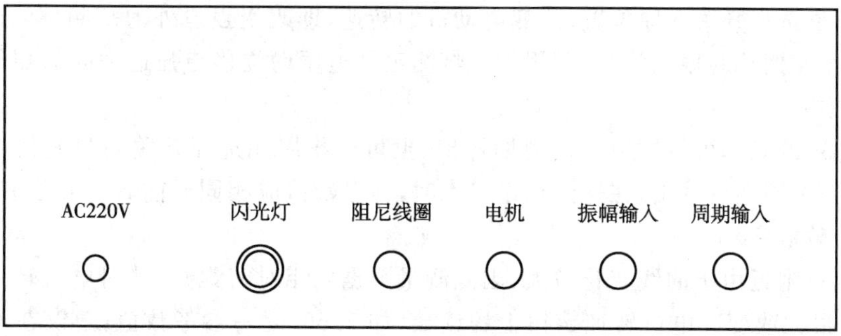

图 4－33－5　后面板

面板上“摆轮，强迫力”和“周期选择”开关，可分别测量摆轮强迫力矩（即电动机）的单次和十次周期所需时间。复位按钮仅在十个周期时起作用，测单次周期时会自动复位。

电机转速调节旋钮，是带有刻度的十圈电位器，调节此旋钮时可以精确改变电机转速，即改变强迫力矩的周期。刻度仅供实验时作参考，以便大致确定强迫力矩周期值在多少圈电位器上的相应位置。

阻尼电流选择开关可以改变通过阻尼线圈内直流电流的大小，达到改变摆轮系统的阻尼系数。选择开关可分 6 档，“0”处阻尼电流为零；“1”最小约 0.3A 左右，“5”处阻尼电流最大，约为 0.6A，阻尼电流采用 15V 稳压装置提供，实验时选用位置根据情况而定（可先选择在“2”处，若共振时振幅太小则可改用“1”，切不可放在“0”处），振幅不大于 150。

闪光灯开关用来控制闪光与否，当揿按钮时，当摆轮长缺口通过平衡位置时便产生闪光，由于频闪现象，可从相位差读数盘上看到刻度线似乎静止不动的读数（实际上有机玻璃 F 上刻度线一直在匀速转动），从而读出相位差数值，为使闪光灯管不易损坏，采用按钮开关，仅在测量相位差时才揿下按钮。

电机开关用来控制电机是否转动，在测定阻尼系数和摆轮固有频率 ω_0 与振幅关系时，必须将电机关断。

电气控制箱与闪光灯和波尔共振仪之间通过各种专用电缆相连接，不会产生接线错误之弊病。

【实验内容】

1. 测定阻尼系数 β

将阻尼选择开关拨向实验时位置（通常选取“2”或“1”处）此开关位置选定后，在实验过程中不能任意改变，或将整机电源切断，否则由于电磁铁剩磁现象将引起 β 值变化，只有在某一阻尼系数 β 的所有实验数据测试完毕，要改变 β 值时才允许拨动此开关，这点是至关重要的。

从振幅显示窗读出摆轮做阻尼振动时的振幅数值 $\theta_0,\theta_1,\theta_2,\cdots,\theta_n$，利用公式：

$$\ln\frac{\theta_0\,\mathrm{e}^{-\beta t}}{\theta_0\,\mathrm{e}^{-\beta(t+nT)}}=n\beta T=\ln\frac{\theta_0}{\theta_n} \tag{4-33-8}$$

求出 β 值，式中，n 为阻尼振动的周期次数，θ_n 为第 n 次振动时的振幅，T 为阻尼振动周期的平均值。此值可以测出 10 个摆轮振动周期值，然而取其平均值。

进行本实验内容时，电机电源必须切断，指针 F 放在 0°位置，θ_0 通常选取在 130°～150°。

2. 测定受迫振动的幅度特性和相频特性曲线。

保持阻尼选择开关在原位置，改变电动机的转速，即改变强迫外力矩频率 ω。当受迫振动稳定后，读取摆轮的振幅值，并利用闪光灯测定受迫振动位移与强迫力间的相位差（$\Delta\varphi$ 控制在 10°左右）。

强迫力矩的频率可从摆轮振动周期算出，也可以将周期选择开关向"10"处直接测定强迫力矩的 10 个周期后算出，在达到稳定状态时，两者数值应相同。前者为 4 位有效数字，后者为 5 位有效数字。

在共振点附近由于曲线变化较大，因此测量数据要相对密集些，此时电机转速极小变化会引起 $\Delta\varphi$ 很大改变。电机转速旋钮上的读数（如 2.50）是一参考数值，建议在不同 ω 时都记下此值，以便实验中快速寻找要重新测量时参考。

3. 注意事项

（1）电器控制箱应预热 10min～15min。

（2）实验步骤：

① 建议先测振幅与周期相应关系（不必记录），然后调整强迫力周期旋钮到适当位置（见附测试表），此时相位差约在 80°～100°，待周期显示（周期选择在"10"位置）重复 3 次尾数不超过 5，即可测量。

在共振点附近每次强迫力周期旋钮指示值变化约 0.02，如 5.62→5.64，小于 60°，大于 110°可变化 0.1～0.15，先测 90°→150°，再测 90°→30°，反之亦可。

② 完成上述内容后，即可测阻尼衰减系数 β，此时必须关掉电机，将角度指针放在 0°处，然后再用手扳动摆轮使振幅 140 左右，此时松手连续记录振幅值 10 次，并记录 10 个周期值，重复 2 或 3 次。

③ 将阻尼选择扳向"0"处，将振幅扳向 140～150，松手后，连续测量振幅与周期显示对应关系（周期选择位置"0"），若振幅变小时，周期不变，则可不必记录。

周期末位数变化 1 属于正常情况，因此在记录时偶尔会出现跳跃情况，如 1.685→1.685→1.684→1.685，中间 1.684 可略去不计。

振幅与周期测量范围可根据实验具体情况确定（振幅处于最大与最小值间即可）。

【数据记录与计算】

（1）阻尼系数 β 的计算。利用（4-33-8）式对所测数据按逐差法处理，求出 β 值。

表 4－33－8　阻尼开关位置为“　　”

	振幅/(°)		振幅/(°)	$\ln\frac{\theta_i}{\theta_{i+6}}$
θ_0		θ_5		
θ_1		θ_6		
θ_2		θ_7		
θ_3		θ_8		
θ_4		θ_9		
$10T=$	秒；	$\overline{T}=$	秒；	平均值

$$5\beta T=\ln\frac{\theta_i}{\theta_{i+5}} \qquad (4-33-9)$$

用(4－33－9)式，求出 β 值。

(2) 幅频特性和相频特性测量。

作幅频特性$(\theta/\theta_r)^2$-ω 曲线，并由此求 β 值。在阻尼系数较小(满足 $\beta^2\leqslant\omega_0^2$)和共振位置附近 ($\omega=\omega_0$)，由于 $\omega_0+\omega=2\omega_0$，从(4－33－4)式和(4－33－7)式可得出：

$$\left(\frac{\theta}{\theta_r}\right)^2=\frac{4\beta^2\omega_0^2}{4\omega_0^2(\omega-\omega_0)^2+4\beta^2\omega_0^2}=\frac{\beta^2}{(\omega-\omega_0)^2+\beta^2}$$

当 $\theta=\frac{1}{\sqrt{2}}\theta_r$，即$\left(\frac{\theta}{\theta_r}\right)^2=\frac{1}{2}$时，由上式可得：

$$\omega-\omega_0=\pm\beta$$

此 ω 对应于图$\left(\frac{\theta}{\theta_r}\right)^2=\frac{1}{2}$处两个值 ω_1、ω_2。由此得出：

$$\beta=\frac{\omega_2-\omega_1}{2}\text{(此内容一般不做)}$$

将此法与逐差法求得之 β 值作一比较并讨论。本实验重点应放在相频特性曲线测量。

表 4－33－2　幅频特性和相频特性测量数据记录表：阻尼开关位置________

$10T$/s	T/s	φ/(°)(理论值)	φ/(°)(测量值)	$\left(\frac{\theta}{\theta_r}\right)^2$	T_0/T	$\varphi=\arctan^{-1}\frac{\beta T_0^2 T}{\pi(T^2-T_0^2)}$

【误差分析】

因为本仪器中采用石英晶体作为计时部件，所以测量周期(圆频率)的误差可以忽略不计，误差主要来自阻尼系数 β 的测定和无阻尼振动时系统的固有振动频率 ω_0 的确定。且后者对实验结果影响较大。

在前面的原理部分中我们认为弹簧的弹性系数 k 为常数，它与扭转的角度无关。实际上由于制造工艺及材料性能的影响，k 值随着角度的改变而略有微小的变化（3%左右），因而造成在不同振幅时系统的固有频率 ω_0 有变化。如果取 ω_0 的平均值，则将在共振点附近使相位差的理论值与实验值相关很大。为此可测出振幅与固有频率 ω_0 的相应数值。在 $\varphi=\arctan^{-1}\dfrac{\beta T_0^2 T}{\pi(T^2-T_0^2)}$ 公式中 T_0 采用对应于某个振幅的数值代入，这样可使系统误差明显减小。

振幅与共振频率 ω_0 相对应值可要用如下方法：

将电机电源切断，角度盘指导 F 放在“0”处，用手将摆轮拨动到较大处（140°～150°），然后放手，此摆轮做衰减振动，读出每次振幅值相应的摆动周期即可。此法可重复几次即可作出 θ_n 与 T_0 的对应表。此项可在实验结束后进行。最好二人配合，一人读数，另一人记录，且只记录后面二位。

也可将摆轮转动到所需振幅值联合会，然后测出它相对应的 T_0，第一次振幅对应的 T_0 应不用。

在周期选择开关放在“1”时，振幅与周期应同时显示，如振幅为 96 周期为 1.651s，由于闪光时可能使两者不同步，此时，可利用复位按钮，可使两者重新恢复同步显示。若未成功，可重复进行。

【附】 实验测量数据(机号 1010 阻尼 1)

振幅与 $T_0(\omega_0)$ 关系

振幅/(°)	T_0/s	ω_0/s^{-1}
128	1.513	4.153
124	1.515	4.147
118	1.516	4.145
107	1.517	4.142
102	1.518	4.139
100	1.520	4.134
96	1.522	4.128
92	1.523	4.126
85	1.524	4.123
78	1.526	4.117
72	1.528	4.112
63	1.529	4.109
58	1.531	4.104
44	1.532	4.101
31	1.533	4.098

阻尼系数 β 测量

				$\ln\dfrac{\theta_i}{\theta_{i+5}}$
θ_1	126	θ_6	65	0.662
θ_2	111	θ_7	57	0.666
θ_3	97	θ_8	50	0.663
θ_4	85	θ_9	43	0.681
θ_5	74	θ_{10}	37	0.693

平均 0.673

$10T=15.240\text{s}$

$\overline{T}=1.5240\text{s}$

$\beta=\dfrac{0.673}{5\times1.524}=0.0883\text{s}^{-1}$

电机转速刻度盘值	强迫力矩周期/s	振幅 $\theta/(^\circ)$	弹簧对应固有周期 T_0/s	$\theta_n/(^\circ)$	φ 计算值 $\arctan^{-1}\dfrac{\beta T_0^2 T}{\pi(T^2-T_0^2)}$	$\dfrac{\omega}{\omega_0}=\dfrac{T_0}{T}$	$\dfrac{\theta}{\theta_r}$
3.70	1.599	48	1.532	23°	27°	0.958	0.43
3.20	1.565	72	1.528	39°	42°	0.976	0.64
2.94	1.538	98	1.520	60°	61°	0.988	0.88
2.74	1.522	108	1.518	82°	83°	0.997	0.96
2.50	1.519	111	1.517	89°	87°	0.998	1.0
2.40	1.515	106	1.517	95°	95°	1.001	0.95
2.34	1.506	94	1.523	116°	114°	1.011	0.84
2.00	1.497	78	1.525	132°	131°	1.019	0.70
1.40	1.487	60	1.530	142°	143°	1.029	0.54
0.70	1.471	44	1.532	152°	152°	1.041	0.41

第五章

综合性和设计性实验

实验三十四 照 相 技 术

照相能把实物形象、实验过程或某些瞬变过程的图像真实、迅速地记录下来，以供日后分析研究或作为资料保存。照相技术(包括拍摄、印相及放大、暗室冲洗等技术)是一项重要的实验技术。在许多科学实验研究中，特别是在X射线分析、光谱分析、金相分析、高能粒子踪迹分析、空间遥感技术、生物及医学技术的研究工作中，照相技术有着广泛的应用。

【实验要求】

(1) 初步掌握照相基本知识，了解照相机、印相机及放大机的结构、工作原理及使用方法。

(2) 了解感光底片、相纸的基本知识。

(3) 掌握暗室冲洗技术。

【实验目的】

(1) 拍摄、冲洗2张相片。

(2) 放大2张相片。

【实验仪器与用具】

照相机，印相机，放大机，感光底片(胶卷)，印放相纸，显影药，定影药及其他设备等。

【预习思考题】

叙述从拍摄到获得相片的全过程。

【实验原理】

照相技术主要基于透镜成像和光化学原理。它的全过程一般包括拍摄、负片制作和正片制作三个部分。

1. 拍摄

拍摄过程的方框图如下：

装片 → 用光和取景 → 速度、光圈选择 → 调焦 → 曝光 → 有潜影底片

(1) 成像原理。

如图 5－34－1 所示，物体经镜头(如同一个会聚透镜)成倒立、缩小的实像于底片上。

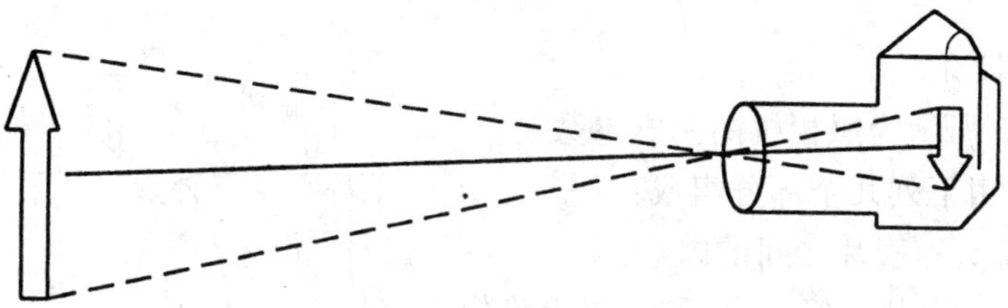

图 5－34－1　照相机的光路原理

成像清晰时，镜头焦距 f、物距 u 和像距 v 必须满足透镜公式 $\frac{1}{f}=\frac{1}{u}+\frac{1}{v}$。照相时，通常 $u\gg f$，所以底片上形成倒立、缩小的实像。

(2) 感光底片及其性能。

小型相机所用的感光底片俗称胶卷，它主要是由卤化银和乳胶混合后涂在基片(如塑料薄膜)上构成的。

曝光时，在光量子 $h\nu$ 的作用下，底片上感光乳剂中卤化银的银离子被还原成银，如：

$$AgBr+h\nu \longrightarrow Ag+Br$$

由于被还原的银原子数与光强成正比，因而曝光后在底片上银原子数的分布和像的明暗分布有对应关系，结果形成尚不能被人眼直接看到的潜影。

不同的底片其性能也有差异，通常是用感光度、反差、感色性这三个指标来表示底片的性能。

① 感光度。指底片对光的敏感程度。感光度越高，拍摄时所需的曝光量越少。中国、德国和美国分别用符号“GB”、“DIN”和“ASA”来表示感光度。GB21°和 GB24°胶卷，后者感光度高，即 24°比 21°的胶卷所需的曝光时间少。每隔 3°，曝光量相差 1 倍。

② 反差。反差是用来表示底片(经拍摄、冲洗后)的图像黑白分明的程度。反差大表示黑白层次分明，反差小则黑白层次不显著。

形成了潜影的感光底片，经过显影而产生与景物光密度相对应的图像。底片上某点的光密度 D 与该点吸收的光能有关，也与显影处理有关(一般显影时间长，反差就大)。当显影条件相同时，光密度仅取决于吸收的光能。底片吸收的光能用曝光量 H 表示。底片光密度 D 与曝光量的对数 $\lg H$ 之间的关系如图 5－34－2，称为乳胶感光特性曲线。景物愈亮，光密度愈大；反之，景物愈暗，光密

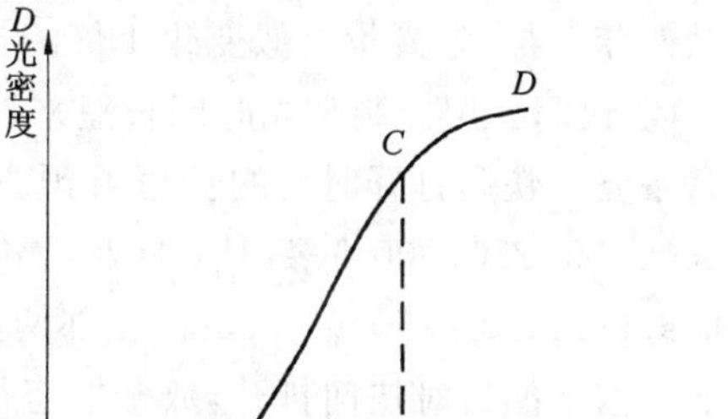

图 5－34－2　曝光量和光密度关系曲线

度愈小，这样就在底片上形成了丰富的层次。要使层次丰富，则要求底片的光密度变化与景物亮度变化成线性比例。由图 5－34－2 可看出，只有 BC 段对应的曝光量和光密度成线性比例关系。因此，拍摄时应掌握好曝光量。

③ 感色性。底片对各种颜色光波的敏感程度和敏感范围。对于乳胶里加入有机染料的全色片，它对红光敏感而对蓝绿光反应迟钝，因此，全色片在显、定影处理时可和极弱的绿灯做安全灯；相反，印相纸和放大纸对红光几乎无反应，为此，可用红灯作为它们显影时的安全灯。

(3) 照相机简介。

图 5－34－3 所示为照相机的基本参数。

照相机一般由下列几个部分组成：

① 机身。镜头和底片之间的暗盒。

② 镜头。常由多片透镜组合而成，以消除像差，并得到较高的分辨率。镜头主要由焦距、相对孔径和视场角来表征。

③ 光圈。由一组金属薄片组成，通常安装在镜头的镜片之间。光圈有两个作用：一是用它可以连续调节通光孔径的大小，以控制到达感光片上的光照度的强弱，即控制进光量；二是调节景深。所谓景深，就是能在底片上同时成像清晰的物方空间的纵深范围。光圈小，景深大；反之，景深小。

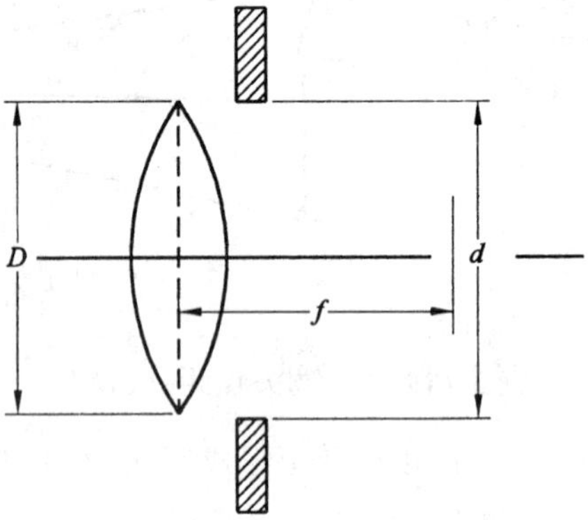

图 5－34－3 照相机的基本参数

如图 5－34－3 所示，用 d 表示光圈直径，当物距很大时，则度片上像面光照度 E 正比于光圈面积，即正比于 d^2；而反比于图像的面积，即反比于 f^2。所以像面光照度 E 与光圈直径及镜头焦距 f 的关系式为：

$$E=K\left(\frac{d}{f}\right)^2$$

式中，K 是与被摄物体亮度有关的系数，d/f 称为物镜的相对孔径。一般照相机上都以相对孔径的倒数 $F=f/d$ 表示光圈的大小，称为光圈数。F 值的标度数值通常是 22、16、11、8、5.6、4、2.8、2 等。F 值越大，光圈孔径 d 越小，进光量就越少。相邻两 F 值相差$\sqrt{2}$倍，故光圈数改变一挡，曝光量近似变化 1 倍。

④ 快门。用控制曝光时间长短来控制曝光量的机构。快门开启时，光才能进入暗盒使底片曝光。快门打开时间的长短可预先通过速度盘来调节，速度盘上常标有 1、2、4、8、15、30、60、125、250、500 等数挡，即表示快门打开时间为 1s、1/2s、1/4s、1/8s、1/15s、1/30s、1/60s、1/125s、1/250s、1/500s。相邻两挡曝光时间差近似 1 倍。另外还有 B 门和 T 门，B 门表示按下按钮时快门打开，放开按钮快门关闭；T 门表示按下按钮时快门打开，再按一次，快门才关闭。

⑤ 取景对焦机构。用来选取拍摄景物及其范围，并帮助正确调节物体至镜头的距离，以使景物的像能清晰地成像在焦平面上。

2. 负片制作

负片的制作过程如下：

有潜影底片 —显影→ 显像 —停显、定影、水洗、晾干→ 负片

(1) 显影。底片经曝光后，其上形成潜影，显影就是通过化学反应使潜影扩大并显示出来。感光后的底片放到显影液中，受到光照而还原出来的银原子就是显影中心，光照强的地方还原出银的晶粒多，颜色较黑，而未受光照部分仍保持原乳胶的颜色。显影时必须掌握好温度和时间，才能得到黑白分明、层次丰富的显像。

(2) 定影。定影就是把未感光的乳胶中的卤化银，通过和定影液的化学作用而全部溶解掉，使显像固定下来。定影也要掌握好时间和温度，如定影不充分，则未感光的卤化银以后在光照下会起反应，破坏原有影像画面；如时间过长，则底片会变质。

3. 正片制作(印相和放大)

正片的制作过程如下：

负片、相纸 —曝光→ 潜影 —显影→ 显像 —漂洗、定影→ —水洗、上光→ 正片

(1) 印相和放大。

印相和放大都是将底片负像再重拍一次，即将底片乳胶面(药面)和印相纸(或放大纸)的乳胶面对贴(放大时离开相应距离)，分别在印相箱和放大机上将透过底片对印相纸(或放大纸)进行曝光。曝光之后，经过与负片制作相类似的工艺过程后便可得到和被拍摄物明暗相同的印相片(或大小不同的放大片)，统称为正片(照片)。

(2) 印相机。

印相机结构如图 5－34－4 所示。

(3) 放大机。

放大机结构如图 5－34－5 所示。放底片的底片夹可拉出或推入；镜头上有光圈，可调节像光照度，以便控制曝光量。将放大机机身整体升降可调节像的大小，改变放大机镜头和底片距离，可使放大像清晰。

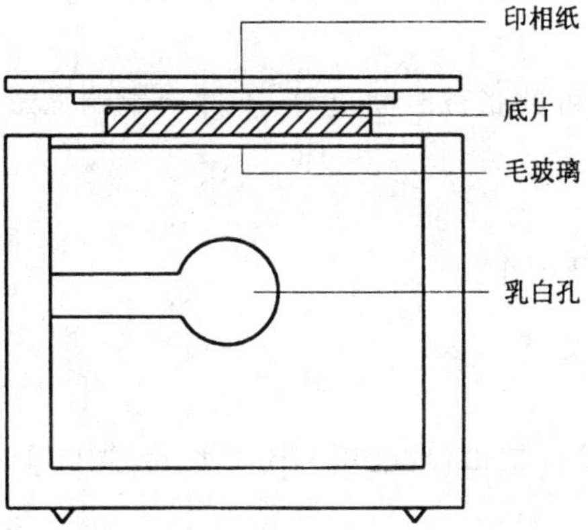

图 5－34－4　印相机

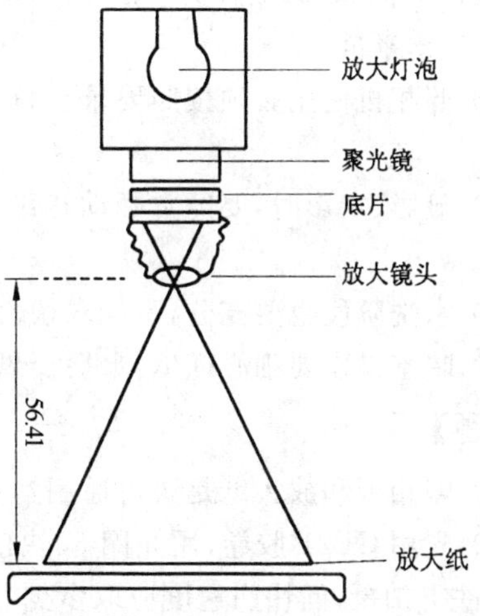

图 5－34－5　放大机结构

(4) 照相纸。

照相纸包括印相纸、放大纸和印放两用纸。它与胶卷不同，是在钡底纸(即在照相原纸上涂敷含有硫酸钡的明胶涂层，经干燥、压光或压花而成)上涂敷感光乳剂和保护层制成。

它的感光速度很慢，只用银盐本身的感色性，是用反射光观察，药膜薄。在制作正片时，必须根据负片的反差情况正确选择相纸的种类。相纸按反差特性常分 4 种，黑白色调对比强烈叫做反差硬，黑白对比不强烈的叫反差软。“1 号”纸属软性，“2 号”纸属中性，“3 号”纸属硬性，“4 号”纸属特硬性。

【实验内容】

1. 拍摄

(1) 在教师指导下熟悉所用照相机的构造和性能；练习光圈和快门速度的选择以及取景和对焦，然后装入胶卷。

(2) 拍摄 2～3 张照片。详细记录和拍摄有关条件：照相机型号与参数、胶卷性能、气候条件(或光照情况)、拍摄物体、距离、光圈、快门速度等。

2. 印相

(1) 熟悉印相机的使用方法及冲洗设备。

(2) 先做 2～3 个试样，以决定正确的曝光时间。根据负片反差特性合理选择相纸。

(3) 详细记录印相条件：选用相纸型号、曝光时间、显影液种类、温度、显影时间、定影液种类、定影时间、水洗时间。

3. 放大

(1) 熟悉放大机和曝光定时器的使用。

(2) 根据负片反差特性合理选择放大纸型号。在一小张放大纸上，对不同部分采用不同曝光时间，然后观察正常显影条件下的结果，以决定正确的曝光时间。

(3) 在同一显影条件下，用曝光不足、曝光正常和曝光过度三种条件放大 3 张照片，对实验结果进行分析比较。

详细记录放大条件：原负片反差特性、选用放大纸型号、光圈、曝光时间、显影液种类和温度、显影时间、定影液种类和定影时间、水洗时间。

4. 注意事项

(1) 照相机使用必须按照要求正确操作，不得触摸镜头和任意擦拭；不拍时，将镜头盖盖好。

(2) 显影、定影时，要经常翻动相纸或大纸，不可数张长时间重叠，不然会影响显影、定影效果。

(3) 水洗阶段也要充分，不能求快。

(4) 暗室操作要细心谨慎，最后要做好清洁整理工作。

【思考题】

(1) 印相纸和放大纸是否可通用？

(2) 先用 GB21°胶卷，用光圈 8、快门速度 1/125s 拍摄，现改用 GB24°胶卷，光圈 16，在同样条件下拍摄，问快门速度应取多少？

(3) 照好相片的关键是什么？印好相片的关键是什么？

实验三十五　数字万用表设计实验

随着大规模集成电路的发展,传统的指针式电表已逐渐被数字式电表所取代。传统式电表测量精度低,体积较大,读数不便,而数字式电表恰恰能弥补它的不足,因此数字式电表正广泛地应用在各个方面。

【实验目的】

(1) 学会分压原理

(2) 学会将非电压量转换成电压量(即电流→电压;电阻→电压)

【实验仪器】

(1) 数字式电压表(基本量程 199.9mV);

(2) 待测电压 V_{cc};

(3) 待测电流。

【实验原理】

无论何种数字表电路它通常由 A/D 转换电路,时钟电路,驱动电路,显示电路等组成。而本实验中使用的电压表电路是由 7107 主体构成。从原理上讲,它所组成的仅仅是一个能测量 199.9mV 的电压表,对于实验来说,要测的物理量不只是电压,还有电流、电阻等。

要测量电流或电阻,就必须通过某种转换电路将电流→电压;电阻→电压,才能用电压表头测量。

1. 电压的扩程

由于电压表仅能测量小于 200 mV 的直流电压,要测量大于 200mV 的电压,就必须利用分压电阻网络,通过分压达到表头的量限。

(1) 电路原理。

众所周知,对于指针式电压表,要求它的内阻应尽量大(为什么?),而数字式电压表的输入电阻可达 $10^{10}\Omega$ 以上,因此从性能上讲它要远远优于指针式电表。

(2) 分压原理图。

用 V_i 代表待测量,V_{in}代表电表的输入,凡是大于 V_{in}的值必须通过分压网络,达到规定的 V_{in}值时:

(3) 电阻选择。

$$R_1=9\text{M}\Omega,\quad R_2=900\text{k}\Omega;\quad R_3=90\text{k}\Omega;\quad R_4=10\text{k}\Omega$$

(4) 电表小数点的确定。

对于 200mV、200V,应点亮 DP_1,2V 应点亮 DP_3,20V 应点亮 DP_2。对于后述的测电流、电阻原理相同,应由学生动手设计。

2. 电流的测量

前面已述,基本的数字电表仅能测量电压(直流),要测量电流必须通过电流→电压的转换电路。对于电流表,应尽量使其内阻要小,即测量时对原被测电流影响要小。

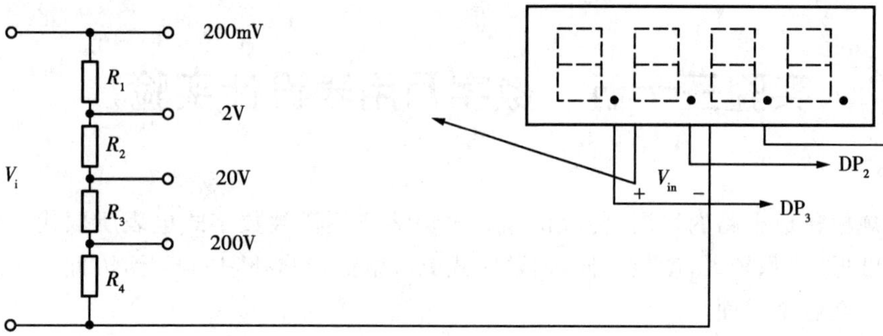

图 5－35－1

(1) 电路原理。

i_i 代表被测电流；

根据以上集成电路输出 $V_{in}=-I_iR_f$(集成电路原理略)。

(2) 本实验仪器的测量范围是 200μA，2mA，20mA 电流，因此通过合理改变 R_{Mf} 的阻值，可以测量相应的电流。

(3) R_f 电阻的选择。

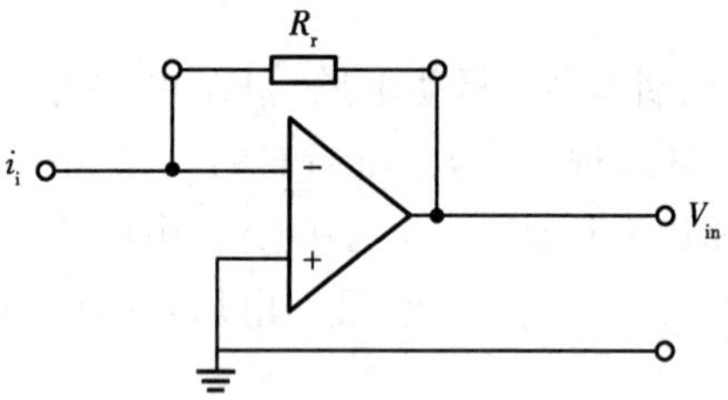

图 5－35－2

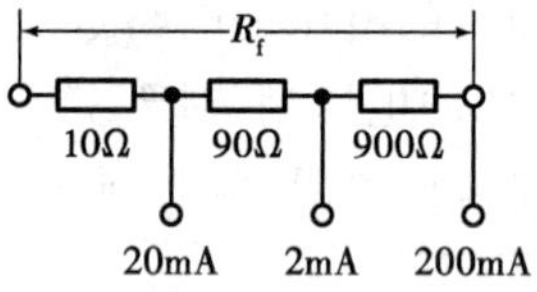

图 5－35－3

3. 电阻的测量

原理与上类似，即需将电阻→电压，通过数字电压表头指示。

(1) 原理电路。

V_s 是基准备电压(1.000V)R_s 是一电阻网络，改变它就可以改变流经 R_x(待测电阻)上的电流。

$$I_s=\frac{V_s}{R_s}$$

待测电阻 R_x 上的电压为：

$$U_x=\frac{V_s}{R_s}\cdot R_x$$

即只要通过改变 R_s 的值，就可以测量不同的待测电阻。

(2) 本实验仪可测量阻值范围为 200Ω、2kΩ、20kΩ、200kΩ。

(3) R_3 的取值(为什么?)。

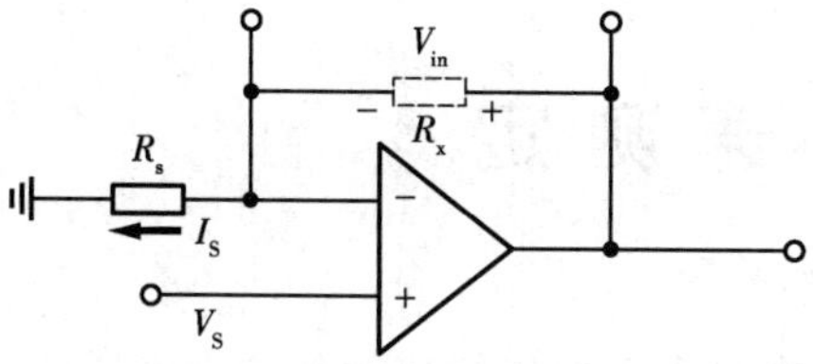

图 5－35－4

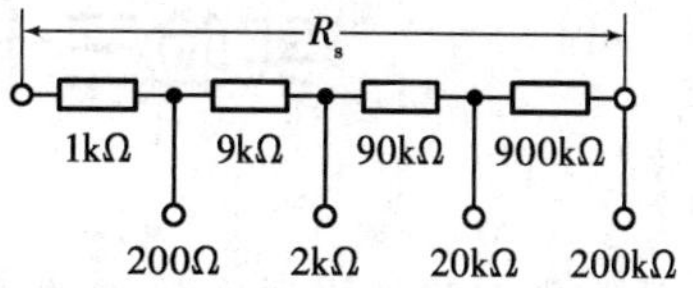

图 5－35－5

对于测量小于 200Ω 时，R_s 应取 1000Ω；对测量 $200<R_x<2k\Omega$，R_s 应取 10kΩ；$2k\Omega<R_x<20k\Omega$ 时，R_s 应取 100kΩ；$20k\Omega<R_x<200k\Omega$ 时，R_s 应取 1MΩ 的电阻。

【实验内容】：

1. 直流电压的测量

本仪器提供了 24V 的直流电压“V_{cc}”。实验可通过面板上提供的电位器来调节 0V～24V 的直流电压作为直流测试电压。测试时直接将电位器上的可调电压连入“DCV”端通过电阻网络分压选择合适的量程后，直接连入表头显示。为了安全起见，我们不提供更高的测量电压。

2. 直流电流的测量

测直流电流时，我们可选用面板提供的直流电压 V_{cc}，经过电位器的调节达到限流目的，当电位器不能调节到更小电流时，可通过串入限流电限“R_{X5}”为 1MΩ 或 R_{X6} 为 10MΩ 来实现小电流的测量，测量时可将经过电位器和限流电阻的电流引入“DCA”端，通过电阻网络变为直流电压，选择合适量程后直接从由“com”和“A”两端去表头显示，同时用连线将“com”端和所选的档位(如 20mA 档)短接。

3. 电阻的测量

本实验仪提供了待测电阻 R_{X1}、R_{X2}、R_{X3}、R_{X4}，分别为 100Ω、1kΩ、10kΩ、100kΩ。测量电阻时用连线将电阻并入“Ω”端，选择量程时用插线将所选量程与“com”端连接即可(如测量 1kΩ 电阻选择“2k”档，只要用线将“com”端与“2k”档短接即可)。最后将“Ω”和“com”端直接连入表头测量显示。

注：为了安全起见，外测电压或电流时不能太大，出现问题，厂方概不负责。

4. 注意事项

(1) 当待测量的绝对值>199.9mV 时，表头最高位显示为±1，表示溢出，应改变电阻网络的阻值。

(2) 分清楚电流、电阻变换电路，不能弄错，以免出现故障。

(3) 自行学会待测电压和电流的选择，学会分压和制流电路(此处略)。

(4) 对于测量电流和电阻，小数点和数位选择由学生自己确定。

实验三十六　声 速 测 定

声波是一种在弹性媒质中传播的机械波。声波在媒质中的传播速度与传声媒质的特性及状态等因素有关,因而可以通过声速的测量,了解被测媒质的特性及状态变化。如可进行气体成分的分析,测定液体的密度、浓度,确定固体材料的弹性模量等。所以对媒质中声速的测定,在工业生产中具有一定的实际意义。本实验只研究声波在空气中的传播,并测定其传播速度。

【实验要求】

(1) 了解声波在空气中传播速度与气体状态参量的关系。

(2) 了解超声波的产生和接收原理,学习测量空气中声速的方法。

(3) 加深对波的相位、波的干涉等理论的理解。

【实验目的】

测量声波在空气中的传播速度。

【实验仪器与用具】

本实验的主要仪器是声速测量仪。声速测量仪必须配上示波器和信号发生器才能完成测量声速的任务。SW-1 型声速测量仪如图 5-36-1 所示。

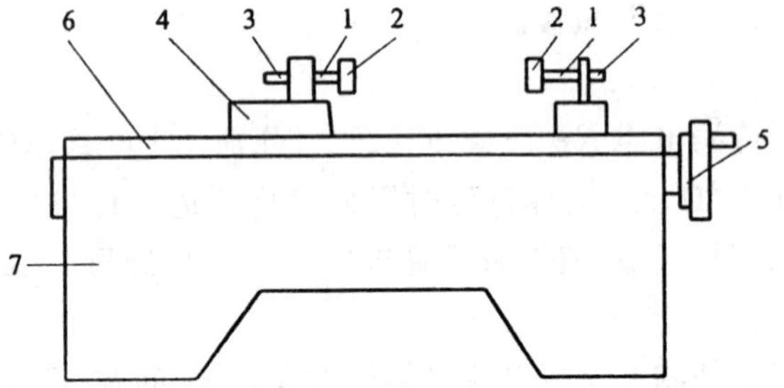

1—压电换能器;2—增强片;3—变幅杆;4—可移动底座;5—刻度鼓轮;6—标尺;7—底座

图 5-36-1　声速测量仪示意图

声速测量仪是利用压电体的逆压电效应,即在信号发生器产生的交变电压下,使压电体产生机械振动,而在空气中激发出声波。本仪器采用锆钛酸铅制成的压电陶瓷管,将它粘结在合金铝制成的阶梯形变幅杆上,再将它与信号发生器连接组成声波发生器。当压电陶瓷处于一交变电场时,会发生周期性的伸长与缩短。当交变电场频率与压电陶瓷管的固有频率相同时振幅最大。这个振动又被传递给变幅杆,使它产生沿轴向的振动,于是变幅杆的端面在空气中激发声波。本仪器的压电陶瓷管的振荡频率在 40kHz 以上,相应的超声波的波长约为几毫米。由于它的波长短,定向发射性能好,是较理想的波源。变幅杆的端面直径比波长大很多,可以近似地认为在发射面远处的声波为平面波。

超声波的接收则是利用压电体的正压电效应,将接收的声振动转化成电振动。为使此电振动增加，特加一选频放大器加以放大，再经屏蔽线输给示波器观察。接收器安装在可移动的机构上，这个机构包括支架、丝杆、可移动底座（其上装有指针）、带刻度的手轮，并通过定位螺母套在丝杆上，由丝杆带动做平移。接收器的位置由主尺、刻度手轮的位置决定。主尺位于底座上面，最小分度值为 1mm。手轮与丝杆相连，手轮上分 100 分格，每转 1 周，接收器平移 1mm，故手轮每转一小格接收器平移 0.01mm，可估读到 0.001mm。

【预习思考题】

(1) 测量声速用什么方法？具体测量的是哪些物理量？

(2) 两种测量方法对示波器的使用有何不同？

【实验原理】

已知波速 v，波长 λ 和频率 f 之间的关系为：

$$v=\lambda f \tag{5-36-1}$$

因此，实验中可以通过测定声波的波长 λ 和频率 f，求得声速 v。由于使用交流信号控制发声器，所以声波的频率就是交流信号的频率，可以从信号发生器直接读出。声波的波长则常用位相比较法（行波法）和共振干涉法（驻波法）来测量。

1. 位相比较（行波）法

设 S_1 为发声器，S_2 为接收器，在发射波和接收波之间产生相位差：

$$\Delta\varphi=\varphi_2-\varphi_1=2\pi\frac{x}{\lambda}=2\pi f\frac{x}{v} \tag{5-36-2}$$

因此，可以通过测量 $\Delta\varphi$ 来求得声速。$\Delta\varphi$ 的测定可以用示波器观察相互垂直振动合成的李萨如图形的方法进行。

设输入示波器 x 轴的入射波的振动方程为：

$$x=A_1\cos(\omega t+\varphi_1)$$

输入示波器 y 轴由 S_2 接收的波的振动方程为：

$$y=A_2\cos(\omega t+\varphi_2)$$

则合振动方程为

$$\frac{x^2}{A_1^2}+\frac{y^2}{A_2^2}-\frac{2xy}{A_1A_2}\cos(\varphi_2-\varphi_1)=\sin^2(\varphi_2-\varphi_1) \tag{5-36-3}$$

此方程的轨迹为椭圆，其长短轴和方位由相位差 $\Delta\varphi=\varphi_2-\varphi_1$ 决定。当 $\Delta\varphi=0$，则轨迹为图 5-36-2(a)所示的直线；当 $\Delta\varphi=\frac{\pi}{4}$，则轨迹为图 5-36-2(b)所示的椭圆；当 $\Delta\varphi=\frac{\pi}{2}$，则轨迹为图 5-36-2(c)所示的正椭圆；当 $\Delta\varphi=\frac{3}{4}\pi$，则轨迹为图 5-36-2(d)所示的椭圆；当 $\Delta\varphi=\pi$，则轨迹为图 5-36-2(e)所示的直线。由(5-36-2)式知，若 S_2 向离开 S_1 的方向移动的距离 $x=S_2-S_1=\frac{\lambda}{2}$，则 $\Delta\varphi=\pi$。随着 S_2 的移动，$\Delta\varphi$ 随之在 0～π 内变化，李萨如图形也随之由图 5-36-2 中的(a)向(e)变化。

若 $\Delta\varphi$ 角变化 π，则会出现图 5-36-2(a)～(e)的重复图形。与这种图形重复变化相应的 S_2 移动的距离为 $\lambda/2$，由此可以得出声波的波长 λ，然后由(5-36-1)式求得声速 v。

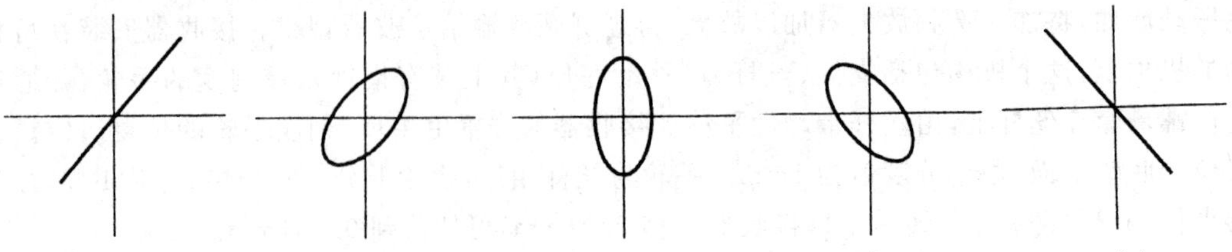

图 5－36－2

2. 共振干涉(驻波)法

由声源 S_1 发出的平面简谐波沿 x 轴正方向传播，接收器 S_2 在接收声波的同时还反射一部分声波。这样，由 S_1 发出的声波和由 S_2 反射的声波在 S_1、S_2 之间形成干涉而出现驻波共振现象。

设沿 x 轴正方向入射波的方程为：

$$y_1 = A\cos 2\pi\left(ft - \frac{x}{\lambda}\right)$$

沿 x 轴负方向反射波方程为：

$$y_2 = A\cos 2\pi\left(ft + \frac{x}{\lambda}\right)$$

在两波相遇处产生干涉，在空间某点的合振动方程为：

$$y = y_1 + y_2 = A\cos 2\pi\left(ft - \frac{x}{\lambda}\right) + A\cos 2\pi\left(ft + \frac{x}{\lambda}\right) = \left(2A\cos\frac{2\pi}{\lambda}x\right)\cos 2\pi ft \tag{5-36-4}$$

(5－36－4)式为驻波方程。

当 $\left|\cos 2\pi\frac{x}{\lambda}\right| = 1$ 或 $2\pi\frac{x}{\lambda} = n\pi$ 时，在 $x = n\frac{\lambda}{2}(n = 1, 2, \cdots)$ 位置上，声波振动振幅最大为 $2A$，称为波腹。

当 $\left|\cos 2\pi\frac{x}{\lambda}\right| = 0$ 或 $2\pi\frac{x}{\lambda} = (2n-1)\frac{\pi}{2}$ 时，在 $x = (2n-1)\frac{\lambda}{4}(n = 1, 2, 3, \cdots)$ 位置上，声波振动振幅为 0，称为波节，其余各点的振幅在零和最大值之间。

叠加的波可以近似地看作具有驻波加行波的特征。由驻波的性质可知，当接收器端面按振动位移来说处于波节时，则按声压来讲是处于波腹。当发生共振时，接收器端面近似为波节，接收到的声压最大，经接收器转换成电信号也最强。当接收器端面移到某个共振位置时，示波器出现了最强的电信号；继续移动接收器，当示波器再次出现最强的电信号时，则接收器移动的距离为 $\lambda/2$，从而可以得出波长 λ，由(5－36－1)式求得声速 v。

【实验内容】

1. 用位相比较(行波法)法测声速

(1) 按图 5－36－3 接好电路，根据函数信号发生器输出信号幅度及压电陶瓷换能器的共振频率 f_0 确定声源(发射端)激励信号，并在测量过程中保持不变，并从信号发生器上记下 f_0。对 SW-1 型声速测量仪，由信号发生器输出 40kHz 左右的正弦波加在声速测量仪的

发声器 S_1 上，用示波器观察接收波的波形。微调信号发生器的输出频率，找到接收波振幅最大处，此时信号发生器的输出频率为压电陶瓷换能器的共振频率 f_0。

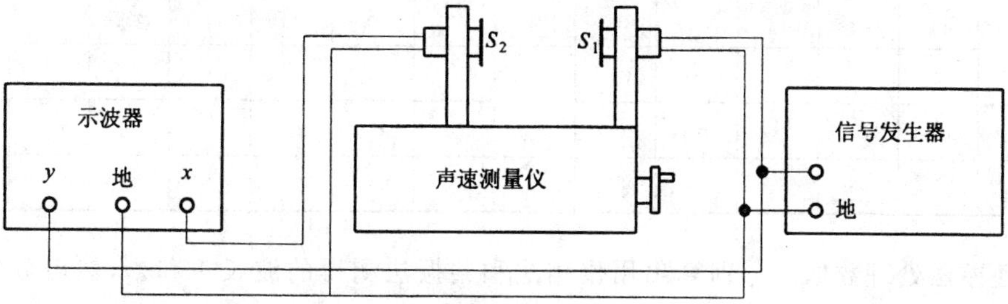

图 5－36－3 位相比较法测声速

(2) 在上述共振频率 f_0 下，使 S_2 靠拢 S_1，然后缓慢移离 S_1。当示波器上出现 45°斜线时，记下 S_2 的位置 x_1。

(3) 依次移动 S_2，记下示波器直线由图 5－36－2(a)变为(e)和由(e)再变为(a)时，游标尺的读数 x_2，x_3…值共 12 个。

2. 共振干涉(驻波)法测声速

(1) 按图 5－36－4 接好电路，低频信号发生器与步骤 1 一样处于 f_0 频率状态下。

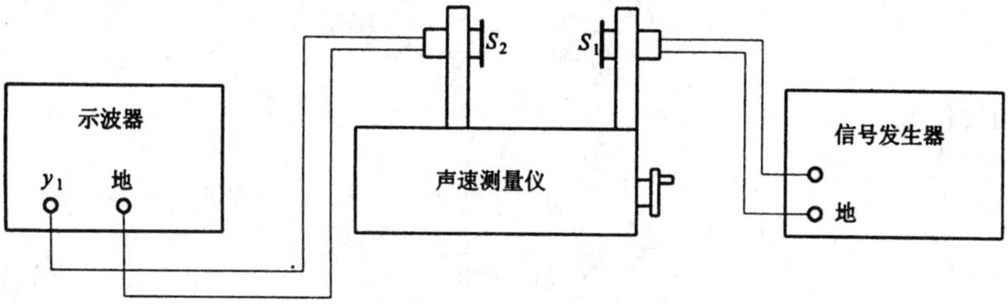

图 5－36－4 共振干涉法测声速

(2) 在共振频率 f_0 下，将 S_2 移向 S_1 处，再缓慢移离 S_1。当示波器上出现振幅最大时，记下游标尺的读数 x'_1。

(3) 依次移动 S_2，记下各振幅最大时的 x'_2，x'_3…值共 12 个。

3. 注意事项

(1) 使用前应搞清楚各仪器的操作规程，并按操作规程使用。

(2) 实验中移动 S_2 时要缓慢，并时刻注意示波器上图形的变化，不能因图形变化过度而使刻度手轮回转。

(3) 实验前应事先了解压电换能器的共振频率，实验中应使声波频率与压电陶瓷换能器的共振频率 f_0 一致，这时得到的电信号最强，压电陶瓷换能器作为接收器的灵敏度也最高。

【数据记录与计算】

声速测量数据如表 5－36－1 所示。

表 5－36－1 声速测量数据表

	x/mm												f_0/Hz
位相法	x_1	x_2	x_3	x_4	x_5	x_6	x_7	x_8	x_9	x_{10}	x_{11}	x_{12}	
共振法	x'_1	x'_2	x'_3	x'_4	x'_5	x'_6	x'_7	x'_8	x'_9	x'_{10}	x'_{11}	x'_{12}	

用逐差法处理数据。分别算出用位相法和共振法测得的波长 λ 和 λ'，然后分别算出 v 和 v'。

$$\Delta x_{7-1}=x_7-x_1=3\lambda \qquad \lambda_1=$$
$$\Delta x_{8-2}=x_8-x_2=3\lambda \qquad \lambda_2=$$
$$\Delta x_{9-3}=x_9-x_3=3\lambda \qquad \lambda_3=$$
$$\Delta x_{10-4}=x_{10}-x_4=3\lambda \qquad \lambda_4=$$
$$\Delta x_{11-5}=x_{11}-x_5=3\lambda \qquad \lambda_5=$$
$$\Delta x_{12-6}=x_{12}-x_6=3\lambda \qquad \lambda_6=$$

把等式两边相加：

$$\sum_{i=1}^{6}\Delta x_{(6+i)-i}=18\lambda$$

所以平均波长为：

$$\bar{\lambda}=\frac{1}{18}\sum_{i=1}^{6}\Delta x_{(6+i)-i}$$

可得：

$$S_{\bar{\lambda}}=\sqrt{\frac{\sum(\lambda_i-\bar{\lambda})^2}{k(k-1)}}=$$

$$\Delta_{仪x}=\Delta_{仪f}=$$

$$\Delta_{\lambda}=\sqrt{S_{\bar{\lambda}}^2+\frac{\Delta_{仪x}^2}{3}}=$$

$$\Delta_f=\Delta_{仪f}=$$

$$\bar{v}=\bar{\lambda}\cdot f_0=$$

$$E_v=\sqrt{\left(\frac{\Delta\lambda}{\bar{\lambda}}\right)^2+\left(\frac{\Delta f}{f_0}\right)^2}=$$

$$\Delta_v=\bar{v}\cdot E_v=$$

$$v=\bar{v}\pm1.96\Delta_v=$$

同理可得 $v'=\overline{v'}\pm1.96\Delta_{v'}$

【思考题】

(1) 如何调节与判断测量系统是否处于共振状态？

(2) 在实验过程中，刻度手轮应保持朝一个方向旋转，为什么？

【附】 函数信号发生器的误差

各种型号的函数信号发生器的误差如表 5－36－2 所示。

表 5－36－2

型号	误差
EM 1634 EM 1635 EM 1636	≤±5%
EM 1633 EM 1642 EM 1643 EM 1644	≤±1%
YB1634	≤±1%
XJ1630	≤±5%

$\Delta_{仪f}$＝读数×误差。

实验三十七　光敏电阻综合实验

1. 光敏电阻的光电特性

【实验原理】

光敏电阻是一种当光照射到材料表面上被吸收后，在其中激发载流子，使材料导电性能发生变化的内光电效应器件。最简单的光敏电阻的原理和符号如图(5-37-1)所示，由一块涂在绝缘基底上的光电导体薄膜和两个电极所构成。当加上一定电压后，光生载流子在电场的作用下沿一方向运动，在电路中产生电流，这就达到了光电转换的目的。

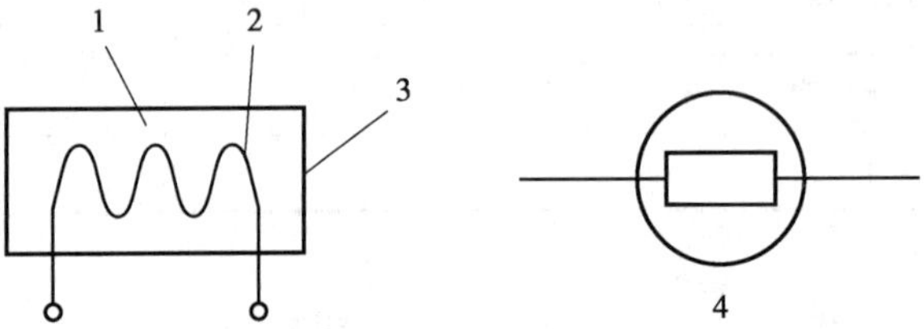

1—光电导体膜；2—电极；3—绝缘基底；4—电路符号

图 5-37-1

【实验目的】

了解光敏电阻光电特性，即供电电压一定时，电流-照度的关系。

【实验仪器与用具】

直流稳压电源，光敏电阻，光谱调整系统，光敏电阻、相关信号处理单元。

【实验准备】

直流稳压电源置±12V 档，光敏电阻探头用专用导线一端连接后，插入照度实验架上传感器安装孔，导线另一端插入面板上“光敏电阻 T_i”插口。

【实验内容】

(1) 开启电流及光强开关，并将光强/加热开关置“5”档，此时入射照度最大。同时检查加热开关是否关闭。

(2) 在“光敏电阻单元”如图 5-37-2 接线。

(3) 检查接线是否正确。

(4) 关闭光强开关，记下电流表的读数(暗电流)，并将数据填入表 5-37-1。随后将光强、加热开关置“1”档。

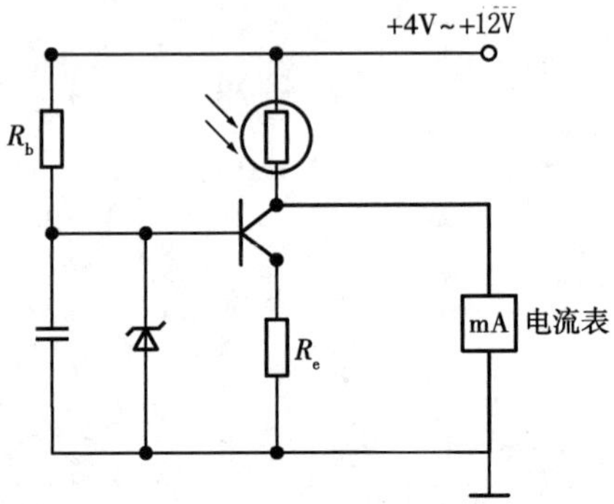

图 5-37-2

表 5－37－1

光强	0	1	2	3	4	5
电流/mA						

(5) 开启光强开关，记下电流表读数，并逐步将“光强/加热”开关转换到“5”档，记下每一档的电流表读数，并填入表 5－37－1。

(6) 作出照度-电流曲线。

(7) 参考曲线。

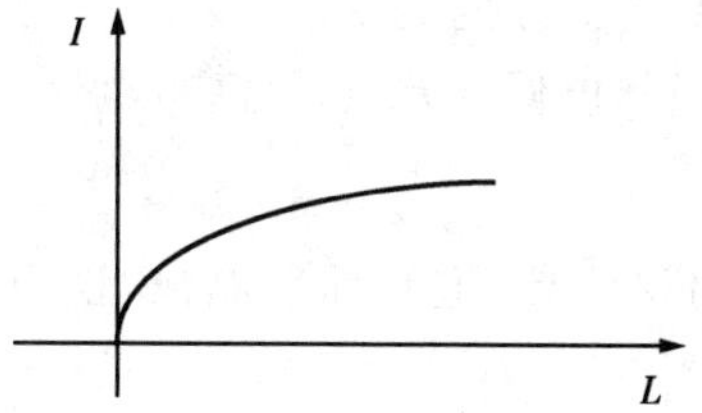

2. 光敏电阻的伏-安特特性

【实验目的】

了解光敏电阻的伏安特性，即射入照度一定时，电流-偏压的关系。

【实验准备】

直流稳压电源置±12V 档，光敏电阻探头用专用导线一端连接后，插入照度实验架上传感器安装孔，导线另一端插入面板上“光敏电阻 T_i”插口。

【实验内容】

(1) 启电源及光强开关，并将光强/加热开关置“5”档，此时入射照度最大。同时检查加热开关是否关闭。

(2) 在“光敏电阻单元”如图(5－37－2)接线。

(3) 检查接线是否正确。

(4) 直流稳压电源转置“±4V”档，保持“光强/加热”开关在“5”档。

(5) 记下此时电流表读数，并填入表 5－37－2。

表 5－37－2

电压/V	4	6	8	10	12
电流/mA					

(6) 将“直流稳压电源”分档逐步调整至±12V，并逐一记下电流表读数并填入表 5－37－2。

(7) 作出 V-I 曲线。

(8) 将“光强/加热”开关分步调至“4”～“3”档，直流稳压电源置±4V 档，重复上述(5)～(8)步，比较三条 V-I 曲线有什么不同。

实验三十八　用低电势电位差计测量热电偶温差电动势

【实验目的】

（1）掌握低电势电位差计的工作原理和使用方法。

（2）了解热电偶温差电动势与温差的关系。

（3）用低电势电位差计测量热电偶温差电动势。

【实验仪器与用具】

直流电位差计，光点式反射检流计，饱和标准电池，稳压电源，冰瓶，温度计，铜-康铜热电偶，冰块若干。

【实验原理】

1. 低电势电位差计的工作原理：

要测量一个电源的未知电动势 E_x，原则上可按图 5－38－1 的电路进行，其中 E_0 是可调电压的电源，调节 E_0 的大小，使检流计 G 的指针指向零时，表示回路中两电源的电动势 E_0 及 E_x 大小相等，方向相反，即在数值上有 $E_x=E_0$ 这种情况我们称电路达到补偿。根据此原则设计的测量电动势（或电位差）的仪器叫“电位差计”。可见电位差计须要有一个可调电源 E_0，而 E_0 应满足两个要求：

（1）它的大小便于调节，使 E_0 能够和 E_x 补偿；

（2）它的电压必须稳定，能读出准确的伏特数。

在低电势电位差计中，E_0 是通过如图 5－38－2 的补偿电路得到的：工作电源 E 与限流电阻 R_P 及标准电阻 R_N 和可谓调节电阻 R 联成一基本回路（称为辅助回路）。E_N 为标准电池的电动势，E_x 为待测电源的电动势，G 为检流计。当辅助回路中有一恒定电流工通过电阻 R 时，只要改变滑动触点 A 的位置，就能改变 A、B 间的电压 U_{AB}，（$U_{AB}=IR_{AB}$ 相当于图 5－38－1 中的可调电源 E_0），由于测量时要求保持 I 不变（I 值由 R_P 调节控制），所以 U_{AB} 的值正比于 R_{AB}，回路 E_xABGE_x 就是补偿回路。测量时，当 G 中电流为零时，U_{AB} 与 E_x 进行补偿。

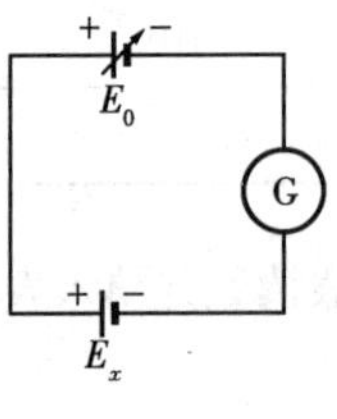

图 5－38－1

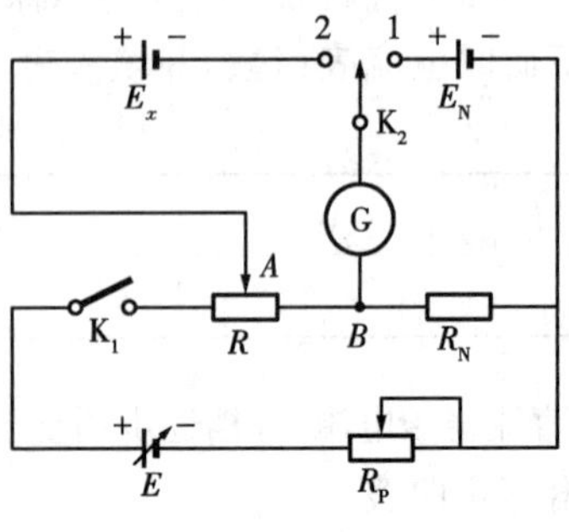

图 5－38－2

2. 图 5－38－2 电路的校准和测量

（1）先将 K_2 接通位置“1”，然后调节 R_P 使 G 指示零，这时电流 I 流过 R_N 时所产生的电

压 IR_N 恰好等于标准电池的电动势 E_N，则工作电流的精确值为：

$$I=\frac{E_N}{R_N} \tag{5-38-1}$$

(2) 再将开关 K_2 接通位置"2"，调节 R 上的触点 A 使 G 指示零，这时 A、B 间的电阻 R_{AB} 与电流 I 的乘积 $IR_{AB}=U_{AB}$ 正好等于待测电动势 E_x，此时应有：

$$E_x=U_{AB}=\frac{E_N}{R_N}R_{AB} \tag{5-38-2}$$

通常在仪器中根据电流 I 的大小，已把电阻 R_{AB} 的数值转换成电压 U_{AB} 数值的刻度。因此，在低电势电位差计上可以直接读出 U_{AB} 的值，也就是待测电动势 E_x 的值。

3. *热电偶温差电动势*

两种不同金属接成一闭合电路，若两接点处的温度保持不同，则在回路中有电动势产生，从而回路中出现电流，这种现象称为温差电现象，该回路中的电动势由于是纯热力学法（温差）产生的，故称为温差电动势（或热电动势或塞贝尔电动势）。这种由两个不同金属（或合金）导线组成的闭合回路称为温差电偶或热电偶。温差电动势与两金属接点处的温度差 $(T-T_0)$ 成正比，即

$$E_x=C(T-T_0)+\beta(T-T_0)^2 \tag{5-38-3}$$

式中，T 和 T_0 分别为两接点处的温度，C、β 为温差电系数，它的物理意义是当两接点处的温度差为1℃时，温差电偶产生的电动势，其单位为 mV/(°)。温差电系数 C、β 的大小，随不同金属而有所不同。其值越大，表示温差电偶越灵敏。本实验由于温差范围不大、可以按线性处理，仅研究 C。

如图 5－38－3 所示，1,2 为两种金属的接触点，若两接触点处的温度相同($T_1=T_2$)，则两接触点的接触电势差相等，因此，回路电势差的总和为零，所以回路中无电动势。若接触点1处的温度为 T，接触点 2 处的温度为 T_0，且 $T>T_0$。由于两接触点处的温度不同，故两接触点处的接触电势差不相等，闭合回路中总的电位差不等于零，所以回路中存在一个电动势 E_x，E_x 的大小与温度差 $(T-T_0)$ 成正比。为了测量热电偶温差电动势，需要在热电偶回路中接入测量仪表，如图 5－38－4，这相当于把第三种金属（如电位差计中的电阻丝）串入了回路。实验证明，只要第三种金属两端的温度相同，应不会影响热电偶本身回路中的温差电动势 E_x。

这种热电偶可作温度计使用，只要将接触点 2 的温度 T_0 保持定值（如放在杜瓦瓶中的冰块里 $T_0=0$℃）而把接触点 1 放于待测温度处，通过仪表测出 E_x，常数 C 由手册可查，就可由(5－38－3)式算出 T_0 不同材料组成的热电偶，所测温度范围不同，本实验所用的热电偶由铜和康铜所组成，测温范围在－200℃～300℃。

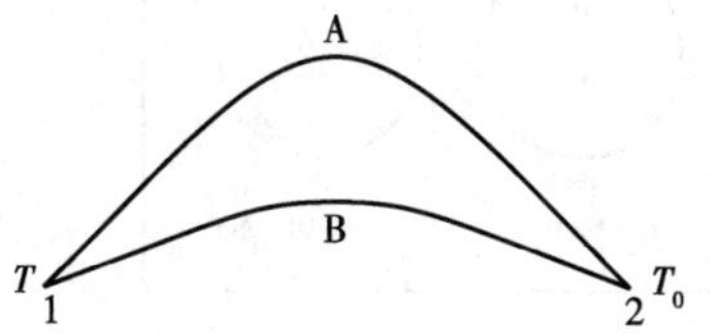

图 5－38－3

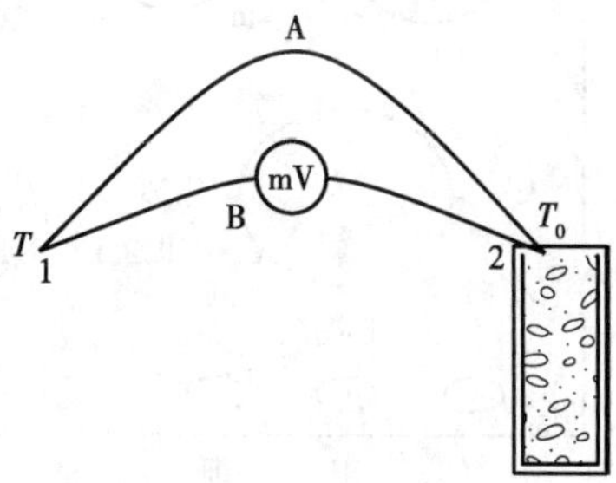

图 5－38－4

温差电偶的重要应用是测量温度,用温差电偶测量温度的优点很多:

(1) 测量范围很广,可在-200℃~2060℃使用。

(2) 灵敏度和准确度很高,可达千分之一度以下。特别是铂和铂铑合金的温差电偶稳定性很高,常用来作标准温度计。

(3) 由于受热面积和热容量都可以做得很小,用温差电偶能测量很小范围内的温度。

常用的温差电偶以及测温范围可有如下几种:

铜-康铜温差电偶(分度标志:T) 测温范围为-200℃~300℃;

镍铬-镍硅温差电偶(分度标志:K) 测温上限为1200℃;

铂铑$_{10}$-铂温差电偶(分度标志:S) 测温上限为1600℃;

铂铑$_{3}$0-铂温差电偶(分度标志:B) 测温上限为1800℃。

4. 仪器装置

板面图上 K_0 是温度补偿调节,K_3 是量程开关,K_2 是选择开关,“粗”、“中”、“细”是工作电流调节电阻 R_P,读数盘Ⅰ、Ⅱ、Ⅲ即图 5-38-5 中的可调电阻 R,并有测量按钮“粗”、“细”、“短路”。

【实验内容】

1. 实验步骤

(1) 校正。将温度补偿开关 K 固定在 1.0180 位置。选择开关 K_2 旋至“断”位置。工作电流调节盘($R_{P粗}$、$R_{P中}$、$R_{P细}$)旋至最小位置。三个测量按钮(粗、细、短路)全部松开。

(2) 安装。按图 5-38-5 板面接好电路,注意热电偶、标准电池及工作电源不要接错正

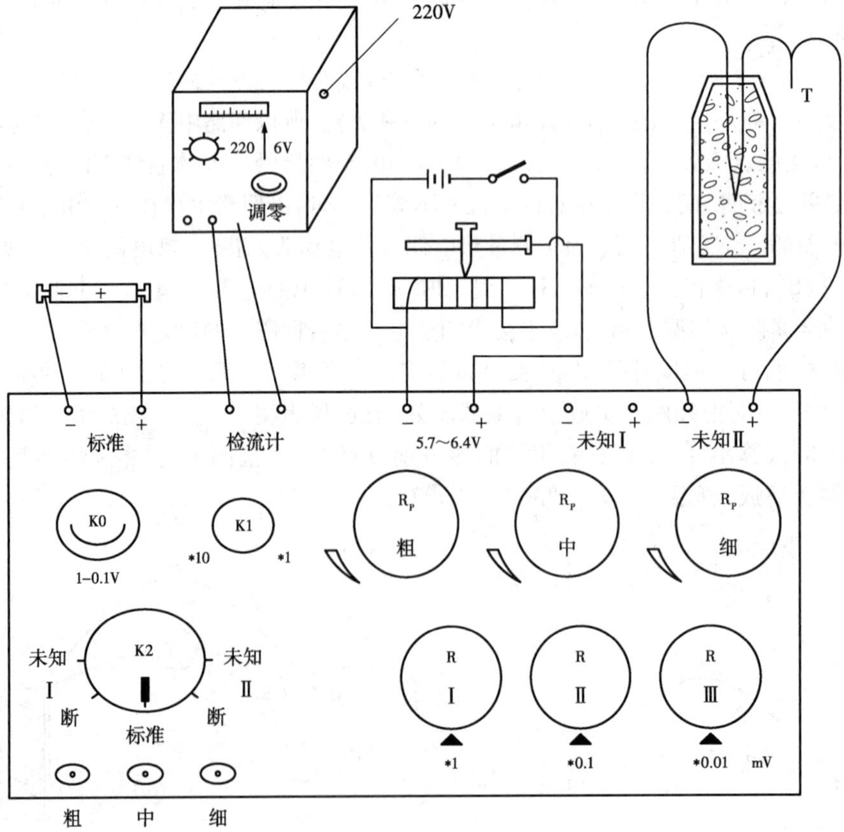

图 5-38-5

负，电势差计的工作电压为 5.7V～6.4V。

(3) 调零。将光点检流计板面上的电源指示器拨在交流档 220V，然后插上交流电。检流计即出现光点，分流器拨在最小 0.01 位置，转动“零点调节”旋钮，使光点落在中间“0”位置。

(4) 调 Ⅰ 将 K_2 旋到“标准”位置，先按下测量按钮“粗”，调节旋盘($R_{P粗}$、$R_{P中}$、$R_{P细}$)，把检流计中的光点调到中央“0”上，再将按钮“细”按下，若光点偏移，再继续调 $R_{P中}$、$R_{P细}$ 使光点回到中央“0”位置。以后保持 R_P 不变，即得到稳定的工作电流工不变，并松开按钮(只在测量时才按下)。

(5) 测 E_x。将 K_2 转到未知 Ⅱ(或未知)，K_1 转到 X_1(或 X_{10})先将按钮“粗”按下，调可变电阻 R(即读数盘 Ⅰ、Ⅱ、Ⅲ)，使检流计上光点落在中央“0”位置，再将按钮“细”按下，若光点偏移，再继续调读数盘 Ⅱ 及 Ⅲ，使光点回到中央“0”位置。

(6) 读数。读数盘 Ⅰ、Ⅱ、Ⅲ 上数值之和再乘上 K_1 的倍率，即为热电偶的温差电动势 E_x (mV)。以微伏表示为 E_x = 读数×倍率×10^3(μV)

(7) 记下热端温度 T，求出热电偶常数 $C=E_x/\Delta T$(μV/度)

2. 注意事项

(1) 检流计的电源电压(交流 220V 或直流 6V)不能接错；检流计不能使之受振。

(2) 测量按钮(“粗”、“细”、“短路”)只能在测量时按下，其他时间要松开，通电时间不宜过长。

(3) 标准电池不容许通过 5×10^{-5} 以上的电流强度，注意不能短路，更禁止用万用电表的电压档去测量标准电池的端电压。

(4) 实验结束撤除接线板时，应将电位差计上 K_2 拨至“断”的位置。并将检流计上分流器开关拨至“短路”位置。

【数据记录】

T =　　　　　　T_0 =

次数	电源电压/V	温差电动势 E_x/μV	C/(μV/℃)	C 平均
1				
2				
3				

【思考题】

(1) 热电偶测温的优点是什么?

(2) 温差电动势的大小与什么有关?

(3) 箱式电位差计由哪几个回路组成，各起什么作用?

(4) 用热电偶设计一个温度计。

附　录

一、国际单位制

1. 7 个 SI 基本单位的定义

(1) 长度单位——米(m)。

米等于光在真空中 1/299 792 458s 时间间隔内所经路径的长度(第 17 届国际计量大会,1983)。

(2) 质量单位——千克(kg)。

千克是质量单位,等于国际千克原器的质量(第 1 届国际计量大会,1889;第 3 届国际计量大会,1901)。

(3) 时间单位——秒(s)。

秒是铯-133 原子基态的两个超精细能级之间跃迁所对应的辐射的 9 192 631 770 个周期的持续时间(第 13 届国际计量大会,1967,决议 1)。

(4) 电流单位——安[培](A)。

安[培]是电流的单位。在真空中,截面可忽略的两根相距 1m 的无限长平行圆直导线内通以等量恒定电流时,若导线间相互作用力在每米长度上为 2×10^{-7}N,则每根导线中的电流为 1A(国际计量委员会,1946,协议 2;第 9 届国际计量大会,1948,批准)。

(5) 热力学温度单位——开[尔文](K)。

热力学温度单位开[尔文]是水三相点热力学温度的 1/273.16(第 13 届国际计量大会,1967,决议 4)。

(6) 物质的量单位——摩[尔](mol)。

摩[尔]是一系统的物质的量,该系统中所包含的基本单元数与 0.012kg 碳-12 的原子数目相等。在使用摩尔时,基本单元应予指明,可以是原子、分子、离子、电子及其他粒子,或是这些粒子的特定组合(第 14 届国际计量大会,1971,决议 3)。

(7) 光强度单位——坎[德拉](cd)。

坎德拉是一光源在给定的方向上的发光强度,该光源发出频率为 450×10^{12} Hz 的单色辐射,且在此方向上的辐射强度为(1/683)W/sr(第 16 届国际计量大会,1979,决议 3)。

2. SI 的基本内容

国际单位制(SI)的基本内容包括:

(1) SI 基本单位及其定义与符号。

(2) 有专门名称的 SI 导出单位(包括 SI 辅助单位)及其定义与符号。

(3) SI 词头与符号。

(4) 可与 SI 并用的单位及其与 SI 的关系。

分别列表如下:

表 1　国际单位制(SI)的基本单位

量的名称	单位名称	单位符号
长度	米	m
质量	千克	kg
时间	秒	s
电流	安[培]	A
热力学温度	开[尔文]	K
物质的量	摩[尔]	mol
发光强度	坎[德拉]	cd

表 2　包括 SI 辅助单位在内具有专门名称的 SI 导出单位

量的名称	SI 导出单位		
	名称	符号	用 SI 基本单位和 SI 导出单位表示
[平面]角	弧度	rad	$rad=m/m=1$
立体角	球面度	sr	$sr=m^2/m^2=1$
频率	赫[兹]	Hz	$Hz=s^{-1}$
力,重力	牛[牛顿]	N	$N=kg\cdot m/s^2$
压力,压强,应力	帕[斯卡]	Pa	$Pa=N/m^2=m^{-1}\cdot kg\cdot s^{-2}$
能[量],功,热量	焦[耳]	J	$J=N\cdot m=m^2\cdot kg\cdot s^{-2}$
功率,辐[射能]通量	瓦[特]	W	$W=J/s=m^2\cdot kg\cdot s^{-3}$
电荷[量]	库[仑]	C	$C=A\cdot s$
电压,电动势,电位	伏[特]	V	$V=M/A=m^2\cdot kg\cdot s^{-3}\cdot A^{-1}$
电容	法[拉]	F	$F=C/A=m^{-2}\cdot kg^{-1}\cdot s^4\cdot A^2$
电阻	欧[姆]	Ω	$\Omega=V/A=m^2\cdot kg\cdot s^{-3}\cdot A^{-2}$
电导	西[门子]	S	$S=\Omega^{-1}=m^{-2}\cdot kg^{-1}\cdot s^3\cdot A^2$
磁通[量]	韦[伯]	Wb	$Wb=V\cdot s=m^2\cdot kg\cdot s^{-2}\cdot A^{-1}$
磁通[量]密度	特[斯拉]	T	$T=Wb/m^2=kg\cdot s^{-2}\cdot A^{-1}$
电感	亨[利]	H	$H=Wb/A=m^2\cdot kg\cdot s^{-2}\cdot A^{-2}$
摄氏温度	摄氏度	℃	℃$=K-273.15$
光通量	流[明]	lm	$lm=cd\cdot sr$
[光]照度	勒[克斯]	lx	$lx=lm/m^2=m^{-2}\cdot cd\cdot sr$

表 3　因人类健康安全防护上的需要而确定的具有专门名称的 SI 导出单位

量的名称	SI 导出单位		
	名称	符号	用 SI 基本单位和 SI 导出单位表示
[放射性]活度	贝可[勒尔]	Bq	$Bq=s^{-1}$
吸收剂量 比授[予]能 比释动能	戈[瑞]	Gy	$Gy=J/kg=m^2\cdot s^{-2}$
剂量当量	希[沃特]	Sv	$Sv=J/kg=m^2\cdot s^{-2}$

表 4 SI 词头

因数	词头名称		符号
	原文[法]	中文	
10^{24}	yotta	尧[它]	Y
10^{21}	zetta	泽[它]	Z
10^{18}	exa	艾[可萨]	E
10^{15}	peta	拍[它]	P
10^{12}	tera	太[拉]	T
10^{9}	giga	吉[咖]	G
10^{6}	mega	兆	M
10^{3}	kilo	千	k
10^{2}	hecto	百	h
10^{1}	deca	十	da
10^{-1}	deci	分	d
10^{-2}	centi	厘	c
10^{-3}	milli	毫	m
10^{-6}	micro	微	μ
10^{-9}	nano	纳[诺]	n
10^{-12}	pico	皮[可]	p
10^{-15}	femto	飞[母托]	f
10^{-18}	atto	阿[托]	a
10^{-21}	zepto	仄[普托]	z
10^{-24}	yocto	幺[科托]	y

表 5 部分与国际单位制并用的单位

单位名称	单位符号	用 SI 单位表示的值
分	min	1min=60s
[小]时①	h	1h=60min=3 600s
日	d	1d=24h=86 400s
度	°	$1°=(\pi/180)\text{rad}$
[角]分	′	$1'=(1/60°)=(\pi/10\ 800)\text{rad}$
[角]秒	″	$1''=(1/60)'=(\pi/648\ 000)\text{rad}$
升②	L,l	$1\text{L}=1\text{dm}^3=10^{-3}\text{m}^3$
吨③	t	$1\text{t}=10^3\text{kg}$

注:① 这个单位的符号包括在第 9 届国际计量大会(1948)的决议 7 中。

② 这个单位及其符号 l 是国际计量委员会于 1879 年通过的。为了避免升的符号 l 和数字 1 之间发生混淆,第 16 届国际计量大会通过了另一个符号 L。

③ 这个单位及其符号是国际计量委员会所通过的(1879)。在一些讲英语的国家,这个单位叫做"米制吨"。

除表 5 所列单位外,还有两个单位允许与 SI 并用于某些领域,它们分别是"电子伏"(eV)和"原子质量单位"(u)。这两个单位是独立定义的,即它们本身就是物理常量,只是由于国际间协议而作为单位使用。

二、常用物理参数

表 6 基本和重要的物理常数

名称	符号	数值	单位符号
真空中的光速	c	$2.997\ 924\ 58\times10^{-8}$	$m\cdot s^{-1}$
基本电荷	e	$1.602\ 177\ 33(49)\times10^{-19}$	C
电子的静止质量	m_e	$9.109\ 389\ 7(54)\times10^{-31}$	kg
中子质量	m_n	$1.674\ 928\ 6(10)\times10^{-27}$	kg
质子质量	m_p	$1.672\ 623\ 1(10)\times10^{-27}$	kg
原子质量单位	u	$1.660\ 540\ (10)\times10^{-27}$	kg
普朗克常量	h	$6.626\ 075\ 5(40)\times10^{-34}$	$J\cdot s$
阿佛加德罗常量	N_0	$6.022\ 136\ 7(36)\times10^{23}$	mol^{-1}
摩尔气体常量	R	$8.314\ 510(70)$	$J\cdot mol^{-1}\cdot K^{-1}$
玻尔兹曼常量	k	$1.380\ 658(12)\times10^{-23}$	$J\cdot K^{-1}$
万有引力常量	G	$6.672\ 59(85)\times10^{-11}$	$N\cdot m^2\cdot kg^{-2}$
法拉第常量	F	$9.648530\ 9(29)\times10^4$	$C\cdot mol^{-1}$
热功当量	J	4.186	$J\cdot Cal^{-1}$
里德伯常量	R_∞	$1.097\ 373\ 153\ 4(13)\times10^7$	m^{-1}
洛喜密脱常量	n	$2.686\ 763\ (23)\times10^{25}$	m^{-3}
库仑常数	$e^2/4\pi\varepsilon$	14.42	$cV\cdot m^{-19}$
电子荷质比	e/m_e	$-1.758\ 819\ 62(53)\times10^{11}$	$C\cdot kg^2$
标准大气压	P_a	$1.013\ 25\times10^5$	Pa
冰点绝对温度	T_0	273.15	K
标准状态下声音在空气中的速度	$\eta_{声}$	331.46	$m\cdot s^{-1}$
标准状态下干燥空气的密度	$\rho_{空气}$	1.293	$kg\cdot m^{-2}$
标准状态下水银密度	$\rho_{水银}$	13 595.04	$kg\cdot m^{-2}$
标准状态下理想气体的摩尔体积	V_m	$22.413\ 10(19)\times10^{-3}$	$m^3\cdot mol^{-1}$
真空介电常数(电容率)	ε_0	$8.854\ 187\ 817\times10^{-12}$	$F\cdot m^{-1}$
真空的磁导率	η_0	$12.563\ 706\ 14\times10^{-7}$	$H\cdot m^{-1}$
钠光谱中黄线波长	D	589.3×10^{-9}	m
在 15℃,101325Pa 时 镉光谱中红线的波长	λ_{cd}	$643.846\ 99\times10^{-9}$	m

表 7 在 20℃ 时常用固体和液体的密度

物质	密度 $\rho/(kg\cdot m^{-3})$	物质	密度 $\rho/(kg\cdot m^{-3})$
铝	2 698.9	水晶玻璃	2 900～3 000
铜	8 960	窗玻璃	2 400～2 700
铁	7 874	冰(0℃)	880～920
银	10 500	甲醇	792
金	19 320	乙醇	789.4
钨	19 300	乙醚	714
铂	21 450	汽车用汽油	710～720
铅	11 350	弗利昂-12	1329
锡	7 298	(氟氯烷-12)	
水银	13 546.2	变压器油	840～890
钢	7 600～7 900	甘油	1 260
石英	2 500～2 800	蜂蜜	1 435

表 8 在标准大气压下不同温度的不同密度

温度 t/℃	密度 ρ/(kg·m^{-3})	温度 t/℃	密度 ρ/(kg·m^{-3})	温度 t/℃	密度 ρ/(kg·m^{-3})
0	999.841	17	998.774	34	994.371
1	999.900	18	998.595	35	994.031
2	999.941	19	998.405	36	993.68
3	999.965	20	998.203	37	993.33
4	999.973	21	997.992	38	992.96
5	999.965	22	997.770	39	992.59
6	999.941	23	997.538	40	992.21
7	999.902	24	997.296	41	991.83
8	999.849	25	997.044	42	991.44
9	999.781	26	996.783	50	988.04
10	999.700	27	996.512	60	983.21
11	999.605	28	996.232	70	977.78
12	999.498	29	995.944	80	971.80
13	999.377	30	995.646	90	965.31
14	999.244	31	995.340	100	958.35
15	999.099	32	995.025		
16	998.943	33	994.702		

表 9 在海平面上不同纬度处的重力加速度

纬度 ψ/(°)	g/(m·s^{-2})	纬度 ψ/(°)	g/(m·s^{-2})
0	9.780 49	50	9.810 79
5	9.780 88	55	9.815 15
10	9.782 04	60	9.819 24
15	9.783 94	65	9.822 94
20	9.786 52	70	9.826 14
25	9.789 69	75	9.828 73
30	9.793 38	80	9.830 65
35	9.797 46	85	9.831 82
40	9.801 80	90	9.832 21
45	9.806 29		

表 10 固体的线膨胀系数

物质	温度或温度范围/℃	a/(10^{-6}℃$^{-1}$)
铝	0～100	23.8
铜	0～100	17.1
铁	0～100	12.2
金	0～100	14.3
银	0～100	19.6
钢(碳 0.05%)	0～100	12.0
康铜	0～100	15.2
铅	0～100	29.2
锌	0～100	32
铂	0～100	9.1
钨	0～100	4.5
石英玻璃	20～200	0.56
窗玻璃	20～200	9.5
花岗石	20	6～9
瓷器	20～700	3.4～4.1

表 11　20℃时某些金属的弹性模量(杨氏模量)

金属	杨氏模量 E	
	吉帕/(GPa)	Pa($N \cdot m^{-2}$)
铝	70.00～71.00	$7.00 \sim 7.100 \times 10^{10}$
钨	415.0	4.150×10^{11}
铁	190.0～210.0	$1.900 \sim 2.100 \times 10^{11}$
铜	105.00～130.0	$1.050 \sim 1.300 \times 10^{11}$
金	79.00	7.900×10^{10}
银	70.00～82.00	$7.000 \sim 8.200 \times 10^{10}$
锌	800.0	8.000×10^{11}
镍	205.0	2.050×10^{11}
铬	240.0～250.0	$2.400 \sim 2.500 \times 10^{11}$
合金钢	210.0～220.0	$2.100 \sim 2.200 \times 10^{11}$
碳钢	200.0～220.0	$2.000 \sim 2.100 \times 10^{11}$
康铜	163.0	1.630×10^{11}

表 12　在 20℃时与空气接触的液体的表面张力系数

液体	$\sigma/(10^{-3} \cdot m^{-1})$	液体	$\sigma/(10^{-3} \cdot m^{-1})$
航空汽油(在 10℃时)	21	甘油	63
石油	30	水银	513
煤油	24	甲醇	22.6
松节油	28.8	甲醇(在 0℃时)	24.5
水	72.75	乙醇	22.0
肥皂溶液	40	甲醇(在 60℃时)	18.4
弗利昂-12	9.0	甲醇(在 0℃时)	24.1
蓖麻油	36.4		

表 13　在不同温度下与空气接触的水的表面张力系数

温度/℃	$\sigma/(10^{-3} \cdot m^{-1})$	温度/℃	$\sigma/(10^{-3} \cdot m^{-1})$	温度/℃	$\sigma/(10^{-3} \cdot m^{-1})$
0	75.62	16	73.34	30	71.15
5	74.90	17	73.20	40	69.55
6	74.76	18	73.05	50	67.90
8	74.48	19	72.89	60	66.17
10	74.20	20	72.75	70	64.41
11	74.07	21	72.60	80	62.60
12	73.92	22	72.44	90	60.74
13	73.78	23	72.28	100	58.84
14	73.64	24	72.12		
15	73.48	25	71.96		

表 14 不同温度时水的黏滞系数

温度/℃	黏度 $\eta/(10^{-6}N\cdot m^{-2}\cdot s)$	温度/℃	黏度 $\eta/(10^{-6}N\cdot m^{-2}\cdot s)$
0	1 787.8	60	469.7
10	1 305.3	70	406.0
20	1 004.2	80	355.0
30	801.2	90	314.8
40	653.1	100	282.5
50	549.2		

表 15 液体的黏滞系数

液体	温度/℃	$\eta/(\mu Pa\cdot s)$	液体	温度/℃	$\eta/(\mu Pa\cdot s)$
汽油	0	1 788	甘油	−20	134×10^{6}
	18	530		0	121×10^{5}
甲醇	0	717		20	$1\,499\times10^{3}$
	20	584		100	12 945
乙醇	−20	2 780	蜂蜜	20	650×10^{4}
	0	1 780		80	100×10^{8}
	20	1 190	鱼肝油	20	45 600
乙醚	0	296		80	4 600
	20	243	水银	−20	1 855
变压器油	20	19 800		0	1 685
蓖麻油	10	242×10^{4}		20	1 554
葵花子油	20	5 000		100	1 224

表 16 固体的比热

物质	温度/℃	比热	
		kcal/(kg·K)	kJ/(kg·K)
铝	20	0.214	0.895
黄铜	20	0.091 7	0.380
铜	20	0.092	0.385
铂	20	0.032	0.134
生铁	0～100	0.13	0.54
铁	20	0.115	0.481
铅	20	0.030 6	0.130
镍	20	0.115	0.481
银	20	0.056	0.234
钢	20	0.107	0.447
锌	20	0.093	0.389
玻璃		0.14～0.22	0.585～0.920
冰	−40～0	0.43	1.797
水		0.999	4.176

表 17 液体的比热

液体	温度/℃	比热	
		kJ/(kg·K)	kcal/(kg·K)
乙醇	0	2.30	0.55
	20	2.47	0.59
甲醇	0	2.43	0.58
	20	2.47	0.59
乙醚	20	2.34	0.56
水	0	4.220	1.009
	20	4.182	0.999
弗利昂-12	20	0.84	0.20
变压器油	0～100	1.88	0.45
汽油	10	1.42	0.34
	50	2.09	0.50
水银	0	0.146 5	0.035 0
	20	0.139 0	0.033 2
甘油	18		0.58

表 18 某些金属和合金的电阻率及其温度系数

金属或合金	电阻率/(μΩ·m)	温度系数/(℃$^{-1}$)	金属或合金	电阻率/(μΩ·m)	温度系数/(℃$^{-1}$)
铝	0.028	42×10^{-4}	锌	0.059	42×10^{-4}
铜	0.0172	43×10^{-4}	锡	0.12	44×10^{-4}
银	0.016	40×10^{-4}	水银	0.958	10×10^{-4}
金	0.024	40×10^{-4}	伍德合金	0.52	37×10^{-4}
铁	0.098	60×10^{-4}	钢(0.10%～0.15%碳)	0.10～0.14	6×10^{-3}
铅	0.205	37×10^{-4}	康铜	0.47～0.51	$(-0.04\sim0.01)\times10^{-3}$
铂	0.105	39×10^{-4}	铜锰镍合金	0.34～1.00	$(-0.03\sim0.02)\times10^{-3}$
钨	0.055	48×10^{-4}	镍铬合金	0.98～1.10	$(0.03\sim0.4)\times10^{-3}$

表 19 标准化热电偶的特性

名称	国标	分度号	旧分度号	测量范围/(℃)	100℃时的电动势/mV
铂铑 10-铂	GB 3772—1983	S	LB-3	0～1 600	0.645
铂铑 30-铂铑 6	GB 2902—1982	B	LL-2	0～1 800	0.033
铂铑 13-铂	GB 1598—1986	R	FDB-2	0～1 600	0.647
镍铬-镍硅	GB 2614—1985	K	EU-2	−200～1 300	4.095
镍铬-考铜			EA-2	0～800	6.985
镍铬-康铜	GB 4993—1985	E		−200～900	5.268
铜-康铜	GB 2903—1989	T	CK	−200～350	4.277
铁-康铜	GB 4994—1985	J		−40～750	6.317

表 20 在常温下某些物质相对于空气的光的折射率

物质	H^{a} 线(656.3nm)	D 线(589.3nm)	H 线(486.1nm)
水(18℃)	1.334 1	1.3332	1.3373
乙醇(18℃)	1.306 9	1.362 5	1.366 5
二硫化碳(18℃)	1.619 9	1.629 1	1.654 1
冕玻璃(轻)	1.512 7	1.515 3	1.521 4
冕玻璃(重)	1.612 6	1.615 2	1.621 3
燧石玻璃(轻)	1.603 8	1.608 5	1.620 0
燧石玻璃(重)	1.743 8	1.751 5	1.772 3
方解石(寻常光)	1.654 5	1.658 5	1.667 9
方解石(非常光)	1.484 6	1.486 4	1.490 8
水晶(寻常光)	1.541 8	1.544 2	1.549 6
水晶(非常光)	1.550 9	1.553 3	1.558 9

表 21 常用光源的谱线波长(单位:nm)

一、H(氢)	447.15 蓝	589.592(D_1)黄
656.28 红	402.62 蓝紫	588.995(D_2)黄
486.13 绿蓝	388.87 蓝紫	五、Hg(汞)
434.05 蓝	三、Ne(氖)	623.44 橙
410.17 蓝紫	650.65 红	579.07 黄
397.01 蓝紫	640.23 橙	576.96 黄
二、He(氦)	639.30 橙	646.07 绿
706.52 红	626.65 橙	491.60 绿蓝
667.82 红	621.73 橙	435.83 蓝
587.56(D_2)黄	614.31 橙	407.68 蓝紫
501.57 绿	588.19 黄	404.66 蓝紫
492.19 绿蓝	585.25 黄	六、He-Ne 激光
471.31 蓝	四、Na(钠)	632.8 橙

三、常用仪器的性能参数

*表 22 长度测量

	名称	主要技术性能	特点和简要说明
基准量具及实现原理	饱和吸收稳频激光辐射(或称为激光波长基准)	CIPM 推荐了用于复现米定义的 8 种饱和吸收稳频激光辐射(频率值、波长值及其不确定度),其中最常用的是 633nm,由碘稳频 He-Ne 激光器实现复现,规定其复现性为 2.5×10^{-11}	$^{127}I_2$ 和 $^{129}I_2$ 分子在 633nm 附近有多条强吸收谱线,且每条吸收线又有多个超精细结构分量。置碘吸收室于 He-Ne 激光器谐振腔内,当激光频率调谐到吸收线中心频率附近时,其激光输出功率曲线上出现饱和吸收峰,通过稳频器将激光频率自动锁定到吸收线中心

*表 22～表 29 选自丁慎训.物理实验教程(普通物理实验部分).北京:清华大学出版社,1992。略作补充及修改。

续表

	名称	主要技术性能	特点和简要说明
基准量具及实现原理	线纹尺	标准线纹尺有线纹米尺和 200mm 短尺两种。一般线纹尺的长度有 0.1m,0.5m,2m,5m,10m,20m,50m 等 1～1 000mm 线纹尺准确度: 1 等:$\pm(0.1+0.4L/m)\mu m$ 2 等:$\pm(0.2+0.8L/m)\mu m$ 3 等:$\pm(3+7L/m)\mu m$	作为长度标准用或作为检定低一级量具的标准量具
	量块	按制造误差分成: 00,0,1,2,(3),标准(k)6 级 00 级,小于 10mm 的量块,工作面上任意点的长度偏差不得超过$\pm 0.06\mu m$	是长度计量中使用最广和准确度最高的实物标准,常为六面体,有两个平行的工作面,以两工作面中心点的距离来复现量值
常用量具	钢直尺	规格　　全长允差 至 300mm　　±0.1mm 300～500mm　　±0.15mm 500～1 000mm　　±0.2mm	测量范围再大,可用钢卷尺,其规格有 1m,2m,5m,10m,20m,30m,50m。1m,2m 的钢卷尺全长允差分别为±0.5mm,±1mm
	游标卡尺	测量范围:有 125mm,200mm,300mm,500mm 等 游标分度值:0.1mm,0.05mm,0.02mm 示值误差:0～300mm 的同分度值 >300～500mm 的相应为 0.1mm,0.05mm,0.04mm	游标卡尺可用来测量内、外直径及长度,另外还有专门测量深度和高度的游标卡尺
	螺旋测微计(千分尺)	量限:10mm,25mm,50mm,75mm,100mm 示值误差(≤100mm 的): 1 级为±0.004mm 0 级为±0.002mm	千分尺的刻度值通常为 0.01mm,另外还有刻度值为 0.002mm 和 0.005mm 杠杆千分尺
常用测量仪器	测量显微镜	JLC 型:测微鼓轮的刻度值为 0.01mm 测量误差:被测长度 L_m 和温度为 20℃±3℃时为 $\pm\left(5+\frac{L}{15}\right)\mu m$	显微镜目镜、物镜放大倍数可以改变。可用于观察、瞄准或直角坐标测量,有圆工作台的还可测量角度
	阿贝比长仪	测量范围:0～200mm 示值误差:$\left(0.9+\frac{L}{300-4H}\right)\mu m$ L(mm)——被测长度 H(mm)——离工作台面高度	与精密石英刻尺比较长度
	电感式测微仪	哈量型 示值范围(μm):±125,±50,±25,±12.5,±5 分度值(μm):5,2,1,0.5,0.2 示值误差:各档均不大于±0.5 倍 TESA,CH 型 示值范围(μm):±10,±3,±1 分度值(μm):0.5,0.1,0.05	一对电感线圈组成电桥的两臂,位移使线圈中铁芯移动,因而线圈电感一个增大,一个减小,并且电桥失去平衡。相应地有电压输出,其大小在一定范围内与位移成正比

续表

	名称	主要技术性能	特点和简要说明
常用测量仪器	电容式测微仪	20 世纪 70 年代产品 示值范围(μm)：$-2\sim8$，$-20\sim80$ 分度值(μm)：0.2，2 示值误差：1μm 20 世纪 80 年代已有分辨率达 10^{-9} m 的产品	将被测尺寸变化转换成电容的变化，将电容接入电路，便可转换成电压信号
	线位移光栅（长度光栅）	测量范围：30～1 000mm 分辨率：1μm 或 0.1μm，甚至更高	光栅实际上是一种刻线很密的尺。用一小块光栅作为指示光栅覆盖在主光栅上，中间留一小间隙，两光栅的刻线相交成一小角度，在近于光栅的垂直方向上出现条纹，称为莫尔条纹。当指示光栅移动一小距离时，莫尔条纹在垂直方向上移动一较大距离，通过光电计数可测出位移量
	感应同步器，磁尺，电栅（容栅）	分辨率可达 1μm 或 10μm	多在精密机床上应用
	单频激光干涉仪	量程一般可达 20m 分辨率可达 0.01μm	激光作为光源，借助于一光学干涉系统可将位移量转变成移过的干涉条纹数目。通过光电计数和电子计算直接给出位移量。测量准确度高，需要恒温、防振等较好的环境条件
	双频激光干涉仪	量程可达 60m，分辨率一般可达 0.01μm，最高可达亚埃量级	与单频激光干涉仪相比，抗干扰能力强，环境条件要求低，成本高

表 23　时间和频率测量

名称	主要技术性能	特点和简要说明
铯束原子频率标准	频率 $f_0=9\ 192\ 631\ 770$Hz 不确定度优于 $1\times10^{-13}(1\sigma)$ 稳定度 7×10^{-15}	用做时间标准。在国际单位制中规定，与铯－133 原子基态的两个超精细能级间跃迁相对应的辐射的 919 263 177 0 个周期的持续时间作为时间单位秒
石英晶体振荡器	频率范围很宽，频率稳定度在 $10^{-4}\sim10^{-12}$ 范围内，经校准，1 年内可保持在 10^{-9}。高质量的石英晶体振荡器，在经常校准时，可达 10^{-11}	在时间频率精确测量中获得广泛应用。频率稳定度与选用的石英材料及恒温条件关系密切
电子计数器测量时间间隔和频率	测量准确度主要决定于作为时基信号的频率准确度及开关门的触发误差，测量准确度较高	以频率稳定的脉冲信号作为时基信号，经过控制门送入电子计数器，由起始时间信号去开门，终止时间信号去关门，计数器计得时基信号脉冲数乘以脉冲周期即为被测时间间隔。用时间间隔为 1s 的信号去开门、关门，计数器所计的被测信号脉冲数即为被测信号频率

续表

名称	主要技术性能	特点和简要说明
示波器	测频率的准确度不很高	可测频率、时间间隔、相位差等，使用方便
秒表	机械式秒表，分辨率一般为 1/30s，电子秒表分辨率一般为 0.01s	

表 24　质量测量

	名称	主要技术性能	特点及简要说明
质量基准	国际千克原器	直径和高均为 39mm 的铂铱合金圆柱体，含铂 90%、铱 10%，在温度为 293.15K 时，其体积为 46.396cm^3	1889 年，第一届国际计量大会决定该原器作为质量单位，保存在巴黎国际计量局原器库里
	中国国家千克基准	No. 60：质量值为 1kg+0.271mg，标准不确定度为 0.008mg。表达为：$m_{No.60}$ = (1 000.000 271±0.000 008)g	该原器 1965 年从英国引进，经BIPM检定，由中国计量科学院(NIM)保存和使用
常用量具及仪器	天平	按天平的最大称量 m_{max} 与检定标尺间隔 d（即分度值、感量）之比分为 10 个准确度级别，1～10 级相应为比值（m_{max}/d）≥1×10^{-7}、4×10^{-6}、2×10^{-6}、1×10^{-6}、4×10^{-5}、2×10^{-5}、1×10^{-5}、4×10^{-4}、2×10^{-4}、1×10^{-4}。其中 1～7 级为高精密天平，8～10 级为精密天平	按结构形式分，有杠杆天平、无杠杆天平，等臂、不等臂天平，单盘、双盘天平，还有扭力天平、电磁天平、电子天平等 按用途分，有标准天平、分析天平、工业天平、专用天平 按分度值分，有超微量、微量、半微量、普通等天平
	砝码	按准确度高低分 5 等，各等级砝码的允差(mg)为： 标称质量　1　2　3　4　5 10kg　±30　±80　±200　±500　±2500 1kg　±4　±5　±20　±50　±250 100g　±0.4　±1.0　±2　±5　±25 10g　±0.10　±0.2　±0.8　±1　±5 1g　±0.05　±0.10　±0.4　±1　±5 100mg　±0.03　±0.05　±0.2　±1 10mg　±0.02　±0.05　±0.2　±1 1mg　±0.01　±0.05　±0.2	用物理化学性能稳定的非磁性金属制成 一、二等砝码用于检定低一等砝码及与 1～3 级天平配套使用；三等砝码与 3～7 级天平配套使用；四等砝码与 8～10 级天平配套使用；五等砝码用于检定低精度工商业用秤和低精度天平
	工业天平(TG 75)	分度值 50mg，称量 5 000g，7 级	普物实验用
	普通天平(TG 805)	分度值 100mg，称量 5 000g，8 级	物理实验用
	精密天平(LGZ 6－50)	分度值 25mg，称量 5 000g，6 级	用于质量标准传递和物理实验
	高精度天平	分度值 0.02mg，称量 200g，1 级	检定一等砝码、高精度衡量，计量部门用

表 25 温度测量

名称	主要技术参数	原理或特点的简要说明
玻璃液体温度计、水银温度计 酒精温度计	测量范围可达－200℃～600℃ 测量范围－35℃～500℃ 对于测量范围在 0℃～100℃的温度计,分度值为 0.1℃时,示值误差限为 0.2℃;分度值不小于 0.5℃时,示值误差限等于分度值 测量范围－80℃～80℃	工作原理基于液体在玻璃外壳中的热膨胀作用。当储液泡的温度发生变化时,玻璃管内液柱随之升高或降低,通过温度标尺便可读出温度值。感温介质有汞、酒精、甲苯等液体。由于结构简单,使用方便,成本低廉,得到广泛应用。一等标准水银温度计,测量范围 24℃～101℃,最小分度值 0.05℃,允许误差±0.10℃
双金属温度计	测量范围－80℃～600℃ 准确度等级 1.0,1.5,2.5 分度值最小 0.5℃,最大 20℃	两种不同膨胀系数的金属片焊接在一起,将一端固定,当温度变化时,膨胀系数较大的金属片伸长较多,致使其未固定端向膨胀系数较小的金属片一方弯曲变形,由变形大小可测出温度高低。由于无汞害,便于维护,坚固耐振,故广泛用于工业生产和科研
压力式温度计 气体压力式 液体压力式 蒸气压力式	测量范围－100℃～500℃ 准确度等级 1.0,1.5,2.5	当温度变化时,装入密闭容器内的感温介质的压力随之变化,致使弹簧管变形,经传动机构带动指针偏转而测温。用做感温介质的有氮、低沸点蒸发液体丙酮、乙醚等。由于能防爆、远距离测温、读数清晰、使用方便,故多用于固定的工业生产设备中
电阻温度计 铂热电阻 铜热电阻 热敏电阻 铑铁电阻	常用的测量范围－200℃～650℃ 测量范围－259.3℃～630.70℃ 测量范围－50℃～150℃ 测量范围－40℃～150℃ 测量范围 0.1K～273K	利用物质的电阻随温度而变化的特性制成的测温仪器。由于测温准确度高、范围宽,能远距离测量,便于实现温度控制和自动记录,故应用较广泛。国际实用温标规定复现 13.803 3K到 961.78℃这个温区的温度量值,采用基准铂电阻温度计。典型的标准铁电阻具有 25.5Ω 的冰点电阻,平均灵敏度为 0.1Ω/℃(0～100℃)或 200μV/℃(工作电流为 2mA)
热电偶温度计 铂铑$_{10}$-铂 镍铬-镍硅 铜-康铜	测量范围 1℃～2 800℃ 测量范围 0℃～1 600℃,微分电势(5～12)μV/℃,1 100℃以下时允差为 1.0℃ 常用测量范围 0℃～1 300℃,400℃以下工业用热电偶的允许误差,一般为 3℃ －200℃～350℃,微分电势不小于 16μV/℃	热电偶是由两种不同的金属或合金制成的,它们的一端焊在一起形成测温端,另一端置于标准温度下。当两个端点置于不同温度处热电偶回路中就会有电动势产生。金属种类和成分确定后,温差和电动势的关系一般即确定,因此,测出电动势便可测得温差。由于结构简单、体积小、测量范围广、灵敏度高、能直接将温度量转换为电学量,适用于自动控温,已成为目前应用最为广泛的测温元件。铂铑$_{10}$-铂热电偶是国际实用温标复现 630.755℃～1 064.43℃温区的温度量值的基准仪器

续表

名称	主要技术参数	原理或特点的简要说明
光学高温计	测量范围 700℃～3 200℃ 一般工作距离≥700mm 精密光学高温计在 900℃～1 400℃范围内基本误差可小于±8℃	被测高温物体的热辐射表现为一定的亮度，经物镜聚焦在灯丝平面上，改变灯丝电流来改变灯丝亮度，并且与被测物亮度比较。当亮度一致时，灯丝隐没于被测物的亮背景之中，此时的电流值即可指示与被测物相应的亮度温度。它是非接触测温仪表，是目前高温测量中应用较广的一种测温仪器
光电高温计	测量范围宽，测量下限值低于光学高温计和辐射温度计	由于采用单色滤光器件，光电探测器等改进了光学高温计，大大提高了灵敏度和准确度。测金凝固点温度（1 064.43℃）不确定度达0.04℃，分辨率为 0.005℃，是复现 1 064.43℃以上的国际实用温标的基准仪器
辐射温度计	测量范围 100℃～2 000℃ 常用的辐射高温计在 1 000℃～2 000℃ 范围内基本误差不大于 20℃	被测物体的辐射能经过透镜聚焦在热电堆的受热片上（有许多串联的热电偶热接点），受热片接受辐射能量转为热能而温度升高，热电堆中产生相应的热电势。利用物体辐射强度与温度 4 次方成正比的规律，从而较精确地测出温度。它也是非接触测温仪表之一

表 26　直流电流测量

	名称	主要技术指示	原理或特点的简单说明
基准量具及实现原理	电流天平	复现单位 1A，Δ_I/I 已可小于 4×10^{-6}	根据 SI 电流单位 A（安培）的定义，通过测量流过同一电流的两线圈（其几何形状及相对位置均已知）间的力来确定电流
	由测质子磁旋比 γ_p 来复现电流单位	$\gamma_p=267\ 522\ 128\pm8\mathrm{ls}^{-1}\cdot\mathrm{T}^{-1}$，电流复现的不确定度在 10^{-6} 量级	一定尺寸的线圈中心磁场正比电流 I。磁场中核磁共振的频率 $\nu=\gamma_p B$，测出 ν，可求出 B，进而求出电流 I
	利用欧姆定律 $I=U/R$ 来实现	电压基准的参数见表 26，电阻基准的确定度达 2×10^{-7}。1990 年起利用量子霍尔效应来复现实用电阻基准，其稳定度指标比不确定度高几个数量级	低温强磁场下，场效应管长条形表面沟通两侧的霍尔电极间产生霍尔电压 U_H，U_H 和漏极电流 I_P 之比 $R_H=U_H/I_P$。R_H 称为霍尔电阻，其阻值为物理常数 R_{K-90} 的整数分之一，这一效应称为量子霍尔效应。R_{K-90} 取约定值 25812.807Ω
	直流标准电流发生器	准确度很高，输出电流 0.001A～10A	由基准电压源、精密电阻分压器和高准确度、高增益运算放大器等部分组成

续表

	名称	主要技术参数	原理或特点的简要说明
常用测量仪表及装置	振动电容静电计	电流分度值可达 1×10^{-16} A/div	由振动电容器、电子放大器和指示仪表等组成测微电流的振动电容静电计，可用于超高阻测量。微电流经振动电容器调制后再放大
	磁电系仪表		一般动圈式磁电系仪表中，载流线圈在永久磁铁磁场中发生偏转。该类仪表准确度高、灵敏度高、功耗小、刻度均匀，但过载能力差
	电流表	准确度多在 1.5 级以上，可达 0.05级	无分流器的磁电系电流表只有微安表或毫安表，仅能测直流
	检流计(灵敏电流计)及光点反射(或复射)式电流计	指针式分度值在($10^{-6}\sim10^{-7}$) A/div 量级，光点式在($10^{-6}\sim10^{-10}$)A/div 量级	用于测小电流或作平衡指示仪表。也常用直流放大器和检流计(或微安表)相连组成弱电流测量装置或平衡指示装置，以代替光点式检流计，其分辨率可优于光点检流计
	电磁系电流表	可测 10^{-2} A～10^{2} A 的电流，准确度一般低于 0.5 级	在固定载流线圈和可动软磁铁芯间产生偏转力矩 M，$M\propto I^2$。电磁系表可直接测大电流，过载能力强，结构简单，交、直流两用，但刻度不均匀、功耗较大、灵敏度较低
	电动系电流表	准确度可达 0.5 级以上，最高达 0.1 级。量限为 10^{-1} A～1A 量级	通有电流的固定线圈和可动线圈间产生偏转力矩。电动系仪表准确度高，可用于交流测量，灵敏度较高，但刻度不均匀，过载能力差，易受外磁场干扰且功耗较大
	数字电流表	量限 10^{-8} A～10^{1} A，分辨率可小于 10^{-10} A	利用基于欧姆定律的电流电压转换器将电流转换为电压，经数字电压表(参阅表 26)显示电流值
	直流大电流测量装置		测 10A 以上的大电流时，常用定值电阻和上述仪表并联分流的办法。分流器分为并联分流和环形分流两种，后者常用于多量程电流表

表 27　直流电压测量

	名称	主要技术指标	原理或特点的简要说明
基准量具及实现原理	标准电池	电动势稳定度级别 0.2～0.001，国家基准电池组的平均值年漂移小于 2×10^{-7}	电动势稳定性较好，结构简单，但温度系数大，易碎。其电动势不确定度(最高)为 10^{-6} 量级
	电压天平	不确定度约 1×10^{-5}	两平行平面电极间的静电引力 F 和电压平方 U^2 成正比。已知 F、极间距和面积，可求 U
	液体静电计	不确定度约 1×10^{-5}	汞液面和它上方的平板电极间加电压 U，静电力使电极下方液面升高一定距离 Δh

续表

	名称	主要技术指标	原理或特点的简要说明
基准量具及实现原理	利用约瑟夫森效应实现电压的新实用基准自1990年1月1日起在世界各国推行	我国1993年完成量子电压基准装置研制,1995年与BIMP进行比对,两装置所复现的电压单位相差-1.1×10^{-1},标准不确定度为1.1×10^{-10}。我国的量子电压基准装置达到国际先进水平,并居于前列	低温下两超导体间夹有极薄的绝缘层,组成了约瑟夫森结。用频率为ν的电磁波照射结时,在一系列分立的电压值U_n上,可感应出直流电流,且$\nu_n=K_{J-90}U_n$,n是正整数。这是外感应约瑟夫森效应。常数K_{J-90}取约定值483 597.9GHz/V
	使用稳压二极管的标准电压发生器	通常用10V、100V、1 000V3个量限,不确定度可优于5×10^{-5}	由基准电压源、精密电阻分压器和运放组成。基准电压源由稳压二极管等构成。稳压二极管温度系数小,其电压不确定度小于2×10^{-6},广泛用于数字仪表中
常用测量仪表及装置	光电放大检流计	电压分度值可达1×10^{-9}V/div	检流计偏转时,小镜使照在两并置光电池上的光强差改变,从而使其光电流的差值改变,光电流差由另一检流计指示
	直流电位差计	准确度分为10个级别:0.000 1,0.000 2,0.000 5,0.001,0.002,0.005,0.01,0.02,0.05,0.1 按测量范围分为高电势电位差计(最大测量电压≥1V)和低电势电位差计(最大测量电压<1V)	测量盘有不同的线路结构类型:向单分压线路,串联代换线路,并联分路式,电流叠加线路,桥式线路和分列环式线路等 直流单位差计具有测量准确度高,对被测电路无影响等特点,可用来测量微伏级到约2V的电动势。配以标准附件可测量电流、电阻、功率及较大电压。配合热电偶能测量温度;还可以对各种直流电压表、电流表及标准电阻进行检定
	磁电系检流计和电压表	检流计电压分度值(10^{-4}~10^{-8})V/div,电压表准确度1.5~0.05级	磁电系电压表准确度高,功耗小,但过载能力低。内阻一般为(10^3~10^4)Ω/V量级。量限一般小于10^3V
	电磁系电压表	测量范围1~10^3V,准确度一般为5.0级~0.05级	结构简单,过载能力强,可测交流电压,分度不均匀。内阻约为(10^1~10^3)Ω/V量级
	电动系电压表	准确度可达0.5级以上(最高达0.1级)	准确度高,可测交流,常用防外磁场干扰的机构。过载能力差,分度不均。内阻一般小于磁电系仪表
	静电系电压表	输入电容10^{-11}F~10^{-10}F,量限10^3V~7.5×10^5V	电容器两极板间的静电作用力产生的转矩正比于极间电压的平方。测量时功耗最小,也可测交流电压,输入阻抗很高,但准确度较低

续表

	名称	主要技术指标	原理或特点的简单说明
常用测量仪表及装置	数字电压表	分辨率可达 10^{-4} V～10^{-9} V，量限可为 10^{-2} V～10^{3} V	主要部件为基准源、电阻（或分压器）和放大器3部分。带精密感应分压器的数字表允许以 10^{-7} 的不确定度进行电压比较。基准源多用硅稳压二极管
	分压法测直流高压		有串联电阻分压和串联电容分压两类，后者仅限于和静电系电压表配合使用
	示波器测量电压	输入阻抗可达 $10^{5}\,\Omega$～$10^{6}\,\Omega$ 或更高，测量范围 10^{-4} V～10^{2} V 量级	测量准确度低，输入阻抗高，较直观。可测直流、交流或脉冲电压

表28　直流电磁感应强度的测量方法简介

名称	主要技术指标	原理或特点的简要说明
电磁感应法（探测线圈法） 用冲击电流计、格拉索特（Grassot）磁通计或电子积分器		根据电磁感应定律，在已知探测线圈参数时测出和感应电动势有关的量，进而求出磁场 B。可在磁场建立时测感应电动势（或电流）对时间的积分，也可在线圈翻转180°或移至无磁场处时测上述量。冲击电流计能测量电流对时间的积分，磁通计和电子积分器能测电压对时间的积分
旋转线圈法	测量范围 3×10^{-4} T～3T	转轴和磁场方向垂直，可测均匀场。已知线圈参数、转动频率时测出感应电动势，再算出 B 值
振动线圈法	不确定度为 10^{-2} 左右	线圈沿轴向（平行于外磁场）振动
浮线法		两端固定的载流柔性导线在与均匀磁场相垂直的平面内会发生弯曲，线上张力与磁场 B 成正比
核磁共振法	测量范围 10^{-2} T～2T	在电磁波作用下处于外磁场中的原子核能级之间的共振跃迁现象叫核磁共振。共振时电磁波频率 ν＝磁场 $B\times$ 核子磁旋比 $\gamma/2\pi$。常用水或石油内的氢作共振用的样品，此法是目前磁场测量准确度最高的方法之一
电子顺磁共振法	测量范围 10^{-4} T～2T	利用电子轨道及自旋的磁共振现象来进行测量，$\nu=B\times$ 电子磁旋比 $\gamma_e/2\pi$。因 γ_e 比核子磁旋比大两个数量级以上，故此法灵敏度高

续表

名称	主要技术指标	原理或特点的简要说明
霍尔效应法	测量范围一般为 10^{-4}T～10T	霍尔探头尺寸可做到 $25\times25\mu m^2$ 甚至更小，测量范围可小到 10^{-7}T，使用温度范围已达 4.2K～573K
磁通门法	量限＜0.1T，主要用于小于 10^{-3}T 的弱磁场，分辨率最高可达 10^{-18}T～10^{-19}T	利用高磁导率铁芯，在饱和交变励磁下选通铁芯中直流磁场分量，并将直流磁场转变为交流电压输出而进行测量。此法广泛用于地磁研究、探矿及星际磁测量等领域
磁光效应法	可测强磁场，如 1T～10^2T 量级的场	平面偏振光在置于磁场中的各向同性介质中沿磁场方向传播时，其偏振面发生旋转，转角正比于磁场 B，这叫法拉第效应(磁光效应)。此法响应速度快，可测上升时间很短的脉冲磁场，运用温度范围广，可用于低温条件下
超导量子干涉器件(SQUID)法	测量范围 10^{-13}T～10^{-4}T，适合弱磁场测量，灵敏度很高，分辨率可达 10^{-15}T，可用于磁场差、磁场梯度的测量。即使在 2.5T 的强场下，仍可测出 10^{-11}T 的磁场变化	两块超导体间夹有极薄的绝缘层，组成了约瑟夫森结。在一超导环内插入两个或一个约瑟夫森结可分别组成直流 SQUID 和射频 SQUID。这类器件在工作条件下产生一输出电压信号，该信号是穿过其超导环的磁通量的周期函数。它们能测量的最小磁通变化为 $10^{-5}\phi_0$ 的数量级，$\phi_0=h/2e\approx2.07\times10^{-15}$Wb
光(泵)磁共振法	测量范围 5×10^{-6}T～10^{-3}T，测量不确定度可达 10^{-11}T，灵敏度高，可测出 10^{-14}T 的场	在弱磁场中，某些元素的超精细结构能级作进一步分裂。当用一定频率的合适圆偏振光照射原子时，各低能级上的粒子不断被光"泵"到各高能级上，而高能级上粒子又经过自发辐射跃迁回到各低能级上。这时由于跃迁的选择规则可以造成各低能级中某一较高能级上的粒子数密度远大于另一较低能级上的粒子数密度，这时如再加一个频率合适的射频场，就会产生在这两个能级之间的磁共振现象，叫做光(泵)磁共振或光学射频双共振

表 29　常用光探测器

类别	名称	原理	主要特性		特点及使用注意事项
			光谱响应范围	响应时间	
光电探测器	光电二极管	利用光生伏特效应制成，核心部分是一个 PN 结，与普通二极管不同的是有意使 PN 结能接受光照以获得光电流。一般在反向偏压下工作，也可以是零偏压	光谱响应范围与材料有关。锗管的光谱响应范围为 0.4μm～1.8μm，峰值波长 1.4μm～1.5μm。硅管的为 0.4μm～1.1μm，峰值波长 0.86μm～0.9μm	一般可达 10^{-7} s。PIN 型可达 10^{-10}s 量级	适用于可见光到近红外光区，光电流与温度有关，用于精密测量时要注意温度的影响 体积小，使用方便，是常用的探测器

续表

类别	名称	原理	主要特性		特点及使用注意事项
			光谱响应范围	响应时间	
光电探测器	光电池	也是利用光生伏特效应。在半导体片和金属片之间有一PN结，PN结吸收能量足够大的光子后的结处形成电动势，金属一边带负电，半导体一边带正电，用导线连接两极则可产生光电流。一般在光不太强时，光电流的短路电流与光辐射照度成线性关系	硅光电池的光谱响应范围为0.4μm～1.1μm，峰值波长0.86μm。硒光电池为0.35μm～0.8μm，峰值波长为0.57μm，接近人眼的光谱响应，但易老化，寿命较短	10^{-3}s～10^{-5}s量级	光电池结构简单，体积小，不需加偏压，寿命长，成本低，是常用的光探测器。其光电灵敏度为(6～8)μA/mm^2·lx，转换效率为6%～12%以上。作探测器时，一般应使用在小的负载电阻情况 硅光电池用做大面积功率转换器件就是硅太阳能电池 应在黑暗中存放
	光敏电阻	硫化镉、硒化镉等光导管受光照射后电阻变小，且电阻值的变化与照射的光通量有一定关系，因而可通过测量光导管受光照后电阻的变化来测量入射光辐射光通量的大小	光谱响应一般在可见光0.4μm～0.76μm范围。硫化镉光敏电阻的峰值波长为0.51μm，接近人眼的光谱响应。硒化镉为0.72μm，较人眼响应偏近红外	10^{-1}s～10^{-5}s量级，比光电池的响应速度慢，但较灵敏	一般可用于光的测量、光的控制及光电转换 使用时要注意它所允许承受的最高电压值
	光电倍增管	某些金属氧化物表面吸收一定能量的光子后能发射电子，称为外光电效应。利用外光电效应可做成光电倍增管，它有一个阴极、多个倍增极和一个阳极。光照在阴极上时发射的电子打在倍增极上，并且产生二次电子，逐级增殖。最后，阳极收集电子形成电流	光谱响应与阴极材料有关。现在适应各种波长范围的不同的光电倍增管	可达10^{-8}s～10^{-9}s	是目前最灵敏的光探测器，常用于测微弱光。它的放大倍数一般在10^6～10^8范围。我国生产的对紫光(0.42μm)灵敏的GDB－546，其阳极光照灵敏度(即阳极输出的信号电流与入射到光电阴极的光通量之比)可达2 000A/lm 应在黑暗处存放
热电探测器	热电偶	一般采用合金或半导体材料做成热电偶，它的一端接收光辐射而升温，其温差电势与吸收的光辐射能成比例	对可见光到红外光的各种波长的辐射同样敏感，无特殊选择	响应速度较慢，一般在10^{-1}s～10^{-3}s	流经热电偶的电流一般在1μA以下。使用时注意，不能用万用表检查热电偶，以免烧坏。在光谱仪器中常采用真空热电堆
	热释电探测器	某些晶体受到辐射照射时，温度升高引起正比于辐射功率的电信号输出	对可见光到红外光的各种波长的辐射同样敏感，无特殊选择	可达10^{-4}s～10^{-5}s量级	电荷易泄漏，噪声较大，入射光宜斩波